글로벌 사회정의를 위한 개발지리와 개발교육

글로벌 사회정의를 위한

개발지리와 개발교육

조철기

푸른길

머리말

우리는 세계화라는 거대한 격랑 속에 살아가고 있습니다. 이러한 세계화는 우리가 살고 있는 세계를 '개발(또는 발전)'의 측면에서 매우 불균등하게 만들고 있습니다. 이 세상 한쪽에서는 매우 부유한 삶을 살고 있고, 다른 한쪽에서는 극심한 빈곤에 시달리고 있습니다. 흔히 우리는 세계가 선진국과 개발도상국 간에 개발 격차를 겪고 있다고 이야기합니다. 그렇다고 선진국이 모두 부유하다는 것은 아닙니다. 선진국 내에서도 부유한 사람과 빈곤한 사람이 극명하게 구분되니까요. 우리는 이를 흔히 '개발지리와 공간 불평등'이라 부릅니다.

이러한 세계의 개발 격차, 즉 글로벌 스케일에서 공간적 불평등은 우리 인류가 해결해야 할 중요한 과제입니다. 개발(또는 발전)이란 다양한 스케일에서 세계의 다수가 직면하고 있는 삶의 환경을 개선하는 것을 말합니다. 특히, 글로벌 스케일에서 나타나는 빈곤과 불평등을 줄이는 데 동참하는 것은 세계시민의 과제입니다. 이러한 배경 속에 1960년대 개발지리학 등을 포함하는 '개발학'이라는 학문이 출현했습니다. 개발학의 주요 관심사는 심화되는 글로벌 빈곤과 불평등의 원인을 찾아내고 이를 해결하기 위한 방안을 모색하는 것입니다.

이와 더불어 교육 분야에서는 서구를 중심으로 '개발교육'이라는 학문이 출현했습니다. 이것을 다른 표현으로 '국제개발협력교육'이라고 할 수 있습니다. 개발교육은 단순히 개발에 관해 학습하는 것 이상의 의미를 지닙니다. 즉 개발교육은 비판교육학과 포스트식민주의 담론, 다양한 관점들, 특히 개발도상국들의 상이한 관점이 교육 내에 반영되도록 하기 위한 메커니즘을 포함하는 21세기 글로벌화된 사회를 위한, 그리고 글로벌 사회정의 실현을 위한 페다고지입니다.

이제 글로벌 스케일에서 개발 쟁점에 관한 학습은 많은 국가에서 학교 교육과정의 일부분이 되었고, 글로벌 시민성, 지속가능한 발전, 그리고 다양한 문화의 이해는 이제 너무도 흔한 말이 되었습니다. 개발교육은 이러한 용어들을 모두 수용하는 하나의 교육적 담론으로 인식되고 있습니다. 최근에는 우리나라에서도 글로벌 시민성교육, 지속가능한 발전교육 등을 아우르는 국제개발협력 및 개발교육에 많은 관심을 보이고 있습니다.

21세기는 여전히 심한 빈부 격차와 불평등에 의해 지배되는 글로벌화된 세계입니다. 이러한 불평등이 어떻게 구체적으로 나타나고 있고, 왜 여전히 존재하는지, 이러한 공간 불평등을 해소하는 데 어떤 기여를 할 수 있는지를 이해하고 실천하는 것이 전 세계 교육의 중요한 구성요소가 되어야 합니다. 글로벌 및 개발쟁점에 관한 학습은 세계의 권력과 공간 불평등에 관해 문제를 제기합니다. 개발교육, 그리고 그것과 관련된 글로벌 교육, 글로벌 시민성, 글로벌 학습은 더 넓은 세계에 관한 학습에 더욱 관심을 기울여야 합니다.

이 책은 글로벌 사회정의를 위한 개발지리와 개발교육에 대한 탐색을 목적으로 하며, 총 4부로 구성되어 있습니다. 먼저 제1부에서는 '개발(발전)이란 무엇인가?'에 대한 물음에 답할 것입니다. 개발지리를 포함하는 개발학이란 어떤 학문이며, 개발이란 무엇을 의미하는지에 대해 탐색할 것입니다. 개발의 역사적 기원과 관점에 대해서도 살펴봅니다. 또한 개발을 측정하는 다양한 지표에 대해서 알아보고, 개발에 있어서 공간이 왜 중요한지에 대해 살펴볼 것입니다. 마지막으로 공간적 불평등과 빈곤을 정의하고 이를 측정하는 방법에 대해 알아볼 것입니다.

제2부에서는 개발에 대한 이론과 이데올로기를 살펴볼 것입니다. 근대화이론에서 시작하여 이에 대한 반작용으로 등장한 종속이론과 인간 중심 개발 접근에 대해 살펴볼 것입니다. 그리고 세계화에 따른 신자유주의적 개발, 상향식 개발로서의 풀뿌리 개발, 지속가능한 발전과 환경적 지속가능성, 마지막으로 포스트식민주의, 포스트구조주의, 포스트개발을 통해 개발에 대한 이론적·이데올로기적 궤적을 쫓아갈 것입니다.

제3부에서는 선진국과 개발도상국 간의 개발 격차를 줄이기 위한 국제 협력에 대해 알아볼 것입니다. 국제개발협력에 대한 이해를 시작으로, 글로벌 불평등 해소와 사회·공간정의, 공적개발원조, 그리고 개발원조위원회, 다자개발기구, 개발 NGO, 시민사회, 국제민간재단, 민간기업, 한국국제협력단, 개인 등 다양한 개발 주체(행위자)에 대해 알아볼 것입니다.

제4부에서는 글로벌 시민성 함양 및 글로벌 사회정의 실현에 초점을 두는 페다고지인 개발교육에 대해 살펴볼 것입니다. 서구를 중심으로 전개된 개발교육의 역사와 전통을 시작으로, 개발교육이 무엇을 의미하는지에 대해 검토할 것입니다. 여기서는 개발교육이 글로벌 스터디즈, 글로벌 교육, 글로벌 학습, 지속가능발전교육, 글로벌 등의 형용사적 교육과는 어떤 관계가 있는지 규명할 것입니다. 그리고 일찍이 학교 공교육을 통해 개발교육이 이루어지고 있는 영국, 오스트레일리아, 일본을 사례로 개발교육의 실천에 대해 살펴볼 것입니다. 나아가 개발교육과 지리교육의 관계를 탐색한 후, 지리 교육과정 및 교과서에 개발 담론이 어떻게 재현되어 있는지 살펴볼 것입니다. 마지막으로 개발교육의 교수·학습 방법

으로 잘 알려져 있는 OSDE에 대해 살펴볼 것입니다.

참고로, 이 책의 1부에서 3부까지는 Potter et al.(2008, 2012)와 Willis(2005, 2009)를 많이 참고했습니다. 그리고 제4부의 내용은 [고미나·조철기, 2010, 영국에서 글로벌 학습을 위한 개발교육의 지원과 지리교육, 한국지리환경교육학회지, 18(2), 155–171], [조철기, 2013a, 글로벌 시민성교육과 지리교육의 관계, 한국지역지리학회지, 162–180], [조철기, 2013b, 오스트레일리아 NSW주 지리교육과정 및 교과서의 개발교육 특징, 한국지역지리학회지, 19(3), 551–565], [조철기, 2015, 일본 지리 교육과정을 통해 본 개발교육의 도입과 전개, 한국지역지리학회, 21(2), 411–425], [조철기, 2017, 개발교육을 위한 교수·학습 방법론으로서 OSDE 탐색, 한국지리환경교육학회지, 25(4), 103–115] 등의 논문을 재구성한 것임을 밝혀 둡니다. 책에 실릴 수 있도록 허락해 주신 해당 학회에 감사드립니다.

이 책은 글로벌화된 사회의 교육적 요구에 관해 다시 생각하고 성찰하며, 글로벌 사회정의 실현을 위한 개발교육, 글로벌 교육, 글로벌 학습, 글로벌 시민성교육에 관심이 있는 독자들에게 도움이 될 것으로 생각합니다.

2018년 8월

조 철 기

차례

머리말 · 4

제1부_ 개발(발전) 이해하기

1. 개발학이란 어떤 학문인가? · 13
2. 개발이란 무엇을 의미하는가? · 16
3. 개발의 역사적 기원과 관점 · 25
4. 개발 지표와 개발 측정하기 · 33
5. 공간과 개발: 왜 공간은 중요한가? · 51
6. 공간적 불평등과 빈곤을 정의하고 측정하기 · 59
:: 주

제2부_ 개발이론 및 이데올로기에 대한 탐색

1. 개발이론과 이데올로기 · 79
2. 모더니티와 모더니즘, 그리고 근대화이론 · 83
3. 개발에 대한 급진적 접근: 종속이론에서 인간 중심 개발 접근까지 · 92
4. 세계화와 신자유주의적 개발 · 102
5. 상향식 개발로서 풀뿌리 개발 · 108
6. 지속가능한 발전과 환경적 지속가능성 · 109
7. 포스트식민주의와 포스트구조주의, 그리고 포스트개발 · 115
:: 주

제3부_ 국제 협력을 통한 개발 격차 줄이기

1. 국제개발협력의 이해 • 127
2. 글로벌 불평등 해소와 사회·공간정의 • 131
3. OECD 개발원조위원회(DAC)와 공적개발원조(ODA) • 134
4. 다자개발기구: UN에서 국제개발 금융기관까지 • 140
5. 개발 NGO와 시민사회, 국제민간재단과 민간기업 • 148
6. 한국국제협력단(KOICA)의 해외 협력 • 151
7. 빈곤 타파를 위해 노력하는 개인들 • 152
:: 주

제4부_ 글로벌 시민성 함양을 위한 개발교육의 실천

1. 개발교육의 역사와 전통 • 161
2. 개발교육이란 무엇인가? • 181
3. 학교 교육과 개발교육(1): 영국을 사례로 • 190
4. 학교 교육과 개발교육(2): 오스트레일리아를 사례로 • 201
5. 학교 교육과 개발교육(3): 일본을 사례로 • 231
6. 개발교육과 지리교육의 관계 탐색 • 252
7. 지리 교육과정 및 교과서에 나타난 개발 담론 분석 • 259
8. 개발교육 교수·학습 방법으로서 OSDE 탐색 • 280
:: 주

참고문헌 • 302

제1부

개발(발전) 이해하기

1. 개발학이란 어떤 학문인가?
2. 개발이란 무엇을 의미하는가?
3. 개발의 역사적 기원과 관점
4. 개발 지표와 개발 측정하기
5. 공간과 개발: 왜 공간은 중요한가?
6. 공간적 불평등과 빈곤을 정의하고 측정하기

1. 개발학이란 어떤 학문인가?

최근 우리나라에도 '개발학(development studies)'이란 학문이 소개되어 그렇게 낯선 용어만은 아니다. 그럼에도 불구하고 이를 전공하지 않는 사람들에게 '개발학'이란 학문은 여전히 생소하다고 할 수 있다. 그 이유는 '개발학'이라는 학문이 본래 선진국에서 기원한 것으로, 우리나라는 선진국으로 진입한 역사가 그렇게 오래되지 않았기 때문이다.

개발학이란 간단히 말해 문자 그대로 '개발(발전, development)'과 관련한 학문이라고 할 수 있다. 좀 더 구체적으로 말하면 개발학은 '개발'과 '개발도상국'의 렌즈를 통해 정치, 경제, 사회, 문화 등 다양한 현상을 탐구하는 학문이다. 이러한 개발학은 과거 서구의 식민지를 경험한 개발도상국이 어떻게 하면 서구의 발전 경로를 따라 개발에 성공할 것인가를 연구하면서 시작된 학문이다. 따라서 연구 대상이 주로 '개발도상국' 또는 '제3세계'이지만 범위를 더 넓혀 인류 개발의 역사와 과정을 분석하기도 한다. 즉, 개발을 위해서는 어떤 조건과 환경이 필요한지, 그러한 환경 및 조건을 조성하기 위해 정부, 국제기구, 비정부기구 같은 주요 행위자들은 무엇을 해야 하는지를 연구한다(한국국제협력단, 2014).

개발학이라는 학문의 기원은 대개 1940년대로 본다. 왜냐하면 이 시기는 유럽과 북미의 서구 선진국들이 개발을 명시적이고 구체적인 목적으로 설정했기 때문이다. 그렇지만 앞에서 언급했듯이 일부 학자들은 개발학의 기원을 서구의 식민지 개척의 시대로 보기도 한다. 이 당시 서구는 개발을 식민지 개척과 문명화로 이해하면서 식민지학이 발전하기 시작했는데 이를 개발학의 시초로 본다. 식민지 시대의 식민지학이 2차 세계대전 이후 영국에서 '개발학'이라는 이름으로 재탄생했다.

제2차 세계대전 이후 서구의 식민지로부터 벗어난 신생 독립국가들은 국제연합(UN)에 가입하였다. 국제연합은 1960년대를 '개발 10년(Development Decade)'으로 지정하고, 개발도상국들의 개발 문제는 선진국의 금융, 기술, 지식의 지원을 통해 극복될 수 있다고 생각했다. 1966년 국제연합은 국제연합개발계획(UNDP)을 수립하였으며, 대학에서는 '개발학'이 하나의 학문 분야로 출현했다. 이들은 개발도상국이 선진국의 원조와 투자에 의해 전통적인 사회에서 현대 산업사회로 변화할 것이라고 강조하였다.

이처럼 대학에서 연구되는 학문으로서 개발학의 기원은 1960년대로 거슬러 올라간다. Harriss(2005)에 의하면, 개발학이라는 학문은 이 시기에 기존의 사회과학, 주로 전통적인 가설 검증과 통계 검증에 의한 계량적·실증적 접근에 초점을 둔 고전경제학에 불만을 가진 영국의 경제학자 및 사회과학자들의 연구에서 출발한다.

이 시기에 영국에서는 이전과는 다른 학문을 추구하는 소위 '신생 대학들(new universities)'이 설립되었다. 특히, 이들 신생 대학들은 전통적인 학문의 경계를 횡단하는 다학문적·학제적 연구(multi- and interdisciplinary studies)를 촉진하는 데 관심이 많았다. 그리고 이 시기의 사고와 실천의 변화는 1960년대 급진적인 마르크스 접근의 성장과 밀접하게 관련되어 있다(Harriss, 2005; Kothari, 2005). 서식스대학(University of Sussex)은 최초로 1966년 개발학연구소(Institute of Development Studies)를 설립하였다. 7년 후 1973년에 이스트앵글리아대학(University of East Anglia)은 처음으로 개발학을 학부 교과목으로 개설하였다. 개발학은 대학 학문으로서 옥스퍼드대학교, 맨체스터대학교, 바스대학교, SOAS 런던대학교, 런던정치경제대학교(LSE), 버밍엄대학교 등과 같은 다른 대학으로 확산되었으며, 현재까지 큰 영향력을 미치고 있다.

이처럼 개발학은 영국에서 출현하여 그 영향력을 점차 확대해 오고 있다. Harriss(2005, 18)에 의하면, 개발학은 영국에서 주도적으로 발전하였으며, 특히 개발도상국 출신의 학자들이 큰 기여를 하였다. 미국에서는 국제관계, 정치학, 경제학, 지리학과 같은 유사한 학문 분야에서 유사한 쟁점들을 연구하고 있지만, 상대적으로 덜 연구되고 있다.

앞에서 개발학은 '다학문적·학제적 연구'라고 하였다. 개발학은 본질적으로

'여러 학문 분야에 걸치는(cross-disciplinary)' 성격이 강하다. 왜냐하면, 개발학은 매우 다양한 학문 분야를 끌어와 개발도상국의 빈곤과 불평등을 연구하는 데 기여하고 있기 때문이다(Potter et al., 2012). 개발학의 학문 초기에 있어서 경제학은 개발경제학이라는 하위 학문을 통해 핵심적인 역할을 했다. 지리학자들은 지역 연구(regional and area studies)의 전통과 함께 '개발지리학(development geography)'이라는 하위 학문 영역을 통해 큰 기여를 해 오고 있다. 또한 사회학은 개발사회학(sociology of development), 정치학은 개발정치학(politics of development)이라는 하위 학문을 통해 개발학에 중요한 기여를 해 오고 있다. 뿐만 아니라 문화인류학, 역사학, 도시 및 지역계획학 역시 개발학에 큰 기여를 하고 있다(그림 1-1). 개발학은 또한 최근 개발도상국 또는 제3세계의 경제, 정치, 사회뿐만 아니라 환경, 문화, 교육 등에 관심을 가지면서 여성학, 환경학, 공중보건학, 교육학 등의 일부도 포함하는 통합적이고 융합적인 학문으로 거듭나고 있다.

그리고 개발이라는 개념의 초점이 경제 개발(근대화, 산업화 및 공업화, 경제성장 등)에서 최근 웰빙과 사회복지로 옮겨감에 따라 개발 대상도 개발도상국에서 전 세계로 확대되고 있다. 이처럼 개발학의 범위가 점차 확대되면서 융합적인

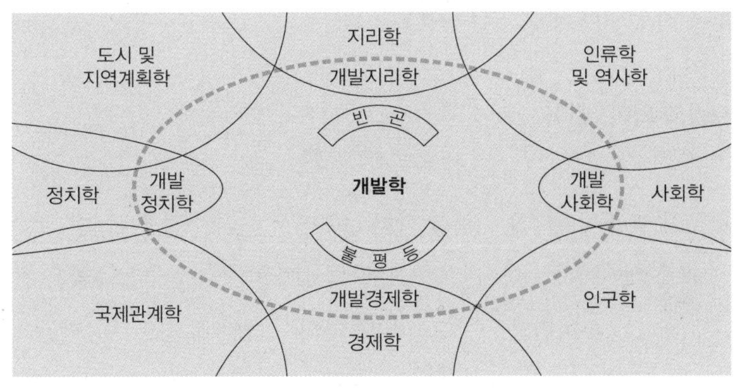

그림 1-1. 개발학의 다학제적 특성

(Potter et al., 2012, 5)

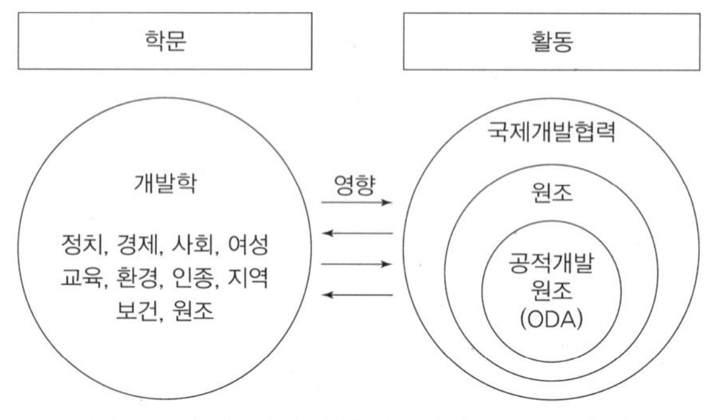

그림 1-2. 개발학, 국제개발협력, 공적개발원조(ODA) 비교

(한국국제협력단, 2014, 33)

성격이 더욱더 강해지고 있다.

한편 개발학은 국제개발협력이나 국제개발원조와 동의어로 사용되곤 한다. 그러나 개발학이 하나의 매우 포괄적인 학문이라면, 국제개발협력과 국제개발원조는 개발을 위한 국제사회의 각종 활동을 의미한다[1]. 국제개발협력과 개발원조에 대한 연구 및 담론은 단지 개발학의 일부분을 차지할 뿐이다(한국국제협력단, 2014).

2. 개발이란 무엇을 의미하는가?

1) 개발의 의미: 변화

개발(발전)이라는 개념은 다양한 학문 분야에서 여러 가지 관점으로 정의되고 있다. 그리고 개발이라는 단어는 일상생활에서도 흔히 사용된다. 개발은 언제 어디서나 존재하는 유비쿼터스한 단어이다. 따라서 개발에 관한 보편적인 정의를 제시하는 것은 쉽지 않다.

개발과 유사한 단어로는 성장, 진화, 향상, 진보 등이 있다. 흔히 개발은 더 나은 것을 위한 변화를 의미한다. 더 발전적이고 효과적인 개발은 세계의 인간과 장소를 더 나은 '변화'로 이끈다(Brookfield, 1975). 따라서 더 나은 세계를 만들기 위한 변화의 과정이 개발인 것이다.

좀 더 구체적으로 말하면, 개발이란 건강, 음식, 주거, 교육과 같은 사람들의 삶에서 중요한 것을 개선하는 것에 관한 것이다. 이러한 것들을 개선하는 것은 사람들에게 더 높은 삶의 표준(living standards)과 더 나은 삶의 질(quality of life)을 가지도록 도와 준다.

개발은 모든 수준, 즉 전 세계에서, 모든 국가에서, 모든 지역에서, 그리고 모든 개인에게서 진행되고 있다. 그러나 개발은 더 부유해지고, 더 많은 물건을 사는 것만이 아니다. 개발은 다양한 양상을 가지고 있다. 생존을 위한 충분한 돈을 가지는 것은 하나의 양상일 뿐이다. 개발은 '경제적' 과정일 뿐만 아니라 '사회적' 과정이다. 개발이 여전히 경제 성장과 동의어로 간주되고 있는 것은 불행한 일이다. 개발은 경제적 진보뿐만 아니라 빈곤, 실업, 불평등과 같은 인간복지가 균형을 이루는 데 관심을 갖는다. 무엇보다도, 개발은 '사람'에 관심을 기울이고 사람을 포함해야 한다.

그림 1-3. 개발(발전)이란 무엇일까?

'개발' 혹은 '발전'으로 번역되는 영어 'development'는 어원적으로 '감추어져 있던 것 혹은 쌓여 있던 것이(을) 드러나다(드러내다, 라틴어의 velare) 혹은 풀어지다(풀다, 라틴어의 dis)'를 의미한다. 잠재되어 있던 능력 혹은 동력이 드러나면서 '변화'를 가져오는 것을 의미하던 이 단어는 19세기 산업혁명 이전까지 식물이나 인간의 신체기관의 성장, 인간의 지식과 신체의 성장을 의미했다. 이처럼 개인 또는 개별적 대상에 국한되었던 개발의 개념은 산업혁명이 본격화한 19세기부터 경제와 사회의 성장, 진보를 의미하게 되었는데, 이로써 개발은 인간의 복지 또는 자유의 증가라는 사회적 단위에서의 진보라는 긍정적인 의미를 가진 개념어로 사용하게 되었다(한국국제협력단, 2009).

개발의 의미는 특히 20세기 후반부터 급속하게 변화해 왔다. 개발은 원래 경제적 발전 또는 성장을 의미했다. 그러나 최근 개발에 대한 관점은 더욱 광범위해졌는데, 경제적 발전과 기술적 발전뿐만 아니라 문화적 발전과 사회적 발전을 포함한다(Witherick et al., 2001, 72). 즉, 개발은 이를 측정하는 양적 지표뿐만 아니라 질적 지표에도 관심을 기울이기 시작했다.

이처럼 현시점에서 개발은 경제 성장뿐만 아니라 인간의 자유를 강화하는 것이라는 양면성을 가진다. 즉 개발이 경제 성장에 초점을 두어야 하는가(GDP, GNI, GNP), 아니면 인간의 자유를 강화해야 하는가[인간개발지수(HDI), 아마르티아 센(Amartya Kumar Sen)]는 쉽게 해결될 수 있는 문제가 아니다. 전자는 개

표 1-1. 시대별 개발의 개념 변화

1. 산업혁명 이전	인간, 물질의 진보 및 개선
2. 산업혁명 이후	산업화, 국부 증진
3. 19세기 중반	유럽: 자본주의 발전 + 사회보호 및 복지 식민지: 자원 개발, 식민지 주민 문명화
4. 2차 세계대전 이후(마셜 플랜)	공업화, 산업화
5. 1990년대~	인간 개발(인간의 기본권 향유)

(한국국제협력단, 2014, 20)

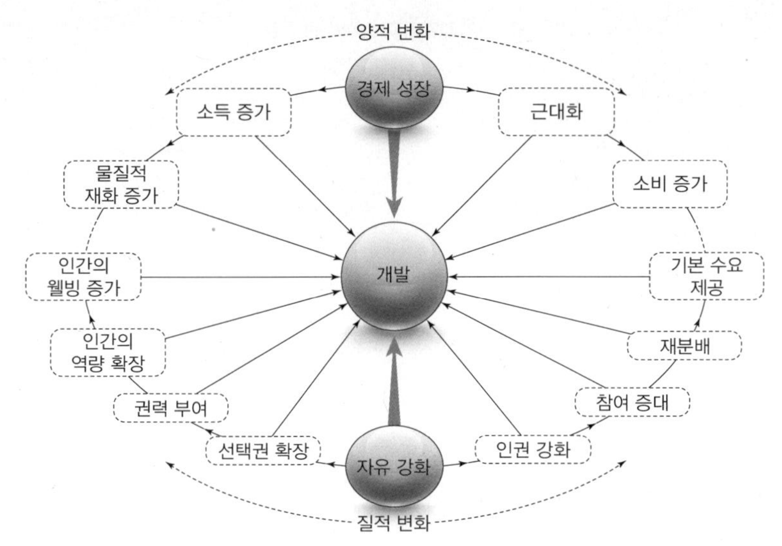

그림 1-4. '경제 성장으로서의 개발'과 '자유를 강화하기 위한 것으로서의 개발'

(Potter et al., 2008, 17)

발을 경제 성장에 두는 반면, 후자는 개발이 인간의 역량(human capabilities) 구축을 입증하는 것으로 본다. 개발로부터 야기되는 일부 주장들이 그림 1-4에 요약되어 있다. 이 접근은 UN의 인간개발지수(HDI)를 계산하기 위해 사용되는 일차적인 지표들과 직접적으로 관련된다. 이는 이후 개발 지표 및 척도, 개발의 측정 그리고 개발이론과 관련하여 자세하게 설명될 것이다.

한편 개발이라는 개념은 결코 중립적이거나 고정적인 것이 아니라 사회적으로 구성된다. 즉, 개발은 시간과 공간에 따라 다양하게 정의되고 사용된다. 개발은 표 1-2와 같이 상반된 양극단으로 상정되기도 한다. 하나는 개발을 전적으로 찬성하는 것이고, 하나는 개발을 전적으로 반대하는 것이다. 즉 개발은 '좋은(good)' 결과뿐만 아니라 '나쁜(bad)' 결과를 동반할 수 있다. 개발의 긍정적 측면은 경제 성장과 국가 발전을 가져오고, 기본 수요(음식, 옷, 주거, 기본적인 교육과 보건)를 제공하며, 더 나은 거버넌스, 그리고 장기적으로 더 지속가능한 성장을 가능하게 한다는 것이다.

표 1-2. 개발에 대한 상반된 관점

친개발(pro-development)	반개발(anti-development)
• 개발은 경제적 성장으로 이어진다. • 개발은 전체적인 국가의 진보를 가져온다. • 개발은 서구와 같이 근대화를 가져온다. • 개발은 기본 수요의 제공을 향상시킨다. • 개발은 지속가능한 성장으로 이어질 수 있다. • 개발은 향상된 거버넌스를 가져온다.	• 개발은 의존적이고 종속적인 과정이다. 즉 개발은 권력을 가진 자들이 권력을 덜 가진 자들에게 행하는 어떤 것이다. • 개발은 공간적 불평등을 창출하고 확장하는 과정이다. • 개발은 로컬 문화와 가치를 약화시킨다. • 개발은 빈곤과, 열악한 노동 및 삶의 환경을 영속화시킨다. • 개발은 종종 환경적으로 지속불가능하다. • 개발은 인권을 제한하고 민주주의를 약화시킨다.

(Rigg, 1997)

개발의 부정적인 측면으로는 상대적인 빈곤과 함께 부유한 사람·지역·국가와 가난한 사람·지역·국가 간의 불평등을 들 수 있다. 개발에 대한 또 다른 비판적인 관점은, 소위 개발이란 빈곤한 국가가 부유한 국가에 대한 의존이 심화되고, 경제적·사회적·정치적·문화적으로 종속된다는 것이다.

이상과 같이 개발은 일상어로 '변화'와 관련하여 사용된다. 그리고 개발이라는 단어는 정신적, 물질적, 제도적인 측면을 모두 포함하는 것으로 매우 광범위하게 사용된다. 개발은 이러한 정신적, 물질적, 제도적인 측면들의 변화와 밀접한 관계를 가지며, 암묵적으로 부정적 변화보다 긍정적인 변화를 가정한다. 개발이라는 개념은 복잡하며 개발의 의미에 대해서는 다양한 관점이 있다.

2) 개발의 공간적 의미: 공간적 불평등 해소

앞에서 살펴보았듯이 개발은 진보 그리고 사람들의 삶을 더 낫게 만드는 것과 관련된다. 세계에는 200개 이상의 국가가 있다. 모든 국가들은 개발을 위해 노력하고 있다. 그러나 개발 수준은 국가마다 다르다. 일부 국가들은 다른 국가들보다 더 부유하고 높은 삶의 표준을 가지며 더 많이 발전하고 있지만, 어떤 국가들은 가난하고 낮은 삶의 표준을 가지며 더 느리게 발전하고 있다. 심지어 일부 국가들은 역류하고 있다.

현재 발전한 국가들과 덜 발전한 국가들 간에는 큰 발전 격차가 있다. 그리하여 세계는 매우 불균등하다. 부유한 국가들과 가난한 국가들은 서로 상호작용하면서 부유한 국가들은 종종 가난한 국가들을 희생시켜 이익을 얻는다. 이는 세계가 직면하고 있는 가장 큰 문제 중 하나이다.

개발을 기본적으로 삶의 표준(living standards)을 개선하는 과정으로 간주한다면, 개발은 가난한 제3세계 국가뿐만 아니라 소위 발전된 국가(선진국)에서도 일어날 수 있다. 다양한 수준의 빈곤, 실업, 불평등은 심지어 세계에서 가장 부유한 국가에서도 발견되지만, 우리는 그것을 무시하는 경향이 있다. 학교 교육에서는 특히 가난한 제3세계 국가들을 경제적·사회적 문제를 가진 곳으로 묘사하는 경향이 있다(Binns, 2002).

지리적 관점에서 개발은 좀 더 구체적인 의미를 지닌다. 개발의 지리적 의미는 지역 및 국가 수준에서 경제적, 정치적, 사회적 변화 과정을 의미할 뿐만 아니라, 가난하거나 주변부에 있는 사람들의 삶의 조건을 개선하기 위한 의도적인 행동과 이를 통해 초래되는 긍정적인 변화와 관련된다(Willis, 2005; Willis, 2009).

개발은 과정(process)으로 정의될 수 있고, 국가나 지역에 적용되어 존재의 상태로 정의될 수도 있으며, 높은 수준의 도시화, 복잡한 경제 활동과 삶의 표준으로 정의될 수도 있다. 그러나 이러한 개발에 대한 정의는 시간과 공간을 횡단하여 다양한 특정 이데올로기를 반영하는 것처럼 결코 중립적이지 않다(Willis, 2009). 이와 같이 개발의 의미는 항상 고정된 것이 아니라 계속해서 변화하고 재해석된다.

국가 수준에서 개발은 국가경제개발계획(예: 경제개발 5개년계획) 또는 국토개발계획이 대표적으로, 국가 경제 및 국토의 효율적 관리와 이용을 위한 개발에 초점을 둔다. 이러한 개발 계획은 사물들이 미래에 어떠해야 하는가를 펼쳐 보인다는 점에서 개발과 변화의 과정을 보여 준다. 이러한 의미에서 '개발(development)'은 '계획(planning)'과 밀접한 관련을 지닌다. 계획은 변화를 예측하고 안내하는 것으로 정의될 수 있다(Hall, 1982; Potter, 1985; Pugh and Potter, 2000).

따라서 개발 정책 분야에서, 개발 과정은 개발 계획의 영향을 받으며, 대부분의 계획은 궁극적으로 개발이 인지되는 방식을 반영하는 개발이론들, 달리 말하면, 우리가 개발 이데올로기라고 언급하는 것에 의해 형성된다(Tordoff, 1992). 개발이론, 개발 전략, 개발 이데올로기의 정확한 본질은 '제2부 개발이론 및 이데올로기에 대한 탐색'에서 자세하게 살펴본다.

이 책에서 '개발'이라는 용어는 주로 '글로벌' 스케일에서 작동한다. 글로벌 스케일에서, 세계는 소위 '선진국(developed world)'과 '개발도상국(developing world)'으로 구분된다[2]. 오늘날 세계의 많은 사람들은 식품, 거주지, 물, 의료, 교육에 대해 적절한 접근을 하지 못한다. 지구상에는 세계 모든 사람들을 위해 충분한 자원이 있지만, 이러한 자원의 분포와 분배는 매우 불균등하다[3]. 그리하여 전 세계 사람들의 삶의 기회는 매우 다양하다. 지리학은 인권 보장, 공간정의, 생태적 지속가능성을 통해 불평등을 줄이는 데 기여하고자 한다. 간단하게 말해서, 개발은 선진국이 개발도상국의 실업과 저개발 그리고 빈곤을 줄이기 위한 노력으로서 개발원조 등을 지원하는 행위를 말한다.

개발은 기본적으로 전 세계 사람들의 삶의 환경 또는 삶의 질을 개선하는 것이다. 특히 개발은 글로벌 스케일에서 빈곤과 불평등을 줄이는 것을 의미한다. 즉 개발은 더 나은 세계를 만들기 위한 노력의 일환으로 빈곤과 글로벌 불평등을 줄이기 위한 시도라고 할 수 있다(Kothari, 2005; Potter et al., 2008).

세계는 빈곤한 개발도상국과 부유한 선진국으로 구분되고, 개발은 전자를 지원하기 위한 후자의 책임이다. 달리 말하면, 현재 빈곤한 개발도상국과 부유한 선진국 사이에 존재하는 매우 이질적인 환경을 평등하게 해야 할 윤리적 필요성이 개발인 것이다. 개발은 또한 실천적 행위자로서 국가, 국제기구, 비정부기구, 공동체 기반 기구들이 모두 개발을 촉진하기 위해 시도하는 정책 관련 과정을 포함한다.

지리학의 많은 개념들과 마찬가지로 개발은 정의하기 어렵다. 그렇지만 좀 더 쉽게 접근하기 위해 개발을 '내재적 개발(immanent development)'과 '의도적 개발(intentional development)'로 구분할 수 있다(Cowan and Shenton, 1996). Hart(2001)는 개발을 '소문자 d' 개발(development)과 '대문자 D' 개발(Development)로 구분한다. 내재적 또는 '소문자 d' 개발은 변화하는 자본주의의 본질과 관련된다. 즉, 지리적으로 불균등하고 근본적으로 모순적인 자본주의 개입의 '역사적 변화 과정'에 중점을 둔 개념이다. 이는 개발을 일방의 일방에 대한 개입 행위로 볼지, 아니면 일련의 역사적인 변화 과정으로 볼지에 대한 학자들 간의 시각 차이를 드러낸다. 반면, 의도적 또는 '대문자 D' 개발은 특히 1940년대 이후의 남(Global South: 글로벌 사우스, 개발도상국, 제3세계)에 있는 사람들의 삶을 개선하는 데 목적을 둔 특정한 일련의 프로젝트와 정책이다. 즉 제2차 세계대전 이후 식민지의 독립과 냉전체제를 배경으로 등장한 제3세계에 '개입'하는 것에 중점을 둔 개념이다. 이 개념에서는 식민주의자, 공여국, 공여기관 등의 역할을 중시한다. '대문자 D' 개발이 식민주의 신탁통치 개념에 그 뿌리를 두고 있다면, '소문자 d' 개발은 독립 이후 자본주의를 기반으로 한 세계 정치경제적 체제 변화를 중심으로 한다(Willis, 2009; 한국국제협력단, 2014).

지리학은 자본주의의 공간적 불균등 발전(the spatially uneven development of capitalism)과, 그것이 로컬적으로 경험된 결과를 검토하는 데 관심을 가져왔을 뿐만 아니라, 특정한 공간적 패턴과 공적 개발 정책의 결과를 검토하는 데도 관심을 가져왔다. 게다가, 최근의 연구는 그러한 정책들이 개발 이데올로기에 의해 어떻게 변질되며, 특정한 맥락에서 어떻게 발전되고 권력의 불균등한 행사를 통해 어떻게 실행되는지, 그리고 '개발'이라는 아이디어가 어디에서 당연한 것으로 간주되어 도전으로부터 영향을 받지 않는지에 초점을 두고 있다(Willis, 2009).

경제학자 Dudley Seers(Seers, 1969, 1972, 1979)는 개발의 의미를 다음과 같이 제안한다.

개발은 불가피하게 규범적인 개념으로, 대개 개선(improvement)과 동의어로 사용된다. 그렇지 않은 척하는 것은 단지 자신의 가치판단을 숨기는 것이다.…그러므로 한 국가의 개발(발전)에 관해 던지는 질문은 다음과 같다. 무엇이 빈곤을 야기하는가? 무엇이 실업을 야기하는가? 무엇이 불평등을 야기하는가? 만약 이들 3가지 모두가 덜 심각하게 된다면, 의심의 여지없이 이것은 관련된 그 국가를 위한 개발의 시기였다(Seers, 1969, 4).

이상과 같이 개발의 의미는 다양하고 계속해서 그 의미가 진화하고 있다. 앞에서 언급했듯이, 이 책에서 사용하는 개발의 공간적 범위는 지역이나 국가 수준이 아니라 글로벌 수준이다. 즉, 지역 개발이나 국토 개발이 아니라 글로벌 수준에서 국제 개발에 초점을 둔다. 그렇다면 국제 개발은 무엇을 의미하는 것일까?

국제 개발(international development)은 세계가 빈곤한 국가들이 번영하는 국가가 되도록 해야 하는 여정이다. 개발은 적어도 우리가 당연하게 여기는 가장 기본적인 것이 세계의 모든 사람들에 의해 당연하게 될 수 있도록 하는 것에 관한 것이다. 모든 국가의 사람들은 매일 그들의 접시에 음식을 담을 수 있어야 하며, 밤에는 그들의 머리 위에 지붕이 있어야 하며, 어린이들을 위한 학교가 있어야 하고, 그들이 아플 때 의사와 간호사 그리고 의약품이 있어야 하며, 돈을 벌 수 있는 직업이 있어야 한다. 국제 개발(international development 또는 때때로 global development)은 사람들을 빈곤으로부터 벗어나도록 하는 데 기여하고 있는 모든 국가들의 집합적인 노력이다(Wroe and Doney, 2005).

위의 글은 영국의 국제개발부(DFID, Department for International Development)와 영국 정부 관계기관에 의해 생산된 문서 『더 나은 세상을 위한 간략한 가이드(The Rough Guide to a Better World)』에서 인용한 것이다. 이 인용문에서 첫 번째 문장은 국제 개발이 전체로서 세계에 의해 추구되어야 하는 것이라는 점을 강조한다. 그것은 가난한 국가(개발도상국)가 번영한 국가(선진국)가 되는 것을 강조한다. 즉 수입과 삶의 표준이 개발의 중요한 구성요소라는 것을 강조한다. 나아가 개발은 음식, 주거, 학교, 건강 그리고 직업과 같이 사람들이 필요로 하는 기본 수요를 충족하도록 하는 것을 포함한다고 말한다. 마지막으로, 사람들이 빈곤으로부터 자유로워지는 것이 개발의 중요한 과제로 간주된다.

이 인용문은 '개발'이라는 단어가 주로 글로벌 스케일에 사용된다는 것을 보여준다. 앞에서도 언급했듯이 세계는 소위 상대적으로 부유한 '선진국'과 상대적으로 빈곤한 '개발도상국'으로 구분된다. 이러한 선진국과 개발도상국이라는 구분을 극복하기 위해서는 향상, 진화, 진보, 발전이 이루어져야 한다. 간단하게 말해서, 선진국은 개발도상국의 빈곤, 실업, 불평등, 그리고 '저개발(underdevelopment)'의 지표를 줄이기 위한 노력의 일환으로 개발원조(development aid)를 제공해야 한다. 이것의 핵심은 사람들의 기본 수요가 충족되도록 하는 것이다.

그러나 일상생활에서 '개발'은 정확하게 무엇을 의미하는가? 개발에 대한 관점과 태도는 시간의 흐름에 따라 뚜렷하게 변화되어 왔는가? 개발은 누구를 위한 것인가? 국제기구, 국가 정부, 비정부기구(NGOs), 기업과 개인은 '개발'이라는 단어를 동일한 의미로 이해하는가? 나머지 장에서는 이 점에 초점을 두고 살펴본다.

3. 개발의 역사적 기원과 관점

1) 개발에 대한 근대적 기원

개발에 대한 근대적 기원은 1940년대 후반으로 거슬러 올라간다. 소위 근대적 의미에서 개발은 1949년 미국 대통령 해리 트루먼(Harry Truman)이 한 연설과 직접적으로 관련된다(Potter et al., 2008). 트루먼은 이 연설에서 제3세계(Third

World)를 의미하는 '저개발지역(underdeveloped areas)'이라는 용어를 사용했다. 트루먼은 '저개발국(underdeveloped countries)'이 '개발' 되도록 하는 것을 선진국(developed world) 또는 '서구(West)'의 의무로 간주했다.

트루먼의 연설은 신식민주의에 기반한 것이라고 할 수 있다. 트루먼의 연설은 제2차 세계대전 이후 탈식민지화 과정에서 출현한 신생 독립국 내에서 미국의 신식민주의 역할을 효과적으로 강조한 것이다. 트루먼은 소위 저개발국인 신생 독립국에게 구소련에 기반한 사회주의체제 또는 동구권보다 장기간의 지원을 통해 미국과 서구 체제로 전환할 것을 유인하였다.

개발이론과 실천은 대개 1945~1955년에 기원하는데, 이 시기는 과학과 기술 진보에 대한 강력한 신념에 토대한 하이모더니즘(high modernism) 시기라고 일컬어진다. 모더니즘(근대화) 관점에서 개발은 전통적인 국가들을 근대적이고, 서구화된 국가로 변형하는 것이다. 많은 서구 정부, 특히 이전에 식민지를 거느린 서구의 국가들에게 그러한 관점은 신탁통치(trusteeship)[4]를 통해 식민지를 발전시키기 위한 후기 식민지 미션으로 이어진다(Cowen and Shenton, 1995).

2) 계몽주의 시대의 개발의 기원

앞에서 논의한 근대적인 개발의 기원은 특히 18세기와 19세기 합리주의와 인본주의 시대로 거슬러 올라간다. 이 시기에 '변화'로 간단하게 정의되던 개발이 '진화'라는 더 논리적인 형식으로 변형되었다. 이 시기를 통칭하여 '계몽주의(enlightenment)'라고 한다. 계몽주의는 인간의 능력과 과학의 가능성에 대한 신뢰를 바탕으로 한다.

일반적으로 계몽주의는 18세기에 계속된 유럽의 지적인 역사 시기로 간주된다(Power, 2003). 계몽주의는 과학과 합리적인 사고가 인간을 야만인(barbarianism)에서 문명인(civilization)으로 발전시킬 수 있다는 믿음을 강조한다. 이 시기에 합리적·과학적 사고를 세계에 적용함으로써, 변화가 더 질서정연하고, 예측 가능하며, 의미있게 될 것이라는 믿음이 더욱 강해졌다.

계몽주의는 성직자들의 권력에 도전했고 세속적인 또는 비종교적인 지식인 계급(intelligentsia)이 등장하도록 하였다. 계몽적 사고는 이성/합리주의, 경험주의(관찰을 통해 지식을 획득하는 것), 보편적인 과학과 이성의 개념, 질서있는 진보의 사고, 새로운 자유에 대한 옹호, 세속주의 윤리, 모든 인류는 본질적으로 같다는 신념 등을 포함했다(Hall and Gieben, 1992; Power, 2003).

이러한 계몽적 관점 및 사고를 따르지 않는 사람들은 '전통적(traditional)'이고 '낙후된(backward)' 것으로 간주되었다. 예를 들면, 오스트레일리아의 원주민 애버리지는 1788년 그들을 침공한 영국에 의해 그들이 차지하고 있던 땅에 대한 권리를 부정당했다. 왜냐하면 애버리지는 체계적이고, 합리적인 서구 방식으로 농사를 짓지 않았기 때문이다. 이런 점에서, 개발에 대한 계몽주의적 사고는 직접적으로 서구적인 가치 및 이데올로기와 연관되었다. Power(2003, 67)는 '서구(the West)'라는 개념의 출현은 계몽주의에 있어 중요했고, 그것은 유럽과 유럽의 지식인들을 인간 성취의 정점에 두는 매우 유럽적인 일이었다고 지적한다. 따라서 개발은 서구의 종교, 과학, 합리성, 정의의 원칙과 직접적으로 연결되는 것으로 간주되었다.

19세기에 자연과학자 찰스 다윈의 진화론이 등장했다. 이는 미래의 생존을 위한, 더 적절한 것을 향한 점진적인 변화를 강조했다(Esteva, 1992). 진화론이 계몽주의 사고의 합리성과 결합되었을 때, 그 결과는 서구의 사회이론에 근거한 개발이 편협하지만 정확한 방식이 되었다. 산업혁명기에, 개발은 본질적으로 매우 경제적인 측면을 띠게 되었다. 그러나 19세기 후반경, '진보(progress)'라는 개념과 '개발(development)'이라는 개념 간에는 명백한 구분이 있었다. '진보'가 순수한 자본주의의 산업화라는 통제되지 않는 혼돈으로 특징지어진다면, '개발'은 기독교 질서, 근대화와 책임성을 나타냈다(Cowen and Shenton, 1995; Preston, 1996).

이후 1920년대부터 개발 개념은 식민지 미션으로 특징지어지기 시작했다. 즉,

해외의 토지 개발(즉 식민지 개발)을 서구에 의해 정해진 일련의 표준을 향한 질서정연한 진보와 동일시했다. Esteva(1992)는 이것을 서구가 그들의 사회적 삶의 조건을 규정하기 위해 식민지 사람들로부터 다양한 기회의 문화를 빼앗는 것으로 간주한다. 전통적인 사회가 항상 새롭고 더 생산적인 개발에 대응해 왔다는 사실을 거의 인식하지 못했다. 식민지에 대한 계속적인 경제적 착취는 서구의 표준과 가치를 향한 개발이 실제로 성취될 수 없게 만들었다. 이러한 점에서, 제3세계의 저개발(underdevelopment)은 이후 안드레 군더 프랑크(André Gunder Frank)와 같은 종속이론가들이 주장하는 것처럼 개발의 창조(creation of development)이다.

3) 전통적인 개발: 권위적 개입과 경제 성장

미국 대통령 트루먼(Truman)은 1949년 연설에서, 저개발 국가의 빈곤은 그들 국가뿐만 아니라 더 번영한 선진국 모두에게 불리한 조건이고 위협이며, 더 많은 생산이 번영과 평화의 핵심이라고 하였다. 그리고 더 많은 생산의 핵심은 근대적인 과학·기술적 지식을 더 폭넓고 더 많이 활발하게 적용하는 것이라고 하였다(Porter, 1995).

따라서 계몽주의 가치는 19세기의 인본주의와 결합되어 신식민주의 미션이라는 새로운 신탁통치를 정당화하였다. 신식민주의 미션은 권위적 개입을 통해 수행되며, 일차적으로 개발이 어떻게 일어나야 하는가를 제안하는 충고와 프로그램 제공으로 이루어졌다(Preston, 1996). 근대의 개발 개념은 이처럼 긴 역사를 가지고 있다.

그러므로, 1950년대 초반 개발이 경제 성장과 동의어가 되었다는 것은 그렇게 놀라운 것이 아니었다. 노벨경제학상을 수상한 아서 루이스(Arthur Lewis)는 근대화 미션은 성장(growth)이지 분배(distribution)가 아니라고 단호하게 주장하였다(Esteva, 1992, 12). 달리 말하면, 수입과 부를 증가시키는 것이 사회 내에서 공정하거나 공평하게 확산 또는 분배되는 것보다 훨씬 더 중요한 것으로 간주되었다. 그리하여 20세기 후반 경제학자들은 개발 논쟁에 불씨를 지폈다.

1950년대와 1960년대에 중요성과 영향력을 가진 개발경제학(development economics)은 저개발국을 규명하는 방식에 좋지 못한 영향을 미쳤다. 즉, 개발경제학의 영향으로 저개발을 계량화하는 가장 편리한 방법은 1인당 국민총생산(GNP) 측정이었다.

4) 개발에 대한 더 넓은 정의: 사회적 웰빙과 자유

고전경제학의 영향을 받은 개발에 대한 접근은 근대화이론(modernization theory), 하향식 개발(top-down development)에 근거하여 1940년대와 1950년대 개발에 대한 사고를 지배했다. 이러한 경향은 1960년대 베트남전쟁과 다른 많은 개발에 대한 자각으로 급진적 종속이론(radical dependency approaches)이 나타날 때까지 거의 변화가 없었다(제2부 3장 참조). 종속이론은 서구의 개발 논리가 개발도상국의 개발을 억제하는 역할을 했다고 주장했다. 그 후 1970년대에 또 다른 반대 운동이 나타났는데, 이는 개발이 경제적 효율성보다 아래로부터 개발을 야기하는 지역 자원(local resources), 농촌 중심 개발(rural-based development), 이후 지속가능한 개발(sustainable development)로 명명된 환경개발(eco-development)에 근거해야 한다고 주장했다.

이에 맞춰, 1970년대와 1980년대에는 개발의 지표가 경제적 지표뿐만 아니라 건강, 교육, 영양과 같은 사회적 지표로 확장되기 시작했다. 많은 분야에서 개발이 경제적 성장 이상이라는 주장이 제기되었다. 더 많은 재화와 서비스의 성장과 제공에도 불구하고, 이들이 어떻게 그 사회의 구성원들에게 분배되는가가 중요한 문제로 대두되었다. 이러한 관점은 개발에 대한 종합적이고 다차원적인 지표로서 인간개발지수(HDI: Human Development Index)의 출현에 영향을 주었다. 인간개발지수에서 소득은 여전히 삶의 표준에 대한 지표로서 포함되지만, 단지 3개의 주요 변수 중 하나이다. 다른 두 개의 지표는 '건강'(기대수명)과 '지식/교육'(문해력, 학교 등록)이다.

결국, 그러한 사회적 지표는 환경의 질, 정치적 권리 및 인권, 성평등으로 확대되었다. 최근 노벨경제학상 수장자인 아마르티아 센(Amartya Sen, 1999)은 그의 책 『자유로서의 발전(Development as Freedom)』에서 이를 언급하였다. 그는 한마디로 '개발은 사람들에게 선택과 실질적인 기회를 제공하지 않은 다양한 유형의 부자유들(unfreedoms)을 제거하는 것'이라고 주장한다(Sen, 1999, xii; Sen, 2000). Sen은 경제적 기회, 정치적 자유, 사회적 편익, 투명성 보장, 안전 보장 등 도구적 자유(instrumental freedoms)의 필요성을 강조하며, 도구적 자유가 사람들의 삶에 대한 차이를 만들 것이라고 했다. 이러한 관점, 즉 자유는 모든 사람들에게 부여되어야 하는 인권과 시민권(human and civil rights)이라는 관점에서 정의된다. 무엇보다도, 인간은 그 사회에서 적합하고, 건강하며, 교육받을 권리를 가져야 한다.

윤리학자인 Goulet(1971)은 일찍이 개발의 다차원적 본질에 대해 이해의 필요성을 주장하였다. 그는 그의 책 『잔인한 선택: 개발이론의 새로운 개념(The Cruel Choice: a New Concept in the Theory of Development)』(1971)에서 이를 명확하게 제시하였다. 이 책에서 그는 개발의 세 가지 구성요소, 즉 생계 유지(life sustenance), 자존감(self-esteem), 자유(freedom)를 제시했다. 이는 대개 경제적 자유(economic freedoms), 개인적 자유(personal freedoms), 더 넓은 사회적 자유(wider societal freedom)와 동일하다(최항순, 2006).

- 생계 유지(life sustenance): 생계 유지는 기본 수요와 관련된다. 국가가 국민에게 주거, 옷, 음식과 교육을 제공할 수 없다면, 개발된 것으로 간주할 수 없다. 물론 이것은 사회 내에서 분배의 쟁점과도 관련된다. 가난한 국가가 빠르게 성장할 수는 있지만, 수입이 불균등하게 분배될 수 있다. 그러한 국가는 성장할 수는 있지만 개발(발전)된 것은 아니다. 왜냐하면 단지 소수의 엘

리트만이 더 부자가 될 것이기 때문이다.

- 자존감(self-esteem): 자존감은 자기 존중, 독립심과 관련된다. 개발은 식민주의처럼 다른 사람들에 의해 착취/통제되지 않는 것을 의미한다. 그런데 국제통화기금(IMF)과 세계은행은 많은 개발도상국의 경제정책 수립을 지배하고 있다. 또한 다국적기업은 종종 강력한 통제력을 행사한다.
- 자유(freedom): 자유는 사람들이 자신의 운명을 결정할 수 있는 능력으로 간주된다. 사람들이 교육과 기술을 제공받지 못한 채, 최저 생활의 주변부에 갇혀 있다면 자유롭지 못한 것이다. 개인들에게 열려 있는 선택 범위의 확장은 개발에서 매우 중요하다. 엘리트가 아니라 다수가 선택권을 가져야 한다.

5) 반개발 입장

개발에 대한 비판은 1960년대 이후 지금까지 계속되고 있다. 그러나 반개발주의(anti-developmentalism, 정확하게는 반서구개발주의: 서구의 개발 경로를 따르지 않는 개발)는 오랜 역사를 지닌다. 그것은 19세기로 거슬러 올라간다. 또한 반개발(anti-development)은 때때로 포스트개발(post-development)과 비욘드개발(beyond-development)로 간주되기도 한다(Corbridge, 1997; Blaikie, 2000; Nederveen Pieterse, 2000; Schuurman, 2000, 2008; Sidaway, 2008).

사실 반개발주의는 새로운 것이 아니다. 왜냐하면 반개발주의는 본질적으로 근대화의 실패에 근거하고 있기 때문이다. 반개발주의에 의하면, 개발은 개발의 경제적, 사회적, 정치적 매개 변수가 서구에 의해 책정되고 다른 나라들을 서구의 이미지로 발전시키기 위한 신식민주의 미션으로 다른 나라들에게 부과한 유럽중심적인 서구의 구성이다. 따라서 반개발주의는 이에 대해 비판적 입장을 견지한다. Nederveen Pieterse(2000, 175)는 "개발은 서구의 '신흥종교'이기 때문에 거부된다."라고 했다.

이처럼 서구에 의한 개발은 전통적인 공동체의 로컬적 가치와 잠재력이 대개

:: 글상자

식민주의

식민주의(colonialism)는 흔히 제국주의(imperialism)와 혼용하여 사용된다. 식민주의와 제국주의는 서로 겹치는 부분이 있지만 은밀하게 말하면 서로 다르다. 통상적으로 제국주의가 식민주의보다 더 포괄적인 개념으로 간주된다. 제국주의는 '식민지배자나 그와 비슷한 특권층이 시장에서 유리한 지위를 차지하고 자원과 영토를 자신의 이익을 위해 사용하는 모든 행위'를 일컫는다. 식민주의는 '다른 국가를 정치적으로 지배 및 통제하기 위해 영토를 차지하고 경제적으로 착취하는 정책 혹은 행위'를 말한다.

식민주의는 어떤 집단이 다른 영토로 이주해 영구적으로 정착함으로써 발생하는 식민지의 개념과는 다르다. 즉 식민지는 미국, 캐나다, 오스트레일리아 및 뉴질랜드 같은 정착 식민지(settler colonies)와 아프리카나 남미의 국가 같은 비정착 식민지(non-settler colonies)로 구분할 수 있다. 여기에서 식민주의 개발 담론에 해당하는 것은 '비정착 식민지'다.

유럽의 국가들은 비교적 이주민이 정착하기에 좋은 곳을 정착 식민지로 삼아 본국의 정치·경제·사회적 제도를 그대로 식민지에 이식하고 인프라에 대규모 투자를 했다. 반면 환경이 좋지 않아 이주민의 사망률이 높은 지역은 정착하는 대신 현지의 자원(노예 같은 인적 자원, 농수산 및 광물자원)을 착취해 본국의 부를 축적하거나 성장을 위한 기반으로 활용했다.

결국 식민주의는 15~19세기에 유럽 국가가 아프리카, 아시아, 아메리카에 식민지를 건설해 경제적으로 착취한 것을 의미한다. 제국주의는 시장이라는 보다 포괄적인 개념에서 유리한 입지를 확보해 간접적으로 착취하는 것으로, 이것이 오늘날 '신제국주의(neo-imperialism)'라는 이름 아래 여전히 행해진다고 보는 학자들도 있다.

식민지 착취의 역사는 15세기 말 영국, 프랑스, 스페인, 포르투갈, 네덜란드 등 유럽 국가들이 유럽 대륙 너머의 자원을 찾아 떠난 대항해 시대부터 오늘날에 이르고 있다. 식민주의는 시기별로 상업 식민주의(mercantile colonialism), 산업 식민주의(industrial colonialism), 후기 식민주의(post colonialism)으로 구분된다. 그리고 제2차 세계대전 이후 대부분의 식민지가 독립하기 시작했다.

현재 서구의 대부분의 식민지는 독립하였지만, 과거 식민지배국이 현재 국제개발협력이라는 이름 아래 식민지에 대한 영향력을 계속 행사한다는 주장도 있다. 독립 과정을 통해 식민주의자와 식민지 간의 정치적 지배 관계는 끊어졌지만, 경제적 지배 관계가 그 자리를 대체했다는 의미다. 한마디로 '식민주의자-식민지'가 '공여국-개발도상국'으로 이름만 바뀌었을 뿐이라는 얘기다.

(Potter et al., 2008; 한국국제협력단, 2014)

무시당한다. 반개발주의의 공통점은 개발이라는 담론이 서구에 의해 구성되어 왔고, 이것이 서구의 권력과 개입을 통해 제3세계에 관한 지식을 생산한다는 것이다. 그리고 이것이 제3세계를 지도화하고 제3세계를 생산한다(Escobar, 1995, 212). 따라서 Escobar(1995)는 개발이 빈곤, 저개발, 후진성(backwardness), 무토지소유(landlessness)와 같은 비정상을 창출하고, 로컬 문화의 가치를 부정하면서 소위 정상화 프로그램을 통해 계속해서 제3세계를 다루려 한다고 주장한다. Escobar는 특히 풀뿌리 참여(grassroots participation)뿐만 아니라 변화의 미디어로서 신사회운동(new social movement)에 더 강조점을 둔다.

반개발운동은 개발 과정에서 로컬의 중요성뿐만 아니라, 로컬 수준에 존재하는 중요한 기능과 가치를 다시 강조하였다. 비록 로컬적인 성공이 근대화의 목적 또는 외부 영향력으로부터 자유롭지는 않지만, 반개발운동은 '글로벌 강압주의(global steamroller)'에 직면하여 로컬 수준에서 무엇이 성취될 수 있는지를 상기시킨다.

4. 개발 지표와 개발 측정하기

1) 개발 격차가 생기는 이유는 무엇일까?

전 세계 국가 간에 '개발 격차(development gap)'는 왜 생기고 왜 점점 커지는 것일까? 우리가 흔히 말하는 선진국과 개발도상국 간의 격차는 줄어들기는커녕 계속해서 커지고 있다. 개발도상국이 선진국에 비해 개발이 훨씬 뒤떨어지는 이유에는 여러 가지가 있다.

먼저 역사적 이유를 들 수 있다. 세계의 가난한 국가들 대부분은 한때 유럽 국가의 식민지였다. 이는 처음에 금, 담배, 목재, 향신료 그리고 심지어 노예와 같은 물건을 우호적으로 무역하는 것에서 시작했다. 그러나 시간이 지남에 따라, 유럽인들은 점점 더 탐욕스러워졌다. 유럽인들은 식민지로부터 원료를 가져가고, 식민지에 완제품을 팔았다. 이는 유럽의 많은 국가들을 부유하게 만들었다. 제2차 세계대전 이후 유럽인들은 그들의 식민지를 떠났고, 식민지 국가들은 독립하였다. 그러나 식민지 국가들은 많은 불안 요소를 가지고 있었으며, 유럽인들은 대부분의 산업을 남겨두지 않았다. 이들 식민지에서 벗어난 국가들은 지금도 여전히 빈곤에 시달리고 있다.

둘째, 환경적 이유이다. 즉 자연환경과 관련이 있다. 예를 들면, 일부 개발도상국들은 발전을 위해 무역을 할 수 있는 천연자원을 거의 가지고 있지 않다. 또한 일부 개발도상국에서는 기후가 생활을 어렵게 만든다. 예를 들면, 강수를 예측할 수 없어 작물 재배가 어렵다. 일부 개발도상국은 너무 많은 비로 심각한 홍수를 경험한다. 그 결과 고된 노동의 결과들이 순식간에 쓸려간다.

셋째, 사회·경제적 이유 때문이다. 이는 사회적 이유와 경제적 이유가 결합된 것이다. 많은 가난한 국가들은 전쟁 중이며, 전쟁에 돈과 에너지를 과다하게 사용하고 있다. 그리고 가난한 국가들은 제조업 기반이 취약하다. 따라서 그들은 필요한 공산품을 대부분 부유한 국가로부터 수입해야 한다. 그리고 대부분의 가난한 국가들은 많은 채무를 안고 있다[5]. 그들이 번 많은 돈은 채무를 갚는 데 사용된다. 대부분의 가난한 국가들은 발전을 위해 열심히 노력하고 있지만, 그들은 큰 어려움에 직면하고 있다. 많은 국가들이 빚 때문에 빈곤에서 벗어나지 못한다. 따라서 부유한 국가의 사람들은 제3세계 국가들이 과거부터 부유한 국가에 지고 있는 채무를 탕감해 줄 것을 자신의 정부에 압력을 가한다. 또한 세계은행과 국제통화기금(IMF)에 대한 압력도 행사하고 있다.

2) 개발은 어떻게 측정할 수 있을까?

개발은 시간의 흐름에 따라 그리고 영토를 횡단하여 일어나고 있다. 많은 학자들과 UN과 같은 국제기구는 한 국가의 개발이 어느 정도 이루어졌는지 측정하는 방법을 찾기 위해 노력하고 있다. 개발을 측정하는 방법은 시간에 따라 의미가 다르게 부여된 개발에 대한 개념화와 밀접한 관련이 있다.

1950년대에서 1980년대 초반에 이르는 시기에 개발은 일반적으로 경제 성장, 특히 '생산과 소득의 성장'의 관점에서 측정되었다. 그러나 1980년대 후반에 들어서면서 개발이 의미하는 방식에 변화가 생겨나고, 이러한 변화에 따라 '인간개발과 변화'라는 더 넓은 지표를 반영하기에 이른다.

개발의 다차원적인 본질을 인식하려는 이러한 경향은 1990년대부터 21세기까지 계속되고 있다. 이와 더불어 더 주관적이고 질적인 개발 지표를 반영하려는 움직임이 나타났다. 여기에는 '사회복지'와 '인권'이라는 더 넓은 지표가 포함된다.

이처럼 개발을 측정하는 지표는 매우 다양하며, 이러한 개발 지표는 전 세계의 국가들을 비교하는 데 사용된다. 개발 지표는 한 국가가 얼마나 발전되었는지 보여 주는 데 도움을 주는 데이터이다.

가장 많이 사용되는 개발 지표 중 하나는 1인당 국내총생산(GDP)으로, 세계 각국의 1인당 국내총생산(GDP)은 큰 차이가 난다. 1인당 국내총생산(GDP)이 높은 국가를 흔히 선진국이라 하고, 1인당 국내총생산(GDP)이 낮은 국가를 개발도상국, 매우 낮은 국가를 저개발국이라고 한다. 그러나 1인당 국내총생산(GDP)은 발전의 경제적 측면만을 반영하는 한계 때문에, 1인당 국내총생산(GDP)뿐만 아니라 기대수명, 교육 정도를 포함하는 더 종합적인 지표로서 '인간개발지수(Human Development Index, HDI)'가 흔히 사용된다. 이뿐만 아니라 최근에는 인권과 자유를 포함하는 더 넓은 관점(빈곤지수, 성평등지수)에서 접근하고 있으며, 행복지수와 웰빙지수로 개발을 측정하기도 한다. 이외에도 인간의 삶의 질을 결정하는 개발 지표로 깨끗한 물에 대한 접근, 의사 1인당 인구수, 여성이 차지하는 국회의원 수, 인터넷 사용자 수, 정부의 유형, 유아사망률 등이 사용되기도 한다.

요컨대 한 국가의 개발 정도는 다음과 같은 개발 지표에 따라 측정할 수 있다. ① 개발을 경제 성장으로서 측정하기: 1인당 국내총생산(GDP), ② 개발을 인간

개발로서 측정하기: 인간개발지수(HDI), ③ 개발을 인권과 자유를 포함한 더 넓은 관점에서 측정하기, ④ 기타: 행복지수와 웰빙지수.

3) 경제 성장으로 개발 측정하기: 1인당 국내총생산(GDP)

다양한 사람과 장소를 비교하는 전통적이고 가장 쉬운 방법은 경제적 부를 측정하는 것이다. 개발을 측정하기 위한 지표로 가장 많이 그리고 오랫동안 사용되고 있는 것은 경제 지표로서 1인당 국내총생산(GDP), 1인당 국민총생산(GNP), 1인당 국민총소득(GNI)이다[6]. 이들 지표는 1950년대부터 현재까지 개발 지표로 사용되고 있으며, 상이한 발전 수준을 측정하는 가장 쉬운 방법이면서 상호 비교할 수 있는 가장 간단한 방법이다.

이 접근은 한 국가의 생산 및 소득이 높을수록, 그 국가는 더 발전되었다는 것을 의미한다. 이 접근은 개발을 본질적으로 경제 성장과 동일한 것으로 간주한다. 단선적인 개발 모델과 이론이 강조되던 시기에, 국내총생산(GDP)/국민총생산(GNP)의 성장이 대안적인 개발의 지표로 간주되었다. 더 정확하게 말하면, 이 접근에서 한 국가의 삶의 표준이 개략적인 개발 지표로서 사용된다(Thirlwall, 2008). 한 국가의 국내총생산(GDP)/국민총생산(GNP)은 한 국가 내에서 일하는 인구수와 그들의 전체적인 생산성의 직접적인 영향을 받는다.

이 지표는 미국 달러로 환산되어 삶의 표준에 대한 국제적 비교가 가능하기 때

표 1-3. 1인당 국내총생산(GDP)과 1인당 국민총생산(GNP)의 비교

1인당 국내총생산 (GDP)	국내 회사에 의해서든 외국 회사에 의해서든 간에 한 국가에 의해 생산된 모든 재화와 서비스의 가치를 측정 대상으로 한다. 국가 총액을 총인구로 나누어 계산한다. 이는 인구수당 생산된 재화와 서비스의 가치를 제공한다.
1인당 국민총생산 (GNP)	이것은 해외에서 얻은 순소득을 합한 국내총생산(GDP)이다. 달리 말하면, 해외에서 벌어들인 수입이 부가되고, 해외에서 이루어진 지출이 제외된다. 이 총액은 또한 총인구수로 나누어 계산한다. 최근, 세계은행과 같은 국제기구들은 점점 이것을 1인당 국민총소득(GNI)과 관련짓는다.

문에 인기가 높다[7]. 이 접근을 채택할 때, 한 국가의 빈곤 원인이 부족한 천연자원과 인적 자본(예를 들면, 교육), 그리고 낮은 기술 수준으로 인한 낮은 노동생산성으로 간주된다. 국가의 경제 성장은 보통 1년 동안 재화와 서비스(GDP/GNP)의 생산이 얼마나 증가했는지로 측정된다(Thirlwall, 2008).

이와 같은 경제적 개발 지표를 지도화함으로써 세계가 얼마나 불평등한지를 보여 줄 수 있다. 그림 1-5는 국가별 1인당 국내총생산(GDP)을 보여 준다. 이에 근거하면 세계는 두 개의 경제 집단으로 구분된다. 하나는 경제적으로 더 발전한 국가들(More Economically Developed Countries, MEDCs)로, 높은 1인당 국내총생산(GDP)에 더 부유하며 더 산업화된 '북(선진국, North)'이다. 다른 하나는 경제적으로 덜 발전한 국가들(Less economically developed countries, LEDCs)로, 낮은 1인당 국내총생산(GDP)에 더 가난하며 덜 산업화된 '남(개발도상국, South)'이다.

표 1-4에서처럼, 더 부유한 국가들과 더 가난한 국가들을 지칭하는 다른 표현들이 있다. 예를 들면, 부유한 북(rich North)과 가난한 남(poor South), 경제적으로 더 발전한 국가들(MEDCs)과 경제적으로 덜 발전한 국가들(LEDCs), 그리고 제3세계이다.

앞에서 살펴보았듯이, 최근 개발의 의미는 경제적 발전 또는 부의 성장뿐만 아니라 다양한 사회, 건강, 교육 지표를 포함하는 것으로 확장되어 왔다. 그러나 이러한 지표들 역시 한 국가의 부에 의존하는 경향이 짙다. 따라서 경제적으로 더 발전한 국가들과 비교할 때 경제적으로 덜 발전한 국가들은 대개 다음과 같은 특징을 지닌다.

- 높은 출생률 · 사망률 · 유아사망률 · 자연증가율, 짧은 기대수명
- 낮은 문해력과 낮은 1인당 의사 수
- 높은 1차 산업 비중, 낮은 2차와 3차 산업 비중
- 적은 무역량과 높은 무역 적자
- 적은 1인당 에너지 사용량, 많은 농촌 인구

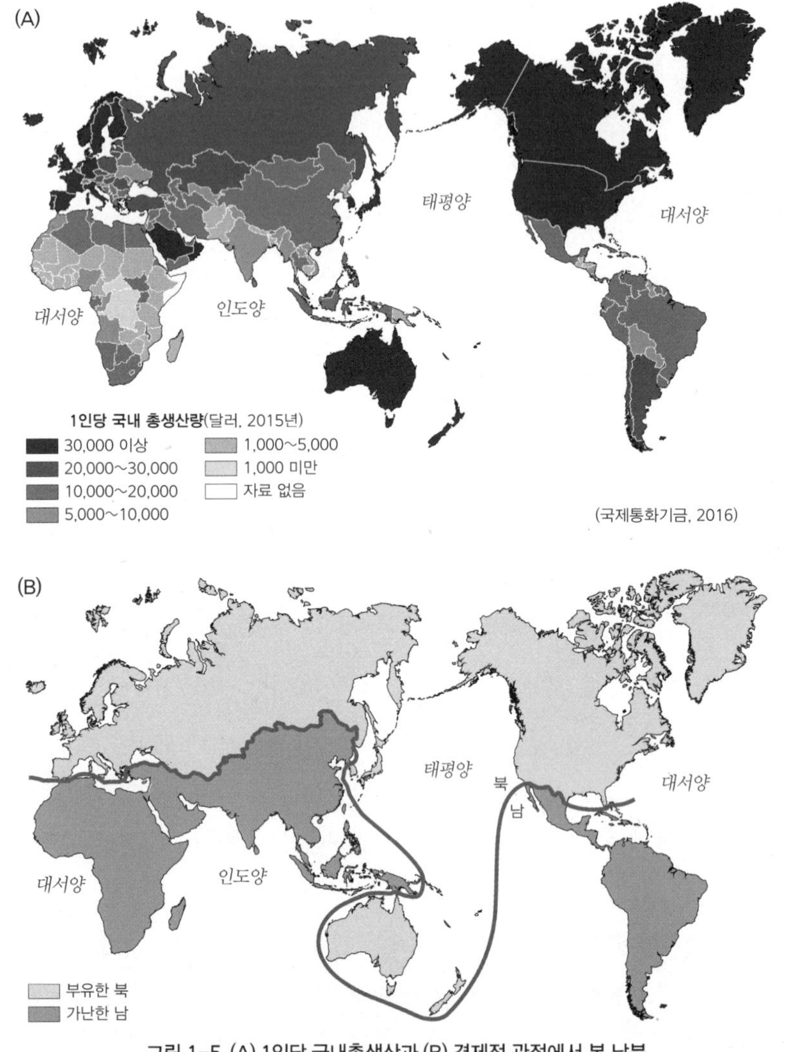

그림 1-5. (A) 1인당 국내총생산과 (B) 경제적 관점에서 본 남북

그러나 현재 '개발'이라는 용어는 단지 '경제적 부'보다 더 넓은 의미를 지니는 것으로 받아들여지고 있다. 그런데 1인당 국내총생산(GDP)은 사람들이 깨끗한 식수에 접근할 수 있는지, 충분한 의사를 보유하고 있는지, 평균수명은 어떤지, 교육 정도는 어떤지에 대해서 말해 주지 않는다. 이것이 개발을 측정하기 위해

표 1-4. 선진국과 개발도상국의 다른 표현

부유한 북(North), 가난한 남(South)	그림 1-5 (B)의 경계선을 보자. 세계에서 부유한 국가들은 이 선 위에 있다. 가난한 국가들은 이 선 아래에 있다. • 따라서 부유한 국가들은 종종 부유한 북(poor North)으로 간주된다(비록 일부 국가는 적도의 남쪽에 있지만). • 가난한 국가들은 종종 가난한 남(poor South)으로 간주된다(비록 많은 국가들이 북반구에 있지만).
MEDCs, LEDCs	• 가난한 국가들은 경제적으로 덜 발전한 국가(LEDCs)라 불린다. • 부유한 국가들은 경제적으로 더 발전한 국가(MEDCs)라 불린다.
제3세계 (Third World)	• 가난한 국가들은 종종 제3세계(Third World)라고도 불린다. • 그러나 일부 학자들은 이 용어를 좋아하지 않는다. 왜냐하면 이 용어가 편견을 가지고 있다고 생각하기 때문이다.

표 1-5. 선진국과 개발도상국의 차이

구분	개발도상국	선진국
인구	• 높은 출생률 • 상대적으로 높은 사망률 • 빠른 자연 증가율 • 높은 유아사망률 • 짧은 기대수명	• 낮은 출생률 • 낮은 사망률 • 느린 자연 증가율 • 낮은 유아사망률 • 긴 기대수명
건강	• 소수의 의사, 간호사, 병원 • 의사 1인당 몇천 명의 환자	• 많은 의사, 간호사, 병원 • 의사 1인당 몇백 명의 환자
교육	• 풀타임 교육을 위해 부족한 재정 • 읽고 쓸 수 있는 성인 비율 낮음(특히 여성)	• 풀타임 교육을 위한 풍족한 재정 • 여성을 포함한 읽고 쓸 수 있는 성인 비율 높음
직업 (고용 구조)	• 대부분 1차 산업 부문의 직업(농업이 가장 높은 비율 차지) • 2차와 3차 산업 부문은 상대적으로 적음	• 소수의 1차 산업 부문의 직업 • 2차 산업 부문이 보다 많음 • 3차 산업 부문의 가장 높은 비율
무역	• 무역량과 무역액 적음 • 주로 원료(값싼 광물과 식품) • 대개 무역 적자	• 무역량과 무역액 많음 • 주로 제조품(값비싼) • 대개 무역 흑자

다른 지표들이 필요한 이유이다.

:: 글상자

국내총생산(GDP)은 최선의 개발 지표일까?

개발을 측정하기 위한 지표로 국내총생산(GDP)과 1인당 국내총생산(GDP)은 유용하지만, 이것이 사람들이 선호하는 삶의 표준을 항상 보여 주는 것은 아니다. 그 이유는 다음과 같다.

- 석유 또는 다이아몬드와 같은 값비싼 상품을 생산하는 국가들은 국내총생산(GDP)이 매우 높은 반면, 식품과 같은 값싼 품목을 생산하는 국가들은 국내총생산(GDP)이 낮을 것이다.
- 1인당 국내총생산(GDP)은 그 돈이 그 국가 내에서 어떻게 할당되는지 우리에게 알려 주지 않는다. 한 사람만이 매우 부유하고 나머지는 매우 가난할 수 있다.
- 국내총생산(GDP)은 자신이 먹는 음식을 직접 재배하는 자급자족 농부들을 포함하지 않는다. 그 국가의 국내총생산(GDP)은 낮을 수 있지만, 농부들은 풍족할 수 있다.

이러한 문제점에도 불구하고, 국내총생산(GDP)은 여전히 개발 지표로서 사용된다. 어떤 국가의 1인당 국내총생산(GDP)이 1만 달러 이상이면, 그 국가는 일반적으로 발전 수준이 높은 것으로 간주된다. 반면 가난한 국가들은 1인당 국내총생산(GDP)이 2천 달러 이하이다.

> "GDP, 평균에 대해 이야기하는 것은 불평등에 대한 이야기를 회피하는 방법의 하나다." '평균' 소득은 증가하는데 생활이 더 팍팍해졌다면, 1인당 GDP가 증가할수록 불평등도 증가한다면, "GDP는 신기루다."(조지프 스티글리츠 외, 2011).
>
> "GDP는 사람들의 행복을 측정하는 최적의 지표가 아니다!" 종종 GDP를 경제적 행복지수인 것처럼 여기지만, 그것은 단지 시장생산을 측정하는 지표일 뿐이다. 행복이 무엇인지 정의하려면, 다차원적인 개념이 사용되어야 한다. 행복의 객관적 측면과 주관적 측면 모두 중요하다(조지프 스티글리츠 외, 2011).

히말라야의 소국 부탄은 국내총생산(GDP)이 아닌 국민총행복지수(Gross National Happiness)로 통치하고 있다. 부탄은 못사는 나라(1인당 국민소득 2,730달러)지만, 국민 97%가 행복하다고 답한다.

한 국가 안에 고층 빌딩과
빈민 판자촌이 공존하는 세계

가장 행복한 나라로 꼽히는
히말라야 소국 부탄의 어린이들

4) 인간 개발로 개발 측정하기: 인간개발지수(HDI)

1980년대에 들어오면서 비경제적 요인을 개발을 측정하는 지표에 포함해야 한다는 주장이 계속되었다. 이를 반영하여, 1989년 유엔개발계획(UNDP)은 더 폭넓은 개발 지표로서 '인간개발지수(HDI: Human Development Index)'를 제시했다. 인구개발지수(HDI)는 1990년 첫 발간된 『인간개발보고서(HDR: Human Development Report)』(UNDP, 1990)에 처음으로 발표되었다. 최초의 인간개발지수(HDI)는 인간 개발을 여러 가지 지표를 통합하여 평가하는 데 초점을 두었다. 여전히 경제적 지표가 있지만, 이는 단지 3가지 주요 지표 중 하나에 불과하다[8].

- 길고 건강한 삶(a long and healthy life: longevity): 해마다 출생하는 사람들의 '기대수명'에 의해 측정된다.
- 교육과 지식(education and knowledge): 성인문해력(adult literacy rate)과 총학교등록비율(초등, 중등, 고등 및 직업교육을 모두 합한 비율)에 의해 측정된다.
- 적절한 삶의 표준(a decent standard of living): 1인당 국내총생산(GDP)에 의해 측정된다.

UN은 전통적인 경제 지표만을 사용하던 차원을 넘어 이러한 인간개발지수(HDI)를 사용하여 시민들의 삶의 질(quality of life)에 따라 국가를 순위화한다. 인간개발지수(HDI)는 1인당 국내총생산(GDP)보다 사람들의 삶의 질을 측정하는 데 훨씬 더 나은 지표로 평가된다. 인간개발지수(HDI)는 한 국가가 얼마나 발전했는지 혹은 어떤 국가가 빈곤한지 보여 주며, 국가가 시민들의 삶의 질을 개선하기 위한 목표를 설정하는 데 도움을 준다. 예를 들면, 문해력을 개선하기 위해서는 더 나은 교육 시스템이 필요하며, 기대수명을 증가시키기 위해서는 더 나은 건강과 의료 혜택이 필요하다.

인간개발지수(HDI)를 계산하는 방식은 2010년 『인간개발보고서(HDR)』에서 약간 수정되었으며 이는 그림 1-6의 (A)와 같다. 건강(health), 교육(education), 삶의 표준(living standards)이라는 세 가지 차원은 다시 4개의 지표[기대수명, 성인 문해력 비율, 총학교등록비율, 1인당 국내총생산(GDP)]에 대응하며, 이들을 합산하여 평균을 낸 값이 인간개발지수(HDI)이다. 4개 지표의 측정값은 모두 0~1에 이르는 지수로 변환된다. 숫자가 높을수록 더 발전한 국가이다.

유엔개발계획(UNDP)은 1990년 이후 매년 『인간개발보고서(HDR)』를 출판하고 있다. 여기에서 인간개발지수(HDI)는 높은 수준(high-level: 0.70~0.80), 중간 수준(middle-level: 0.55~0.70), 낮은 수준(low-level: 0.55 이하)으로 구분되며, 최근에는 '매우 높은 수준(very high level: 0.80 이상)'이 추가되었다.

인간개발지수(HDI)는 개발에 대한 간략한 측정값이지 종합적인 측정값은 아니다. UN은 인간개발지수(HDI) 도입 이후 수년에 걸쳐 다양한 방법적 개선을 시도해 왔다. 이는 인간빈곤지수 1과 2(Human Poverty Indices 1 and 2),

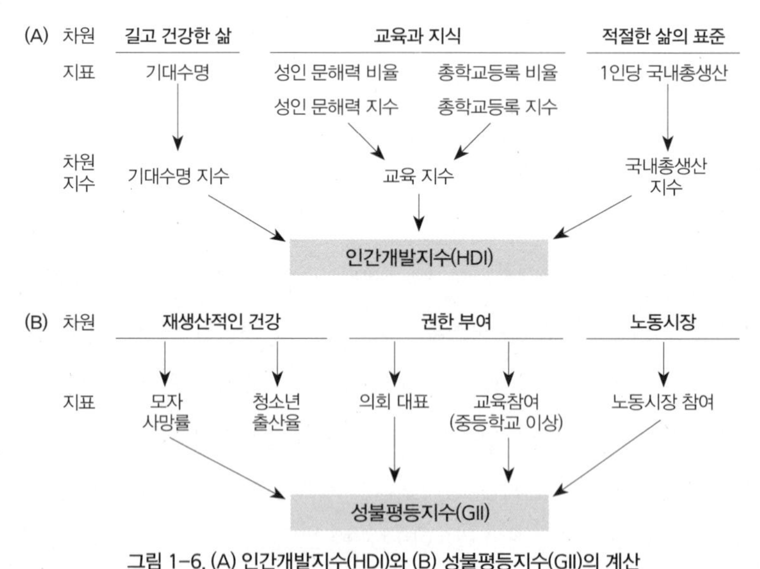

그림 1-6. (A) 인간개발지수(HDI)와 (B) 성불평등지수(GII)의 계산

(Potter et al., 2008; UNDP)

남녀평등지수(Gender-related Development Index), 여성권한척도(Gender Empower-ment Measure)를 포함한다. 이들은 모두 인간개발지수(HDI)의 변형이며, 부가적인 변수들이 반영되어 있다. 인간빈곤지수 1(HPI 1)과 인간빈곤지수 2(HPI 2)는 최근 개발된 다차원빈곤지수(MPI, Multidimensional Poverty Index)와 함께 다음 장에서 설명된다. 성불평등지수(GII, Gender Inequality Index)는 그림 1-6의 (B)에서 보여 주는 것처럼 재생산적인 건강(reproductive health), 권한 부여(empowerment), 노동시장의 참여(participation in the labour) 등에 있어서 남성과 여성 간에 존재하는 불공정한 차이를 관찰하기 위해 2010년에 도입되었다[9].

2015년『인간개발보고서(HDR)』에 제시된 2014년 세계 인간개발지수(HDI)가 그림 1-7에 제시되어 있다. 북(North, 선진국)과 남(South, 개발도상국) 간의 불균형이 다시 제시되고 있지만, 국내총생산(GDP)의 비교보다 약간 덜 확연하다. 2015년『인간개발보고서(HDR)』에 제공된 188개국의 데이터인 표 1-6의 인간개발지수(HDI)를 보면 국가별 차이를 확인할 수 있다. '매우 높은' 범주에서, 카

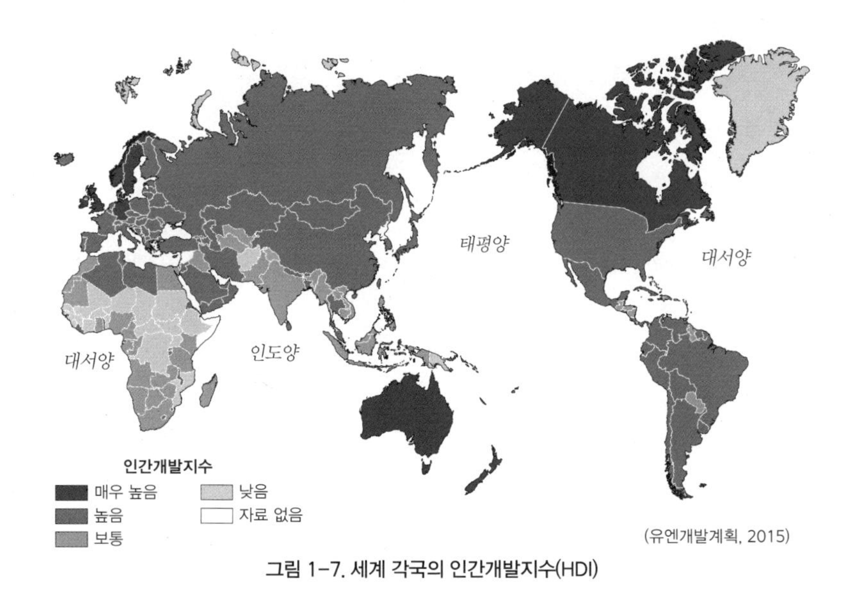

그림 1-7. 세계 각국의 인간개발지수(HDI)

타르는 연간 123,124달러로 가장 높은 1인당 국민총소득(GNI)을 보여 주며, 노르웨이는 64,992달러, 미국은 52,947달러이다. 그러나 종합적인 인간개발지수(HDI)에서 노르웨이는 1위, 카타르는 32위로 노르웨이가 카타르보다 훨씬 높다. 이는 노르웨이가 카타르보다 1인당 국민총소득(GNI)은 낮으나 평균수명과 교육 정도는 더 높다는 것을 반증하는 것이다.

그렇다면 이러한 인간개발지수는 어떻게 사용될 수 있을까? 인간개발지수는 한 국가의 개발 수준을 파악하기 위한 중요한 척도이다. 인간개발지수는 국내총생산(GDP)에 의해 측정된 것처럼 단지 얼마나 많이 생산할 수 있는가 하는 것 이상을 포함한다. 각국 정부는 인간개발지수를 활용하여 의료**10**, 학교 교육, 직업 창출과 같은 영역들의 향상을 목표로 삼을 수 있다. 또한 비정부기구(NGO)는 인간개발지수를 사용하여 개발도상국의 삶의 질을 개선하는 데 기여할 수 있는 프로그램을 개발할 수 있다.

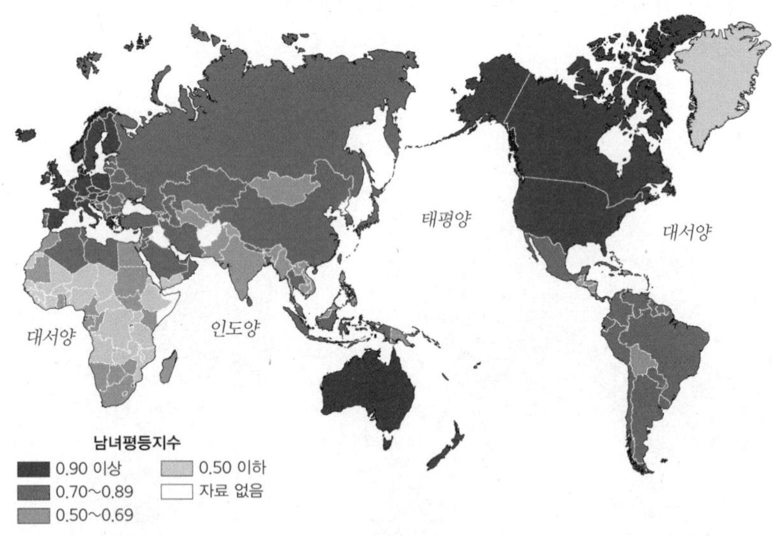

남녀평등지수는 유엔개발계획(UNDP)에서 국가별로 교육 수준, 문자해독률, 국민소득, 기대수명 등에 있어서 남녀평등 정도를 측정하여 발표하는 지수로서 남녀 각각의 교육 수준, 문자해독률, 국민소득, 기대수명에 있어 남녀의 역할 비율 등을 근거로 남녀 간의 성취수준이 얼마나 평등하게 이루어지고 있는지 보여 준다. 높은 남녀평등지수는 남성과 여성 모두 개발 수준이 높다는 것을 의미하며, 낮은 남녀평등지수는 여성의 개발 수준이 남성에 비해 확연히 낮다는 것을 의미한다.

그림 1-8. 남녀평등지수(GDI)

표 1-6. 2014 인간개발지수 상위 17개국과 하위 26개국

순위	국가	인간개발 지수(HDI)	기대수명 (년)	기대 교육 연수(년)	평균 교육 연수(년)	1인당 국민 총소득(GNI) (2011 PPP $)	1인당 국민 총소득 순위–인간개발지수 순위
매우 높은 인간개발지수							
1	노르웨이	0.944	81.6	17.5	12.6[b]	64,992	5
2	오스트레일리아	0.935	82.4	20.2[c]	13.0	42,261	17
3	스위스	0.930	83.0	15.8	12.8	56,431	6
4	덴마크	0.923	80.2	18.7[c]	12.7	44,025	11
5	네덜란드	0.922	81.6	17.9	11.9	45,435	9
6	독일	0.916	80.9	16.5	13.1[d]	43,919	11
6	아일랜드	0.916	80.9	18.6[c]	12.2[e]	39,568	16
8	미국	0.915	79.1	16.5	12.9	52,947	3
9	캐나다	0.913	82.0	15.9	13.0	42,155	11
9	뉴질랜드	0.913	81.8	19.2[c]	12.5[b]	32,689	23
11	싱가포르	0.912	83.0	15.4[f]	10.6[e]	76,628[g]	-7
12	홍콩, 중국(SAR)	0.910	84.0	15.6	11.2	53,959	-2
13	리히텐슈타인	0.908	80.0[h]	15.0	11.8[i]	79,851[g,j]	-10
14	스웨덴	0.907	82.2	15.8	12.1	45,636	-1
14	영국	0.907	80.7	16.2	13.1[d]	39,267	9
16	아이슬란드	0.899	82.6	19.0[c]	10.6[e]	35,182	12
17	대한민국	0.898	81.9	16.9	11.9[e]	33,890	13
낮은 인간개발지수							
160	예멘	0.498	63.8	9.2	2.6[e]	3,519	-17
161	레소토	0.497	49.8	11.1	5.9[z]	3,306	-16
162	토고	0.484	59.7	12.2	4.5[y]	1,228	17
163	아이티	0.483	62.8	8.7[r]	4.9[y]	1,669	4
163	르완다	0.483	64.2	10.3	3.7	1,458	11
163	우간다	0.483	58.5	9.8	5.4[e]	1,613	6
166	베냉	0.480	59.6	11.1	3.3[e]	1,767	0
167	수단	0.479	63.5	7.0	3.1[b]	3,809	-27
168	지부티	0.470	62.0	6.4	3.8[q]	3,276[k]	-22
169	남수단	0.467	55.7	7.6[r]	5.4	2,332	-9
170	세네갈	0.466	66.5	7.9	2.5	2,188	-8
171	아프가니스탄	0.465	60.4	9.3	3.2[e]	1,885	-7
172	코트디부아르	0.462	51.5	8.9	4.3[b]	3,171	-24
173	말라위	0.445	62.8	10.8	4.3[e]	747	13

174	에티오피아	0.442	64.1	8.5	2.4	1,428	2
175	감비아	0.441	60.2	8.8	2.8[e]	1,507	-2
176	콩고민주공화국	0.433	58.7	9.8	6.0	680	11
177	라이베리아	0.430	60.9	9.5[l]	4.1[e]	805	7
178	기니비사우	0.420	55.2	9.0	2.8[r]	1,362	-1
179	말리	0.419	58.0	8.4	2.0	1,583	-8
180	모잠비크	0.416	55.1	9.3	3.2[y]	1,123	1
181	시에라리온	0.413	50.9	8.6[l]	3.1[e]	1,780	-16
182	기니	0.411	58.8	8.7	2.4[y]	1,096	0
183	부르키나파소	0.402	58.7	7.8	1.4[y]	1,591	-13
184	부룬디	0.400	56.7	10.1	2.7[e]	758	1
185	차드	0.392	51.6	7.4	1.9	2,085	-22

(UNDP, 2015)

:: 글상자

개발 측정하기: 국민총생산(GNP)에서 인간개발지수(HDI)까지

UN의 첫 개발 10년의 말쯤, 개발을 경제 성장으로 해석하는 것과 그러한 성장 지표로 사용되고 있는 1인당 국민총생산(GNP)에 대한 상당한 비판이 있었다. 1인당 국민총생산(GNP)은 한 국가의 국내 및 외국 소득을 모두 합친 것을 그 국가의 총인구로 나눈 것이다. 이러한 지표가 가진 실제적인 문제는 이 수치는 평균치로서 한 국가 내 상이한 집단 간의 부의 분배 정도를 전혀 보여 주지 못한다는 것이다.

그럼에도 불구하고 Seers(1972, 34)가 지적한 것처럼, 1인당 국민총생산(GNP)을 한 국가의 개발을 측정하는 부적절한 지표라고 매도하는 것은 선진국과 개발도상국 간의 1인당 국민총생산(GNP) 격차의 중요성을 간과하는 것이다. 달리 말하면, 1인당 국민총생산(GNP) 통계가 한 국가 내의 불균등에 대해서는 말하지 않지만, 선진국과 개발도상국 간 개발의 불균등을 파악하는 데는 유용하다.

Seers(1972)는 상대적인 개발을 측정하기 위한 3가지 준거, 즉 빈곤, 실업, 불평등을 사용할 것을 제안했다. 그는 통계적 어려움을 인정하면서도 1인당 국민총생산(GNP)보다 더 신뢰할 수 있고, 성장 이익의 분배를 훨씬 더 잘 반영하는 데이터를 생산했다고 주장했다. 비록 Seers(1972)는 이들 준거를 경제적 준거로 간주하지만, 이들은 명백하게 사회적 차원을 포함하고 있다.

1970년대와 1980년대는 건강, 교육, 영양과 같은 개발의 사회적 지표들이 현저하게 등장했다. 세계은행은 『세계개발보고서(World Development Report)』에 이들 지표를 사용하여 얻은 통계표뿐만 아니라 종종 개발도상국을 구체화하기 위한 지도를 생산하여 제시하였다. 결국 이러한 사회적 지표들은 성불평등, 환경의 질, 정치적 권력, 인권 등의 척도를 포함하면서 훨씬 더 확장되었다.

모든 통계 지표들과 마찬가지로, 이들 사회적 지표가 제공하는 데이터는 다양한 비판, 즉 기술적 비판과 해석적 비판에 직면하고 있다. 예를 들면, 서양과 동양 간의 문화적 해석이 일치하지 않을 때 인권을 어떻게 측정할 것인가? (Drakakis-Smith, 1997)

게다가, 1980년대 후반경, 경제적 지표, 사회적 지표, 다른 지표들이 매년 과도하게 생산되었다. 이들은 서로 항상 일치하지는 않았으며, 일부 '개발'이 거의 어느 곳에서나 일어났다는 것을 보여 주기 위해 조작되기도 하였다.

그 결과 이러한 다양한 지표들을 결합하여 하나의 척도를 만들기 위한 노력이 나타났다. 그러한 지표들에 의한 개발 범주들은 오랫동안 세계은행의 『세계개발보고서』에 수록된 국민총생산(GNP)기반 개발 범주들과 꼭 일치하지는 않았다. 예를 들면 Richard Estes (1984)의 사회진보지수(Index of Social Progress)에서, 미국은 쿠바, 콜롬비아, 루마니아와 같은 국가보다 순위가 낮았다.

복합 지표를 사용하여 하나의 개발 척도로 가장 널리 사용되고 있는 것은 UN이 개발한 인간개발지수(HDI: Human Development Index)이다. 2001년 인간개발지수에 의하면, 인간개발지수는 한 국가의 전체적인 성취를 인간 개발의 3가지 기본 차원들-즉, 기대수명(longevity), 교육과 지식(education and knowledge), 적절한 삶의 표준(decent standard of living)-로 측정한다(UN, 2001, 14). 따라서, 인간개발지수는 기대수명(life expectancy), 교육 정도(educational attainment: 성인문해력과 초등, 중등, 고등 교육의 등록 비율), 게다가 미국 달러의 구매력 지수(PPP, purchasing power parity)로 보정된 1인당 국내총생산(GDP)이다.

인간개발지수는 간단한 요약이며, 개발에 대한 종합적인 척도가 아니다. UN은 인간개발지수 도입 이후 다양한 방법적인 개선을 시도하였다. 이들 중에는 인간빈곤지수 1과 2(HPI 1, 2, Human Poverty Index 1, 2), 남녀평등지수(GDI, Gender-related Development Index), 여성권한척도(GEM, Gender Empowerment Measure)가 포함된다. 이들은 모두 기본적인 인간개발지수(HDI)를 변형한 것이다. 각 사례에서, 부가적인 변수들이 개정된 지수에 반영하기 위해 도입된다. 예를 들면, 인간빈곤지수 2(HPI 2)에는 장기간의 실업률에 의해 계산된 사회적 배제 척도가 포함된다. 남녀평등지수(GDI)에는 여성의 기대수명, 문해력과 추정된 소득이 인간개발지수(HDI) 계산에 포함된다.

Esteva(1992)가 주장하는 것처럼, 인간개발은 박탈 수준 또는 얼마나 서구적 이상으로부터 멀어져 있는가를 측정함으로써 나타나는 단선적인 과정으로 번역된다. 게다가, 사람들이 동일한 범주에 다른 유사한 변수를 선택한다면, 매우 상이한 전체적인 지수들이 획득될 수 있다. 그리고 우리는 개발 지표들을 너무 빨리 없앨 수는 없다. 왜냐하면 무엇보다도 그것들은 시간에 따른 경향을 나타내고, 심지어 반개발 비평가들은 '개발'은 신화라는 그들의 출발점을 굳히기 위해 이러한 통계들을 수집·분석한다. 사실, Ronald Horvath (1988)는 개발을 측정하려고 노력할 때, '메타포를 측정하고 있었다.'라고 실토했다.

(Potter et al., 2008)

5) 인권과 자유를 포함하여 더 넓은 관점으로 개발 측정하기

한편 일부 학자들은 양적 경제 성장으로 개발을 측정하는 것을 비판하면서 성장과 분배의 조화를 강조한다. 그리고 이들은 개발을 인간이 향유할 수 있는 진정한 자유를 확대해 나가는 과정으로 정의하고, 또한 이것이 개발의 목적이라 주장한다. 이러한 주장의 대표적인 학자로 Goulet(1971)과 Sen(1999)을 들 수 있으며, 이들은 개발 지표로서 개인의 자존감과 자유를 강조한다. 이러한 관점은 개발의 다양한 양상, 특히 인간의 삶의 질, 다양한 불평등으로부터의 자유, 인권과 기본적인 자유의 획득 등을 중요시한다. 즉 개발의 과정은 인간의 자유 증진에 장애가 되는 요소들, 예를 들면 빈곤, 독재, 사회적 배제, 경제적 기회의 부족, 공공시설의 부족, 다양성에 대한 이해 부족 등을 제거하는 과정으로 해석될 수 있다(Sen, 1999).

이는 더 폭넓은 '인간 개발' 개념으로, 개발은 경제적 능력과 더불어 인간적 능력(보건, 영양, 교육, 위생), 정치적 능력(인권, 정치 참여), 인간 안보(기아, 질병, 재해, 전쟁, 분쟁 등으로부터 스스로를 보호할 수 있는 능력) 및 사회적 능력(사회적 지위의 인정)을 확보하는 것을 의미한다.

한편 제3부에서 자세하게 다루겠지만, 유엔개발계획(UNDP)은 세계의 개발을 촉진하기 위해 새천년개발목표(MDGs, Millennium Development Goals)를 설정했는데, 이는 더 폭넓은 지표를 반영하고 있다. 이 새천년개발목표는 8개의 주요 성취 목표(targets)와 세부적인 지표(indicators)로 설정되어 있다. 이 세부적인 지표는 새천년개발목표와 성취 목표를 향한 국가와 지역의 발전을 평가하기 위해 사용될 수 있다. 여기서 개발을 위한 중요한 지표로 사용되는 것은 하루에 1달러 또는 2달러 이하로 살아가는 극도로 빈곤한 사람들과 기아 근절, 모두 초등교육을 받도록 하기, 성평등을 촉진하고 여성에게 권한 부여하기, 어린이 사망자 수 줄이기, 모자보건 개선, 질병 퇴치 등이다.

또한 개발이란 기본적인 인권이 보장되는 것인데, 기본권의 관점에서 흥미로

:: 글상자

웰빙지수와 행복지수

최근 한 국가의 개발 정도는 단순히 경제적 측면이 아닌 다양한 지표를 반영하여 측정되고 있다. 최근에는 웰빙지수와 행복지수에 대한 관심이 높다. 이러한 웰빙지수와 행복지수는 경제력이 높은 국가가 반드시 높게 나타나지는 않는다.

여론조사기관 갤럽은 보건컨설팅업체 헬스웨이스와 공동으로 145개국에서 15세 이상 남녀 14만6000명을 대상으로 삶의 질을 묻는 설문조사를 실시해 2014년 세계 웰빙지수를 공개했다. 그 지표는 인생 목표, 사회관계, 경제상황, 공동체의 안전 및 자부심, 건강 등 5개 항목이다. 한국인들의 항목별 만족도 순위를 보면 인생 목표 96위, 사회관계 112위, 경제상황 53위, 공동체 안전 및 자부심 113위, 건강 138위를 기록했다.

한국인이 느끼는 삶의 질 만족도가 세계 145개국 가운데 거의 최하위권인 117위를 기록했다. 한국은 전년도인 2013년 75위에서 42단계 추락한 117위에 랭크됐다. 삶의 만족도에서 한국은 일본(92위, 13.5%), 이란(95위, 13%), 이라크(102위, 12.1%), 기니(116위, 9.4%)보다 낮았고 홍콩(120위, 8.6%), 중국(127위, 7.9%)보다는 높았다.

세계에서 삶의 만족도가 가장 높은 국가는 파나마로 2년 연속 웰빙지수 1위를 차지했다. 파나마 국민은 3개 이상 항목에서 긍정적으로 답한 비율이 53%였다. 파나마는 경제상황에서만 30위를 차지했고 인생 목표와 건강 부문에서 각각 1위, 사회관계와 공동체 안전 및 자부심 부문에서 각각 2위에 올랐다.

파나마에 이어 코스타리카(47.6%), 푸에르토리코(45.8%), 스위스(39.4%), 벨리즈

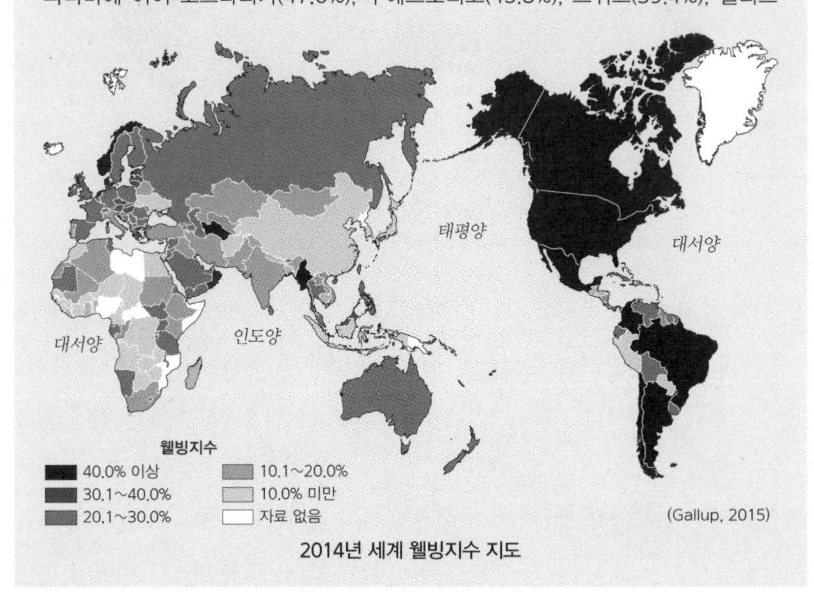

2014년 세계 웰빙지수 지도

(38.9%), 칠레(38.7%), 덴마크(37%), 과테말라(36.3%), 오스트리아·멕시코(35.6%) 순으로 높은 만족도를 보였다. 미국은 만족도 30.5%로 23위를 차지했고, 오랜 내전에 피폐해진 아프가니스탄의 만족도 비율은 0%로 지난 조사에 이어 최하위 145위를 기록했다.

한편 UN은 매년 『세계행복보고서(World Happiness Report)』에 행복지수를 발표한다. 행복지수에 반영되는 지표는 사회적 지원, 기대수명, 자유, 관대함, 부패, 암울한 분위기이다. 2016년 UN에 의해 발표된 『세계행복보고서』에는 157개국에 대한 2015년의 행복지수가 제시되어 있다. 1인당 국내총생산(GDP)이 높다고 행복지수가 반드시 높은 것은 아니라는 것에 주목할 필요가 있다. 행복지수가 가장 높은 국가는 덴마크이고, 가장 낮은 국가는 부룬디이다. 대개 행복지수가 높은 나라들은 복지가 잘 되어 있는 북유럽의 나라들이다. 한국은 58위를 기록했고, 한국보다 1인당 GDP가 4배인 일본은 53위를 기록했다.

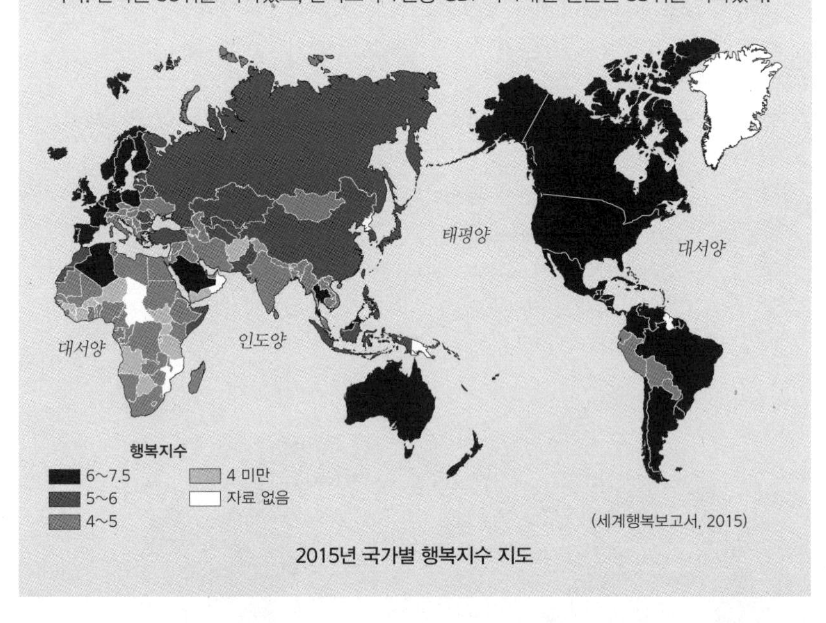

2015년 국가별 행복지수 지도

운 접근은 세계의 국가들이 6가지 주요 인권협약을 비준한 정도를 지도화해 보는 것이다(예를 들면, 아동권리협약, 고문방지협약 등; Potter et al., 2008 참조). 앞에서 언급한 것처럼, UN의 『인간개발보고서』는 인간개발지수(HDI)에서 파생된 성불평등지수(GII)를 도입했다[그림 1-6 (B) 참조][11]. 성불평등지수(GII)는 국회의 의석 수와 교육 성취에서 여성과 남성이 차지하는 비율을 포함한다. 또한 성불평등지수는 노동시장에 여성이 참여하는 비율을 포함한다. 그리하여 성불평등지수는 한 국가가 더 넓은 정치적·경제적 관점에서 여성의 지위를 향상시키기 위해 노력하여 이룬 진보를 측정하는 데 사용된다.

5. 공간과 개발: 왜 공간은 중요한가?

1) 공간적으로 불균등한 세계

우리는 앞 장에서 개발 지표에 따라 세계는 공간적으로 선진국과 개발도상국, 제1세계와 제3세계, 경제적으로 더 발전한 국가와 경제적으로 덜 발전한 국가, 남과 북, 부유한 국가와 빈곤한 국가로 구분된다는 것을 알 수 있었다[12]. 뿐만 아니라 이러한 공간적 불균등은 국가 및 지역 스케일에서도 확인된다.

이처럼 개발의 차이로 인한 불균등은 주요 사회문제인 동시에 공간의 문제이다. 사회정책을 입안하는 사람들은 대개 빈곤한 장소보다 빈곤한 사람들에게 초점을 두어야 한다고 한다. 그러나 우리가 살고 있는 세계가 부유한 영역과 빈곤한 영역, 부유한 도시와 빈곤한 도시, 부유한 지역과 빈곤한 지역, 부유한 국가와 빈곤한 국가, 부유한 대륙과 빈곤한 대륙으로 구분된다는 점에 주목할 필요가 있다.

세계화로 인해 세계는 점점 더 불균등, 불평등해지고 있다. 공간을 횡단한 불평등은 우리가 살고 있는 세계에서, 즉 국가 내에서뿐만 아니라 국가 간에 나타나는 주요 특성들 중의 하나로 간주될 수 있다. 간단히 말해, 공간은 개발 방정식(development equation)의 일부분으로서 중요하다(Potter et al., 2012).

전 세계적으로 많은 사람들은 여전히 용인될 수 없는 상황, 즉 글로벌 불평등 속에 살고 있다. 2008년 8월 세계은행은 글로벌 불평등의 발생 정도에 대한 추정치를 보여 주었다. 하루에 1달러 이하로 살고 있는 사람들을 빈곤한 사람으로 간주하던 것을, 하루에 1.25달러로 수정하였다[13]. 약 14억 명이 하루에 1.25 달러 이하로 살고 있다. 이는 전 세계 인구의 21.7%에 해당된다. 이것은 생각보다

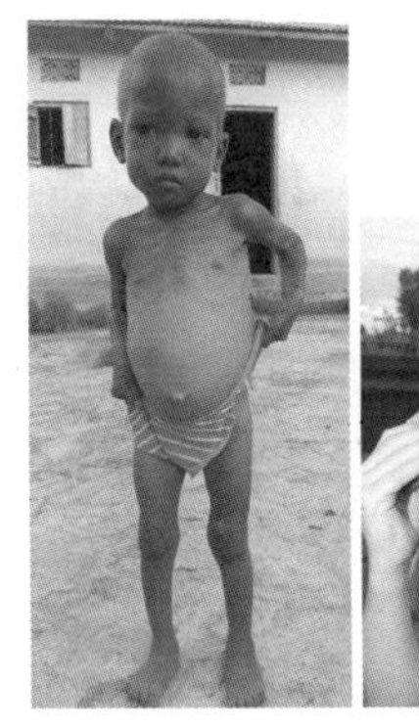

(A) 세계의 가난한 국가와 부유한 국가　　　(B) 한 국가 내 부유한 지역과 가난한 지역

그림 1-9. (A) 국가 간 불평등, (B) 국가 내 불평등

더 많은 사람들이 빈곤에 시달리고 있다는 것을 의미한다. 또한 세계 인구의 약 80%가 하루에 10달러 이하로 살고 있다.

현대사회로 올수록 세계는 불평등하며, 부와 자산이 매우 편향된 분포를 보인다. 세계 인구의 0.1%가 세계 자산의 25%를 차지하고 있고, 세계 인구 중 가장 부유한 20%가 세계 재화의 거의 80%를 소비한다. 그리고 세계 인구의 80% 이상이 소득 격차가 더 커지고 있는 국가에 살고 있다.

평등할수록 교육 성취와 기대수명 같은 주요 변수들이 높게 나타난다. 그리고 소득과 부의 불평등이 심화될수록 건강과 사회문제, 사회적 긴장이 증가한다. 한편 부유한 국가에서 정신병, 약물 사용, 어린이 사망, 감금과 살인의 발생 빈도가 높아진다. 예를 들면, 미국은 높은 불평등과 높은 살인 비율을 보이는 반면 일본, 노르웨이, 덴마크는 그 반대이다.

2) 1950년대와 1960년대에 출현한 제3세계

글로벌 스케일에서 개발의 공간적 차이를 조명하기 위해 가장 일반적으로 채택되는 용어는 '제3세계(Third World)'[14]이다. '개발'이라는 단어와 마찬가지로,

이 용어의 기원은 1949년으로 거슬러 올라간다. 이 용어의 기원은 정치적이었다. 1930년대 유럽을 지배한 공산주의-파시즘 극단주의(Communist-Fascist extremes)에 대한 대안으로서 '제3세력(third force)' 또는 '제3의 길(third way)' **15**에 대한 탐색에 중점을 두었다. 가까운 전후 시기의 냉전 정치학에서, 이러한 제3의 길은 모스크바와 워싱턴 사이에서 비동맹노선을 추구한 프랑스 좌파에 의해 처음으로 부활되었다(Worsley, 1979). 이러한 비동맹 개념은 1950년대 신생 독립국들을 중심으로 전개되었다. 특히 인도와 유고슬라비아 그리고 이집트에 의해 이루어졌으며, 1955년 인도네시아 반둥에서 개최된 비동맹 국가들의 첫 번째 주요 콘퍼런스에서 절정을 이루었다.

사회학자 Peter Worsely는 『제3세계(The Third World)』(1964)라는 그의 책을 통해 '제3세계(Third World)'라는 용어를 대중화하는 데 중요한 역할을 했다. Worsely에게 제3세계라는 용어는 본질적으로 정치적이었다. 제3세계는 최근 식민지로부터 벗어나고 새로운 유형의 식민지, 즉 '신식민지(neocolonialism)'로 결코 되돌아가려고 하지 않는 식민지 유산을 가진 국가들의 집단을 일컫는 것이었다. 그러므로 국가 재건이 이 제3세계 프로젝트의 중심을 차지하였다. 1950년대와 1960년대에 잠시 동안, 이러한 아프리카-아시아(Afro-Asian) 블록이 국제관계에서 중도 노선(middle way)을 추구했다.

그러나 경제적 관점에서 이야기는 달랐다. 거의 모든 신생 독립국가들은 그들의 식민지 경제를 지탱하기 위한 자본이 부족했다. 즉 스스로 경제를 팽창시키고 다각화시킬 자본이 없었다. 대부분 한두 가지의 1차 상품 생산에 의존하고 있었고, 그 가격은 지속적으로 떨어져 하부구조와 인적 자원을 확장하거나 개선할 수 없었다. Worsley는 제3세계의 공통된 정치적 기원을 반식민주의(anti-colonialism)와 비동맹(non-alignment)으로 구체화하면서, 현재 제3세계의 유대는 빈곤이라고 주장하였다. 제3세계라는 용어는 1960년대 후반 널리 사용되었는데, 심지어 UN에서 제3세계 국가들에 의해서도 사용되었다(Potter et al., 2008). 그리하여 결과적으로 세계는 공간적으로 견고하게 3개의 클러스트로 구분되었다. 즉 제1세계인 서구(West), 제2세계인 공산주의 블록(Communist bloc), 그리고 제3세계(Third World)가 그것이다.

3) 1970년대, '제3세계'라는 용어에 비판이 제기되다

1970년대 초반에 들어오면서 느슨한 정치적·경제적 결합체인 제3세계에 대한 비판이 이루어지기 시작했다. 프랑스 사회학자 Debray(1974, 35)는 발전하고 있는 개발도상국들이 제3세계라는 용어를 사용하기 시작했는데, 이는 그들 내부보다 오히려 외부에서 부과된 용어라고 주장했다. 반개발주의자들(anti-developmentalists)은 바로 이러한 점을 비판한다. 즉, 제3세계는 그들의 개발 상황에 대한 서구의 평가에 토대하여 자신의 저개발을 인식하고 있다는 것이다. 또 다른 비판주의자들은 제3세계라는 용어가 폄하적이라고 생각한다. 왜냐하면, 제3세계는 개발도상국들이 3개의 세계(제1세계, 제2세계, 제3세계)라는 계층에서 세 번째 위치를 차지하고 있다는 것을 암시하기 때문이다.

1970년대에 출현한 이러한 비판의 주요 원인은 제3세계에서 계속된 정치적·경제적 분열과 관련이 있다. 역설적이게도, 77개 비동맹 국가의 와해를 불러일으킨 가장 큰 자극은 내부에서 왔다. 즉 석유수출국기구(OPEC)를 만든 국가들은 1973~1974년에 석유 가격을 상당히 올렸다. 그리고 이란의 원리주의 혁명 이후 1979년에 2차 석유 가격 파동이 또 석유 가격을 올렸다. 석유 가격 상승은 처음에 서구의 이스라엘 지원에 반대하는 정치적 무기로 인식되었지만, 오히려 석유를 생산하지 않는 개발도상국의 국가들에게 훨씬 더 큰 영향을 미쳤다. 그들 중 많은 국가들이 석유에 의존하는 산업을 추진하고 있었기 때문이다. 그 결과 개발도상국가들 간에 소득의 격차는 매우 커졌다.

이것은 1970년대 노동의 신국제분업에 의해 훨씬 더 강화되었다. 산업 투자 기회를 찾던 유럽과 미국은 다국적기업과 금융기관을 경유하여 개발도상국에 자본을 투자하기 시작했다. 이러한 선진국의 투자는 대부분 매우 선별적이었는데,

값싼 노동력만이 투자를 유인하기에는 충분하지 않았다. 즉, 우수한 하부구조, 교육받은 가용한 노동력, 로컬 투자 기금, 유순한 노동조합 또한 중요했다. 그 결과 소수의 개발도상국(특히, 남미의 멕시코와 브라질에 더해, 아시아의 4마리 호랑이)에 초점을 둔 투자는 그 국가들의 1인당 국민총생산(GNP)을 빠르게 상승시켰으며, 제3세계 내에서 상대적인 경제적·사회적 차이를 훨씬 더 크게 벌렸다.

4) 1980년대, '제3세계'라는 용어에 비판이 계속되다

1980년대에 들어서도 '제3세계'라는 용어에 비판이 계속되었다. 특히 뉴라이트(the New Right) 개발전략가들이 이러한 비판을 주도했는데, 소위 뉴라이트의 관점에서, 실제로 모든 개발도상국은 사회주의로 오염되어 있고 그들은 언제나 반서구, 즉 반자본주의였다. 그러나 많은 마르크스주의자들 역시 제3세계라는 용어를 꺼려했다. 왜냐하면, 마르크스주의자들은 제3세계 국가 대다수를 선진자본주의(advanced capitalism)와 연결된 저개발 자본주의 국가로 간주했기 때문이다. 따라서, 마르크스주의자들 눈에는 단지 두 개의 세계, 즉 자본주의와 자본주의에 종속된 마르크스 사회주의(Marxian socialism) 혹은 마르크스 사회주의(Marxian socialist)만 있었다. 불행히도, 마르크스주의자들은 무엇이 사회주의 제3세계(socialist Third World)를 구성하는지에 대한 합의점을 거의 가지고 있지 않았다.

아마도 두 개의 세계라는 개념은 세 개의 세계라는 관점에 대한 가장 결연한 도전을 나타내었다. 사실, 우리가 현재 사용하는 의미론적인 대안들의 대부분은 이러한 이분법-즉 부유(Rich)와 빈곤(Poor), 발전(Developed)과 저개발(Undeveloped) 또는 덜 발전된(less developed), 북(North, 선진국)과 남(South, 개발도상국)-으로 구조화된다. 그리고 그러한 관점들은 이원론의 개념으로 이어졌다. 특히 북(North, 선진국)과 남(South, 개발도상국)은 『브란트 보고서(Brandt Report)』로 알려진 『Report of the Independent Commission on

International Development Issues』(1980)의 출판과 함께 대중화되었다(Potter and Lloyd-Evans, 2009).

개발 관점에서, 『브란트 보고서』의 주요한 결점 중 하나는 세계를 '부유(rich)'와 '가난(poor)'이라는 부적절한 개념화에 근거하여 단순히 이분법화한 것이었다. 일부 비평가들은 비록 그 용어가 기존의 공간적 개념을 재언명한 것이지만, 세계를 북(North)과 남(South), 그들(them)과 우리(us)라는 부유하고 개발된 상위 반과 가난하고 저개발된 하위 반으로 구분하여 공간적 축소를 가져왔다고 주장했다. 그러나 북(North)과 남(South)이라는 구분은 지리적 느슨함(geographical looseness)을 방해하기 위해 사용된 것으로 보인다. 왜냐하면 남(South)은 중국이나 몽골과 같은 북반구에 있는 많은 국가들을 포함하는 반면, 오스트레일리아는 북(North)의 일부분을 구성하기 때문이다.

비록 최근의 초점이 제3세계 내의 국가 간 개발 격차가 커지는 데 있지만, 그것은 세계적인 개발 격차 역시 계속해서 확장되고 있다는 더 중요한 사실을 감추고 있다. 많은 국가들, 특히 아프리카에서는 개발의 어떤 징표도 보이지 않을 뿐만 아니라 실제로 악화되고 있다. 애석하게도 아프리카는 빈곤의 굴레와 혹독한 구조조정 프로그램(structural adjustment programmes)을 경험하고 있다. 이러한 맥락에서, 수렴이론(convergence theory)[16]은 근거없는 믿음으로 간주될 수 있다. 사실, 경제적·문화적 전이 과정이 일방향이라고 가정하는 것은 큰 잘못일 수 있다. 서구가 단순히 개발도상국에 자본주의를 수출한 것이 아니라, 자본주의는 개발도상국에서 서구로 운송된 자원으로부터 구축된 것이다. 마찬가지로, 문화변용은 단순히 구찌와 맥도널드의 전 세계적인 확산이 아니다. 거의 모든 선진국에서, 매일매일 일상생활에서 보여지는 의류, 음악, 요리는 대나무 가구, 커리, 살사 뮤직과 같이 아시아, 아프리카, 라틴 아메리카, 카리브 해로부터 영향을 받은 것이다.

5) 제3세계의 또 다른 이름

제2세계(Second World)가 더 이상 존재하지 않는다면, 제3세계(Third World)는 존재할 수 있을까? 뿐만 아니라 초기의 비동맹과 빈곤이라는 공통점 또한 파편화되어 왔다. 이러한 의미에서, 제3세계라는 용어를 유지하기 위해 정당한 논리는 거의 없다. 1990년대에 반개발학파는 제3세계라는 용어를 폐기해야 할 시기라고 했다. Sachs(1992, 3)는 강력하게 '현재 역사의 고철처리장이 제3세계라는 범주가 폐기되기를 기다리고 있다.'라고 주장했다. 그러나 그러한 강력한 비판에도 불구하고, 제3세계라는 용어는 계속해서 사용되고 있다. 심지어 제3세계라는 용어의 타당성을 비판해 온 사람들 중 일부도 여전히 이를 사용하고 있다.

그렇다면 왜 제3세계라는 용어는 아직까지 사용되는 걸까? Norwine and Gonzalez(1988)가 언급한 것처럼, 지역은 다양성에 의해 가장 잘 정의되거나 구별된다. 제3세계와 거의 동일시되는 개발도상국은 대부분 계속되는 빈곤 속에 살고 있다. 빈곤이 바로 개발도상국의 정규직 노동자, 불법 거주자, 거리행상 등의 다양성을 묶는 통일성이다. 이들 모두는 불균등한 자원 분배의 희생자들이다. 그리고 이러한 표현은 특성상 공간적이며, 따라서 공간이 개발에서 중요하다.

게다가 제3세계는 식민주의와 탈식민주의라는 공통점을 여전히 가지고 있다. 그리고 '제3세계는 SIC'라는 공통된 분모를 가지고 있다. 여기서 SIC란 노예(Slavery), 제국주의(Imperialism), 식민주의(Colonialism)를 말한다. 일부 사람들은 이러한 이유 때문에 여전히 제3세계라는 용어를 사용하는 것에 찬성한다. 왜냐하면 제3세계는 상대적으로 빈곤하고, 주로 탈식민주의 국가라는 역사적·정치적·전략적 공통점을 가진다는 점에서 그러하다. 사실 타이, 이란, 아라비아의 일부 국가, 중국과 아프가니스탄을 제외하면 모든 제3세계 국가들은 식민통치와 외부 지배의 역사를 공유하고 있다. 따라서 역사에 근거하여 집합명사 '제3세계'라는 용어를 계속해서 사용하는 것은 정당성을 가진다고 할 수 있다.

Norwine and Gonzalez(1988, 2-3)에 의하면, 이러한 의미에서 제3세계라는

:: 글상자

제3세계, 개발도상국, 남(南), 빈곤국

선진국과 대비하여 사용하는 용어로 제3세계(Third World), 개발도상국(developing countries), 빈곤국(poor countries), 남(south or global south)이 있다. 이들 개념은 대개 1950년대 이후 등장했고, 그 개념의 범주는 겹치는 부분이 많다.

먼저, 앞에서도 자세히 언급했듯이, 냉전 시대 미국과 서유럽·일본 등의 선진 자본주의 국가는 제1세계, 소련과 동유럽의 사회주의 국가는 제2세계 그 외 중남미·아프리카·아시아·중동 지역은 제3세계로 구분한다. 제3세계는 제1세계와 제2세계의 정치경제체제가 도입한 발전 노선을 취한다.

둘째, 개발도상국의 개념은 이전에 후진국(backward country) 또는 저개발국(undeveloped country)이었지만 그것이 차별적이라는 비판에 따라 현재 개발도상국으로 칭하고 있다. 로스토의 발전단계론에 따르면 개발도상국은 도약 단계 과정에 있는 나라를 의미한다. 오늘날 사용하는 개발도상국 정의는 UN, 국제통화기금(IMF), 세계은행, OECD 등 기관에 따라 차이가 있다. 대개는 세계은행에서 국가별 1인당 국민총소득(GNI) 수준에 따라 저소득국, 하위중소득국, 상위중소득국, 고소득국으로 구분한 것을 기준으로 고소득국을 제외한 나머지 국가를 개발도상국이라 칭한다(World Bank, 2014).

셋째, 남북(North-South) 개념은 북반구에 위치한 선진국과 남반구에 위치한 개발도상국 사이의 사회적·경제적·정치적 격차를 의미한다. 북은 G8을 중심으로 한 서방의 제1세계와 제2세계의 대부분을 포함하고, 인구는 세계 인구의 4분의 1을 차지하며 전 세계 제조업의 90퍼센트를 소유하고 있다. 반면 아프리카, 중남미, 아시아(동북아 제외), 중동 등 전 세계 인구의 4분의 3을 차지하는 남은 약 5퍼센트에 해당하는 인구만 충분한 식량과 주거를 확보하고 있다.

남과 북의 역사는 식민주의 시대에서 기원했고 그런 까닭에 북의 경제 발전을 위한 원자재를 남에서 조달하는 종속적인 관계가 이어지고 있다(Mimiko, 2012). 따라서 남북 담론은 근본적으로 제국주의적 시각에 기반을 둔다. 남북문제에 관한 논의는 1980년 UN에 제출한 브란트 보고서(Brant Report) 발표를 계기로 더욱 활발해졌지만, 남 내부의 다양성을 고려하지 않은 채 북의 정책적 조언을 받아들이면 개발이 이루질 것이라는 등의 주장이 현실적이지 못하다는 비판을 받았다.

마지막으로, 빈곤의 정의는 세계은행 기준으로 빈곤선(하루 수입 1.92달러) 미만의 경제 수준을 일컫지만, 여기에 대한 학자들의 논의가 분분하다. 빈곤국에 대해 별도로 정해진 기준과 정의는 없으나 대개 개발도상국, 제3세계, 남을 혼용하고 있다.

(Potter et al., 2008; 한국국제협력단, 2014)

개념은 인간의 상상력에 의한 매우 유용한 허구이다. 제3세계는 우리가 그 용어를 선택하든 하지 않든 간에 존재한다. 더 중요한 것은 우리가 제3세계를 어떻게 이해하고 그것을 변화시킬 수 있는가 하는 것이다. 그러므로 제3세계가 단순히 의미론적 또는 지리적 고안물이 아니라 지역, 국가, 글로벌 수준에서 공간적 격차를 점점 커지도록 하는 계속적인 착취의 과정을 언급하는 개념이라는 것을 깨달아야 한다.

6. 공간적 불평등과 빈곤을 정의하고 측정하기

1) 공간적 불평등

오늘날 우리는 과학기술의 발달에 따른 시공간 수렴으로 이른바 세계화 시대에 살고 있다. 이러한 세계화는 정치, 경제, 사회, 문화 등 다방면에 걸쳐 일어나고 있으며, 우리는 전 세계 곳곳에서 만들어진 다양한 제품과 서비스뿐만 아니라 다양한 문화를 소비하거나 경험하고 있다. 특히 경제의 세계화는 산업화와 함께 대량생산과 대량소비를 가능하게 했지만, 한편으로는 자원 고갈, 환경 파괴, 기후 변화 등을 야기하여 인류를 위협하고 있다.

뿐만 아니라 세계화가 진전될수록 부유한 사람과 가난한 사람, 부유한 국가와 가난한 국가의 격차는 오히려 더 커지고 있다. 세계화 시대는 인류 역사상 그 어느 때보다 더 많은 다수의 사람들에게 물질적 풍요와 다양한 서비스를 누릴 기회를 제공하고 있음에도 불구하고 이를 세계의 모든 사람에게 균등하게 분배해 주지 못하고 있다. 한편에서는 주체할 수 없을 정도로 부가 늘어나는 사람들이 있는가 하면 다른 한편에서는 생존에 가장 기본적 요소인 의식주 해결도 어려운 사람들이 상당수에 달하고 있다. 즉 개인 간, 지역 간, 국가 간에 사회적 또는 공간적 불평등이 심화되고 있는 것이다.

불평등이란 차별이 있어 고르지 못한 상태를 의미한다. 사실 불평등이 나쁜 것만은 아니다. 문제는 구조적으로 생기는 불평등이다. 구조적 불평등은 가족, 로컬(지역사회), 국가, 글로벌(국제사회) 등 다양한 공간 스케일에서 광범위하게 발생하고 있다. 문제는 이러한 구조적 불평등이 풍요의 시대이자 세계화 시대인 오늘날 오히려 극단적으로 심화되고 있다는 것이다. 아울러 그 파급 효과는 성별과 연령에 따라서 또 어떤 사회적 계층에 속해 있느냐 등에 따라 다르게 나타난다. 그러면서 가난한 사람은 더욱 가난하게, 소외된 사람은 더욱 소외되게, 사회적 약자는 더욱 약하게 만든다(한국국제협력단, 2016).

이러한 불평등은 차별과 유사하며, 여러 문제점을 낳는다. 여성, 아동, 인종, 계층에 따른 불평등과 차별은 개개인이 자신의 인권을 실현할 수 있는 기회를 박탈하거나 상당 부분 제한한다. 그리고 불평등은 한 사회가 가진 제한된 인적·물적·사회적 자원의 효과적이고 효율적인 활용을 막고 낭비를 초래하며, 경제 성장에 도움이 되지 않는다. 뿐만 아니라 불평등은 빈곤을 감소시키는 데 도움이 되지 않는다(한국국제협력단, 2016). 따라서 사회나 국가 그리고 국제사회는 이러한 불평등을 개선하려는 노력을 끊임없이 모색하고 치료책을 마련해야 한다.

2) 빈곤: 기본적 개념과 정의

최근에 많은 학자들은 빈곤 감소와 빈곤 완화 전략이 개발 실천의 핵심이어야 한다는 것을 강조한다. 예를 들면, UN에 의해 제시된 새천년개발목표(MDGs)는 2015년까지 하루 1달러 미만으로 살아가는 인구를 절반으로 줄이자는 목표를 표명했다. 그리고 1990년대 초반, 세계은행의 정책은 '신빈곤의제(New Poverty Agenda)'로 간주되었다.

빈곤은 대개 경제적 관점에서 정의된다. 일반적이고 전통적인 의미에서 가장 간단한 빈곤의 개념은 경제적 관점에서 재화와 소득이 부족하다는 것을 말한다. 즉 최소한의 인간다운 삶을 영위하는 데 필요한 물적 자원이 부족한 상태를 말한다. 1인당 국내총생산(GDP)을 소득의 정도를 나타내는 편리한 지표로 보는 이유가 여기에 있다. 세계은행은 1993년 구매력 평가(PPP) 기준으로 하루 1달러 미만을 빈곤선으로 책정하고, 그 이하의 소득 인구를 절대빈곤(absolute poverty) 상태로 규정했다. 이에 따르면 세계에는 약 10억 명의 빈곤한 인구가 존재한다. 세계은행은 2008년부터 빈곤선을 2005년 구매력 평가 기준으로 하루 1.25달러로 조정했다. 하루 2달러 미만으로 간신히 기본적인 필요를 충족하고 생존을 위협받지 않는 상태는 적정빈곤(moderate poverty)으로 구분한다. 그리고 2015년에는 1.92달러로 조정했다. 이러한 경제적 관점을 지지하는 사람들은 일반적으로 소득과 건강 그리고 교육과 같은 다른 사회적, 경제적 웰빙 지표 간에 높은 상관관계가 있다고 생각한다.

그러나 개발의 정의와 같이 소득과 재화가 중요한 구성요소이기는 하지만, 빈곤은 다차원적이라는 것이 설득력을 얻고 있다. 일부 학자는 빈곤을 경제적 관점으로만 분석하는 것은 문제의 소지가 있으며, 빈곤과 개발은 다면적으로 이해해야 한다고 주장한다. White(2008)는 소득과 소비뿐만 아니라 건강, 교육, 사회적 삶, 환경의 질, 정치적/정신적 자유와 같은 요인들 모두 빈곤의 매우 중요한 구성요소이며, 이들 중 어떤 하나의 박탈만으로도 빈곤을 초래하는 것으로 간주될 수 있다고 주장한다.

이처럼 경제적 관점뿐만 아니라 비경제적 관점을 포괄하여 다면적인 정의에 있어서 빈곤은 보건이나 교육에 대한 접근 부족, 취약성, 소외와 무기력, 성별 및 인종적 차별, 정치적·경제적 권리 박탈, 주변화, 배제 등에 따른 불평등을 포함한다. 이는 크게 3가지로 요약할 수 있다(한국국제협력단, 2014, 153).

첫째, 아마르티아 센(Amartya Kumar Sen)의 '개인의 역량 부족' 관점에서 분석한 빈곤이다.

둘째, 사회의 구조적 특성으로 인해 특정 집단이 소외되고 박탈감을 경험하는 사회적 배제이다.

셋째, 로버트 챔버스(Robert Chambers)의 빈곤층 스스로의 인식에 기초한 빈곤의 이해이다.

아마르티아 센(Amartya Kumar Sen, 1999; 2000)은 빈곤을 부자유 혹은 삶의 질을 향상시킬 수 있는 기본적인 역량을 제한하는 상태인 '자유의 박탈'로 규정한다[17]. 따라서 그는 '개발'을 소득의 증가를 통한 기본 수요의 충족이 아니라, 개인이 누리는 자유의 증대로 바라본다. 그런 의미에서 교육, 기초보건, 고용보험 등 복지 서비스에 대한 개인의 접근성을 역량 증대의 중요한 요인으로 꼽는다. 이러한 관점은 '개발'을 얼마나 가지고 있고 얼마나 소비할 수 있느냐라는 소득 또는 금전적 측면에서가 아니라 인간이 가치를 두고 있는 기능들을 선택할 수 있는 자유의 관점에서 봐야 한다는 것을 강조한다. 센의 관점은 빈곤의 본질과 다양한 측면을 이해하는 데 많은 도움을 준다. 빈곤은 소득 측면과 소득 외적인 측면을 상호보완적으로 이해할 필요가 있다.

사회적 배제는 '사회에 속한 개인이 자기 권한 밖의 이유로 사회 활동에 동참하지 못하는 것'을 의미한다. 이러한 사회적 배제는 각 나라의 사회·문화적 배경에 따라 기준이 다르므로 배제의 정도 및 범위를 합의해야 한다. 어떤 사회에서는 배제를 관습적으로 포용하기 때문에, 사회의 구조적인 특성과 배제를 유발하는 원인을 찾기 위해서는 빈곤에 대한 참여적 접근법이 필요하다(한국국제협력단, 2014).

챔버스의 참여적 접근법(participatory poverty assessment)은 빈곤층이 참여해 스스로 빈곤을 평가하도록 한 것이다. 빈곤층이 인식하는 빈곤은 사회적 배제 및 정치적 고립 상황에서 발생하는 무력감을 포함한다. 그러나 이 접근법도 누구의 목소리를 경청하느냐에 따라 결과가 달라진다는 한계를 안고 있다. 이 경우 또다시 소외된 이들의 의견을 반영하지 못하는 배제의 문제와 객관적인 정보 부족, 공동체 내부의 이질성 등의 비판을 피할 수 없다.

White(2008)에 의하면, 많은 연구들은 상대적으로 빈곤한 사람들은 스스로 빈곤을 평가하는 데 소득보다는 다른 차원들을 평가한다는 것을 보여 주었다. Jodha(1988)의 연구는 빈곤한 인도인들의 복지가 그들 자신이 중요한 것으로 간주하는 척도에 의해 어떻게 증가해 왔는지를 보여 준다. 이들 연구는 소득보다 다른 요인들이 어떻게 빈곤과 직접적인 관련이 있는지 보여 준다. 유엔개발계획(UNDP, 2009)은 빈곤을 단순히 소득뿐만 아니라 교육, 고용, 주거와 건강을 포함하여 권력과 시장에의 접근이 부족한 상태로 인식한다. 이러한 접근이 결핍되면 누적적이거나 다중적인 박탈을 불러일으킨다. 한 무대에서 권력의 부족은 다른 무대에서 계속적인 권력의 부족으로 이어진다.

한편, 빈곤은 인간의 기본 수요를 충족시키지 못하는 인구의 규모와 실태를 측정하는 데 초점을 둔 개념이라는 점에서 해당 국가의 사회정책을 평가하는 중요한 잣대라고 할 수 있다. 물론 빈곤정책이 발달하였다고 해서 해당 국가의 복지정책 또는 사회정책이 발달한 것으로 평가할 수는 없다. 하지만 빈곤층의 규모는 그 나라의 소득 보장과 주거 보장, 의료 보장, 교육 보장 등 각종 사회보장정책이 어느 정도 발달하였는지 보여 주는 중요한 지표가 된다. 한 걸음 더 나아가 그것은 '사회권(Social Rights)' 보장의 정도를 나타내는 지표가 된다.

3) 절대적 빈곤과 상대적 빈곤: 복지권[18]과 취약성[19]

오늘날 빈곤문제는 절대적 빈곤(absolute Poverty)[20]에서 상대적 빈곤(relative Poverty)[21]으로 그 지평을 넓혀가고 있다[22]. 그렇다고 절대적 빈곤 또는 생존을 위협하는 수준의 결핍문제가 사라진 것은 아니다. 오늘날에도 여전히 많은 사람들이 생존에 필요한 식료품과 물 그리고 최소한의 의료 서비스를 걱정하고 있기 때문이다. 하지만 전 세계적으로 절대빈곤 인구는 빠르게 감소하고 있지만, 부유한 사람들과 빈곤한 사람들의 소득 격차는 점점 커지고 있다. 이는 절대적 빈곤은 줄어들고 있지만, 상대적 빈곤은 증가하고 있는 상황이며, 불평등문제가 새로운 사회 갈등의 원인으로 나타나고 있다는 것을 말해 준다.

빈곤을 단순히 소득의 관점에서 바라보면 빈곤 감소를 위한 방안을 경제 성장에서 찾게 된다. 그러나 만약 빈곤을 다차원적 관점에서 바라본다면, 빈곤 완화를 위해서는 사회정책이 필요하다. 이와 관련한 사례는 빈곤에 대한 변화하는 관점에서 찾을 수 있다. Sen(1984)은 빈곤, 영양실조, 기아를 이해하기 위해 무엇이 빈곤 집단을 위한 복지권(entitlements)으로 간주될 수 있는지의 관점에서 생각할 필요가 있다고 주장한다. 이것은 가난한 사람들이 장단기적인 식품 위기를 견뎌내기 위해 접근할 수 있는 자원들과 관련된다. 빈곤 집단을 위한 복지권은 소득, 더 폭넓은 자원의 소유, 다른 기본적인 서비스와 함께 의료 서비스와 같은 공공재에 대한 접근을 포함한다(Thirlwall, 2006; Chant and McIlwaine, 2009). 영양실조는 음식에 대한 접근이 부족한 것을 포함하지만, 단지 음식에 접근할 수 있는지 그렇지 않은지에만 달려 있지 않다. 영양실조는 음식에 대한 가난한 사람들의 복지권을 반영한 결과이다. 빈곤은 음식에 접근할 수 없기 때문이 아니라 음식에 대한 복지권이 제기능을 하지 못하기 때문에 나타날 수 있다.

이러한 관점에서, 기근은 로컬적 차원에서 음식을 충분히 공급받을 수 없는 다양한 집단들의 복지권이 급속하게 쇠퇴한 것으로부터 초래된다. 글로벌 수준에

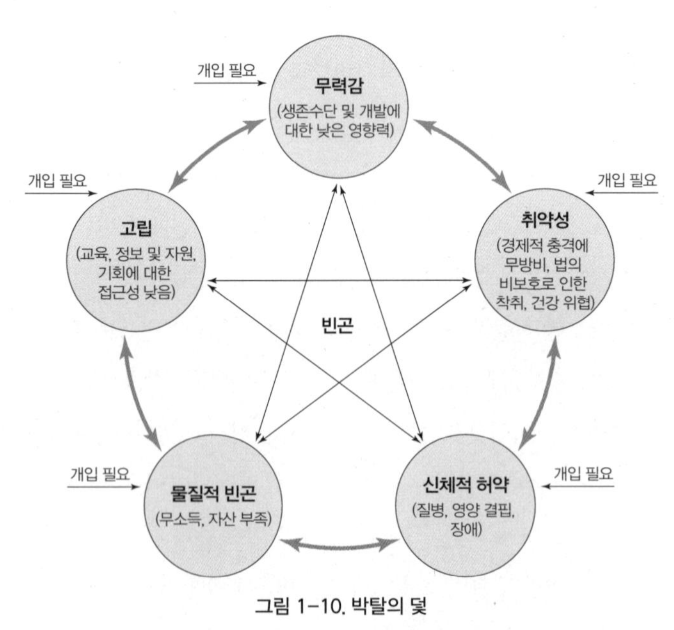

그림 1-10. 박탈의 덫

(Mukherjee, 1999, 68; 한국국제협력단, 2014, 160 재인용)

서는 전 세계의 사람들을 먹여 살릴 수 있는 충분한 음식이 있지만, 로컬적 수준에서는 이것은 사실이 아니다. 즉, 빈곤한 집단에 대한 복지권이 충족되지 않은 식량불안(food insecurity) 상황을 나타낸다. 이것은 빈곤한 집단들의 취약성이 너무나도 명백한 상황을 만든다. 달리 말하면, 취약한 빈곤층은 때때로 음식이 충분할 때에도 기근에 직면한다.

그렇다면 빈곤의 원인은 무엇일까? 빈곤의 원인은 매우 다양하다. 대개 빈곤은 경제적 관점에서 소득과 자산의 부족에 기인한다. 실업이나 낮은 소득은 빈곤의 직접적인 원인이 된다. 영국 서섹스대학 개발학연구소(Institutes of Development Studies)의 교수 챔버스(Chambers, 1983)는 '박탈의 덫(Deprivation Trap)'이라는 새로운 용어를 만들어 다면적 관점에서 빈곤에 접근한다. 그는 물질적 빈곤, 신체적 허약, 고립, 취약성, 무력감이라는 5가지 빈곤의 결정 요인을 다음과 같이 설명하고 있다(한국국제협력단, 2014, 159-160 재인용). 여기서 고립과 무력감은 불평등(ienequality), 사회적 배제(social exclusion)와 비슷한 개념이다.

- 물질적 빈곤(material poverty): 소득 및 소득 수단(노동력, 자산 등)이 부족한 상태
- 신체적 허약(physical poverty): 기아, 영양결핍, 질병에 취약, 가족 내 건강한 구성원의 노동력에 의존도 심화
- 고립(isolation): 고립된 지역에 거주하기 때문에 공공 서비스 및 커뮤니케이션 혜택을 받지 못하고 사회 활동에도 참여하지 못하는 상태
- 취약성(vulnerability): 자연재해나 질병, 폭력, 강제 이주 등 빈곤을 심화하는 상황으로 인해 생존을 위한 최소한의 소유마저 잃을 수 있는 취약성에 노출된 상태
- 무력감(powerlessness): 자신의 요구와 주장을 펼칠 수 없는 상황. 정치적 대표를 선임하거나 자신의 요구를 국가 혹은 사회의 주요 정책으로 반영 및

관철하기 어려움. 대금업자, 임대주, 상인, 관료 등에 대한 공정한 법 적용, 폭력, 위협, 착취로부터의 보호, 이해관계 관철 등 여러 면에서 차별 대우를 받는 상황

한편, 세계은행의 2000/2001년 『세계개발보고서(World Development Report: Attacking Poverty)』는 빈곤의 주요 원인을 다음과 같이 설명한다(한국국제협력단, 2016 재인용). 첫째, 빈곤은 소득과 자산의 부족으로 인해 발생한다. 둘째, 빈곤은 자신의 입장에 대해 목소리를 낼 수 없는 것과 자신의 입장을 반영시키지 못하는 데서 느끼게 되는 무력함(voicelessness and powerlessness) 때문에 발생한다. 셋째, 빈곤은 취약성(vulnerability)으로 인해 발생한다.

빈곤은 인간이 사는 세상 어디에나 존재해 왔다. 인류의 부가 소수에게 편중되는 현상이 심화되는 글로벌 시대에 빈곤은 비단 개발도상국만의 문제는 아니다. 선진국 또는 산업화가 고도로 진행된 나라에서도 지역 간, 계층 간, 인종 간 빈부 격차가 점차 두드러지고 있다. 하지만 빈곤은 선진국 또는 산업화가 고도로 진행된 나라보다 개발도상국에서 좀 더 광범위하고 보편적인 현상이다.

개발도상국의 빈곤은 환경, 자원, 자연재해, 질병, 전쟁과 분쟁, 정치, 경제, 역사, 제도, 문화 등 다방면에 그 원인이 있다. 즉 척박한 자연환경과 빈약한 자원, 빈번한 대규모 자연재해, 질병, 미미한 굿 거버넌스(good governance), 부의 과도한 집중, 식민지 경험과 유산, 국제경제질서 정립과 재편에 능동적 참여 부족, 과다한 채무, 단일 작물 경작에 의존하는 농업 기반 경제, 교육·보건 등 기초 공공 서비스에 대한 투자 부족, 우수한 인재들의 두뇌 유출 등이 개발도상국의 빈곤의 원인이다. 또한 이러한 원인들이 상호 복합적이고 유기적으로 연결되는 경우가 많은 것이 개발도상국의 현실이다(한국국제협력단, 2016).

4) 빈곤 측정하기

역사적으로 빈곤 개념은 더 높은 빈곤선에 주목하던 단계에서, 다원적이고 역동적인 문제에 천착하는 다차원적 개념으로 발전하여 왔다. 이는 절대적 빈곤에서 상대적 빈곤으로 그리고 다차원적 빈곤 개념으로 발전이 이루어져 왔음을 의미한다. 즉 빈곤 개념이 소득 빈곤에서 종합적인 기초 생활(Living Standard)을 강조하는 경향으로 변화해 왔음을 의미한다(한국국제협력단, 2016).

1인당 국민총생산/국내총생산(GNP/GDP)은 특정 국가 내에서 소득 빈곤의 총액 척도로 간주될 수 있다. 그러나 가장 간단한 소득 빈곤의 척도는 빈곤율[23]이다. 빈곤율이란 설정된 빈곤선(poverty line) 아래로 떨어지는 인구의 비율이다. 이를 계산하기 위해서는 빈곤 수준 또는 빈곤선이 먼저 정의되어야 한다. 대개 빈곤선은 하루에 1달러(2008년에는 1.25달러, 2015년에는 1.92달러) 이하의 수입으로 살고 있는 인구 비율을 의미한다. 대개 사하라 이남 아프리카 인구의 거의 50%는 이러한 빈곤선 아래에서 살고 있으며, 1990년대 이후에도 여전히 실질적인 개선이 이루어지지 않고 있다. 반면 동아시아의 빈곤 인구는 1990년 이후 괄목하게 줄어들고 있다. 1990년에는 60%로 매우 높았지만 현재는 10%대로 떨어졌다.

빈곤을 다차원적인 관점에서 측정하고자 한 것은 앞에서 살펴본 1990년대 이후 유엔개발계획(UNDP)에 의해 제공된 인간개발지수(HDI, Human Development Index)[24]와 인간빈곤지수(HPI, Human Poverty Index)[25]이다. 그리고 남녀평등지수(GDI, Gender-related Development Index), 성불평등지수(GII, Gender Inequality Index) 등도 포함된다.

특히 빈곤의 다차원적이고 폭넓은 양상에 대한 구체적인 척도는 인간빈곤지수(HPI)에 의해 제공된다. 이 인간빈곤지수(HPI)는 유엔개발계획(UNDP)이 1990년대 이후 사용된 인간개발지수(HDI)를 확장하여 개발한 것이다. 따라서 인간빈곤지수는 최초의 인간개발지수(HDI)를 평가하기 위해 사용된 3가지 요소–건강

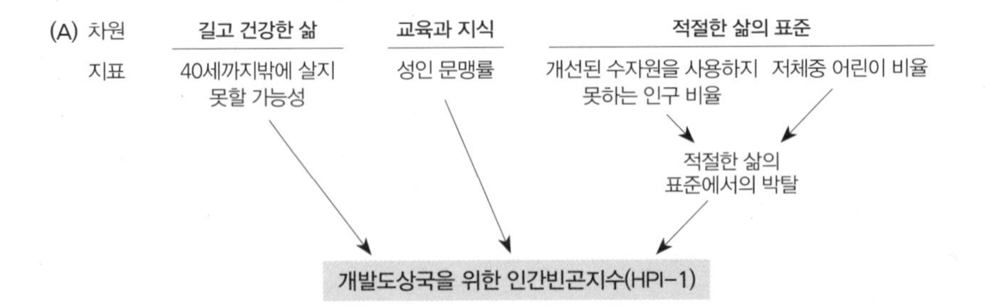

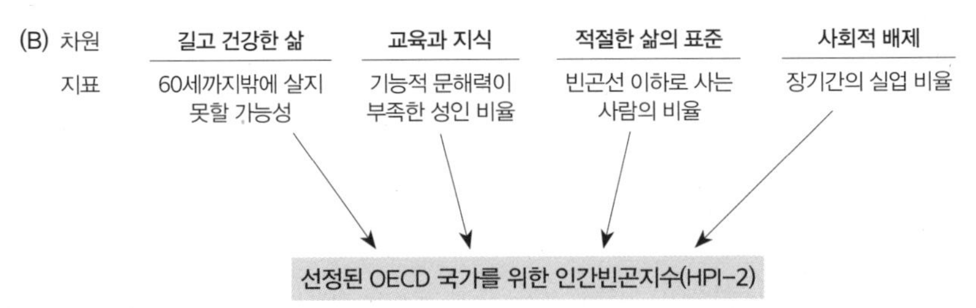

그림 1-11. (A) 인간빈곤지수-1(HPI-1)과 (B) 인간빈곤지수-2(HPI-2) 계산하기

(Potter et al., 2008, 30)

(a long and healthy life), 교육(knowledge), 소득(decent standard of living)-의 박탈을 측정하는 데 집중했다(그림 1-11). 측정의 조건은 다음과 같다.

첫째, 건강과 기대수명(a long and healthy life)은 출생에서 40세까지밖에 살지 못할 가능성에 의해 측정되었다. 둘째, 교육(knowledge)은 성인 문해력 비율에 의해 측정되었다. 셋째, 소득(decent standard of living, 적절한 삶의 표준)은 안전한 물에 접근할 수 없는 사람들의 평균 비율과 동일 연령 집단에 비해 저체중인 어린이 비율에 의해 측정되었다. 이것은 인간빈곤지수-1(HPI-1)로 간주되며 개발도상국에 사용되었다[그림 1-11(A) 참조]. 반면 인간빈곤지수-2(HPI-2)는 선진국에 사용되었다[그림 1-11(B) 참조]. 여기서 건강 및 기대수명(a long and healthy life)은 출생에서 60세까지밖에 살지 못할 가능성에 의해 측정되었다. 여기에 기능적 문해력(functional literacy)에 대한 측정, 빈곤선 아래에서 살고 있는 인구의 비율, 장기간의 실업률 등이 부가되었다. 이들 변수들은 모두 빈곤의 다차원적인 양상에 대한 폭넓은 측정을 제공했다.

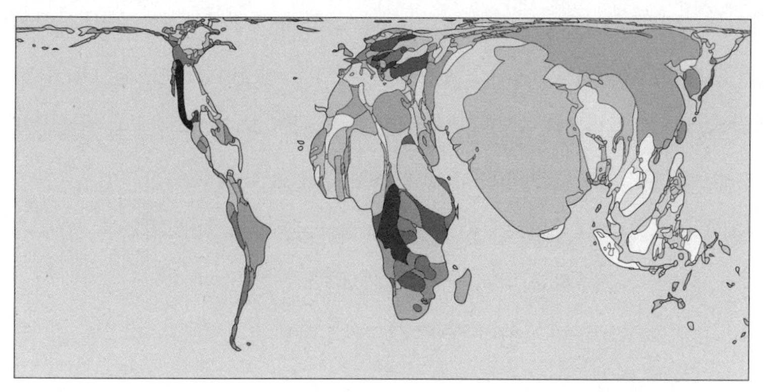

(A) 국가의 규모는 그 국가에서 빈곤하게 살고 있는 세계 인구의 비율을 보여 준다.

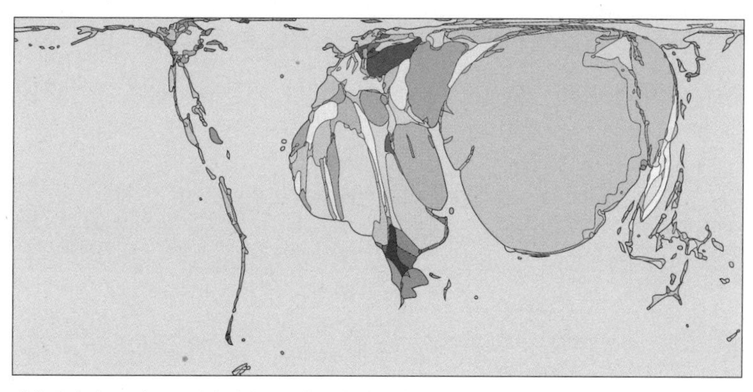

(B) 국가의 규모는 그 나라에서 초등학교에 다니지 않는 총 세계여성인구의 비율을 보여 준다.

그림 1-12. 월드매퍼로 표현한 (A) 인간빈곤지수(HPI)와 (B) 전 세계에서 초등학교에 다니지 못하는 여성의 비율

세계 각 국가의 인간빈곤지수(HPI)를 월드매퍼(Worldmapper)로 표현한 것이 그림 1-12의 (A)이다. 아프리카, 인도 아대륙, 그리고 이들보다는 덜하지만 아시아 일부 지역에 빈곤이 집중되어 있다는 것을 알 수 있다. 전 세계에서 초등학교에 다니지 못하는 여성의 비율을 보여 주는 그림 1-12의 (B)는 부유한 세계와 가난한 세계의 구분을 좀 더 확연하게 보여 준다.

1997년 이후 매년 『인간개발보고서(HDR)』에 사용된 인간빈곤지수(HPI)는 2010년 이후 새로운 척도인 다차원빈곤지수(MPI, Multidimensional Poverty

Index)로 대체되었다. 다차원빈곤지수는 영국 옥스퍼드 빈곤·인간개발이니셔티브(OPHI, Oxford Poverty and Human Development Initiative)와 함께 유엔개발계획(UNDP)에 의해 개발되었고, 2010년 10월 출시된 유엔개발계획(UNDP)의 『인간개발보고서(HDR)』 20번째 기념판부터 사용되고 있다.

다차원빈곤지수(MPI)는 일련의 핵심 요인들을 평가한다. 각각은 표 1-7에서처럼, 가정 수준에서의 박탈 정도와 관련된다. 인간개발지수(HDI), 인간빈곤지수(HPI)와 같이, 다차원빈곤지수(MPI)의 출발점은 교육(education), 건강(health), 소득(standard of living, 삶의 표준)이라는 3가지이다(표 1-7). '교육'은 학교 교육의 연수와 학교 등록 연수라는 두 지표에 의해 측정된다. '건강'은 영양과 어린이 사망자 수에 의해 측정된다. '소득(삶의 표준)'은 소득이라는 하나의 지표보다 오히려 일련의 요인들에 의해 측정된다. 이들 요인들은 전기, 위생시

표 1-7. 가정 수준에서 다차원빈곤지수의 정의와 지표

차원	지표	박탈의 정의/측정
교육	학교 교육의 연수	5년간의 학교 교육을 완료하지 못한 구성원이 있다면 박탈된 것이다.
	학교 등록 연수	학교 교육에 참여하지 못하는 학령기의 어린이가 있다면 박탈된 것이다.
건강	영양	영양실조에 걸린 성인 또는 어린이가 있다면 박탈된 것이다.
	어린이 사망자 수	가족 중에 사망한 아이가 있다면 박탈된 것이다.
소득 (삶의 표준)	전기	전기가 없는 가정이 있다면 박탈된 것이다.
	위생시설	새천년개발목표(MDG)의 가이드라인에 따라 위생시설이 개선되지 않는다면 박탈된 것이다. 또는 개선되었지만 서로 공유하지 않는다면 박탈된 것이다.
	음료수	새천년개발목표(MDG)의 가이드라인에 따라 깨끗한 식수에 접근할 수 없다면 박탈된 것이다. 또는 깨끗한 식수가 집으로부터 걸어서 30분 이상 걸린다면 박탈된 것이다.
	바닥재	바닥이 더럽고, 모래나 배설물이 있다면 박탈된 것이다.
	요리 연료	세부사항 없음
	자산의 소유	세부사항 없음

(UNDP, 2010)

설, 음료수, 바닥재, 요리 연료, 자산의 소유를 포함한다(표 1-7). 다차원빈곤지수(MPI)는 빈곤을 평가하는 데 더 많은 요인들을 반영할 뿐만 아니라, 사람들이 매일 직면하는 물질 환경을 측정한다. 그리고 가정에서부터 지역 및 국가 수준에 이르는 데이터까지 합산될 수 있다. 다차원빈곤지수는 멕시코의 사례처럼 국가 스케일에 이미 채택되었다.

:: 주

1. 국제개발협력은 개발도상국의 개발을 위한 국제사회 혹은 국가 간 협력체제와 전반적인 활동을 의미한다. 국제개발협력 중에서도 공여국이 수원국에 기술 협력, 물적 자금 등 각종 형태로 지원하는 활동을 원조 혹은 개발원조라고 한다. 특히 공적개발원조(ODA, Official Development Assistance)는 개발원조에서도 OECD의 공여국 모임인 개발원조위원회(DAC, Development Assistance Committee)에서 규정한 조건을 충족하는 국제개발원조 활동을 지칭한다.

2. 세계는 선진국과 개발도상국, 저개발국, 최저개발국으로 구분된다. 개발도상국은 과거 후진국 또는 제3세계로 불리는 경향이 있었다. 최근에는 선진국과 개발도상국을 경제적 관점에만 초점을 두어 '경제적으로 더 발전된 국가'와 '경제적으로 덜 발전된 국가'로 대체하여 사용하기도 한다. 한편 개발도상국과 선진국은 남과 북(남북문제)으로 구분되기도 한다.

3. 개발, 특히 불균등 발전(uneven development)은 지리학뿐만 아니라 지리교육의 중요한 주제이다. 왜냐하면 불균등 발전에 대한 학습은 장소(place), 스케일(scale), 연결(connection), 상호 의존성(interdependence)이라는 지리의 핵심 개념에 대한 이해를 동반하기 때문이다. 나아가 이러한 학습은 학생들로 하여금 자신의 지리적 상상력과 개인적 경험을 끌어와 로컬과 글로벌 간의 연계를 만들 수 있게 한다. 그렇지만 이와 같은 개발에 대한 학습에서 무엇보다 중요한 것은 개발이 무엇을 의미하는지를 이해하는 데 있다.

4. 신탁통치란 국제연합(UN) 감독하에 시정국(施政國: 신탁통치를 행하는 국가)이 일정지역(신탁통치지역)에 대하여 실시하는 특수통치제도를 말한다. 신탁통치 단계에서, 많은 전통적인 사회는 그들이 만족하며 살아왔던 전통적인 삶의 방식에 대한 인식이 거의 없어지게 된다.

5. 가난한 국가들은 빨리 발전하기를 원한다. 그러나 이를 위해서는 돈이 많이 필요한데, 가난한 국가들은 많은 돈을 가지고 있지 않다. 가난한 국가들은 더 부유한 국가로부터 일부 원조를 받는다. 그러나 원조로는 충분하지 않다. 따라서 가난한 국가들은 다른 정부 또는 세계은행, 국제통화기금(IMF)으로부터 돈을 빌려야 한다.

6. 국민총생산(GNP)은 한 나라의 국민이 생산한 것을 모두 합한 금액으로, 우리나라 국민이 외국에 진출해서 생산한 것도 모두 포함한다. 따라서 국민총생산(GNP)은 장소를 불문하고 우리나라 사람의 총생산을 나타내는 개념이다. 반면, 우리나라 국민들(특히 기업들)의 해외 진출이 늘어나면서부터 대외수취소득을 제때에 정확하게 산출하는 것이 점점 어려워지게 되었다. 그런 점에서 국민총생산(GNP)의 정확성이 전보다 떨어져 경제 성장률을 따질 때 국민총생산(GNP)보다는, 우리나라 영토 내에서 이루어진 총생산을 나타내는 '국내총생산(GDP)'을 사용하는 추세이다. 한편, 국민총소득(GNI)은 한 나라의 국민이 일정 기간 생산활동에 참여한 대가로 벌어들인 소득의 합계로서, 실질적인 국민소득을 측정하기 위하여 교역조건의 변화를 반영한 소득지표이다.

7. 1인당 국민총생산(GNP)/국내총생산(GDP)/국민총소득(GNI)은 국가들을 좀 더 쉽게 비교하기 위해 미국 달러로 환산하여 제공된다. 문제는 이들 지표가 국가들 간의 차이와 해당 국가 내에서 사람들 간의 차이(예를 들면, 연령)를 숨기고 있다는 것이다.

8. 1인당 국내총생산(GDP) 이외에, 기대수명과 문해력 및 교육 정도가 인간개발지수를 계산하는 데 사용된다. 기대수명은 사람들이 살기를 기대할 수 있는 평균연령이다. 이것은 삶의 질의 중요한 지표이다. 왜냐하면 사람들이 더 오래 살수록 음식, 주거, 의료에 대한 접근이 더 나을 것이기 때문이다. 문해력과 교육 정도는 사람들이 공동체에서 활동하고 참여하는 데 중요한 역할을 한다. 그래서 이 역시 삶의 질의 필수적인 지표가 된다.

9. UN 개발 프로그램의 일환으로 1990년부터 매년 인간개발지수를 발표해 오던 유엔개발계획(UNDP)은 1995년 유엔 제4차 세계여성회의를 계기로 남녀평등 정도를 측정하기 위해 '남녀평등지수(GDI)'를 개발하는 한편, 여성이 정치·경제 활동과 정책 결정 과정에 참여하는 정도를 점수로 환산한 '여성권한척도(GEM, Gender Empowerment Measure)'를 개발했다. 여성권한척도(GEM)는 유엔개발계획(UNDP)이 매년 발간하는 『인간개발보고서(Human Development Report)』를 통해 인간개발지수(HDI) 및 남녀평등지수(GDI)와 함께 발표된다. 여성권한척도(GEM)는 여성 국회의원 수, 행정관리직과 전문기술직 여성비율, 그리고 남녀소득 차를 기준으로 여성의 정치·경제 활동과 정책 과정에서의 참여도를 측정하여 고위직에서의 남녀평등 정도를 평가하는 것을 말한다. 한편, 유엔개발계획(UNDP)은 2010년부터 여성권한척도와 남녀평등지수를 폐기하면서, 대표적인 국제 성평등지수인 '성불평등지수(GII, Gender Inequality Index)'를 새로 개발하여 발표하고 있다. 성불평등지수(GII)는 여성 권한과 노동 및 사회 참여 등이 법적·제도적으로 보장되고 있는지를 종합적으로 판단하고 평가하는 지수다. 이는 여성 관련 제도의 정책적 보장 여부와 같은 인프라 수준을 평가한 것이다. 점수가 0에 가까울수록 완전 평등, 1에 가까울수록 완전 불평등을 의미한다.

10. 의학과 의학 기술의 발달은 인간을 더 오래 살 수 있게 하고, 유아사망률을 줄여 왔으며, 사람들의 삶의 질을 전반적으로 개선시켜 왔다. 그러나 의료에 대한 접근은 전 지구적으로 균등하지 않다. 선진국은 최신의 의료 기술을 발전시키고 있고, 최고의 시설을 가진 병원과 의사들에게 좀 더 쉽게 접근할 수 있다. 이러한 불평등의 증거는 유아사망률(1000명 출생당 사망한 유아 수) 또는 5세 이하 어린이 사망률(5세가 되기 전에 사망한 어린이 수)에서도 나타난다. 빈약한 의료나 의료시설은 개발도상국 어린이의 높은 사망률로 이어진다.

11. 특정 사회에서 여성에게 허용된 역할은 그들의 삶의 질에 영향을 준다. 여성은 관습, 전통, 종교적 신념 등을 이유로 남성과 동일한 권리를 가지지 못한다. 예를 들면, 소녀들은 종종 교육에 대한 접근을 거부당한다. 그것은 그들에게 읽고 쓸 수 있는 문해력 수준에 영향을 줄 수 있다. 문해력이 없다면, 공동체 생활에 능동적으로 참여하거나 일자리의 기회를 얻는 데 어려움이 있다. 몇몇 사회에서, 여성과 소녀들은 폭력의 대상이 되고 있고, 사회에서 그들의 위치성 때문에 교육과 더 넓은 세계에 대한 접근이 거부되고 있다. 일부 국가들은 여성의 정치 참여를 허용하지 않는다. 이것은 여성들로 하여금 그 사회에서 그들의 위치를 변화시킬 기회조차 박탈한다.

12. 개발도상국(developing countries)이란, 경제 및 사회 발전 수준이 선진국에 비해 낮은 국가를 말한다. 이전에는 저개발국(less developed countries) 또는 후진국(underdeveloped countries 또는 undeveloped countries)으로 불렸으나, 차별적이라는 비판이 일면서 개발도상국이라는 용어가 일반적으로 사용되고 있다. 공업 중심의 고도 발전을 이룬 소수의 국가를 제외한 다수의 국가가 여기에 포함되며, 이들 국가의 대부분이 아시아, 아프리카, 중동 및 중남미에 위치한다. OECD/DAC는 3년마다 '수원국 목록'을 발표하는데, 수원국은 최빈국[Leat Developed Countries(LDCs)]과 저소득국[Low-Income Countries(LICs)], 하위중소득국[Lower Middle-Income Countries(LMICs)], 상위중소득국[Upper Middle-Income Countries(UMICs)]의 4단계

로 분류된다. UN 규정에 따른 최빈국은 49개국이며, 저소득국은 5개국, 저중소득국은 39개국 1개 속령, 고중소득국은 50개국 4개 속령이다. OECD/DAC의 수원국 목록은 세계은행에서 발간하는 국가 리스트를 기준으로 분류한다. 세계은행은 1인당 국민총소득(GNI)을 기준으로 저소득국, 하위중소득국, 상위중소득국, 고소득국의 4단계로 분류하며, OECD/DAC의 수원국 목록에는 고소득국이 제외된 대신 최빈국이 추가되었다.

13. 2015년 세계은행은 빈곤선을 1.25달러에서 1.92달러로 상향 조정하였다.

14. 제3세계란, 보통 우파와 좌파, 보수와 진보, 자본주의 진영과 공산주의 진영의 대립에서 어느 쪽에도 가담하지 않고 중간적 입장을 취하는 정치세력을 말한다. 제2차 세계대전 이후 미국과 소련을 중심으로 한 동서 진영의 양극체제가 국제정치의 대세를 형성하고 있을 때 1955년 반둥회의를 기점으로 양 진영에 속하지 않는 중립적인 비동맹세력이 등장하였다. 그리고 이들은 구미 자본주의와 일본을 포함하는 제1세계, 소련과 그 영향권하에 있는 동유럽제국을 가리키는 제2세계와 구분하여 제3세계로 불리게 되었다.

15. 좌·우의 이념을 초월하는 실용주의적 중도좌파 노선을 일컫는 말로, 토니 블레어 영국 총리의 정책 브레인으로 잘 알려진 앤서니 기든스(Anthony Giddens)가 논문 「좌우를 넘어서」에서 사회주의의 경직성과 자본주의의 불평등을 극복하려는 새로운 이념 모델로 제시한 데서 출발한다. 앤서니 기든스는 『제3의 길(The Third Way)』이란 저서에서 신자유주의와 사회민주주의를 모두 반대하고 '제3의 길'로 불리는 새로운 사회발전모델을 주창했다.

16. 수렴이론이란 대립하는 두 현상이 동질화된다는 관점을 말한다. 즉 국제정치에서 대립하는 동서 양 진영을 서서히 동질화시킴으로써 평화를 실현하고자 하는 견해를 말한다. 종래 서방측의 수렴이론은 소련 경제의 발전에 따라 소련 사회가 서방측에 접근해 온다는 것이었는데, 1984년 4월 미국 컬럼비아대학 연구원 모어하우스(Ward Morehouse)는 핵전쟁의 악몽을 떨쳐버리기 위해서는 서구 사회를 동구 사회에 접근시켜야 한다는 이론을 내놓았다.

17. 최근 빈곤은 소득의 관점뿐만 아니라 소득 외적인 측면도 고려되어야 한다는 주장이 널리 받아들여지고 있다. 인도 출신의 세계적인 경제학자 아마르티아 센은 '빈곤은 자유와 역량의 결핍으로 이해해야 한다.'고 주장했다. 센은 '기능(functioning)'과 '역량(capability)'의 구분을 통해 빈곤은 무엇인가를 구매할 수 있는 경제적 수단을 가지고 있느냐 없느냐의 문제보다는 '되고자 하는 것(beings)' 또는 '하고자 하는 것(doings)'을 선택할 수 있는 자유가 있는지, 또는 '되고자 하는 것과 하고자 하는 것'을 달성할 능력을 갖추었는지 여부로 판단해야 한다고 말한다(한국국제협력단, 2016).

18. 대부분의 현대사회에서 모든 시민들을 위해 존재하는 사회복지와 설비에 대한 권리를 말한다. 그러나 이 또한 논쟁의 주제이기도 하다. 예를 들면, 미드(L. Mead)는 『복지권을 넘어서』(1985)에서, 일방적인 강조는 복지권에 대한 '의무'를 등한시하게 된다고 주장했다. 모든 서구 자본주의 국가는 복지설비와 '자본주의적 축적' 양자를 유지하는 데 있어서 문제를 겪어 왔다. 근대적 개념이 유지되고 확대되려면, 높은 최소 수준에서 모든 시민과 노동자의 기본적인 복지권을 인식하는 것이 필수적이라고 주장하는 사람들도 많이 있다(고영복, 2000).

19. 어떤 주체의 취약성이란 해당 주체가 외부의 변화에 의해 받는 영향이나 비용(즉, 민감성에 기초한 영향이나 비용)을 기존의 정책이나 제도적 틀(체제)의 전제를 바꾸는 행동을 취함으로써 비교적 단기에 또는 저비용으로 경감하거나 해결할 수 있는가, 어떠한가의 정도를 가리킨다. 만일 해당 주체가 어떠한 행동을 취해도 그 영향을 벗어날 수 없다면 그 주체는 그 변화에 대해 취약하다. 만일 벗어난다면 그 주체는 비취약하다. 주체의 취약성 · 비취약성은 해당 주체의 권력에 의해 결

정된다. 왜냐하면 권력이 큰 주체는 다양한 상황에서 더 많은 선택 폭을 가지고 있으며 기존의 정책이나 제도적 틀 등을 재평가할 수 있기 때문이다.

20. 절대적 빈곤이란 의식주 등 생존을 위한 기본 수요가 충족되지 못한 상태를 말한다. 절대빈곤 상태에서는 만성적인 영양 부족 및 발육 부진 상태가 이어지며 교육, 보건의료, 주거, 위생 등에 대한 적절한 투자가 이루어지지 못한다. 국제사회는 통상 1일 1.92달러 이하의 소득으로 생활하는 사람을 절대빈곤층으로 정의하고 있는데 2015년 현재 전 세계 약 7억 명이 절대빈곤 상태에 있는 것으로 추산된다. 절대빈곤에 대한 글로벌 기준은 1990년 세계은행에 의해 도입되었다. 세계은행은 절대빈곤선을 1990년 하루 1달러 이하로 정의했으나, 물가상승 등을 고려해 2008년 1.25달러로 조정했고, 다시 2015년 1.9달러로 조정했다(한국국제협력단, 2016).

21. 상대적 빈곤은 소득과 같은 객관적 기준이 아니라 자신의 주관적 판단에 따라 가난하다고 느끼는 것으로, 자신이 준거 기준으로 삼는 특정 집단 또는 사회에서 다른 사람과 비교해 적게 가지고 있다고 느끼는 것을 말한다. 따라서 비교적 높은 삶의 질을 누리며 사는 사람도 얼마든지 상대적 빈곤을 느낄 수 있다. 선진국이라 해서 절대빈곤이 없을 수 없겠으나 대체로 선진국 국민이 느끼는 빈곤은 상대적 빈곤이 많은 반면 개발도상국에서는 절대빈곤이 주를 이룬다(한국국제협력단, 2016).

22. 한편 빈곤은 만성빈곤(chronic poverty)과 일시빈곤(temporary poverty)으로 구분된다. 만성빈곤은 소득이나 지출 변동이 심해 빈곤에 빈번하게 노출되는 상태를 의미한다. 반면 일시빈곤은 경제적 충격(낮은 강수량, 가격 폭락 등)을 받아 일시적으로 빈곤해지는 상태다(한국국제협력단, 2014, 154).

23. 빈곤율은 빈곤 측정에 가장 많이 사용해 온 지수로 소득(소비) 수준을 가장 높은 순부터 낮은 순대로 순위를 매긴 뒤, 빈곤선 이하(혹은 미만)에 있는 인구(또는 가구)의 수를 의미한다. 이 측정 방식은 빈곤선 이하 전체 인구를 파악할 수는 있지만, 그들이 빈곤선에서 얼마만큼 떨어져 있는지를 나타내는 빈곤심도(depth)는 알 수 없다는 단점이 있다. 다시 말해, 빈곤층의 소득이 감소하여 과거에 비해 생활이 어려워졌음에도 빈곤율은 변하지 않을 수 있다(한국국제협력단, 2014).

24. 유엔개발계획(UNDP)은 '장수하고 창조적인 삶을 누리면서 지식을 쌓으며 적절한 경제적 생활수준을 향유하는 등 인류의 보편적이고 개인의 삶에 필수불가결한 조건'을 기준으로 생존, 지식, 생활수준의 합성지표인 인간개발지수를 마련했다. 1990년 『인간개발보고서(HDR: Human Development Report)』는 인간 개발을 개인의 선택을 확대하는 과정으로 언급하며, 빈곤에 대한 Sen의 다면적 접근이 다차원적 측정 기준인 인간개발지수 발전에 영향을 끼쳤음을 보여 주고 있다. 『인간개발보고서』는 경제적 발전 위주에서 인간 중심적인 개발 정책으로 전환하는 계기를 제공한 것으로 평가받는다(한국국제협력단, 2014).

25. 1997년 『인간개발보고서』는 빈곤의 다양한 측면을 파악하기 위해 인간빈곤지수를 도입했다. 인간빈곤지수는 인간 개발에 대한 저해 요소를 계량화해 특정 집단의 빈곤 정도를 총체적으로 측정한다. 특히 인간빈곤지수는 인간개발지수에 이미 반영된 3가지 필수적인 요소(기대수명, 지식, 적절한 생활수준)의 박탈에 초점을 맞춘다. 그러나 유엔개발계획(UNDP)의 인간빈곤지수는 정치적 자유 부족, 개인의 안전 위협, 공동체 생활에 자유롭게 참여할 기회 부재 그리고 지속가능성에 대한 위협 등 측정 및 계량화하기 어려운 빈곤의 다면성을 포함하지 못한다는 한계가 있다(한국국제협력단, 2014).

제2부

개발이론 및 이데올로기에 대한 탐색

1. 개발이론과 이데올로기

2. 모더니티와 모더니즘, 그리고 근대화이론

3. 개발에 대한 급진적 접근: 종속이론에서 인간 중심 개발 접근까지

4. 세계화와 신자유주의적 개발

5. 상향식 개발로서 풀뿌리 개발

6. 지속가능한 발전과 환경적 지속가능성

7. 포스트식민주의와 포스트구조주의, 그리고 포스트개발

1. 개발이론과 이데올로기

제1부에서 살펴보았듯이, 개발은 가치중립적인 개념이 아니다. 개발에 대한 정의와 사용 방식은 시간과 공간에 걸쳐 다양하다. 개발은 자본주의체제의 일반적인 사회 변화를 기술하기 위해 사용될 수 있을 뿐만 아니라, 개발도상국(남, 제3세계)의 개발 정책과 관련하여 더욱 구체적으로 사용되어 왔다.

제2부에서는 개발에 대한 이론적 접근, 즉 개발 패러다임의 변화에 대해 다룬다. 즉 개발도상국의 개발을 위해 주장되어 온 이론과 이데올로기의 변화 양상에 대해 살펴본다. 사실 개발학이라는 학문적 성격에 비추어 볼 때, 개발에 대한 상이한 이론과 이데올로기는 나름대로 적합한 논리를 구축하고 있지만, 개발이론 및 이데올로기의 경계를 엄격하게 구분짓는 것은 쉬운 일이 아니다.

먼저, 2장에서는 개발이론의 효시라고 할 수 있는 근대화이론에 대해 살펴본다. 개발학은 초기(1960~1970년대)에 개발도상국의 경제 발전과 관련된 개발경제학 이론이 주류를 이루면서 세계경제 성장이론의 영향을 많이 받았다. 특히 제2차 세계대전 이후 유럽의 복구 과정에서 정부가 거시 경제정책을 운용해 경제성장을 적극 주도하는 케인스주의(Keynsianism)가 각광을 받았다. 즉 케인스 자본주의는 많은 경제 부문에서 정부의 개입을 옹호했다. 그 영향을 받은 개발학 역시 개발경제학 이론이 주류를 이루었다.

1960년대 들어오면서 개발과 관련하여 근대화이론이 주류를 이뤘다. 예를 들면, 월트 로스토(Walt W. Rostow)는 선진국이 '전통사회 → 도약을 위한 선행 조건 충족 → 도약 → 성숙 → 고도 대량소비'를 거쳐 발전했고, 개발도상국도 근대화를 이루려면 이런 단계를 필연적으로 거친다고 주장했다. 로스토의 근대화이론은 경제 발전 과정에 초점을 둔 것으로, 개발을 근대적인 가치관, 제도, 자본, 기술 등의 발전으로 규정했다.

개발도상국이 '개발 이데올로기'로서 근대화이론을 적극 수용한 결과 긍정적이지만은 않았다. 아니 오히려 더 큰 불평등, 취약성, 사회적 분열 등의 역효과를 초래했다. 사회적으로 혜택을 받지 못한 빈곤하고 권력이 없는 최하층 계급은 개발을 전혀 경험하지 못했다. 반면, 서구와 제3세계에서 신고전적 자본주의 동맹으로 이미 특권을 가진 엘리트 지지자들은 번영했다.

3장에서는 근대화이론에 반작용으로 나타난 종속이론에 대해 살펴본다. 1960년대 말 서구에서는 미국의 베트남전쟁 실패와 시민운동 대두로 인권, 평등, 성평등, 환경보호 등 신좌파 운동이 활발해지면서 마르크스주의와 사회주의가 재조명받기 시작했다. 이러한 마르크스주의의 영향을 받은 개발학에서도 1960~1970년대에 종속이론이 또 다른 주류로 등장했다. 종속이론은 라울 프레비시(Raúl Prebisch) 등 중남미 학자가 중심이 되어 제기한 이론이다. 이들은 한 국가가 일련의 특정 단계를 거치면서 근대화를 이룬다는 근대화이론은 국제경제체제를 고려하지 않은 이론이라고 비판했다. 종속이론에 따르면, 선진국인 중심부(core)와 개발도상국인 주변부(periphery)로 이뤄진 국제경제체제에서 중심부는 무역 등을 통해 주변부의 원자재를 싼값에 착취함으로써 계속 이윤을 남긴다. 반면 주변부는 부가가치가 낮은 원자재를 수출하는 경제구조에 고착돼 자본 축적이 이뤄지지 않기 때문에 계속 저개발 상태에 머문다. 이러한 종속이론은 무역이 개발도상국 발전에 오히려 독이 되므로 개발도상국은 무역 규제 등을 통해 자국의 공업을 발전시켜야 한다는 수입 대체 산업화정책의 배경이 되었다(한국국제협력단, 2016).

한편, 1980년대 이후 신자유주의가 개발의 주요 이론으로 등장하게 된다(이는 4장에서 자세하게 살펴본다). 그러나 Sen(1984)에 의해 개발 개념이 변화하면서 1990년대에는 개발학에서 주류를 이루던 신자유주의 경제이론이 퇴색하기 시작했다[1]. 즉, Sen(1984)의 주장에 영향을 받은 UN은 1990년대 말부터 소득 증대, 정치 참여, 교육 같은 각종 사회적 기회 보장, 건강을 향유할 권리 등 인간의 기본적인 권리로서의 인간 개발 개념을 제시했다. 이처럼 개발의 개념이 확대되면서 개발학의 초점이 경제 성장 및 산업화에서 빈곤 감소로 옮겨갔고, 개발학 내에서는 빈곤학이 부상했다. 또한 개발학의 범위도 경제 개발뿐만 아니라 각종 사회정책, 인권, 민주주의, 시민사회 발전, 성평등의 영역으로 확대됐다. 이에 따라 인간 중심 개발이론이 등장하게 되었다.

1980년대 이후 세계화의 물결과 함께 영국과 미국을 중심으로 신자유주의(neoliberalism, 예: 대처리즘, 레이거노믹스)가 개발학 및 국제개발협력의 주요 담론으로 등장했다. 신자유주의는 1970년대 말 발생한 스태그플레이션(stagflation)을 케인스주의에 의한 정부의 지나친 개입에 따른 시장 왜곡 현상으로 바라보았다. 따라서 그들은 애덤 스미스 등 고전자유주의를 토대로 '정부의 간섭을 최소화하고 경제 의사결정을 시장에 맡겨야 한다.'라고 주장했다. 즉 정부에 의한 규제를 완화하고, 자유시장의 효율성을 강조했다.

이러한 신자유주의는 전 세계적으로 확산되었는데 여기에는 국제통화기금(IMF)과 세계은행의 역할이 크게 작용했다. 1980년대 개발학의 주류는 신자유주의로 바뀌었고, 1950~1970년대까지 개발의 핵심 주체로 간주되던 정부는 부패하고 비효율적이며 시장 기능을 왜곡하는 대상으로 전락해 그 입지가 줄어들었다. 더불어 개발을 위해서는 정부 개입을 최소화해야 한다는 주장이 널리 퍼져나갔다(한국국제협력단, 2016).

1980년대 신자유주의와 세계화의 물결은 개발의 관점에서 '잃어버린 10년'으로 간주되기도 한다. 왜냐하면 이 시기에 일부 신흥공업국(NICs)을 제외하면, 대다수의 개발도상국이 개발 역전을 경험했기 때문이다. 이 시기에 개발도상국은 세계경제의 불황과 함께 채무 위기에 봉착하였다. 그리하여 신자유주의에 대한 반작용으로 분배가 중요한 쟁점으로 떠올랐다. 즉 개발로부터 누가 이익을 얻고 누가 손해를 보는지에 더욱 초점을 맞추기 시작했다(Potter et al., 2008).

5장에서는 상향식 개발로서 풀뿌리 개발에 대해 살펴본다. 지금까지 위로부터의 개발, 즉 하향식 개발이 주를 이루었다면 점차 아래로부터의 개발, 즉 상향식 개발이 대안으로 제시되었다. 2000년대에는 개발 주체인 시민사회의 역할이 더욱 두드러지는 특징을 보인다[2]. 이는 국제사회가 여성, 인권, 환경, 민주화 등 사회문제를 강조하면서 시민사회의 역할이 강화되었기 때문이다. 그리하여 2000

년대 후반 들어 개발의 개념은 인간 개발에서 더 발전해 참살이(웰빙)로 확대되었다.

개발학은 전체 인류의 개발을 다루기 때문에 국제사회의 다양한 이슈에 많은 영향을 받는다. 가령 1970년대부터 등장한 페미니즘, 환경보호론은 개발학에 영향을 주었고, 이때부터 개발학은 환경문제, 여성문제 등도 중요하게 다루기 시작했다. 즉 여성(WID, Women in Development), 여성과 개발(WAD, Women and Development), 젠더와 개발(GAD, Gender and Development), 환경페미니즘(Eco Feminism) 등이 개발학에서 중요한 사조 중 하나로 떠올랐다. 6장에서는 특히 1980년대부터 그 필요성이 강조된 지속가능한 개발에 대해 살펴본다.

마지막으로, 7장에서는 '모더니즘(modernism, 근대화)'과 '구조주의(struc-

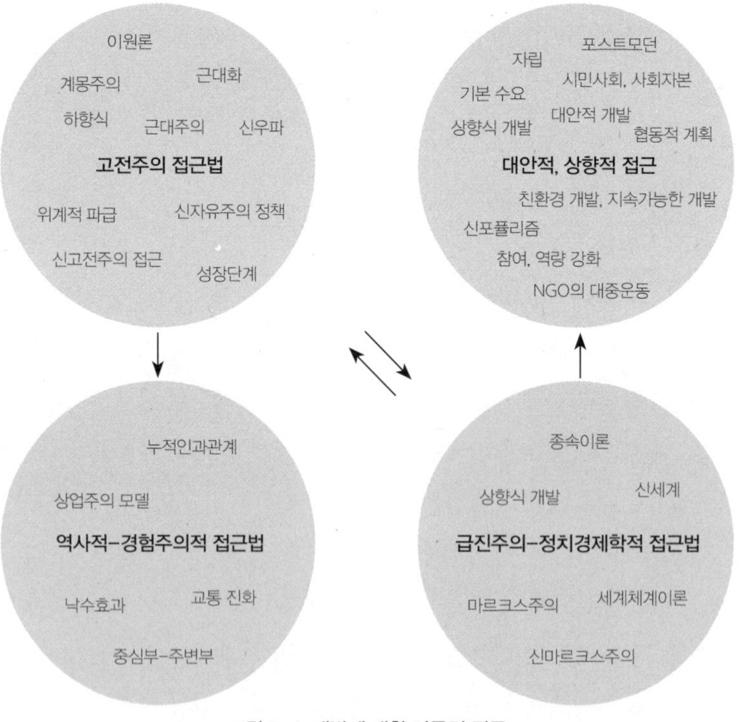

그림 2-1. 개발에 대한 이론적 접근

(Potter et al., 2008)

turalism)'의 개념을 거부한 새로운 지적·학문적 패러다임으로서 포스트모더니즘(post-modernism)과 포스트모더니티(post-modernity), 포스트구조주의(post-structuralism), 포스트식민주의(post-colonialism) 그리고 포스트개발(post-development)과 비욘드개발(beyond development)에 대해 살펴본다.

이상과 같이 개발에 대한 이론적 접근은 시대별로 구분할 수도 있지만, 그림 2-1과 같이 그 이론이 지양하는 것이나 개발의 중점 부분에 따라 전통적인 고전주의 접근법에 기반을 둔 이론, 역사적-경험주의적 접근법에 기반을 둔 이론, 급진주의-정치경제학적-종속이론적 접근법에 기반을 둔 이론, 대안적·상향적 접근법에 기반을 둔 이론 등 크게 4가지로 분류되기도 한다(Potter et al., 2008).

2. 모더니티와 모더니즘, 그리고 근대화이론

1) 모더니티와 모더니즘

19세기 중반 모더니티(modernity)는 '전통주의(traditionalism)'에 대한 반작용으로 그리고 '낙후된(backward)' 사회에 대한 대안으로 인식되었다. 모더니티는 이 시기에 진행 중인 새로운 도시산업사회의 진보와 개발을 방해하는 많은 사회적 불합리에 질서와 이성을 부여할 것이라는 낙관주의의 결과로 탄생했다. 유럽의 자유사상가들에게 계몽주의 사고는 인간, 사회, 자연 간의 관계에 대한 사고와 합리적 '진리'에 대한 새로운 틀이었다. 모더니티는 기독교에 의해 지배된 기존의 전통적인 세계관에 도전했다. 그런 이유로, 근대적 특성, 방법, 제도, 수단이 진보와 변화를 가져올 것으로 기대했다. 왜냐하면 기존의 막강한 전통들이 효과적으로 극복되고, 대체되고, 굴복시키지 못했기 때문이다(Potter et al. 2008).

19세기와 20세기의 모더니즘(modernism)은 고대 시기(ancient times)와 대조되는 현재 시기(present times)를 의미하는 '근대(modern)'라는 단어로부터 탄생한 것으로, 이전의 전통적인 관습과 대조되는 것으로 간주되었다. 모더니즘은 예술, 문학, 건축, 문화 등에서의 지적 운동으로서 서구를 합리적 사고와 실천을 모델로 한 사회로 변화시켰다.

반면 모더니티(modernity)는 근대(modern)라는 단어로부터 유래했지만 이것과 별개의 개념이다. 왜냐하면 모더니티는 자본주의의 점진적 변형들(초기의 도시산업화에서부터 선진 자본주의까지 그리고 신자유주의 및 글로벌 자본주의까지)에서 자본주의의 출현 및 지배와 관련된 사회적 관계의 변화에 초점을 두기 때문이다. 게다가 서구의 근대적 사고(modernist thought)로서 모더니티는 개발도상국(제3세계 또는 남)을 야만적이고 문명화되지 않은 전통적인 사회로 견고하게 위치시켰다. 이들 개발도상국(제3세계 또는 남)에서 개발과 진보가 일어나도록 하기 위해서는 서구에서 행해지고 있는 것과 유사한 근대적 변화가 일어나야 했다(Power, 2008).

그러므로 모더니티는 자본주의의 점진적인 변형들 및 자본주의와 상호 관련된 정치적·경제적 시스템의 변화를 수반하는 새로운 기술과 혁신의 관점에서 모더니즘과 구별할 수 있다. 모더니티는 새로운 운송 양식, 새로운 에너지 원천, 새로운 경영 및 커뮤니케이션 기술, 새로운 미디어 형식 등을 야기했다. 이것들은 차례로 사회적 관계, 권력관계, 제도적 구조를 변화시키고, 이전의 방식과 수단을 대체하거나 수정한다. Giddens and Pierson(1998, 94)은 모더니티를 다음과 같이 설명한다.

> ① 모더니티는 세계에 대한 일련의 확실한 태도, 즉 인간의 개입에 의한 변형에 열려 있는 세계라는 생각과 관련을 맺는다. ② 또한 모더니티는 특히 산업 생산물과 시장경제라는 경제적 제도의 복잡성과 관련된다. ③ 마지막으로 모더니티는 근대 국민국가와 대중 민주주의를 포함한 일련의 정치적 제도와도 관련을 맺는다. 이러한 특징의 결과를 대략적으로 살펴볼 때, 모더니티는 기존의 어떠한 사회적 질서보다 훨씬 더 역동적이다. 기술적으로 말해 모더니티 사회란 제도들의 복

합물이며, 이는 다른 어떤 선행 문화와도 다르게 과거에 나타나기보다는 미래에 나타난다.

사회학자들은 전통적 사회질서와 근대적 사회질서 간의 이분법에 관한 개념 설정에 앞장섰다. 근대화(modernization)라는 외부적 동학이 사회 변화를 초래하기 때문에 근대적 사회질서는 전통적 사회질서의 희생에 의해 성장하는 것으로 이해되었다. 이러한 외부적으로 추동된 변화는 '개발' 단계에서 발생했다. 합리성, 자연에 관한 각성, 사회적 차이와 전문화가 근대적인 사회와 전통적인 사회를 구별하는 데 기여했다. 아프리카와 아시아의 전통적인 농촌사회는 불가피하게 유럽과 북아메리카에서 이미 이루어진 도시 산업사회 및 근대화된 자본주의 사회로 바뀌기를 기대했다. 불행히도, 그러한 저명한 사회학자들이 근대화가 어떻게 일어나야 하는지를 설명하기 위해 사용한 사회학적 용어가 너무 복잡하고, 사회학적 설명을 중언부언하고, 모호하며, 이해할 수 없게 만든다.

심리학적 관점에서 근대화이론은 인간의 심리적 동기와 가치를 이성적이고 기업가적으로 행동하는 '근대인(modern men)'으로 규정한다. 이는 베버(Weber)의 프로테스탄트 윤리와 자본주의 정신 간의 연결을 추종했다. 그리고 이러한 합리적인 경제인으로서의 근대인을 유럽의 이점과 서구의 우수성과 진보로 규정했다.

2) 근대화이론

서구의 근대화 기원에 대해서는 다양한 의견이 분분하다. 하지만 대체로 영국의 산업혁명과 프랑스혁명을 기원으로 하는 사회 변화라고 보는 견해가 우세하다[3]. 이렇게 서구에서 시작된 근대화 흐름은 전 세계로 확산되었다. 19세기와 20세기 초 유럽의 식민주의 권력은 남(Global South, 南)을 '저개발된' 것으로 간주했다. 환경결정론과 연결된 사회적 다윈주의(social Darwinism)는 '후진성(backwardness)'이 왜 남(南)과 그곳에 살고 있는 사람들에게 자연적인 현상인지를 설명하는 데 도움을 주었다. 이러한 결정론적 패러다임(determinist paradigm)은 식민지 시대에 서구의 사회적·경제적·정치적 의무를 실행하는 데 편리한 정당성을 제공했다. 즉 후진적인 식민지를 돌보고 발전시키는 것이 유럽(즉, 백인 남성)의 의무라고 여겼다.

제2차 세계대전 이후 1950년대부터 1960년대 초까지 근대화이론(Modernization Theory)은 개발 담론을 주도하였다. 제2차 세계대전과 그 이후의 반식민주의적 투쟁 이후, 근대화이론은 제3세계 또는 개발도상국에서 개발을 위한 우세한 패러다임이 되었다. 근대화이론은 저개발(undeveloped), 즉 당시의 '발전하지 못한' 대다수 개발도상국들의 상태를 빈곤, 기술적 후퇴성, 전통 등으로 특징짓고, 선진국으로 거듭나기 위해서는 근대화(modernization) 과정이 이루어져야 한다고 주장했다. 근대화이론의 핵심은 선진국이 거쳐 온 경험을 모델화하는 것이다. 근대화이론에 입각한 일련의 학자들은 글로벌 불평등에 관심을 가지면서, 서구를 중심으로 한 선진국으로부터 개발도상국으로의 기술 이전을 개발의 핵심으로 간주하였다. 선진국이 개발도상국에 기술을 가르치고 확산한다면, 저개발된(underdeveloped) 또는 후진적인(backward) 개발도상국들은 농업의 증대, 산업화와 도시화를 통해 발전할 수 있을 것으로 보았다. 그리고 이러한 일련의 과정은 개발도상국의 삶의 질을 개선할 것으로 보았다.

근대화이론을 대표하는 경제학자 로스토(W.W. Rostow)는 그의 책 『경제 성장의 단계: 반공산당 선언(The Stages of Economic Growth: A Non-Communist Manifesto)』(1960)[4]에서 국가들이 발전을 향해 거쳐가는 5단계를 제시했다. 즉, 전통사회 단계, 도약을 위한 선행조건 충족 단계, 도약 단계, 성숙 단계, 대량소비 단계로, 마지막 단계인 대량소비 단계는 1950년대 미국과 서부 유럽의 많은 국가들의 상황을 나타내었다. 도약 단계와 성숙 단계에서 중요한 것은 근대적 산업의 성공이라는 두 가지 요인을 외부(짐작컨대, 미국 또는 서구 동맹)로부터 투입하는 것이었다. 두 가지 요인 중 하나는 자애로운 외부자들 또는 공공-민간 협력자(public-private partners: 개발도상국에 개발지원을 통해 공공 부문과 민간 부문이 협력하여 수행하는 접근 방식)로부터의 기술 전수에 의해 유용화될 수 있는 이미 상용화된 근대 기술의 존재이다. 다른 하나는 선진국 정부와 전문가에 의해 제공된 국제적인 원조와 기술 지원(기술 교육과 전문가들을 포함하여)의 존재 유무이다. 특히 2번째 단계인 도약 준비기가 경제 성장이 가속화되기 시작하는 중요한 시기라고 설명하고 있다. 도약 준비기를 거쳐 도약기로 발돋움하기 위해서는 대규모 제조업 중심의 산업 구조가 발달해야 하고, 국민소득 대비 생산투자 비율이 10% 이상 증가해야 하며, 저축이 경제 발전의 중요한 요소라고 보았다. 또한, 이를 지탱하고 지속하기 위한 정치적·사회적 제도가 갖춰져야 한다고 설명하고 있다. 그러한 선형적 접근을 따르는 정책 결정자들은 녹색혁명과 같은 농업 증대, 다목적댐 건설과 같은 대규모 사회간접자본 계획, 산업화 등을 촉진시키기 위해 원조 프로그램들을 사용했다.

- 전통사회(traditional society) 단계: 뉴턴의 과학기술시대 이전의 사회로 생산성에 제약을 받아 농업 분야가 선도적이고 계층적인 구조를 이루는 사회이다.
- 도약을 위한 선행조건 충족(preconditions for take-off) 단계: 기본적으로 경제적 전환이 가능한 사회로 성장을 위한 과도기이다. 이때 중앙집권적 국민국가를 이루고 투자 활동 및 상업 활동이 크게 확대된다.
- 도약(take off) 단계: 성장 분위기가 조성돼 지속적인 성장이 일어나는 상태로 국민소득이 5~10% 증가하고 산업화가 진행되면서 농업이 상업화한 단계이다. 무엇보다 도시화가 빠르게 이뤄지고 경제, 사회, 정치 구조에 변화가 일어나며 선도 산업이 나타나기 시작한다.
- 성숙(drive to maturity) 단계: 국민소득의 10~20%를 투자하는 자생적 성장이 가능한 시점으로 최첨단 기술을 상용화하는 단계이다. 저축률이 도약 단계보다 큰 폭으로 증가하며 적극적인 기술 개발 및 도입이 이뤄진다.

• 고도 대량소비(high mass consumption) 단계: 내구 소비재 및 서비스 산업이 두드러지고 사회복지와 정책 안보가 늘어나며 이를 위한 사회적 지원을 더 많이 투입하는 단계이다.

이러한 로스토 모델은 정부가 추진해야 할 근대화 단계를 간결하고 명확하게 제시했다는 점에서 의미가 있다. 그렇지만 로스토 모델은 다음과 같은 여러 이유로 비판을 받는다. 첫째, 단선적·단계적 모델로 시간의 흐름에 따라 발전할 수밖에 없다는 가정을 한다. 둘째, 유럽과 미국의 경험을 바탕으로 한 유럽 중심적 모델이다. 셋째, 모든 국가가 똑같은 단계를 같은 순서로 밟을 것이라고 가정한다. 넷째, 경제 발전이 곧 개발이라는 그릇된 인상을 줄 수 있다. 무엇보다도 로스토 모델은 다음 단계로 이행하기 위한 조건을 어떻게 충족할 수 있는지 충분히 설명하지 못한다. 로스토 모델이 유럽 중심적이라는 것은 이를 개발도상국에 적용하려는 시도에서 여실히 드러났고, 이것은 근대화와 개발 전체에 대한 비판으로 이

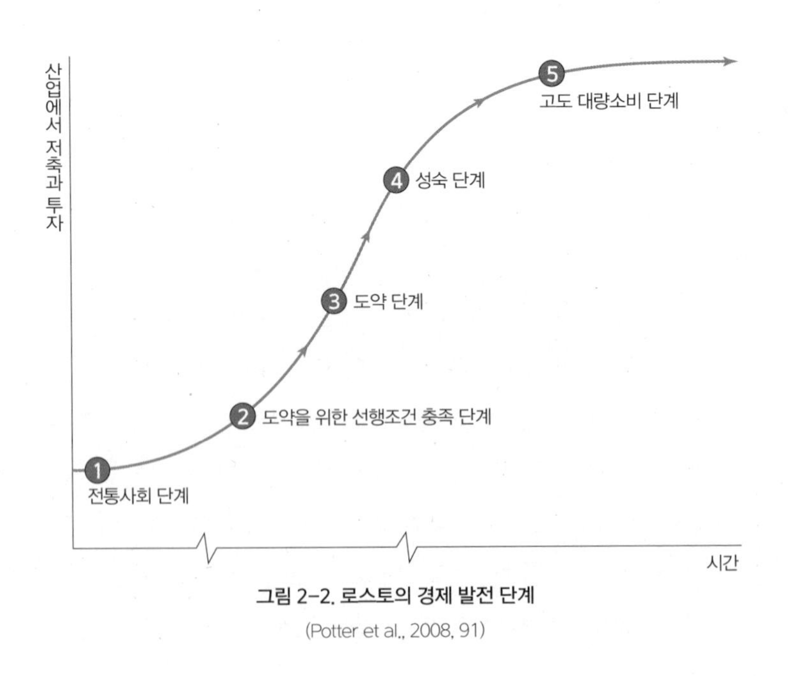

그림 2-2. 로스토의 경제 발전 단계

(Potter et al., 2008, 91)

어지기도 했다(한국국제협력단, 2014).

로스토가 경제 발전 단계의 유형을 강조한 반면, 거센크론(Alexander Gerschenkron)은 후발 주자의 이점(late-mover advantage)으로 성장 유형이 선진국의 경우와 반드시 같지 않다고 주장했다. 즉, 개발도상국의 성장 유형은 로스토가 설명한 것과 같이 성장을 위한 필수 요건이 반드시 충족되어야 하는 것도 아니며, 선진국에서 누적된 기술을 받아들일 수 있는 이점이 있어 대규모 설비에 우선 투자할 수 있다고 보았다. 이때 공업화 전략은 상대적 후진성(relative backwardness)에 따라 결정되는데, 각 국가가 가진 상대적으로 낙후된 부분에 대응하면서 경제 성장의 속도를 낼 수 있다고 보았다(Gerschenkron, 1962, 353; 한국국제협력단, 2016 재인용).

선진국에서 개발도상국으로 개발과 근대화의 확산은 또한 국가 스케일에서도 나타났다. Hirschmann(1958)과 Friedmann(1966)은 개발 과정에서 지리적 불평등의 역할을 논의했다. Hirshmann은 콜롬비아를, Friedmann은 베네수엘라를 연구 대상으로 하여, 경제 개발은 성장거점(growth pole, 성장극)에 집중 투자함으로써 성취될 수 있다고 주장했다. 특히 Hirshmann은 도약(take-off)이라는 개념을 사용하여 국가 개발 또는 전체 사회 개발이 아니라 지역 개발(regional development)을 촉진하기 위해 성장거점을 격려해야 한다고 주장했다. 이러한 성장거점은 산업화를 통해 발달함으로써 이점이 다른 지역으로 파급된다고 가정한다. 따라서 공간적 불평등은 개발 과정의 필수적인 부분이지만, 결국에는 줄어들거나 제거된다는 것이다. Myrdal(1957)은 그러한 파급은 국가의 개입이 없다면 일어나지 않을 것이라고 주장했다. 이러한 성장거점이론은 1945년 이후 만연했던 '균형성장(balanced growth)'[5]이라는 이상적인 개념에 대한 반작용을 나타낸 것이었다.

이를 개발도상국에 적용하면, 개발도상국은 기술력과 자본이 부족해 모든 산업을 동시에 발전시키기 어려우므로 전략적인 산업에 집중적으로 투자해 다른 산업의 발전을 유도하는 것이 효과적이라는 설명이다. 대부분의 개발도상국들

특히 남미 국가들은 균형성장 경로를 택했으며, 한국을 포함한 동아시아 소수 국가는 성장극(성장거점)이론을 선택했다(한국국제협력단, 2016).

근대화 패러다임, 특히 로스토 모델은 1970년대와 1980년대 영국을 비롯한 선진국의 지리 교과서에 빈번하게 나타났다. 특히 근대화 패러다임은 지리의 실증주의 전통과 밀접하게 연결되었다. 실증주의 패러다임은 경험적 모델, 경제발전을 위한 합리적인 '경제인', 자본주의 사회의 공간조직을 강조한다. Gilbert (1984, 1986)는 이러한 특징들이 지리에 보수적인 편견을 제공한다고 주장한다. 지리 교육과정 저자들, 교과서 저자들과 교사들은 좋지 못하거나 불법적인 일에 연루되고 결과적으로 학생들은 공간적 패턴을 창출하는 사회적 권력 또는 사회적 프로세스의 본질에 대해 어떤 것도 배우지 못한다는 것이다.

이와 같은 근대화이론에 따른 개발은 개발도상국의 질병 타파에 대한 기여처럼 긍정적인 측면도 있었지만[6], 유럽중심주의(Eurocentrism)와 지역사회의 참여가 거의 없는 중앙정부로부터의 하향식 의사결정과 실천이라는 측면에서 상당히 비판을 받았다. 뿐만 아니라 로스토의 경제 성장 단계이론과 같이 획일적 또는 선형적 접근으로 인해 이러한 정책들은 종종 실패하거나 기존의 문제들을 악화시켰다. 왜냐하면 이러한 정책들은 특정한 장소의 환경적, 사회적, 문화적 맥락들을 인식하지 못했기 때문이다.

UNCTAD의 초대 사무총장을 역임한 경제학자 라울 프레비쉬(Raul Prebisch)는 국제경제체제는 중심(core)과 주변(periphery)으로 불평등하게 구성되어 있으며, 개발도상국은 선진국과 무역에서 교역 조건 악화 때문에 불이익을 보게 된다고 주장했다. 그의 논리는 이후 종속이론, 세계체제이론에 직접적인 영향을 미쳤다(한국국제협력단, 2016).

근대화이론은 유럽과 유럽의 지식인이 선도한 까닭에 상당히 유럽 중심적이었다. 심지어 야만적이고 문명화하지 않은 비서구의 근대화를 유럽의 사명처럼 여겨 근대적 이성을 제국주의적이고 인종차별적인 수단으로 악용하기도 했다. 이에 대한 비판은 개발에 대한 회의로까지 이어졌고, 아르투로 에스코바(Arturo

Escobar)는 1945년 이후 개발 프로젝트를 '아시아, 아프리카 그리고 남미를 계몽하려는 실패한 마지막 시도'라고 혹평하기도 했다. 그러나 비록 문제점이 있긴 하지만 근대화는 여전히 개발도상국에서 추진하는 최우선적 경제발전정책이다. 그 방법론에서 계몽사상의 영향을 받은 애덤 스미스를 필두로 등장한 고전주의학파는 자유시장 경제를 제시했다. 이처럼 자유방임 자본주의를 주장하는 고전주의와 신고전주의(Neo-classicism)는 근대화와 산업화의 원동력에서 큰 부분을 차지하며, 모두 정부 개입을 최소화해야 한다고 주장했다(한국국제협력단, 2014).

이상과 같이 근대화이론은 개발도상국이 선진국의 해외 원조와 투자에 의해 전통적인 사회에서 현대 산업사회로 변화할 것이라고 강조하였다. 제2차 세계대

:: 글상자

월트 휘트먼 로스토(Walt Whitman Rostow)

월트 휘트먼 로스토(Walt Whitman Rostow, 1916~2003)의 고전적 연구 『경제 성장의 단계(The Stages of Economic Growth)』(1960)에는 이 책이 정치적 관점을 가지고 있다는 것을 입증하는 하위 제목 '반공산당 선언(A Non-Communist Manifesto)'이 붙어 있다. 로스토는 지독한 반공산주의자였다. 냉전이 절정에 달했던 1960년대에 출간된 이 책은 자동적이거나 거의 정형화된 성장의 전망을 제공했다. 몇몇 단순한 규칙을 따르면 자본주의 서구 모델은 개발도상국에 그대로 재연될 수 있다고 제안한다. Menzel(2006)이 주장하는 것처럼, 로스토는 그의 개발이론이 개발에 대한 워싱턴 경로를 강조하는 동서관계에서 중요한 도구로 채택될 수 있다는 것을 알고 있었다. 로스토의 이론은 '선교의 열정'과 함께 제시되고 추천되는 매우 단순한 공식이었다.

로스토는 일련의 대학 및 정부 직책을 거친 후, 존 케네디가 미국의 대통령이 되었을 때 전임 연구자로서 미국 외교정책이 개발 정책을 촉진하는 데 큰 역할을 수행했다. 케네디 대통령 암살 이후, 로스토는 계속해서 존슨(Lyndon B. Johnson) 대통령 밑에서 일했으며, 리처드 닉슨이 대통령이 될 때까지 승승장구했다. 특히, 로스토의 연구는 개발이론의 정치적 본질을 보여 준다.

전 이후의 시기는 흔히 '개발주의 이데올로기(ideology of developmentalism)'라고 불린다. 개발주의 이데올로기란 세계의 국가들이 계속적인 진보와 개발의 경로에 있다는 신념이다. 이러한 개발주의 이데올로기에 따라 개발도상국들이 어느 정도 경제 성장을 이룩한 것은 사실이다. 그러나 이러한 경제적 발달 또는 성장에 따른 이익은 모든 사람들에게 균등하게 배분되지 못했다. 국가 간 그리고 국가 내에서 불평등은 더욱 심화되어 갔다.

3. 개발에 대한 급진적 접근: 종속이론에서 인간 중심 개발 접근까지

20세기 후반에 들어서면서 개발과 관련한 급진적 사고가 등장하기 시작했다. 이 시기는 사회적 대변동, 대중적 저항, 엘리트 파워의 분열, 군국주의, 평화주의, 식민주의 억압과 탈식민주의 독립운동과 관련된다. 혁명적(또는 급진적) 열정을 불러일으키는 글쓰기, 그리고 부유하고 권력을 가진 사람들을 위한 정의가 아니라 모두의 사회정의를 위해 소리치는 글쓰기는 격렬한 혁명의 중심에 있었다. 왜냐하면 그것이 개발에 대한 급진적 접근의 중심 축이었기 때문이다.

이 장에서는 지난 20세기 후반 제3세계/남(南)에서의 개발과 사회적 진보에 대한 '급진적' 또는 '대안적' 접근을 살펴보게 된다. 초기의 개발에 대한 급진적 비판과 '반개발' 입장은 서구화, 제국주의, 근대화, 신식민주의 타파를 주장했다. 개발에 대한 이러한 급진적·대안적 접근으로서 1970년대 풍미했던 종속이론에서 1990년대에 큰 반향을 불러일으킨 인간 중심 개발모델까지 살펴보자.

1) 종속이론과 저개발의 개발

1960년대에 근대화이론은 하부구조와 산업투자가 부유한 국가와 가난한 국가 간의 '개발 격차'를 빠르게 줄일 것이라고 예측했지만, 개발 격차는 오히려 점점 더 커지는 결과를 초래했다. 종속이론(Dependency Theory)은 로스토가 제시한 근대화이론의 일방적인 경제 발전 논리에 대한 비판에서 시작되었다.

1960년대와 1970년대에 접어들면서 종속이론은 개발 불평등에 대한 새로운 해석을 제시했다. 종속이론은 주로 라틴아메리카의 학자들이 개발도상국의 후진성과 그 원인을 설명한 이론이다. 잉여의 불균등한 재분배와 착취에 대한 대안적 반자본주의 사고는 ECLA(Economic Committee for Latin America, 남미경제위원회) 구조주의자들, 이후엔 종속(dependistas) 또는 종속이론 학파(Dependency School)로 알려진 라틴아메리카의 정치경제학자들에 의해 훨씬 더 발전했다.

종속이론에 따르면, 세계는 부유한 '핵심부' 국가와 가난한 '주변부' 국가로 구분되며, 주변부 국가들은 핵심부 국가들에 천연자원, 값싼 노동력 등을 제공하고, 핵심부 국가들이 만든 제품의 소비시장 역할을 함으로써 핵심부 국가들에게 착취당한다.

근대화이론이 개발도상국은 서구와 동일한 경로를 따라 개발될 수 있다고 본 반면, 종속이론은 저개발된 국가들은 세계 자본주의 시스템 내의 제약들 때문에 경제적으로 발달할 수 없다고 보았다. 즉 개발도상국의 '저개발' 상태를 바로 자본주의의 착취에 의해 야기된 것으로 보았다. 특히 라틴아메리카는 세계경제체제 내의 종속적인 상황에 고착화되어 있는 것으로 간주되었다. 라틴아메리카 국가들은 산업화와 경제적 발달은커녕, 선진국에 의해 착취당하는 것으로 보았다. 이러한 선진국의 위성국가로서 착취관계가 불식되지 않는 한 발전할 수 없다고 보았다. 즉, 개발은 개발도상국이 그러한 착취관계로부터 벗어날 때 가능하다는 것이다. 이와 관련한 정책들은 보호무역주의를 강화하거나 자본주의체제를 완전히 깨뜨리는 시도에 이르기까지 다양하다.

종속이론의 대표적인 학자 안드레 군더 프랑크(Andre Gunder Frank)[7]는 서구가 발전할 수 있었던 까닭은, 서구가 비서구 국가를 착취하고 더 이상 발전하지 못하게 하는 '자본주의 경제체제'를 '그들이' 구축했기 때문이라고 주장했다(Frank, 1969, 257-267). 즉 중심부(서구)의 높은 생활 수준은 주변부(개발도상국 또는 제3세계)의 저개발 혹은 착취의 과정과 관련되어 있다고 주장하였다.

프랑크는 자본주의 모순을 지적하면서 '저발전의 발전(underdevelopment of development)'이라는 개념을 통해 세계는 중심부와 주변부로 나뉘며, 무역이 심화될수록 경제적 잉여는 언제나 주변부에서 중심으로 옮겨가기 때문에 결국 주변부에 있는 개발도상국들은 중심에 있는 선진국들에게 의존할 수밖에 없다고 했다[8]. 프랑크는 개발도상국이 경제 발전을 꾀할 수 있는 유일한 상황은 중심부 국가들과 연대가 느슨해질 때뿐이라고 설명했다(한국국제협력단, 2016).

이러한 맥락에서 종속이론은 자급자족이 가능하면서 내향적인(self-sufficient, inward-oriented) 전략을 발전 대안으로 제시했다. 이는 남미 국가들이 선택했던 '균형성장' 경제발전모델 중 하나인 '수입 대체 산업화(Import Substitute Industrialization, ISI)' 전략[9]을 뒷받침하는 논리로 볼 수 있다. 수입 대체 산업화(ISI)는 국내 시장을 보호하고 정부 주도로 국내 산업을 육성하는 전략이다. 즉 외국 상품 수입에 대해서는 높은 장벽을 세우고, 수입하던 상품을 국내에서 생산되는 상품으로 대체해 초기 산업화 단계에 있는 자국 산업을 보호하고, 어느 정도 경쟁력을 갖출 수 있는 시간을 벌어 산업화를 도모하겠다는 것이다(한국국제협력단, 2016).

한편, 프랑크뿐만 아니라 가이아나(Guyana)의 월트 로드니(Walter Rodney)는 『유럽은 어떻게 해서 아프리카의 발전을 가로막았는가?(How Europe Under-developed Africa)』(1974)에서 자본주의, 식민주의, 제국주의의 결과로 아프리카 대륙과 그곳 사람들의 역사적 저개발을 묘사했다. 이집트 태생의 사미르 아민(Samir Amin) 또한 매우 영향력 있고 열정적인 『Third World voice』에서 유럽 식민지화 이후 아프리카의 종속적인 경제적 관계에 대한 비판적 검토로 '종속(dependencia)'이라는 개념을 확장했다. 1970년대부터 현재까지 확장한 그의 글들은 너무 많아서 여기서 요약하기 어렵지만 아프리카의 모든 '개발 프로젝트'의 실패에 대해 포괄적이고 설득력 있는 사례를 제공한다(Amin, 2007). 아민(Amin)은 실패한 '유럽중심주의'와 그에 근거한 근대화 접근의 수십 년을 극복하기 위한 극단적인 조치를 제안한다. 그것은, 유럽과 '연결을 끊고', '새 출발하기'이다(Amin, 1990).

종속이론에 입각한 급진적 개발지리는 비판을 받았다. 이들은 세계를 개발된(developed) 지역과 저개발된(underdeveloped) 지역으로 엄격하게 구분한다. 만약 자본주의체제 자체가 저개발의 원인이 된다면, 이전에 저개발되었던 동남아시아의 일부 국가들이 성공적으로 경제적, 사회적 자본주의를 발달시킨 것을 설명하는 데 도움을 주지 못한다. 또한 공간적으로 핵심(core)과 주변(periphery)을 구별하는 것은 국가적 경험의 다양성을 인식하지 못하는 정적인 구분으로 간주된다(Corbridge, 1986)[10]. 그리고 민족국가와 계층관계에 초점을 두는 것은 포스트구조주의 또는 포스트식민주의에 의해 비판을 받아 왔다.

한편, 종속주의자는 자본주의체제를 부정하는데, 그 이유는 자본주의가 존재하는 한 주변부는 늘 착취의 대상으로 머물러 있을 것이라고 보기 때문이다. 종속이론은 중남미를 중심으로 큰 반향을 불러일으켰지만 경제적 요소에만 과도하게 치중한 탓에 정치·사회·문화 등 개발 요인을 간과했다는 비난을 받기도 했다.

2) '위로부터의 개발'에서 '아래로부터의 개발'로

급진적 비평가들은 서구가 저개발된 제3세계의 경제적·사회적·정치적·문화적 변화를 위해 적용한 근대화이론을 '위로부터의 개발(development from above)'로 규정했다. 또한 그들은 위로부터의 개발을 '수입 대체 산업화(Import-Substitution Industrialization: ISI)'와 획일적인 가치 시스템이라고 비판했다. 즉 위로부터의 개발은 자본주의, 기업가주의, 도시적 삶과 지적인 모더니티를 찬양한다는 것이다. 그와 같이 외부적으로 추동된 경제 개발은 공통적으로 종속(dependencia)을 영속화했고, 내부적으로 추동된 개발 계획은 실효성을 거두지 못

:: 글상자

안드레 군더 프랑크(Andre Gunder Frank)

안드레 군더 프랑크(Andre Gunder Frank, 1929~2005)는 독일에서 태어났지만, 그의 가족은 아돌프 히틀러의 통치 기간에 스위스로 망명했고, 그 후 1941년에 미국으로 이주했다. 프랑크는 1957년 시카고대학에서 우크라이나의 농업에 관한 논문으로 박사학위를 받았다. 프랑크는 미국의 여러 대학에서 강사로 일한 후, 남아메리카로 이주하여 칠레대학교에서 사회학과 경제학 교수를 지냈다. 이 시기 동안 그는 빠르고 철두철미한 급진적 전환을 했다(Brookfield, 1975). 그가 칠레에서 보낸 시기는 종속이론에 관한 연구의 기초를 수립한 기간이다. 그의 중요한 아이디어들은 '저개발의 개발(the development of underdevelopment)'이라는 말로 요약된다. 프랑크가 쓴 책과 논문들의 큰 틀은 마르크스의 아이디어들, 특히 글로벌 스케일에서 축적의 개념에 의해 형성되었다(Watts, 2006).

프랑크는 생애 동안 생각이 급진적으로 바뀌었고, 미국에서 남미로 그리고 다시 유럽에서 교수 생활을 이어갔다. Watts(2006, 9)는 안드레 군더 프랑크에 대해 "대서양의 두 측면에 있는 대학에서 대부분을 보내는 동안 너무 급진적이고, 너무 성미가 고약하며, 너무 인습에 얽매이지 않았다."라고 평한다.

했다. 결과적으로, 국가의 권위와 내생적 자율성(endogenous autonomy)이 제대로 작동하지 못했다.

반대로 '아래로부터의 개발(development from below)'은 그러한 외부적으로 추동된 의존적이고 종속적인 관계를 대체하려고 했다. 아래로부터의 개발은 도시산업의 성장과 '성장거점(growth pole, 성장극)' 개발에서 덜 선호되는 지역들, 그리고 농촌 주변부와 더 먼 배후지와 같은 덜 개발된 지역들 내에서의 역동적인 개발을 강조했다.

1970년대 초반부터, 아래로부터의 개발은 정책 형성과 실행에 있어서 급진적인 변화를 위한 급진적 메시지와 함께 활동주의(activism) 어젠다였다. 간단하게 말해서, 소수의 엘리트와 권력집단의 요구에 초점을 둔 위로부터의 경제 성장보

:: 글상자

페르난도 엔리코 카르도소(Fernando Henrique Cardoso)

-급진적 라틴아메리카 구조주의자에서 대통령까지-

페르난도 엔리코 카르도소(Fernando Henrique Cardoso, 1931~)는 개발에 관심을 둔 교수였으나, 이후에는 세계 무대에서 활동하는 정치적 인물이 되었다. 그는 정치학과 개발 간의 밀접한 관계를 새로운 시각으로 보여 주었다. 카르도소는 1931년 브라질 리우데자네이루에서 태어나 사회학자로서 교육을 받았다. 그는 『라틴아메리카에서의 종속과 개발(Dependency and Development in Latin America』(1969)이라는 연구와 함께 주요한 기여를 했다. 카르도소는 종속을 안정적이지도 영구적이지도 않는 것으로 간주하고, 종속과 저개발의 단순한 연계를 거절했다(Sanchez-Rodrigues, 2006). 1970년대에 카르도소는 브라질 민주화운동에 매우 적극적으로 참여했다. 그 이후 그는 정치로 관심을 돌려 1982년 브라질의 사회민주당 당원이 되었다. 그는 1992/1993년에 외무부장관이 되었고, 1995년에 브라질 대통령으로 선출되었다. 그는 2003년까지 수행한 대통령직과 함께, 두 가지 공직을 수행했다. 일부 사람들은 그가 마르크스주의에 기반한 구조주의자로서의 역할을 포기하고, 다국적기업 엘리트의 신자유주의 관심에 기여했다고 주장한다(Sanchez-Rodrigues, 2006).

다 인간이 충족해야 할 기본 수요와 인간적 요구를 위하여 '위로부터의 경제 성장'은 '아래로부터의 개발'에 의해 대체될 필요가 있었다. 아래로부터의 개발 정책은 기본 수요 충족을 위해 영토적으로 도시 개발만큼이나 농촌과 마을 개발에 초점을 두어야 함을 강조한다. 그 결과 노동집약적 활동 및 미시경제의 소규모 기업들과 프로젝트들이 첨단기술 관련 기업보다 선호된다. 그러한 '영토적으로 통합된 개발(territorially-integrated development)'은 지역의 인적 자원, 자연 자원, 제도적 자원의 완전한 고용과 참여를 제공하는 데 목적을 두어야 한다. 중간공학(intermediate technologies)[11], 소규모 및 중규모 프로젝트, 로컬적으로 설계되고 실행된 프로젝트가 아래로부터의 개발 전략의 통합적 부분이어야 한다(Stöhr and Taylor, 1981). 이러한 아래로부터의 개발은 이후 인간 중심 접근과

:: 글상자

인간의 기본 수요 접근

그간의 발전 전략들의 실패로 점차 기존의 국가 주도 경제 성장이 개개인의 빈곤 감소에 실질적인 도움이 되지 않을 수도 있다는 인식이 발생했다. 1970년대 이후 전반적인 경제력 부양보다는 지역민의 기본 수요(Basic Human Needs) 충족을 개발 전략으로 해야 한다는 질적 접근법이 새롭게 대두되었다. 이는 인간의 기본 수요 즉, 충분한 음식, 깨끗한 물, 주거, 위생, 건강과 보건, 기본 교육 등의 물질적인 것뿐 아니라 자기 결정, 정치적 자유 및 안보와 같은 비물질적 욕구를 충족할 수 있도록 해 주는 것이다. 이를 계기로, 그동안 경제적 측면에서의 양적 확대 및 성장에 초점을 맞추었던 개발도상국에 대한 '원조'가 '빈곤 감소'와도 연결되었고, 비로소 빈곤선(Poverty Line)에 대한 인식도 형성되었다.

이러한 맥락에서 기존 생산적 투자를 통해 이루어졌던 개발이 빈곤 탈출에 필요한 최소한의 소비 실현에 초점을 맞추어 이루어지기 시작했다. 이 당시는 소규모 농가를 중심으로 지역 경제를 부흥시키고자 하는 농촌 지역에서의 개발 프로젝트가 실행되기 시작했다는 점이 특징이다. 이러한 프로젝트는 각국 정부 및 원조기관들이 아닌 NGO라는 비국가 행위자와의 연계를 포함한다는 점에서도 주목할 만한 변화라고 할 수 있다.

UN 또한 1986년 'UN 발전권선언(UN Declaration on the Right to Development)'을 통해, 단순한 경제 개발이 아닌 정치·사회·문화적 과정을 포괄하는 종합적 개념으로서의 개발을 정의했다. 여기에서의 개발 목적은 인권 실현이며, 모든 개인과 인민이 발전의 주체가 되며, 모든 사람의 능동적이고 자유롭고 의미 있는 참여의 중요성이 강조되었다.

이 시기에는 주로 UN, OECD 등 주요 국제기구를 중심으로 보건, 성평등, 환경, 참여적 개발, 사회적 개발 등 빈곤의 다양한 측면을 강조하는 이슈별 회의가 진행되었다. 이러한 관심의 변화는 1990년대부터 활발하게 논의된 인간개발지수(HDI), 세계은행과 국제통화기금(IMF)의 빈곤 감소전략(Poverty Reduction Strategies, PRS), 지속가능한 발전 등의 어젠다 형성에 밑거름이 되었다.

(국제개발협력, 2016, 105-107)

유사한 목표를 가진다는 데 의의가 있다.

:: 글상자

마하트마 간디(Mahatma Gandhi)

인도 운동가 마하트마 간디는 많은 사람들에게 아래로부터의 상향식 개발과 평화적 원칙에 토대한 변화를 위해 헌신한 인물로 각인되어 있다. 간디는 1869년 서인도에서 태어나 영국에서 법을 공부한 후 20년 이상 남아프리카에서 살았다. 그는 흑인에게 신분증 소지를 의무화시킨 법률과 모든 유형의 인종차별에 반대했다.
간디가 남아프리카에서 보낸 시간은 그의 관점에 큰 영향을 주었으며, 1914년 인도로 돌아온 후 그는 인도의 독립과 개발운동에 주도적 역할을 했다. 그는 오늘날 우리가 개발이라고 부르는 것을 '진보'로 명명했다. 간디는 무엇보다도 대중인식과 문화적 통일성을 창출하려는 의도로, 비폭력운동의 철학을 제안했다.
이와 연계하여, 간디는 모든 사람은 먹고, 입고, 스스로 거주할 자유를 가진다는 것을 강조했다. 이를 위해 마을들은 로컬에 기반한 개발, 즉 상향식 개발로 자기충족적이어야 한다고 주장했다. 권력은 이웃 마을 또는 근린과 함께 공유되고, 그 목적은 자원의 균등한 분배이어야 한다고 강조했다. 간디는 소규모의 농촌 기반 산업 개발에 대한 열렬한 지지자였다.
유감스럽게도, 간디는 1948년 델리에서 기도회를 수행하고 있던 중 광신도의 권총에 맞아 숨을 거두었다(Singh, 2005). 그러나 그 이후 간디는 평화운동과 사회경제적 변화의 원칙에 기반한 농촌 기반 개발, 즉 상향식 개발의 선구자가 되었다.

(Singh, 2005; Potter et al., 2012)

3) 인간 중심 개발 접근

인간 중심 개발(people-centred development)은 북(선진국, 北)에 의해 남(개발도상국, 南)에 부과된 신고전 자본주의 경제 개발모델들이 제대로 작동하지 않았다고 진단한 일련의 학자들 사이에 널리 수용된 대안적 개발 개념으로 출현했다. 인간 중심 개발 개념은 미래 관점에서 사회적 지속가능성과 환경적 지속가능성을 결합한다. 인간 중심 개발은 대안적인 아래로부터의 개발 접근으로서 미래 세대들을 위한 '실생활 개발(real life development)'에 초점을 둔다. 실생활 경제(Real-life Economics)는 아래로부터의 개발이 어떻게 인간 지향 관점에서 재개념화될 수 있는지에 관한 대안적인 진보적 사고이다(Ekins and Max-Neef, 1992). 실생활 경제는 우리 지구의 지속가능한 미래, 달리 말하면 우리가 함께 살 수 있는 '지속가능한 발전'에 대한 수단으로서 포괄성, 민주적 참여와 평화로운 동의 구축을 약속한다.

인간 중심 개발은 물질과 비물질적인 인간의 수요에 기반하고, 로컬적으로 결정된 것에 우선 순위를 두어 내생적이며, 공동체의 강점과 자원을 최대화한다는 점에서 자립적이며, 지속가능하고 평등한 자원 사용을 촉진한다는 점에서 생태적인 지속가능성을 지향한다. 그리고 인간 중심 개발은 개발을 성취하기 위해 빈곤한 다수를 위한 진보적인 수단으로서 '역량 구축(capacity building)'과 '공동체 권한 부여(community empowerment)'를 지지한다는 점에서 아래로부터 개발의 현대적 계승이라고 할 수 있다(Eade, 1997). 시민사회, 비정부기구(NGOs), 그리고 풀뿌리 박애 조직들(grassroots philanthropic organizations)은 이러한 인간 중심 개발 개념을 적극 수용한다. 유엔개발계획(UNDP)에 의해 개발된 인간개발지수(HDI) 역시 그러하다.

유엔개발계획(UNDP)이 1990년 발간한 『인간개발보고서(HDR)』는 경제 중심 개발에서 인간 중심 개발로 담론이 변화되는 계기를 제공했다는 점에서 의의가 크다. 유엔개발계획(UNDP)은 국가 부의 증감 차원을 넘어 개인이 잠재력을 발휘하고 각자 생산적이고 창조적인 삶을 영위할 수 있는 환경을 만드는 개발 패러다임을 인간 개발이라고 정의했다(UNDP, 1990). 유엔개발계획(UNDP)은 이를 위해 인간개발지수(HDI)를 고안했다.

같은 맥락에서 OECD가 1996년 발표한 「21세기를 구상하며: 개발협력의 기여(Shaping the 21st Century: The Contribution of Development Cooperation)」 보고서 또한 인간 중심 개발 담론으로의 경향을 확인시켰다. OECD는 이 보고서에서 그동안의 개발 협력 성과를 평가하고, 21세기에 해결해야 할 과제들에 새로

:: 글상자

아마르티아 센(Amartya Sen)

1998년 노벨상을 수상한 아마르티아 센(Amartya Sen)은 『자유로서의 발전(Development as Freedom)』(2000)이라는 책을 발간했다. Sen은 주로 개발도상국의 빈곤, 기근, 역량, 불평등, 민주주의, 공공정책 쟁점을 포함하여, 개발경제학에 대한 글을 썼다. Sen (2000)은 이 책에서 개발은 인간의 합리적인 행위를 실천할 수 있는 선택과 기회를 박탈하는 다양한 '부자유(unfreedoms)'를 제거해야 한다고 주장한다.

Sen이 주장하는 핵심 중 하나는 인간의 자유는 다른 종류의 자유를 촉진하는 경향이 있다는 것이다. 그는 도구적 자유들(instrumental freedoms) 간에 상호 연결이 있다고 주장한다(Sen, 2000, 43). 예를 들면, 비록 일부 사람들은 다른 견해를 보이지만, Sen은 경제적 자유와 정치적 자유는 서로를 강화시킨다고 주장한다. 그러나 일반적으로 건강과 교육 분야에서의 사회적 기회들은 경제적 참여와 정치적 참여를 위한 개인의 기회를 보완한다. 그러한 연계는 인간 자유의 내재적인 중요성을 강조한다.

Sen은 실질적인 자유(substantive freedom)가 보장되어야 함을 강조한다. Corbridge (2002)는 Sen의 자유로서의 발전이 가지는 장단점에 대해 논의하면서, 오염시키고, 고문하고, 아동노동을 강요하는 것은 자유를 찬양하는 것이 아니라고 주장한다.

Sen은 '도구적 자유(instrumental freedoms)'의 중요성을 강조한다. 도구적 자유는 인간에게 기아, 양양실조, 사망률, 유아사망률, 문맹률과 무수리력(innumeracy)이 없이 삶을 살 수 있도록 하는 것이다. 정치적 참여와 표현의 자유를 향유할 수 있는 것은 훨씬 더 중요한 자유이다. 만약 사람들이 읽을 수 없다면, 그것은 얼마나 곤란할까?

Sen이 이야기하는 자유는 투표할 권리와 같은 정치적 자유를 포함하지만, 또한 경제적 자유, 사회적 설비, 사회 내에서의 투명성(진실과 개방성)의 존재 그리고 안전의 척도와도 관련된다.

Sen은 성차별에 대해서도 특별한 관심을 기울였다. Corbridge(2002)에 의하면, Sen은 그의 책 『자유로서의 발전』에서 성변별에 의한 낙태의 결과로 오늘날 전 세계에서 죽어가는 약 1억 명의 여성들에 관해 언급하고 있다. Sen은 이를 여성이 남성과 동일한 실질적 자유(substantive freedoms)를 향유하지 못한 것으로 해석한다. 여성들은 가정 내에서 음식과 보건을 공정하게 제공받지 못하고, 거의 목소리를 내지 못한다.

이상과 같은 Sen의 입장은 개발이 국내총생산(GDP) 이외의 다른 수단에 의해 측정될 필요가 있다는 것을 강조한다. 즉 그것은 개인의 자유이어야 한다는 것이다.

(Potter et al., 2012)

운 전략 방향을 제시했다. 전략 목표로 경제적 복지, 사회적 개발, 지속가능한 환경이 제시되었는데, 이는 기존의 경제 성장 중심이 아닌 인간 중심의 개발을 다시금 강조하는 의미를 가진다. 또한, 이 보고서는 2000년 UN의 새천년개발목표(MDGs)의 직접적인 기초가 되었다는 점에서 그 중요성을 간과할 수 없다(한국국제협력단, 2016, 122-125).

이러한 인간 개발 중심의 시각은 1999년 아마르티아 센(Amartya Sen)에 의해 정점을 이루었다. Sen(1993, 3)은 발전을 '자유를 확장해 가는 과정'으로 정의하며 GNP, 기술적 진보, 사회적 근대화 등 지금까지 주목했던 요소들은 사실상 사람들이 향유하는 자유를 확장하기 위한 수단일 뿐이라고 설명했다. 그에 따르면 자유 신장은 발전의 근본적인 목표임과 동시에 일차적인 수단이며, 빈곤은 단순히 경제적 문제가 아니라 원하는 삶을 살 수 있는 인간의 역량에 대한 박탈이다. 이때 '역량'이란 중요한 어떤 요소를 최소한의 수준까지 만족시킬 수 있는 능력으로, 역량을 소유할 자격을 획득하고 또 이를 촉진시킬 정치적·경제적·사회적 제도에 대한 접근성이 부여되어야 가능하다고 보았다(Sen, 1999, 87). 따라서 빈곤 문제에 접근하기 위해서는 정치·사회적 환경을 포함한 다각적인 접근법이 필요하다. 이러한 Sen의 논리는 인간 개발 패러다임의 개념적 근원을 제공했으며, 인간개발지수(HDI), 남녀평등지수(GDI, Gender-Related Development Index), 여성권한척도(GEM, Gender Empowerment Measure), 인간빈곤지수(HPI, Human Poverty Index) 등 유엔개발계획(UNDP)의 『인간개발보고서』 논의의 진전에 영향을 미쳤다(한국국제협력단, 2016, 122-125).

4. 세계화와 신자유주의적 개발

19세기 후반에서 20세기 초반에 걸쳐 정치경제이론을 토대로 발전한 신자유주의는 2차 세계대전 이후 세계 정치와 경제의 주류 이념으로 자리 잡았다. 세계은행(World Bank), 국제통화기금(IMF) 등 국제금융기관과 세계무역기구(WTO) 주도로 이루어진 신자유주의는 국가의 시장 개입을 비판하고 시장의 기능과 민간의 자유로운 활동을 중시한다. 개발 담론에서 신자유주의에 대한 이해가 선행되어야 하는 이유는 이것이 국제개발정책과 사회 전반에 걸쳐 큰 영향을 미쳤기 때문이다.

1980년대에 접어들면서 지배적인 국제개발정책들은 신자유주의의 관점에서 다시 도전을 받았다. 특히 국가의 적절한 역할이 무엇이냐에 초점이 맞추어졌다. 근대화이론에서는 국가가 산업 및 무역정책, 서비스의 제공에 있어서 중요한 역할을 한다고 보았다. 그러나 신자유주의는 국가의 참여가 비효율적이고 유연하지 못하다고 주장한다. 국가가 시장에 개입하지 않는 것이 경제 성장을 극대화하고, 더 공정하다는 것이다.

케인스 경제학은 1970년대 후반과 1980년대 초반에 일어난 심각한 경제 침체와 자본주의 위기의 원인으로서 강력한 비판을 받았다. 즉 케인스학파가 주창하는 국가 개입은 비효율적이고 관료주의적이며 혈세 낭비로 여겨졌다. 이에 따라 각국은 손실을 보는 공공기업과 준국가기관을 매각함으로써 국가의 역할을 최소화하고 경제 촉진 및 감세 정책을 펼쳤다. 이것이 신자유주의의 기초이자 자유무역을 촉진하는 한 최대의 규제 완화를 지지하는 경제 사조다. 신자유주의는 18세기와 19세기에 활동했던 신고전주의 경제학의 뿌리인 애덤 스미스(Adam Smith)와 데이비드 리카도(David Ricardo)와 같은 자유방임주의 경제학자들의 연구에 주목하였다. 즉, 자유무역과 노동의 공간분업이 경제 성장을 담보하고 개발도상국과 선진국 모두에 이익이 될 것이라고 제안했다. 신자유주의는 철학자이자 경제학자인 프리드리히 하이에크(Friedrich Hayek)와 그의 제자 밀턴 프리드먼(Milton Friedman)과 함께 시카고대학에서 출현하여, 거대한 국제적 네트워크로 발전하였다.

석유수출국기구(OPEC)가 주도한 석유 가격 대폭 인상 즉 1973년의 1차 석유파동과 1979년 2차 석유파동 등으로 인한 1970년대의 세계경제 침체는 선진국

정부로 하여금 대안적인 정책을 추진하도록 했다. 영국의 마거릿 대처(Margaret Thatcher)와 미국의 로널드 레이건(Ronald Reagan)은 최소한의 국가 개입을 통한 경제 성장을 약속했으며(대처리즘과 레이거노믹스), 그러한 정책은 다른 선진국에서도 채택되었다. 그러나 이러한 신자유주의 정책을 추진한 선진국은 채무위기에 봉착하기도 했다. 그리하여 세계은행(World Bank)과 국제통화기금(IMF)으로부터 자금을 받아들일 수밖에 없었다. 이러한 자금의 투입은 구조조정정책(Structural Adjustment Policies: SAPs)의 실행을 조건으로 하였다.

신자유주의 접근은 상품과 서비스를 효율적으로 생산하고, 수요를 충족시키기 위해 경쟁을 촉진하였다. 즉 경제를 개방하고 자유무역을 촉진하는 것이 전체적인 사회의 이익을 창출하는 데 도움을 준다고 보았다. 그러므로 신자유주의 접근은 근대화이론과 매우 흡사한, 개발에 대한 사고에 근거했다. 즉 신자유주의 접근은 경제 성장에 초점을 둔 개발을 강조하였으며, 이를 통해 건강 및 교육 수준의 향상이라는 사회적 이익을 보장할 수 있다고 보았다.

이와 같은 구조조정정책이 경제 안정화에 기여한 측면은 있지만, 사회적 불평등은 더욱 심화시켰다. 국가가 재정 지출을 줄인다는 것은 가난한 사람들이 그만큼 복지 혜택을 받지 못한다는 것을 의미한다. 이러한 신자유주의에 대한 비판은 개발에 대한 관점이 '경제 성장'에서 '빈곤 감소'로 전환되는 계기가 되었다. 그러나 빈곤의 다양한 차원들이 강조되었지만, 그것 역시 경제적인 관점에서 고려되었다. 예를 들면, 빈곤은 '하루에 1달러 이하'의 수입으로 개념화되었다. 빈곤은 2000년 국제연합에 의해 합의된 새천년개발목표(MDGs, Millennium Development Goals)에 성문화되어 있다. 개발에 대한 강조점이 이와 같이 경제 성장에서 빈곤 감소로 이동했음에도 불구하고, 자유주의는 여전히 개발 정책의 주요한 골격으로 남아 있다(Peet, 2007).

하지만 1980년대 이후 신자유주의 정책은 국내총생산(GDP) 감소, 실업률 증가, 사회복지 붕괴, 국가 부채 증가, 빈곤 악화 등을 거듭하며 강한 비판을 받기도 했다(한국국제협력단, 2014). 뿐만 아니라 신자유주의 정책은 무엇보다도 높은 불평등, 즉 사회적 분리를 초래했다. 신자유주의는 매우 부유한 사람들과 매우 가난한 사람들 간의 경제적 격차를 증가시켰고, 기업과 금융자본 관리를 위한 권위를 중앙집권화시켰다[12]. 그것은 세계적인 금융 업무에 있어서 난공불락의 영향을 미친 '소프트 자본주의'를 가속화시켰다(Thrift, 2005). 그리고 점점 더 작은 집단을 형성하는 매우 영향력있는 권력 브로커들에게 독점적인 권위를 제공했다. 결론적으로, 신자유주의에 기반한 자본주의는 내부자거래, 분식회계, 세금회피, 관료집단의 뇌물 수수, 관리감독의 회피, 기술적 고착(technological fixes) 등을 초래했다. 이들은 기업의 경제적 건전성을 악화시켰다. 결국 1987~1998년 사이에 몇몇 동아시아의 국가경제가 금융 위기에 직면하면서 1980년대 후반 이후 우세했던 신자유주의의 무비판적 낙관주의가 종말을 예고했다. 10년 후 2007~2011년의 더 심각한 글로벌 침체는 글로벌 금융시장에서의 주요 경기 하강을 초래한 미국의 은행 시스템의 신용 경색에 의한 것이었다.

실제로 신자유주의 정책의 핵심 중 하나인 자유무역은 불공정하다. 선진화된 기술 및 자본력을 갖춘 선진국과 이제 출발선에 선 개발도상국이 규제 없는 무역을 하는 것은 프로복서와 초등학생이 싸우는 것과 같다며 장하준은 이것을 '사다리 걷어차기'라고 표현하였다[13]. 선진국에서 주장하는 신자유주의 정책은 '우리가 성장한 대로가 아니라, 우리가 말하는 대로 하라.'라는 후안무치의 자세이다(한국국제협력단, 2014). 달리 말하면, 선진국은 개발도상국의 성장을 원하지 않는다.

실증적 분석에서도 신자유주의를 기반으로 한 정책을 채택한 나라가 더 잘 살게 되었다는 역사적인 증거는 미미하다. 신자유주의는 기본적으로 높은 실업률, 사회복지 축소, 부의 편중화를 불러온다. 신자유주의 정책이 아닌 자국의 특성에 맞는 발전 전략을 채택한 한국, 대만, 싱가포르, 중국(홍콩), 말레이시아, 인도네시아, 베트남 등을 제외한 중남미, 사하라 이남 아프리카, 아시아의 많은 국가는 오히려 경제적으로 퇴보하는 현상을 보였다. 심지어 이 정책을 추진하는 미국과 영국 등 선진국까지도 장기간에 걸친 실업률, 비정규직 증가, 의료비 상승, 임금

하락, 불평등 심화 등 경제·사회적 문제가 심각해지면서 자성의 목소리를 내고 있다(한국국제협력단, 2014).

비록 신자유주의가 글로벌 경제의 순환적 위기를 가져왔지만, 역사적인 선례들과 반대로 신자유주의에 기반한 자본주의는 글로벌 경제 질서를 추동하는 견고한 이데올로기적 신념으로서 거의 온전하게 생존하고 있다(Potter et al., 2012).

:: 글상자

워싱턴 컨센서스(Washington Consensus)와 굿 거버넌스(Good Governance)

워싱턴 컨센서스(Washington Consensus)는 1989년 미국 국제경제연구소의 존 윌리엄스가 처음 사용한 용어로, 워싱턴을 기반으로 하는 주요 국제금융기구, 국제통화기금(IMF), 세계은행, 독립적 싱크탱크, 미국 정부 정책 커뮤니티, 투자금융사 등이 주창하는 신자유주의 담론을 일컫는다.

워싱턴 컨센서스는 개발도상국들이 발전을 이루기 위해서는 일련의 좋은 정책(good policies)과 좋은 제도(good institutions)를 채택해야 한다고 주장하며, 이를 통해 경제적 향상의 토대를 마련할 수 있다는 것을 골자로 한다. 여기서 제시하는 좋은 정책은 안정적 거시 경제정책, 자유무역 및 투자 레짐, 민영화, 국가 소유 자산의 탈규제이며, 좋은 제도는 민주주의 정부, 지적재산권을 포함한 소유권 보호, 독립된 중앙은행, 투명한 기업 거버넌스이다.

"굿 거버넌스(Good Governance)는 빈곤 타파와 개발을 위해 아마도 가장 중요한 요인이다."라는 전 UN 사무총장 코피 아난의 말처럼, 거버넌스와 개발의 관계는 1990년대 이후 국제개발 담론의 흐름을 이해하는 데 중요하다. 1980년대 신자유주의와 워싱턴 컨센서스에 기반을 둔 개발도상국 구조조정정책이 효과를 나타내지 못하면서, 그 원인을 개발도상국의 거버넌스에 두게 되었다. 원조 효과성을 높이기 위해서는 정부의 역량이 일정 수준에 있어야 한다는 수단적 의미와 인권과 민주주의의 가치를 지향하는 굿 거버넌스는 개발의 목적, 그 자체라고 볼 수 있다.

(한국국제협력단, 2016)

:: 글상자

신자유주의와 구조조정(Structural Adjustment)

1950년대부터 1970년대까지는 근대화이론, 종속이론 등의 논리를 바탕으로 정부가 중심이 되어 국가의 산업화, 경제 성장 등을 목표로 개발 전략을 주도했다. 그러나 1970년대 석유 파동과 이어진 외채 위기 등을 계기로 기존 이론들의 실효성이 무너지고 새로운 관점에서 개발 담론의 필요성이 제기되었다. 그 결과 1980년대부터는 국가 대신 시장 논리를 강조하는 신자유주의가 주류로 등장했다. 이 시기 국가의 역할은 축소되었고, 민간자본의 역할이 강조되었다.

세계은행과 국제통화기금(IMF)은 당시 경제적 파산의 해결책으로 신자유주의적 모델을 제시했다. 개발도상국에 자금을 지원해 주는 대신, 기존 경제정책의 광범위한 변화를 요구한 것이다. 이는 바로 1990년대 이후 '워싱턴 컨센서스(Washington Consensus)'라는 이름으로 국제경제 시스템 전반에 영향을 미친 국제금융기구들의 구조조정정책(Structural Adjustment Policies: SAPs)이다.

국제금융기구들은 구조조정을 통해 국제금융 시스템을 강화시키고 경제적 세계화를 이루는 것과 동시에 그들이 요구한 구조조정을 단행한 국가들을 세계경제에 통합시키고자 했다. 즉, 국가 대신 시장 논리를 활용해 경제적 효율성을 향상시키고 개발도상국들의 성장을 촉진하는 것이다. 이는 신자유주의(neo-liberalism)와 통화주의(monetarism)를 바탕으로 한다.

신자유주의는 개발 목표를 달성하기 위해서 국가 역할을 축소하고, 민간자본과 기업이 국가의 간섭으로부터 자유로워져야 경제 성장전략에 능력을 발휘할 수 있다고 주장한다. 통화주의는 정부의 활동은 시장의 경쟁 메커니즘을 유지하거나 시장이 제공하기 어려운 서비스 공급으로만 제한하고, 나머지는 시장의 원리에 맡겨야 경제가 성장할 수 있다는 논리다. 당시 주요 선진국에 보수주의 정권이 들어서면서 이 이론은 더욱 힘을 발휘하게 되었다. 따라서 기존의 국가 주도 발전전략에 치중했던 국가들은 구조조정을 받아들이면서 국가 주도적 발전 경로를 없애거나, 그 수준을 하향하게 되었다.

하지만 구조조정 결과는 좋지 않았다. 국제금융기구의 원조를 받기 위한 조건으로 자본삭감, 민영화, 자유화 등이 강요되었지만, 이는 사회의 취약한 부분을 보호해 주지 못했고, 오히려 사회적 불평등은 심화되었다. 개발도상국 스스로가 아닌, 외부에 의해 강요된 구조조정 프로그램 개혁, 금융시장 재정비, 국가의 역할 강화, 단일 세계시장 축소에 대한 요구가 커지게 되었다.

신자유주의의 힘은 오히려 1989~1991년에 발생한 냉전 종식과 함께 정점에 달했다. 냉전이 끝나고 동유럽 공산주의 블록이 붕괴되면서 자본주의와 자유민주주의가 공산주의보다 우월하다는 것이 입증되었기 때문이다. 결국, 1980년대의 구조조정정책은 약간의 수정만을 거친 채 1990년대까지 이어지게 되었다.

(한국국제협력단, 2016)

5. 상향식 개발로서 풀뿌리 개발

앞 장에서 개발에 대한 급진적 접근으로 '아래로부터의 개발', 즉 상향식 개발에 대해 간단하게 살펴보았다. 여기서 상향식 개발로서 '풀뿌리 개발(grassroot development)'에 대해 다시 부연하여 살펴본다.

근대화이론, 종속이론, 신자유주의는 공통적으로 개발에 대한 정의에 있어서 경제적 측면에 초점을 둔다. 또한 국가 수준에서 발생하는 경제적 이익이 가난한 사람들과 사회적 소외계층으로 파급될 것이라고 가정한다. 그러나 이것은 현실에서 거의 일어나지 않았다. 따라서 국가에 의한 파급보다 개별 지역사회 그 자체의 개발에 초점을 둘 필요성이 제기되었다. 이를 풀뿌리 개발(grassroot development) 또는 상향식 개발(bottom-up development) 또는 참여적 개발(participatory development)이라고 부른다. 이는 지역사회라는 스케일에서 개발 쟁점을 다룬다.

풀뿌리 개발은 1990년대 이후 확장되었지만, 1960년대의 '기본수요이론(basic needs approach)'에 그 뿌리를 두고 있다. 그러나 실제로 상향식 개발이 표면화된 것은 1980년대 후반이며, 개발을 위한 행위자로서 비정부기구의 역할이 강조되었다(Drabek, 1987; Edwards and Hume, 1995). 비정부기구는 국가에 의해 통제받거나 이윤을 추구하는 조직이 아니며, 시민사회의 일부로 간주된다(Mc-Ilwaine, 1998). 비정부기구는 큰 국제조직에서 작은 지역 집단에 이르기까지 스케일 면에서 다양하다. 그들의 활동은 인권, 환경 보존, 지역경제 개발, 정치적 투쟁과 같은 분야에 초점을 두기도 한다.

1990년대에 접어들면서, 개발과 관련된 비정부기구의 수는 매우 증가하였다. 이는 신자유주의에 대한 반작용과 밀접한 관련이 있다. 신자유주의에 따라 국가는 각종 서비스 제공을 철회하고, 기업들 역시 이윤 추구와 직접적인 관계가 없는 분야에는 관심을 기울이지 않았다. 따라서 가난한 사람들은 주택, 의료, 교육과 같은 서비스를 제공받지 못했다. 개발도상국에서 비정부기구는 공공요금을 지불할 수 없거나 사적 서비스의 비용을 충당할 수 없는 많은 빈곤 계층에 서비스를 제공해 오고 있다. 그렇다고 비정부기구의 역할이 긍정적으로 평가되는 것만은 아니다. 왜냐하면 개발도상국에서 비정부기구의 활동이 수도나 주요 도시를 중심으로 전개된다는 지적이 있기 때문이다. 그리고 비정부기구가 로컬 스케일에 초점을 두면서, 암묵적으로 로컬과 글로벌을 구분한다는 문제점이 제기되기도 한다(Mohan and Stokke, 2000).

6. 지속가능한 발전과 환경적 지속가능성

1) 지속가능한 발전의 등장과 의미

1990년대 이후 개발은 주로 인간 중심의 관점에서 다루어져 왔다. 그러나 최근에는 경제적·사회적 발달이 자연환경에 어떤 영향을 주는지에 관심이 증가하고 있다. 이것은 '지속가능한 발전(sustainable development)'이라는 개념으로 나타났다. 인간 개발과 더불어 1990년대 이후부터 최근까지 가장 큰 화두가 되고 있는 이슈 중 하나가 바로 지속가능한 발전이다. 이는 인류의 안녕이 인간의 범위에만 국한되지 않고 환경과 불가분의 관계에 있다는 것을 인식한 결과이다. 환경과 경제와 사회가 현재가 아닌 후대까지 지속해 발전할 수 있도록 하는 것이 우리가 궁극적으로 추구해야 할 진정한 의미의 개발이라는 주장이다.

지속가능한 발전에 대해 여러 논의들이 있지만 무시하기 어려운 하나의 일반화는 세계가 걷고 있는 현재의 환경 및 개발 경로들이 지속가능하지 않다는 것이다(Mawhinney, 2003; Monbiot, 2007). 사실, 현재의 세계화 과정은 여러 가지를 악화시키고 있다. 이것은 이러한 현재의 경로들이 환경 파괴, 자연자원 착취, 폭넓은 빈곤화라는 기존의 글로벌 패턴의 확장이었기 때문이다. 또한 다른 '세계화의 전염병들' 사이에서 더 심화된 부의 불평등, 국제적 지원의 감소, 외채 증가

등이 있다(Aguilar and Cavada, 2002).

환경 파괴에 대해서는 1960~1970년대부터 이미 개발도상국들의 급속한 산업화 과정 등으로 인해 심각한 우려가 있었다. 1970년대에는 UN 인간환경회의(UNCHE, United Nations Conference on the Human Environment), 람사르 협약, 런던협약, CITES 협약[14] 등을 통해 환경, 습지, 해양 폐기물, 멸종 위기 동식물 보호 등 개별 환경 이슈에 관한 논의가 이루어졌다. 1972년 스웨덴 스톡홀름의 UN 인간환경회의는 환경을 주제로 한 첫 번째 국제회의로, 이 회의 결과 문서인 '스톡홀름선언'을 통해 26개 원칙을 제시했다. 그리고 1987년 세계환경개발위원회(WECD, World Conference on Environment and Development)에서 제시한 『우리 공동의 미래보고서(Our Common Future)』, 일명 『브룬트란트 보고서(Brundtland Report)』를 통해서 지속가능한 발전을 다시금 강조했다. 이 보고서는 지속가능한 발전을 '미래세대가 그들의 필요를 충족시킬 수 있는 가능성을 손상시키지 않는 범위에서 현재 세대의 필요를 충족시키는 개발'이라고 일컫고 있다[15]. 이 보고서에서 정의한 지속가능한 발전의 개념에는 '필요의 개념'과 '한계의 개념'이 모두 포함돼 있는 것으로 최소 생계를 위한 기본 수요 충족의 필요성과 더불어 미래의 필요를 충족시키기 위한 환경의 능력이 한계에 다다랐음을 강조했다(한국국제협력단, 2016). 현재 지속가능한 발전은 이론의 여지가 있지만(Elliot, 2006), 지속가능한 발전에 대한 가장 일반적인 정의는 브룬트란트위원회의 정의를 따르는 것이다.

한편, 지속가능한 발전은 1992년 브라질 리우데자네이루에서 개최된 UN 환경개발회의(UNCED)의 기본 원칙인 '환경적으로 건전하고 지속가능한 발전(Environmentally Sound and Sustainable Development, ESSD, 줄여서 Sustainable Development라고 함)'에서 등장한 패러다임과 행동 프로그램인 '의제 21(Agenda 21)'의 핵심 개념으로 자리 잡았다[16]. 이 회의에서 채택된 '리우선언' 제1원칙에서 지속가능한 발전에 그동안 환경 이슈가 개별적으로 다루어지고 개발과는 배치되는 것으로 인식되었던 것과 달리, 환경과 개발이 동시에 추구돼야 한다는 사고로 전환이 이루어졌다는 점에서 의의가 크다고 할 수 있다.

그러나 환경론자들은 산업화와 자본주의는 자기 파괴적인 성격이 있고 현재의 환경문제는 대부분 선진공업국의 성장에 의한 것임을 부인할 수 없다고 주장했다. 따라서 선진공업국은 현 상태의 산업 수준을 감축해야 하므로 개발도상국으로 기술 이전이나 재정 지원을 줄여야 하는 상황이 초래될 수도 있다. 이후 지속가능한 발전은 국제개발협력에서 모든 이해관계자가 개발이라는 것을 이해하고 추구하는 데 절대적인 영향을 미치게 되었다(한국국제협력단, 2016).

2002년 남아프리카공화국 요하네스버그에서 '세계지속가능발전 정상회의(WSSD)'가 개최되었다. 이 회의에서는 1992년 브라질 리우데자네이루에서 채택한 '의제 21'이 얼마나 이행되었는지 점검했으며, 신재생에너지, 환경 보전과 함께 경제, 사회와 균형 있는 발전을 위한 지속가능한 발전에 관해서도 논의했다. 리우회의 20주년을 기념하기 위해 개최된 UN 지속가능발전회의(UNCSD, United Nations Conference on Sustainable Development, 일명 리우 +20)에서는 도시, 물, 식량, 에너지, 일자리, 재해, 해양 등 7대 주요 과제를 담은 '우리가 원하는 미래(The Future We Want)'를 발표해 지속가능한 발전에 대한 의지를 밝히고 경제 위기, 사회 불안정, 기후 변화를 포함한 환경 오염이 범지구적인 문제임을 재확인했다.

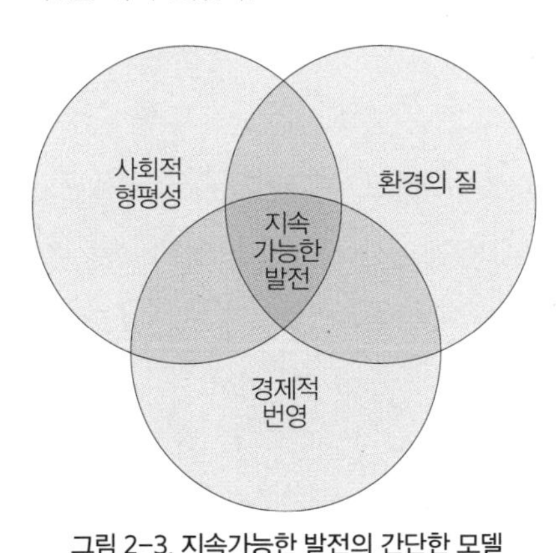

그림 2-3. 지속가능한 발전의 간단한 모델
(Morgan and Lambert, 2005)

이와 같은 지속가능한 발전에 대한 정의는 다양하게 해석되고 실천된다. 즉 환경과 개발에 부여되는 가중치는 다양하다. 환경은 주로 자연환경의 관점에서 정의되고, 개발은 인간의 삶의 조건에 대한 개선으로 간주된다. 지속가능한 발전에 대한 관점은 크게 두 가지로 전개된다. 먼저 지속가능한 발전에 대한 기술 중심적 접근

(technocentric approaches)은 오염을 감소시킬 수 있는 산업기술 또는 에너지 효율적인 하부구조와 같은 혁신을 비롯하여 기술적 해결을 추구하고자 한다. 기술 중심적 접근은 주로 자본주의 경제 개발 구조 내에서 채택된다. 이러한 접근은 현재 그러한 기술을 보유한 선진국은 이미 어떤 제약도 없이 산업화와 도시화를 수행해 왔지만, 개발도상국은 경제 성장과 개발에 제한을 받는다고 비판한다.

반면, 생태 중심 접근(ecocentric approaches)은 자연환경에 중심을 두며, 소비 감소와 로컬에 기반한 생계의 촉진을 강조한다. 생태 중심 접근은 성장과 자본 축적에 도전한다. 풀뿌리 개발은 지속가능한 발전에 더욱 우호적이다. 왜냐하면, 풀뿌리 개발은 특정 생태계에 근거하고 있고, 인간과 자연환경 간의 관계에 로컬적 이해를 끌어오기 때문이다. 비정부기구의 활동은 인간 개발과 환경 보호를 모두 촉진할 수 있지만, 여전히 한계를 내포하고 있다.

2) 개발윤리학과 인간 중심 글로벌 어젠다

개발윤리학(development ethics)은 경제 개발의 목적과 수단을 성찰하는 탐구 분야이다. 개발윤리학은 더 공정한 미래에 관심을 두어 출현한 새로운 학문 분야이다. Goulet(1996, ii)에 의하면, 개발윤리학은 이중적인 임무를 가진다. 하나는 더 많은 인간에게 경제력을 보장해 주는 것이고, 다른 하나는 모두를 위한 인간 개발을 하는 것이다. 그는 개발의 진정한 지표는 생산 또는 물질적 웰빙을 증가시키는 것이 아니라, 질적인 인간의 풍요로움이라고 주장한다. Goulet (1996, 19)은 마르크스주의 관점에서 진정한 인간 개발의 역사는 인간 소외를 없애는 것과 함께 온다고 주장한다. 따라서 개발의 진정한 과제는 정확하게 모든 소외, 즉 경제적 소외, 사회적 소외, 정치적 소외, 기술적 소외를 없애는 것이다.

인간 중심 개발의 지지자인 Korten(1996, 1)에 의하면, 지속가능한 개발은 남(개발도상국, 南)이 환경의 재생적인 역량을 넘어 쓰레기를 버리지 않고 공정하게 인간의 요구를 충족하는 지속가능한 경제, 안전과 사회적·지적·정상적 성장을 위한 기회를 확신하는 지속가능한 인간 제도이다.

빈곤한 국가들은 지속가능성을 위해 북(선진국, 北) 정부와 기업의 도움을 받을 필요가 있다. 북(北)은 그들의 과도한 소비를 충족시키기 위해 무역과 소비를 통해 남(南)에 생태적 결점을 수출하는 것으로부터 오랫동안 이익을 누려 왔다. 게다가 현대의 글로벌 불평등은 많은 환경문제의 근본적인 원인이다. 부유한 사람들은 그들의 소비로 인한 사회적·생태적 비용을 가난한 사람들에게 전가시킨다. 그리하여 남(南)의 가장 주변적인 사람들[북(北)의 원주민도 마찬가지]은 환경 악화와 자원 고갈로부터 끊임없이 고통을 받아 왔다.

현재와 미래에 민주적으로 선출된 정부들은 개발과 성장을 위해 신자유주의에 의존해서는 안 된다. 오히려, 그들은 모든 주민들을 위한 지속가능한 미래를 설계하는 데 그들의 책임있는 역할을 수행해야 한다. 사회정의와 환경적 지속가능성을 성취하기 위해, 정부는 이익을 공정하게 분배하고, 필요한 공공선이 제공되도록 해야 한다(Korten, 1996, 4). Korten(1990)은 21세기 시민사회의 역할은 공공이익을 위해 정부와 민영 부문 둘 다 책임을 지도록 늘 경계하는 것이라고 했다. 그는 시민사회와 인간 중심 활동가 네트워크는 사회적 불평등과 불공정이 과거의 것이 되도록 사회적·기술적 혁신 과정에서 리더십을 발휘해야 한다고 주장한다.

3) 생태경제학자들의 관점들

생태경제학자들(ecological economists)은 개발과 성장에 도전하기 위해 지속가능한 개발은 자본주의의 양적 성장(hard growth)을 계속 추구할 필요가 없다고 주장한다. 오히려, 질적 성장(soft growth)을 추구해야 한다는 것이다. 왜냐하면 질적 성장에는 환경적 관심과 삶의 질이 포함되기 때문이다. 양적 성장은 자연자원의 착취를 동반하고, 이는 차례로 경제를 통해 물질과 에너지 흐름을 증가시킴으로써 자연자원에 압력을 강화한다. 반대로 질적 성장은 향상, 효율성,

더 완전하고 더 나은 상태에 도달하는 것에 근거한다. 양적 성장은 자연적 한계에 의해 심각하게 제한되는 반면, 질적 성장은 잠재적으로 지속가능하다(Daly, 1990). Daly(1991, 402)에 따르면, 개발은 질적 향상 또는 잠재성의 펼침이다.

생태경제학자들은 처음에 글로벌적인 '안정적 국가경제(steady-state economy)'를 위한 지지자들이었다. 여기서는 일정한 시간 내에 해야 할 어떤 양적 성장도 없다. 그러나 지속가능성이 성취되려면 남(南)의 빈곤이 검토될 필요가 있다는 것을 인식하면서, 남(南)에서는 양적 성장과 질적 성장이 모두 이루어져야 함을 명백히 하였다. 그러므로 Goodland et al.(1992)에 의하면, 글로벌 균형을 위해 가난한 사람에게 필요한 경제적 성장은 부유한 사람들에게 혜택을 주는 양적 성장을 감소시킴으로써 상쇄될 필요가 있다. 그 후 정상적인 지속가능한 시스템이 성장을 넘어서 세계를 이끄는 경제적·생태학적 교환에 의해 글로벌 수준에서 유지될 수 있다(Daly, 1996).

4) 미래 개발과 환경적 지속가능성

21세기 후반 우리가 목격하기 시작한 세계가 직면한 위기에는 매우 많은 증거들이 있다(Monbiot, 2007; Rogers et al., 2008). 세계 95억 인구(약 2050년경)를 위한 안전한 지구는 부정적인 환경적 영향을 최소화하는 동시에 자연자원에 대한 효과적이고 효율적인 관리를 통해 유지될 수 있다.

그러나 불가피하게 갈등이 일어나고 환경과 자원 위기가 계속되고 있다. 여기서 현재와 미래의 자원에 대한 접근의 불평등이 세계를 남(南)과 북(北)으로 분할한다. 식민주의 이후 역사적인 지정학적 관계가 나타났다. 그러한 불평등을 제공하고 강력한 갈등 상황을 초래한 과거 패턴들은 상당한 관성을 가진다. 그리하여 모두를 위해 더 공정하고, 지속가능한 미래를 향한 변화들은 갈등을 불러일으킨다. Rogers et al.(2008, 380)는 모두를 위한 지속가능한 미래를 성취하기 위해 고려해야 할 것을 다음과 같이 제시한다.

- 부유한 국가와 집단들은 지구의 자원 소비를 줄이고, 현재의 자원 이용과 관련된 환경적 영향을 줄인다.
- 어떤 정치적·사회적·경제적 메커니즘이 선진국들 사이에서 이러한 타협을 위해 사용될 수 있는가?
- 이러한 타협들은 다자간(예, UN) 행동에 의해 강화되어야 하는가? 아니면 세계의 부유한 국가들과 가난한 국가들의 협상에 의해 일어날 수 있는가?
- 지속가능한 미래를 위한 계획에서 개발도상국 국가들은 무엇을 해야 하는가?

환경적 지속가능성을 수행할 방법에 대해 글로벌 합의를 도출하고, 지속가능한 개발을 성취하기 위한 해결책을 고안하기 위해 오늘날 UN 회의, 세계 환경변화에 관한 세계정상회의, G-7 그리고 G-20 회의가 열리고 있다. 그러나 글로벌적인 환경적 지속가능성과 함께, 지속가능한 발전과 성장 목표를 위해 이루어진 진보는 거의 없다. 환경적 과잉을 통제하기 위한 글로벌 의무 준수는 여전히 요원하다. 권력을 덜 가지거나 박탈당한 사람과 그들의 '지속가능한 발전'은 선진국 또는 개발도상국의 정책결정자들에 의해 진지하게 고찰되지 않고 있다. 글로벌 불평등을 줄이고 사회정의를 실현하며 더 가난한 다수의 더 나은 생계를 위한 새천년개발목표는 현재 환경주의자들의 청사진에 포함되어 있지 않다. 그러므로 개발도상국의 빈곤한 다수의 역경은 현대의 지속가능한 발전의 글로벌 목표 사이에서 확연하게 드러나지 않는다.

7. 포스트식민주의와 포스트구조주의, 그리고 포스트개발

제2차 세계대전 이후 본격적으로 시작된 개발 담론이 지난 약 60여 년 동안 전 지구적 빈곤 퇴치에 가시적이고 획기적인 성과를 내지 못하자, 반개발(anti-development)로 불리는 개발회의론을 비롯하여, 개발에 대한 대안(alternative to development), 포스트개발(Post-development) 또는 비욘드개발(beyond development) 등 기존 개발 담론과는 다른 새로운 담론들이 제기되고 있다(Schuurman, 2008; Power, 2003).

1) 포스트식민주의

개발에 대한 관점은 20세기 후반 이후 인간과 환경의 다양성에 대한 인식과 함께, 그리고 권력이 개발에 대한 접근과 실천에 어떻게 관여할지에 대한 인식과 더불어 변화되어 왔다.

포스트식민주의(post-colonialism)이론은 지배적인 개발 담론이 어떻게 유럽중심주의에 근거하고 있는지 조명한다. 포스트식민주의이론은 유럽은 문명화되었으며 동양은 그렇지 못한 것으로 간주한다고 주장한 Edward Said의 『오리엔탈리즘(Orientalism)』(1978)에 근거한다. 대개 동양은 낙후된 곳으로, 서양은 개발된 곳으로 설명된다. 또한, 동양은 변화가 없는 반면 서양은 역동적으로 표현된다. 서양의 계몽주의, 상업자본주의, 산업혁명 등은 이러한 담론의 증거로 제시된다. 그리고 유럽은 역동적이면서도 성숙한 상태인 반면, 사하라 이남 아프리카는 저개발의 유아기적 상태에 있다고 인식한다. 이러한 시각은 유럽의 개입을 정당화할 수 있었다. 아프리카인은 스스로를 통치할 수 있을 정도로 충분히 성숙하지 못했기 때문에 미성숙한 아프리카인을 통치하는 것은 유럽에 부여된 의무라고 간주되었던 것이다(이영민·박경환, 2011).

포스트식민주의이론은 이러한 유럽중심주의(Eurocentrism)에 도전한다[17]. 즉 포스트식민주의이론은 권력을 가진 것보다 침묵하고 주변적인 것['서발턴(the subaltern)'이라 불리기도 함]에 주의를 기울이도록 요구한다. 그러나 포스트식민주의이론은 단지 가진 사람/못 가진 사람, 북/남, 권력있는 사람/권력없는 사람 등과 같은 기존의 이분법을 반복하지 않는 것이 중요하다고 강조한다. 왜냐하면 이러한 이분법은 우세한 사고방식을 강화하고 시간과 공간에 걸쳐 사람들 간의 관계의 다양성을 인식시키는 데 실패하기 때문이다.

2) 포스트구조주의

구조주의는 인간 세계에서 발생하는 모든 일은 개인에 의해서가 아니라 우리 자신의 통제와 실행 범위를 넘어서 있는 익명의 구조에 의해서 그것의 형태와 기능이 궁극적으로 결정된다고 주장하는 철학이다. 예를 들면, 우리는 말을 할 수 있지만, 우리의 말하기 패턴과 기능은 심층적인 언어의 패턴에 의해 구조화된다. 좀 더 지리적인 사례를 들면, 우리는 개별 여성과 남성으로서 도시에서 행동하고 이동할지 모르지만, 우리 활동의 본질은 우리의 삶을 구성하는 젠더관계라는 좀 더 심층적인 구조에 의해 결정된다(Morgan and Lambert, 2005).

포스트구조주의(post-structuralism)는 인간 세계는 구조에 의해서 '만들어진다'는 관점을 공유하고 있지만, 이것들이 객관적인 실체라는 생각에는 도전한다. 계급, 젠더, 인종 등과 같은 구조들은 이전부터 존재한 실체가 아니라 인간의 구성물이다. 그리하여 그것들은 다른 방식으로 만들어질 수도 있다. 인문지리학의 관점에서, 이것이 제안하는 것은 '장소', '공간', '문화', '자연' 등과 같은 범주들은 더 이상 견고하거나 고정된 것으로 간주될 수 없다. 대신에 포스트구조주의는 그것들이 어떻게 특별한 맥락 속에서 구조화되었는지 보여 주기 위해 이러한 범주들을 매우 엄격하게 분석할 필요가 있다고 강조한다(Morgan and Lambert, 2005).

이와 같은 포스트구조주의는 다양한 인간과 장소에 대해 동일한 설명을 하려고 시도했던 근대화이론, 종속이론, 신자유주의이론에 대한 반작용의 결과이다. 포스트구조주의는 개발에 대한 이러한 초기의 이론들을 거대이론(grand theory) 또는 메타내러티브(metanarratives)로 간주한다. 다양성을 인식하는 것은 사람들의 삶을 이해하고, 개발이 무엇이며, 그것은 어떻게 성취될 수 있는지를 정의내리는 데 있어 핵심이다. 포스트구조주의 접근은 권력이 젠더, 계층, 민족 등과

:: 글상자

포스트모더니즘과 포스트모더니티, 그리고 포스트구조주의

- 포스트모더니즘은 예술, 문학, 철학에서 모더니즘의 현대적 계승으로서 지지된 가장 빠른 문화적, 현상학적 구성물이었다. 포스트모더니즘은 또한 문화적 변화, 보급과 차이에 대한 철학적이고 인본주의적인 비판으로 광고되었다.

  포스트모더니즘은 예술을 횡단하고 아카데미를 횡단하고 이들과 다른 대중적 형식들을 횡단하는 언어와 담론으로서 이문화 간 변화의 헤테로글로시아(hetero-glossia, 이어성, 다어)로의 이동은 함께 짜깁기 되고, 혼합되며, 흐릿하게 만들어진다(Brooker, 1992, 20).

- 포스트모더니티는 지적인 파트너 포스트모더니즘과 같이 '모더니티' 이후 나타난 사회의 '포스트모던 현상(postmodern condition)'으로 정의되었다. 그러나 그러한 변화(transformation)가 언제 일어날 수 있을지에 관한 폭넓은 논쟁들이 나타났다. 일부 지지자들은 이러한 사회적 변화(social transformation)는 새로운 기술 단계로의 일시적인 사회적 이동과 진화라기보다는 오히려 끊임없는 변화가 오래 지속되어 온 현재 상태라고 주장했다. 그러한 'after-modernity'가 있었는지/있는지 또는 없었는지/없는지에 관한 질문이 또한 상황을 훨씬 더 복잡하게 만들었다.
- 포스트모더니스트의 반모더니스트 사고(anti-modernist thought)의 가장 최근의 변종으로서 1960년대 프랑스에서 출현한 포스트구조주의는 약간 이질적인 문학비평의 철학적 운동이었다. 그처럼 포스트구조주의는 극도로 현상학적이고 허무주의자인 것으로 발견되어, 개발 담론에 대한 그것의 가치는 매우 문제가 있었다.

(Potter et al., 2012)

같은 축을 따라 개발 프로세스에 어떻게 작동하는지를 인식한다. 그러나 이러한 프로세스들이 작동하는 방법은 보편적이지 않다. 즉 그것들은 시간과 공간에 따라 다양하다.

3) 포스트개발

신자유주의적 개발은 1980년대 중반 이후 시민들의 다양한 사회운동에 의해 위기와 도전에 직면했다. 그 이유는 신자유주의적 경제정책이 경기 침체를 심화하고 빈곤을 확대하며, 개발도상국 정부의 기능을 약화시켰다고 보기 때문이었다. 그리하여 1980년대부터 시민사회는 신자유주의 개발 정책에 대항하는 시민운동을 펼치기 시작했고, 이러한 배경으로 등장한 새로운 개발에 관한 접근이 '포스트개발(post development)'이다[18].

포스트개발론자는 대부분 개발의 대안 체계를 구축하려 한다. 이를 옹호하는 이들은 개발도상국 각처에서 나타나는 사회운동 담론을 포스트개발 시대를 이루려는 시도로 해석한다(Escobar, 1995; 한국국제협력단, 2014). 포스트개발 시대의 사회운동은 문제 인식과 해결에서 지역 내부 방식을 존중하고 정치·경제적 관행에서는 다변화된 사고방식을 지향한다. 또한 이것은 국가 및 국가 개발 제도권에서 벗어나 자치를 추구하는 움직임이며 정치 참여 형태로 나타난다. Escobar(1995)를 비롯한 포스트개발 이론가는 사회운동과 더불어 개발의 대안적 형태를 보여 줄 다양한 프로그램을 고안하고자 한다.

포스트개발 접근이 독특한 형태의 사회운동과 대안적 개발이라는 불명확한 개념을 주장하고 있는 것은 사실이다. 그러나 세계화와 신자유주의적 개발에 대항해 지역에 기반을 둔 토착적 지식과 프로그램을 고안하는 것은 의미 있는 일이다. 포스트개발론자는 주로 아밀카르 카브랄(Amilcar Cabral), 프란츠 파농(Frantz Fanon), 파울로 프레리(Paulo Freire) 같은 반식민주의 작가의 연구로 그들의 주장을 뒷받침한다. 또 미셸 푸코나 종속이론가에게서 통찰력과 영감을 얻는다. 포스트개발의 대표적인 이론가인 Escobar(1995)는 지역을 기반으로 '지역, 비자본주의 및 문화 회복'을 요구하는 개발 정책 등 주로 개발의 지리학적 문제를 다룬다. 이와 함께 포스트개발 프로젝트는 부분적으로 근대화 이전의 것을 다원화하거나 활용하고자 시도한다. 이러한 접근은 개발을 부정하기보다 그것을 어떻게 더 '보편적이고 자유로운 활동으로' 바꿀 수 있을지 고민하게 만든다(한국국제협력단, 2014).

포스트개발을 반개발과 혼동하면 안 된다. 포스트개발과 반개발이 지향하는 바는 다르지만 서로 상충되는 개념은 아니다[19]. 두 접근은 개발에 대한 답을 제시하기보다 문제제기를 하고 있으며, 둘 다 서구식으로 세계를 해석하지 않는 방식을 주장한다. 포스트개발에 전적으로 동의할 필요는 없지만, 중요한 것은 그러한 관점을 통해 기존의 개발이론을 비판적으로 검토하고, 개발을 새로운 언어로 묘사하기 위한 공간이 창조될 수 있다는 것이다. 이를 위해서는 개발에서 지역간 연관성과 사회적 관계를 중심으로 기존의 국제사회에서 지역의 의미를 재정립하고, 지역의 특수성을 인정하는 방향으로 나아가야 한다. 이때 개발의 특성을 패권주의적으로만 보지 않고 상호 구성요소로서 좀 더 깊이 이해할 수 있다. 이것은 개발의 공간성에 대한 문제제기와 개발을 하는 주체의 다양한 고민뿐 아니라 지식 권력 장치를 발견하는 것도 포함한다(한국국제협력단, 2014).

이처럼 포스트개발 또는 비욘드개발(beyond development)은 개발의 구체적인 맥락 내에서의 권력과 다양성을 고찰한다. 포스트개발 이론가들은 그 명칭이 제안하는 것처럼 개발이라는 바로 그 사고에 도전한다. 포스트개발에 의하면, 북(Northern, 선진국, 北)이라는 개념은 비극적인 결과를 가진 남(개발도상국, 南)에 부과되어 온 것이다. 포스트개발 이론가들은 정책이 인간과 장소를 해결할 필요가 있는 개발문제로 구조화하는 데 사용되어 온 방법들을 조명한다(Sachs, 1992; Ferguson, 1994; Crush, 1995; Escobar, 1995). 그러므로 포스트개발 이론가들은 담론과 정책 프로세스의 형식으로서 개발이 권력을 가진 사람들에 의해 구조화되고 일련의 개입을 정당화하기 위해 사용된 방식에 도전한다. 종속이론가와 네오마르크스 이론가들은 자본주의체제에서 권력의 차이들이 국가가 발전할 수 있었던 방법에 영향을 준 방식을 강조했다. 그러나 포스트개발 이론가들은 권력을 상이한 관점으로 고찰한다. 즉 다방면에 걸친 권력의 영역을 고찰한다.

그러나 포스트개발 접근에 대한 비판 역시 존재한다. 즉, 포스트개발의 몰역사성과 비서구 사회를 지나치게 낭만적으로 바라본다는 비판에 직면한다. 다시 말해, 포스트개발 접근은 1950년대와 1960년대에 유행한 비성찰적인 근대화이론에 근거한 구시대적인 개발을 비판하고 있다는 것이다. 그리고 포스트개발에 나타나는 '부패한' 서구와 '순수하고 인간적인' 비서구라는 이분법적 사고는 포스트식민주의 사회의 다층적이고 미묘한 사회 현실을 포착하지 못한다(한국국제협력단, 2014). 뿐만 아니라 포스트개발 접근은 현실적이고 일상적인 투쟁과는 동떨어진 학문적 시각을 지나치게 강조한다. 마지막으로, 포스트개발은 공동체 기반 의사결정, 풀뿌리 개발과 같은 로컬 기반 해결책에 대한 참조 이외에 개발에 대한 구체적인 대안을 제시하지 못하고 있다(Simon, 1998; Sylvester, 1999; Nederveen Pieterse, 2000).

몇몇 포스트개발 연구는 비판을 초월해 왔으며, 진보적인 변화를 위해 활동하는 생산적인 방식들을 검토해 왔다. 예를 들면, Gibson-Graham(2005)은 필리핀에서의 로컬 경제공동체 개발에 대한 대안적인 유형들을 고찰한다. Gibson-Graham은 삶의 질과 삶의 표준을 개선하기 위한 유일한 경로로서 해외의 노동 이주와 수출 농업과 같은 '글로벌 프로세스'에서의 참여를 통해 '근대화'를 보기보다는 오히려, 경제적 활동의 다른 유형들은 그것들이 '다양한 경제(the diverse economy)'라고 명명한 것 내에서 소중하게 되는 방식들을 조명한다. 그에 따르면 '다양한 경제의 이러한 재현의 하나의 효과는 자본주의 활동이…말하자면 깎아내려지고, 그것과 함께 개발 동학과 관련된 질서정연한 확실성을 진척한다.'라는 것이다(Gibson-Graham, 2005, 13).

Gibson-Graham의 연구는 확실히 신자유주의 개발 프로젝트에 대한 공통된 비판들에 생산적인 반응을 제공하지만, '로컬'에 관한 그의 초점은 그에게 '공동체' 내의 권력관계의 배제에 관한 비판과 이러한 '로컬' 공간들이 좀 더 넓은 국가 및 글로벌 공간과 연결되는 방식에 관한 비판에 열려 있도록 한다(Aguilar, 2005; Kelly, 2005; Lawson, 2005). 그러한 논평은 공동체 주도의 개발(community-led development)과 장소의 구성에 대한 일반적인 비판을 되풀이하게 한다.

:: 주

1. 1980년대 말부터 학계, 비정부기구(NGO) 등 각계각층이 신자유주의이론을 비판하기 시작했다. 1970~1980년대에 정부가 강력하게 경제 개발을 주도한 한국, 싱가포르, 홍콩 등 동아시아 신흥국이 신자유주의 주요 원칙을 지키지 않았음에도 불구하고 성공했기 때문이다. 반면 워싱턴 컨센서스의 처방을 따른 국가에서는 구조 조정과 시장자유화에 따른 불평등, 빈곤층 증가 등의 부작용이 발생하면서 '인간의 얼굴을 한 구조 조정'의 필요성이 대두되었다(한국국제협력단, 2014).

2. 근대화이론이 주류를 이루던 1960~1970년대에 개발 주체가 정부였다면, 1980년대 이후 신자유주의의 등장과 세계화에 따라 그 역할이 축소되면서 시민사회가 점차 이를 대체하기 시작했다. 그리하여 개발 주체가 점점 시민사회로 확대되고, 실제로 개발 활동에서 시민사회의 참여도와 위상이 높아졌다. 뿐만 아니라 개발에 있어서 중앙 정부보다는 지방 정부의 역할이 점점 더 강조되고 있다.

3. 근대화의 시초를 멀리 중세 말기로 보는 견해도 있다. 유럽에서 근대화는 노동을 아담의 죄값을 치르는 희생이 아닌 미덕이자 부의 원천으로 생각한 16세기 개신교에서 출발한다는 것이다. 이러한 의식은 직업을 소명으로, 게으름을 신에 대한 모독으로 여기는 칼뱅파가 더욱 강화했다. 근대화는 18세기 '계몽의 시대'와 밀접한 관련이 있는데 이 개념은 추후 신고전학파 및 자유주의에도 큰 영향을 끼쳤다. 계몽이란 봉건적 구습, 종교적 전통으로 인한 무지, 미신, 도그마에 지배당한 민중의 몽매를 자연의 빛 즉 이성에 비춰 밝히고 자유사상·과학적 지식·비판적 정신을 보급해 인간의 존엄을 자각하게 하는 것이다.

4. 책 제목에서 알 수 있듯이, 로스토(Rostow)는 두 개의 주요 관심을 연결했다. 하나는 정치적·전략적 관심(political and strategic concern)이며, 다른 하나는 경제적·개발적 관심(economic and developmental concern)이다. 로스토는 지정학적으로 제3세계 국민국가들의 변천 과정에 대한 국제적·정치적 맥락에 관심이 있었다. 그런 연유로, 그의 모델은 미국의 전략적 영향을 발전시키기 위해 구안되었다. 그것은 탈식민지 아프리카, 아시아 그리고 라틴아메리카에서 공산주의와 사회주의 레짐을 통해 '개발'을 촉진할 것이라고 미국이 두려워한 구소련(USSR)의 팽창주의 슈퍼파워계획을 차단하는 데 목적을 두었다.

5. 균형성장론을 주창한 대표적인 이론가로 래그나 넉시(Ragnar Nurkse)를 들 수 있다. 넉시는 개발도상국에 나타나는 빈곤의 악순환을 설명하기 위해 균형성장론을 제시했다. 빈곤의 악순환(vicious circle poverty)이란 개발도상국의 개인은 저소득 상태에 놓여 저축과 소비를 하지 못하며, 낮은 소비와 저축률 때문에 기업은 생산투자를 줄이게 되는 악순환이 반복되는 것을 의미한다. 넉시는 빈곤의 악순환을 해결하기 위해서는 자본을 여러 산업에 투자해 모든 산업이 골고루 성장할 수 있도록 해야 한다고 주장했다(한국국제협력단, 2016).

6. 근대화이론에 대한 비판은 타당하지만, 어린이들의 질병을 타파하기 위한 세계적인 백신 프로그램을 포함하여 몇몇 근대화 정책들로부터 나타난 이점들을 인식하는 것은 중요하다(Corbridge, 1997).

7. 그는 칠레와 브라질의 사례를 들면서 16세기부터의 피식민지배 경험이 이러한 종속관계의 시작

이라고 주장한다. 자본주의체제 아래에서 이 종속관계는 식민지배국과 식민지 사이의 관계뿐 아니라 개인 간에도 생기는데, 예를 들어 농노는 착취당하는 주변부이고 지주는 착취하는 중심부라는 것이다. 식민지의 지주는 현지에서는 중심부이지만 세계체제 아래에서는 다시 주변부가 되므로 개인 간·국가 간의 구조는 서로 밀접하게 연관되어 있다(한국국제협력단, 2014).

8. 종속이론은 자본주의와 자본주의의 글로벌 통제를 비롯하여 식민주의 역사의 부정적인 역류효과들을 의심했다. 종속이론은 '제3세계' 국가들이 선진국의 글로벌 무역 시스템으로의 통합 요구에 저항해야 하며, 대신에 자기 결정에 대한 그들 자신의 경로를 따르기 위해 노력해야 한다고 주장한다.

9. 당시 남미 국가들은 풍부한 자원을 보유하고, 비교적 큰 국내시장을 가졌기 때문에, ISI 전략이 가능했다. 그러나 같은 시기, 부존자원이 부족하고, 국내시장의 규모가 작은 국가들은 ISI와는 다른 전략을 취했다. 이것은 '수출 주도형 산업화(EOI)' 혹은 '외부 지향적 개발 전략(outward-looking development strategy)'으로 한국, 대만, 홍콩, 싱가포르 등 아시아의 신흥공업국이 택한 산업화 전략이다. 이들 국가는 그들이 가진 가장 풍부한 생산 요소인 노동력을 집중적으로 활용할 수 있는 제조업 제품의 수출에 집중했으며, 해외 기술과 자원을 활용하는 개방적 경제를 추구했다(한국국제협력단, 2016).

10. 임마뉴엘 월러스틴(Immanual Wallerstein)은 세계체제론(World System Theory)을 통해 종속이론에서 설명하는 중심부와 주변부 구분을 넘어서 개발도상국의 저발전을 '중심부–반주변부–주변부'라는 관계로 설명한다. 반주변부(semi–periphery)라는 개념은 기존에 중심부와 주변부의 관계로 설명되지 않았던 국가들까지 세계경제 흐름 속에서 파악할 수 있게 했다는 점에서 의의가 크다.

11. 중간공학이란 돈이 적게 들고 간단하며 현지 자원 이용이 가능하여 개발도상국에서 활용하기에 적합한 과학기술을 말한다.

12. 세계은행 부총재를 지낸 조지프 스티글리츠(Joseph E. Stiglitz)와 인도의 경제학자이자 철학자인 아마르티아 센(Amartya Kumar Sen), 지리학자 데이비드 하비(David Harvey), 언어학자 놈 촘스키(Noam Chomsky) 교수를 비롯한 많은 학자들이 신자유주의이론과 실제에 대해 비판적인 시각을 갖고 있다. 이들은 신자유주의 정책 탓에 불평등이 더 심해졌고 이 정책으로 인해 정치, 사회, 경제, 보건, 환경 등도 많은 문제점과 한계를 내포하고 있다고 주장했다(한국국제협력단, 2014).

13. 19세기 독일 경제학자 프리드리히 리스트(Friedrich List)는 '사다리를 타고 정상에 오른 사람이 다른 이들이 그 뒤를 이어 정상에 오를 수 있는 수단을 빼앗아 버리는 행위로, 매우 교활한 방법이다.'라고 하였다.

14. CITES 협약이란 '멸종 위기에 처한 야생동식물의 국제 거래에 관한 협약(Convention on International Trade in Endangered Species of Wild Flora and Fauna)'으로, 멸종 위기에 처한 야생동식물의 국제 거래를 일정한 절차를 거쳐 제한함으로써 멸종 위기에 처한 야생동식물을 보호하는 협약이다. 1973년 미국 워싱턴에서 세계 81개국의 참여하에 CITES 협약을 체결하였으며, 우리나라는 1993년에 가입하였다.

15. '지속가능한 발전'이라는 용어가 UN의 브룬트란트위원회에 의해 1987년에 공통적으로 사용되자마자 논쟁들이 촉발되었다. 브룬트란트 보고서 『우리의 공통된 미래(Our Common Future)』(UNWEP, 1987)는 지속가능한 발전에 대해 가장 널리 사용되는 정의를 제시했다. 이 정의에 대해

일부 사람들은 모순어법이라고 비판했으며, 사회적 과정과 환경적 또는 생태적 과정이 융합되어 모호성을 지닌다고 의문을 제기했다. 즉, 일부 사람들은 그 개념이 '미래지향적'이지만 모호한 취지를 지닌다고 의문시했다. 뿐만 아니라 지속가능한 발전의 본질이 다소 모호하다는 것이다. 신자유주의라는 자본주의체제의 자유시장과 지속가능한 발전이 촉진하는 생태개발 간의 불일치 역시 문제다. 신자유주의가 추구하는 단기간의 최대한 이윤 추구와 지속가능한 발전의 글로벌 환경 보존은 완전히 상이하다. 사실, 신자유주의가 현재 그리고 미래의 정치경제적 의사결정을 추동하는 글로벌 신념으로 남아 있는 한, '모두를 위해 사회적으로 공정하고 정당한 지속가능한 발전'은 거의 불가능하다. 생태적 지속가능성과 자연자원 보존을 배제하지 않으면서 사회적 불평등 해소를 통한 사회정의의 실현, 지속적 경제 성장이 과연 가능할 것인가? Sachs(1993)은 개발 없는 어떠한 지속가능성도 없다고 주장했다.

16. 지속가능한 발전의 초기 개념은 환경주의자들이 주장한 개발 활동이 생태적으로 고려되어야 한다는 의미인 생태개발(ecodevelopment)이라는 용어에서 비롯돼 사용되기 시작했으며, 1972년 6월 스웨덴 스톡홀름에서 개최된 UN 인간환경회의(UNCHE)에서 바라바 워드(Barbara Ward)가 발언한 '환경적인 제약을 고려하지 않는 경제 개발은 낭비적이고 지속불가능'에서 처음 시작되었다.

17. 개발과 관련한 학문이 유럽에서 태생했기 때문에 다분히 유럽중심주의를 담고 있다. 이러한 유럽중심주의는 계속해서 비판의 대상이 되고 있다. 그 이유는 인종과 지역에 대한 이데올로기적 편견, 문화 다양성에 대한 감수성 부족, 윤리적 표준과 결정론적 공식화, 분석적 경험론, 남성 중심적 경향(성차별), 환원주의, 거대이론, 인종우월주의(인종차별주의, 자민족중심주의), 단선성(unilinearity), 보편주의(universalism) 등 때문이다. 그리고 개발 전략의 대부분은 유럽중심주의에 기인한다. 이 모든 접근은 개발을 자본주의와 합치하려는 경향을 보인다. 물론 여기에는 개발은 거대한 이론을 통해 이해해야 할 큰 이슈라는 전제가 깔려 있다. 이러한 전제를 메타내러티브라고 한다. 한편, 서구화된 개발은 비서구권의 개발도상국에 적용하기 어려운 것은 물론이고, 서구 사회 스스로도 이 왜곡된 개발의 피해자가 되고 있다(한국연구재단, 2014).

18. 특히 학계에서 포스트모더니스트와 포스트구조주의자의 이론 및 논쟁이 포스트개발이론 부상에 크게 기여했다.

19. 반개발 이론가는 거대이론을 거부하고 미시적으로 개발문제에 접근하고자 한다. 여기에는 젠더와 환경문제 등도 포함된다. Corbridge(1992, 1995)는 19세기부터 반(서구식)개발주의의 역사가 시작되었다고 주장한다. 반개발은 포스트개발(post development) 또는 비욘드개발(beyond development)로 설명되기도 한다. Nederveen Pieterse(2000)는 반개발, 포스트개발, 비욘드개발 모두 기존의 개발이 지닌 모순에 대한 급진적 반응이라고 말한다. 반개발주의의 배경은 모더니즘의 실패이며, 이는 결코 새로운 이론이 아니다. 반개발주의는 신식민주의 미션의 일환으로 서구 사회가 원하는 정치·경제·문화적 이미지를 다른 국가에 이식하려 한 유럽 중심적 구조에 대해 비판한다. 반개발주의자는 서구 사회가 주도적으로 개발의 담론과 언어를 구성해 왔다고 주장한다. 이로 인해 개발도상국을 둘러싼 지식이 권력과 개입에 관한 언어로 형성되어 왔다는 것이 이들 주장의 핵심이다. 이렇게 형성된 언어는 개발도상국 사회를 제조하고, 이미지화함으로써 서구 사회의 특정한 개입을 이끌어냈다. Escobar(1995)는 개발이 오히려 빈곤, 저개발, 후진성, 토지의 무소유 같은 기형적 결과를 낳았고, 지역의 주도권과 고유의 가치를 부정하는 표준화된 프로그램을 통해 이를 해결하고자 했다고 주장한다.

제3부

국제 협력을 통한 개발 격차 줄이기

1. 국제개발협력의 이해

2. 글로벌 불평등 해소와 사회·공간정의

3. OECD 개발원조위원회(DAC)와 공적개발원조(ODA)

4. 다자개발기구: UN에서 국제개발 금융기관까지

5. 개발 NGO와 시민사회, 국제민간재단과 민간기업

6. 한국국제협력단(KOICA)의 해외 협력

7. 빈곤 타파를 위해 노력하는 개인들

1. 국제개발협력의 이해

1) 국제개발협력의 의미

앞에서 살펴본 여러 개발이론들이 개발도상국에 적용되었음에도 불구하고, 선진국과 개발도상국 간의 개발 격차, 즉 글로벌 불평등은 점점 더 커지고 있다. 전 세계적으로 빈곤 및 불평등으로 인해 기본적인 권리마저 충족하지 못한 채 살아가는 사람이 많다. 물론 이런 사람들이 선진국에도 존재하지만, 개발도상국에는 비교할 수 없을 만큼 더 많다. 인류의 평화와 공동 번영을 위해서는 선진국과 개발도상국 간의 불평등 그리고 개발도상국의 빈곤문제 해결이 필수적이며, 이를 위해서는 국가 간 협력이 긴요하게 필요하다.

앞에서 다양한 지표를 통해 선진국과 개발도상국 간의 차이, 즉 남북 간의 차이를 확인하였다. 선진국과 개발도상국 간의 이러한 차이를 '개발 격차(development gap)'라고 한다. 개발도상국은 선진국에 비해 1인당 국내총생산(GDP)뿐만 아니라 인간개발지수(HDI) 역시 낮은 반면, 세계빈곤지수는 매우 높은 편이다. 개발도상국의 인구는 전 세계 인구의 약 70~80%를 차지한다. 그리고 개발도상국 인구의 약 절반 이상이 절대빈곤 상태에 있다.

물론 개발 격차가 선진국과 개발도상국 간에만 국한된 문제는 아니다. 왜냐하면 개발 격차는 선진국 간에도, 또 선진국이든 개발도상국이든 상관없이 한 나라 안에서도 발생하기 때문이다. 예컨대, 같은 나라 안이라도 도시와 농촌, 지역 간, 세대 간, 성별 간, 계층 간에도 개발 격차는 존재한다. 하지만 선진국은 이를 해결하기 위한 충분한 잠재력을 가지고 있는 반면, 개발도상국은 그렇지 못하다는 것이 문제이다.

이처럼 선진국과 개발도상국 간, 개발도상국 상호 간, 개발도상국 내에서 발생하는 개발 격차를 줄이고 개발도상국의 빈곤과 불평등을 해소하며 개발도상국의 국민들이 기본권을 누릴 수 있도록 하기 위한 국제사회의 구체적인 노력과 행위를 '국제개발협력(international development cooperation)', 또는 줄여서 '개발협력(development cooperation)'[1]이라고 한다. 그런데 특히 개발도상국들이 당면한 개발 격차, 빈곤과 불평등의 원인이 해당 개발도상국은 물론 국제사회 전반의 정치, 경제, 사회, 문화, 역사적 요인 등에 기인하므로 단기간에 해소될 수 있는 것은 아니다. 따라서 국제개발협력은 개발도상국의 개발을 저해하는 제반 시스템을 중장기적 관점에서 개선할 수 있도록 추진되어야 한다(한국국제협력단, 2016).

2) 국제개발협력의 목적

국제개발협력은 특히 선진국과 개발도상국 간의 개발 격차를 줄이기 위한 행위이다. 이를 위해 대개 선진국은 개발도상국에 개발원조를 실시한다. 이러한 개발원조의 주된 목적은 수원국인 개발도상국의 경제 및 사회 발전과 복지 증진에 있지만, 공여국인 선진국의 국익을 위해서도 필요하다고 볼 수 있다. 국제개발협력의 주요 목적은 크게 정치·외교적 목적, 개발적 목적, 인도주의적 목적, 상업적 목적 4가지로 분류된다(Lancaster, 2007; 한국국제협력단, 2013 재인용). 그 외에도 최근에는 글로벌 공공재를 강화하기 위한 목적과 인권 보호의 목적도 포함되는 추세이다. 그리고 이러한 목적은 서로 독립적이라기보다는 여러 목적이 다양하게 혼합되어 나타난다고 할 수 있다. 개발협력의 목적을 좀 더 자세히 살펴보면 다음과 같다.

첫째, 국제개발협력의 정치·외교적인 목적은 국제안보, 국제정치 및 지정학적 분야에서의 국가 간 관계를 포함한다. 둘째, 국제개발협력은 용어 그대로 개발도상국의 사회경제적 발전과 빈곤 퇴치라는 순수한 개발적 목적을 지닌다. 역사적으로 정치·외교적 이해관계보다 개발도상국의 사회경제적 개발을 원조의 주요 목적으로 천명해 온 국가들은 스웨덴, 네덜란드, 노르웨이, 덴마크 및 핀란드와 같은 북유럽 국가들이다. 셋째, 국제개발협력의 인도주의적 목적은 개발도상국의 절대빈곤 감소와 인간의 보편적 가치 실현을 위한 도덕적 의무로 해석된다. 긴급구호 등으로 대표되는 인도주의적 목적의 원조는 가장 논란의 여지가 적은 목적이라고 할 수 있다. 넷째, 국제개발협력은 상업적 목적으로 이루어지기도 한다. 즉, 공여국의 전략적 자원 확보와 수원국에 민간자본 투자 확대에 유리한 환경 조성, 수출시장 확대 등을 목적으로 원조가 실시되기도 한다. 마지막으로, 국제개발협력은 지구촌 사람들 모두를 위한 그리고 지속가능한 발전을 위한 글로벌 공공재에 대한 보전(예, 열대우림 본존) 및 글로벌 이슈(기후 변화 및 지구온난화, 인구 성장 억제, 핵확산 방지, 테러 방지, 불법적 마약 단속, 전염병과 질병 통제)에 대한 예방과 대응을 위한 국제 연대를 모색한다.

3) 국제개발협력 주체 및 방법

국제개발협력 주체는 공적개발원조(ODA, Official Development Assistance)를 제공하는 ODA 공여국을 비롯하여 UN과 같은 다자개발기구, 개발 NGO, 시민사회, 민간기업, 국제민간재단 등 매우 다양하다. 이들에 대해서는 3장~6장에 걸쳐 자세하게 살펴볼 것이다. 여기서는 이들에 대해 간략하게 언급한다.

먼저 가장 대표적인 국제개발협력 주체로는 공적개발원조(ODA)를 제공하는 공여국을 들 수 있다. 공적개발원조(ODA)는 대부분 OECD 개발원조위원회(DAC) 회원국들에 의해 제공된다. 그러나 최근에는 개발원조위원회(DAC) 회원국이 아니면서 비교적 활발하게 공적개발원조(ODA)를 제공하는 국가들이 늘어나고 있으며, 이들을 신흥 공여국이라고 한다. 뿐만 아니라 규모는 작지만 개발도상국 간에 공적개발원조(ODA)를 제공하기도 한다.

둘째, 다자개발기구(MDI, Multilateral Development Institutions) 역시 국제개발협력의 주요 주체 중 하나이다. 다자개발기구는 제2차 세계대전 이후 1945년 발족된 UN[2]과 그 산하의 다양한 전문기구, 기금 및 위원회, 국제개발 금융기관[(International Financial Institute, IFI) 예: 국제통화기금(IMF), 세계은행

(WB), 유럽부흥은행(EBRD), 아시아개발은행(ADB), 아프리카개발은행(AfDB), 미주개발은행(IDB)], 여타 국제기구[동남아시아국가연합(ASEAN), 아프리카연합(AU), 지구환경기금(GEF), 세계백신면역연합(GAVI)] 등 크게 3가지로 분류할 수 있다.

셋째, 민간 부문에 해당하는 개발 NGO[3], 시민사회[4], 민간기업[5], 국제민간재단[6] 등도 국제개발협력의 주요 주체로 부상하고 있다. 이들은 때로 공여국 정부, 또는 국제기구가 발주하는 국제개발협력의 계약자로서 ODA 사업을 수행하기도 하고, 때로는 공여국 정부 또는 국제기구로부터 ODA 자금을 지원받아 국제개발협력사업을 추진하기도 한다. 또한 자체적으로 자금을 조성해 독자적인 국제개발협력사업을 추진하기도 한다. 단, 이들이 자체적으로 조성하는 국제개발협력 자금은 ODA로 계상되지 않는다.

그렇다면 국제개발협력은 어떤 방법으로 이루어질까? 개발도상국의 개발을 목적으로 사용되는 것을 개발 재원이라고 한다. 개발 재원은 표 3-1과 같이 크게 공적개발원조(ODA, Official Development Assistance), 기타 공적자금(OOF, Other Official Flows), 민간자금의 흐름(PE, Private Flows at market terms), 민간 증여(Net Grants by NGOs)로 구분할 수 있다.

표 3-1. 개발 재원의 형태

구분	지원 방법	지원 형태	내용
공적개발원조	양자 원조	무상	증여, 기술협력, 프로젝트 원조, 식량 원조, 긴급 재난구호, NGO 지원
		유상	양허성 공공차관
	다자 원조	-	국제기구 분담금 및 출자금
기타 공적자금	양자 원조	유상	공적 수출신용, 투자금융 등
	다자 원조	유상	국제기관 융자
민간자금 흐름	-	유상	해외 직접투자, 1년 이상의 수출 신용, 국제기관 융자, 증권투자 등
민간 증여	-	무상	NGO에 의한 증여

(한국국제협력단, 2016)

먼저, ODA란 공여국의 공공 부문이 수원국인 개발도상국 또는 국제개발기구에 제공하는 양허성 자금을 말한다. 둘째, 기타 공적자금은 공여국의 공공 부문이 개발도상국에 제공하는 자금 중 ODA에 포함되지 않는 자금으로서 수출신용, 투자금융 등이 해당된다. 셋째, 민간자본의 흐름은 민간 부문이 시장 진출 조건으로 개발도상국에 제공하는 해외 직접투자(FDI, Foreign Direct Investment), 1년 이상의 수출신용, 국제기관 융자, 증권투자 등을 의미한다. 넷째, 민간 증여는 비정부기구(NGO)가 개발도상국에 증여하는 자금을 말한다(한국국제협력단, 2016).

2. 글로벌 불평등 해소와 사회·공간정의

교통·통신의 발달과 국가 간 교류의 확대를 바탕으로 전개되고 있는 세계화는 다양한 세계를 하나의 통합된 사회로 변화시켜 가고 있다. 그러나 지구상에는 다양한 자연환경이 존재하며, 이를 바탕으로 서로 다른 문화를 보유한 다양한 민족들이 함께 살아가고 있다. 이와 같은 지리적 다양성으로 인해 국가 간 협력과 상호 보완 등 긍정적 효과도 나타나고 있지만, 국가 간·민족 간 경쟁과 갈등, 빈부격차 등의 부정적 효과도 나타나고 있다.

지구상의 다양한 지리적 문제는 어느 한 국가의 책임으로만 돌릴 수 없는, 국제적 협력이 필요한 문제들이다. 기아와 빈곤, 분쟁과 갈등, 난민, 환경문제, 열대우림 파괴와 생물종 다양성 감소 등은 세계적·지역적 차원에서 상호 협력해야 해결될 수 있는 대표적인 문제이다.

세계는 서로 긴밀하게 연결되어 있으며 세계인의 협력 없이는 한 조각의 초콜릿도 만들기 어렵다. 따라서 자신이 가진 지식, 기술, 자본, 경험 등을 나눌 때 지구상의 다양한 지리적 문제를 해결하여 지속가능한 성장이 가능해진다.

지구적 문제에 관심을 가져야 하는 또 다른 이유는 특정 지역에서 누리고 있는 풍요가 다른 지역의 식량 부족, 기아, 빈곤과 밀접하게 연결되어 있기 때문이다. 따라서 부유한 국가는 가난한 국가에서 일어나는 다양한 문제의 해결에 책임감을 갖고 참여할 필요가 있다. 세계시민으로서 난민문제가 우리 모두의 문제임을 인식하고, 공존과 화합을 통해 해결할 수 있는 자세를 갖추어야 한다.

오늘날 지구상에는 기아, 지역 분쟁(영토·영해 분쟁), 난민, 환경(생물 다양성 보존문제) 등 다양한 지리적 문제가 나타나고 있다. 많은 사람의 생존과 안전을 위협하는 이러한 문제들은 어느 한 국가의 노력만으로는 해결하기 어렵다. 정부의 해결 능력이 부족하거나 정부 간 대립이 극심할 수 있기 때문이다. 이럴 때 국가를 초월하는 조정자이자 국가 간의 협력을 효과적으로 유도하기 위한 기구가 필요하다. 오늘날 국제사회는 갈수록 복잡해지고 다양한 문제들이 서로 얽혀 있어, 국가 간의 많은 협력이 요구된다. 이런 국제사회의 변화에 따라, 국제기구와 비정부기구의 역할이 점점 더 커지고 있다. 여러 국가가 모여 특정 사안을 협의하고 공동으로 지원하는 국제기구가 있고, 민간단체들이 인도주의적 차원에서 도움을 주고 고통을 함께 나누는 국제 비정부기구(NGO)가 있다.

국제연합(UN)은 세계 모든 사람들의 삶의 질을 개선하기 위해 노력하고 있다. 국제연합은 글로벌 불평등, 즉 지역 간 불평등을 줄이기 위해 2000년 9월 새로운 밀레니엄을 맞아 8개 조항으로 이루어진 새천년개발목표(MDGs, Millennium Development Goals)를 설정했다. 국제연합 구성원들은 2105년까지 이 목표를 성취하기 위해 노력하는 데 동의했다. 선진국이 이러한 목표를 달성하기 위해 개발도상국에 다음과 같은 3가지 방식의 지원이 있을 것으로 기대된다.

- 가난한 국가에 원조 제공
- 부유한 국가에 이익이 되는 보조금과 관세 같은 규제를 제거함으로써 자유무역 허용
- 부유한 국가에 많은 돈을 빚지고 있는 가난한 국가들에 대한 채무 경감

이 목표를 달성하기 위해서는 많은 돈이 필요하다. 전문가들은 새천년개발목표를 충족하기 위해서는 1년에 약 1000억 달러의 비용이 들 것이라고 말한다. 그렇다면 그 재원은 어디서 마련할 것인가? 그 방법으로 선진국으로 하여금 개발도상국의 채무를 취소하고, 더 많이 원조하며, 세계무역을 좀 더 공정하게 해야 한다고 조언한다. 채무와 공정무역, 그리고 이 목표를 위해 개발도상국은 세계은행으로부터 대부를 받는다.

국가들과 지역들 간에는 글로벌 불평등이 존재한다. 지구상에서 가장 가난한 대륙은 아프리카이다. 밥 겔도프(Bob Geldof)를 비롯하여 보노(Bono)는 그의 명성을 이용하여 아프리카 사람들을 도왔다. 그들의 행동은 능동적인 글로벌 시민으로서, 세계 사람들의 삶의 질 개선에 기여한 좋은 사례이다.

빈곤을 감소시키고, 건강과 교육에 대한 접근을 향상시키며, 사회에서 여성의 지위를 향상시키고, 환경을 보존하기 위해 글로벌 수준에서 작동하는 국제연합과 같은 국제기구를 비롯하여, 민간단체인 국제 비정부기구들이 있다. 이러한 기구들은 그들이 설정한 방식으로, 인권과 생태적 지속가능성을 촉진하는 데 중요하고도 다양한 역할을 한다.

한 국가의 정부는 인권을 촉진할 뿐만 아니라 자원을 공유하고 사용하는 방법을 통제한다. 비정부기구(NGOs)는 정부로 하여금 이것을 공정하게 하도록 한다. 그들은 세계와 세계 사람들의 환경과 삶의 질을 개선하기 위해 다양한 방법을 사용한다. 비정부기구는 선진국으로부터 기부를 받고 자발적 노동자들을 조직하며, 세계의 가난한 국가에 있는 사람들을 지원할 프로그램을 개발한다. 비정부기구는 인권 개선, 여성의 지위 향상, 환경 보호 등의 영역에서 활동한다. 비정부기구는 사람들을 돕고 정부의 행동에 영향을 주기 위한 원조 제공, 교육, 변화를 위해 정부와 다른 국제 비정부기구에 로비를 하기도 하며, 미디어와 인터넷 등을 활용하여 국제사회의 인식을 끌어올리는 등 다양한 활동을 한다.

3. OECD 개발원조위원회(DAC)와 공적개발원조(ODA)

1) 공적개발원조(ODA)

공적개발원조(ODA)의 대부분은 OECD 개발원조위원회(DAC)[7] 회원국들에 의해 제공된다. 개발원조위원회(DAC)는 공적개발원조(ODA)를 제공하는 OECD 회원국들의 모임인데, 국제개발협력에 관한 주요 규범과 가이드라인을 정하고 있다. 대체로 OECD는 선진국들의 모임으로 알려져 있는데 DAC 회원국이라야 진정한 의미에서 선진국이라 할 수 있다.

2015년 10월 현재 34개 OECD 회원국 중 개발원조위원회(DAC) 회원국은 오스트레일리아, 오스트리아, 벨기에, 아일랜드, 이탈리아, 일본, 한국, 룩셈부르크, 네덜란드, 뉴질랜드, 노르웨이, 폴란드, 포르투갈, 슬로바키아, 슬로베니아, 스페인, 스웨덴, 스위스, 영국, 미국 등 28개국과 유럽연합(EU)이다. 대한민국은 2009년 11월 OECD 개발원조위원회(DAC) 가입 심사 특별회의에서 개발원조위원회(DAC) 회원국들의 전원 합의로 24번째 개발원조위원회(DAC) 회원국으로 가입해, 2010년 1월 1일부터 정식 개발원조위원회(DAC) 회원국으로 활동 중이다.

이들은 수원국인 개발도상국에 공적개발원조(ODA)를 제공하며, 이들의 원조 행위는 국가 대 국가의 협력이라는 의미에서 '양자 간 협력'이라 부른다. 이들 공여국은 개발도상국의 경제·사회 발전과 빈곤 퇴치라는 커다란 목적을 위해 유상과 무상의 원조, 기술협력 등의 개발원조를 제공하고 있다.

공적개발원조(ODA)는 다른 형태의 원조 행위와 달리 직접적으로 개발도상국의 개발을 주목적으로 한다. 해외 직접투자와 같은 민간자금의 경우 개발도상국에 기업 유치, 일자리 및 소득 창출과 같은 순기능을 수행하지만 어디까지나 상업적 목적에 의해 이루어지는 것으로 개발도상국의 개발을 주목적으로 하지는 않는다. 아울러 민간자금은 기업이 이윤을 창출할 수 있는 나라나 분야에 집중되기 때문에 민간자금이 관심을 기울이지 않는 나라나 분야의 개발을 지원하기 위

표 3-2. OECD 개발원조위원회(DAC) 회원국들의 가입 연도

연도	가입 국가	국가 수
1961년 (창립연도)	벨기에, 캐나다, 프랑스, 독일, 이탈리아, 일본, 네덜란드, 포르투갈, 영국, 미국, EU	10개국, EU
1960년대	노르웨이(1962), 덴마크(1963), 스웨덴(1965), 오스트리아(1965), 오스트레일리아(1966), 스위스(1968)	6개국
1970년대	뉴질랜드(1973), 핀란드(1975)	2개국
1980년대	아일랜드(1985)	1개국
1990년대	포르투갈(1991), 스페인(1991), 룩셈부르크(1992), 그리스(1999)	4개국
2000년대 이후	한국(2010), 아이슬란드(2013), 체코(2013), 슬로바키아(2013), 폴란드(2013), 슬로베니아(2013), 헝가리(2016)	7개국

* 포르투갈은 1961년 DAC 가입 후 1974년 탈퇴, 1991년에 재가입했다.

해서는 공적개발원조(ODA)의 역할이 중요하다. 이러한 맥락에서 일반적으로 가장 좁은 의미에서, 그리고 엄격한 의미에서 국제개발협력은 공적개발원조(ODA)를 지칭한다(한국국제협력단, 2016).

공적개발원조(ODA)에 대한 정의는 OECD의 개발원조위원회(DAC)에 의해 1969년 합의되었다. 공적개발원조(ODA)는 개발원조(Development Aid), 국제원조(International Aid), 해외원조(Overseas Aid), 원조(Aid) 등과 같이 다양한 이름으로 불렸다. 그런데 최근에는 선진국들의 일방적인 시혜 차원이 아니라 개발도상국과 파트너십을 통해 추진되어야 한다는 점이 강조되면서, 그리고 기후, 환경 등과 같은 인류 공동의 문제 해결과 평화, 공동의 번영을 달성하기 위한 국가 간 연대의 필요성이 부각되면서 '원조'라는 용어보다는 점점 더 '개발협력(Development Cooperation)'이라고 불리는 추세이다(한국국제협력단, 2016).

공적개발원조(ODA)는 개발도상국 또는 다자개발기구로 흘러들어가는 자금 중 다음 세 가지 조건을 충족하는 자금을 말한다(한국국제협력단, 2016). 첫째, 공적개발원조(ODA)는 중앙 및 지방 정부, 그 집행기관 등 공적 기관이 제공하는 자금이어야 한다. 둘째, 공적개발원조(ODA)의 주요 목적이 개발도상국의 경제 발전과 복지 증진에 기여하기 위한 것이어야 한다. 상업적 목적 또는 군사적 목

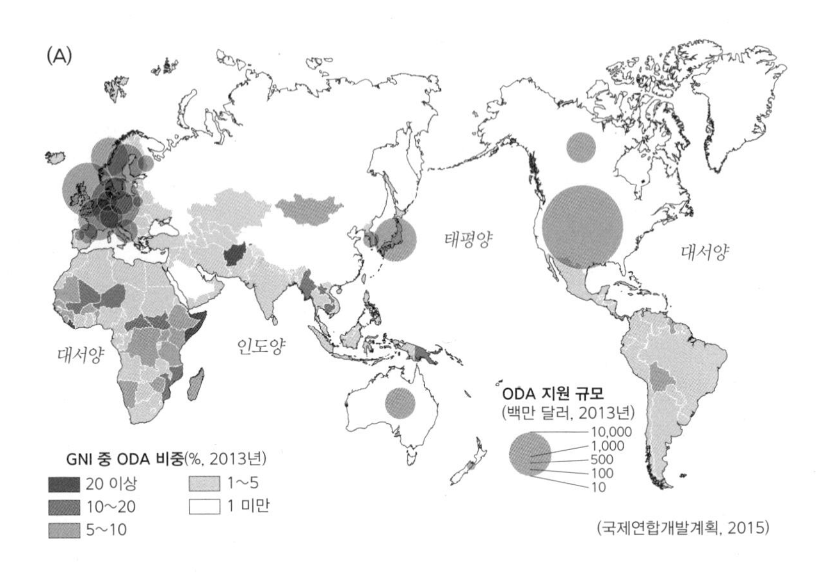

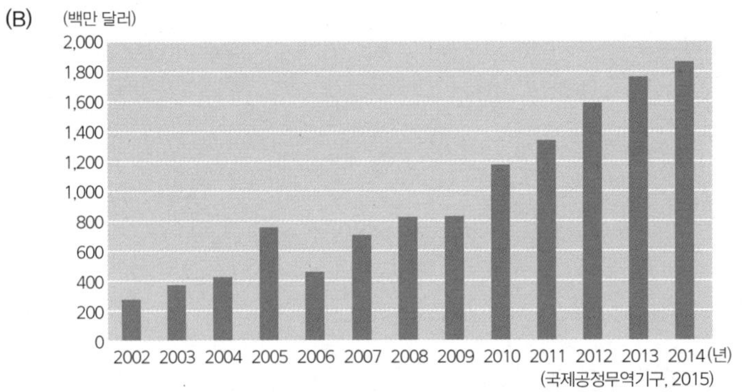

그림 3-1. (A) 원조 공여국과 수원국 현황 (B) 우리나라의 공적원조 지원액 변화

적으로 제공되는 자금은 공적개발원조(ODA)에 포함되지 않는다. 다만 예외적으로 개발도상국에서 발생한 재난 등에 대해 공여국 군대가 수행하는 인도적 원조 및 개발과 관련된 활동, 그리고 UN이 지정하는 특정 평화 구축 활동 등은 공적개발원조(ODA)로 인정한다. 셋째, 공적개발원조(ODA)는 양허적 성격으로 10%의 할인율을 적용해 증여율이 25% 이상인 자금이어야 한다. 여기에서 양허적 성격이란 깎아주는 것을 의미한다.

2) 원조의 효과성 논쟁

아프리카를 비롯한 개발도상국은 빈곤과 질병으로부터 벗어나기 위해 외부 세계의 도움도 절실하다. 그런데 지난 수십 년간 세계 각지에서 적지 않은 원조가 제공되었음에도 불구하고 왜 아프리카는 아직까지도 최악의 빈곤에서 벗어나지 못하는 걸까? 원조 그 자체는 개발도상국에 분명 도움이 될 것 같지만, 그 효과에 대한 의견은 분분하다.

경제학자 제프리 삭스(Jeffrey Sachs)는 『빈곤의 종말(The End of Poverty: Economic Possibilities for Our Time)』(2005)을 통해 원조 규모의 확대가 필요하다고 강조했다. 최빈국의 경우 너무 가난해서 저축을 통한 자본 축적이 어렵고, 자립적으로 성장할 수 없는 '빈곤의 덫(poverty gap)'이라는 악순환에 빠져 있어 거대한 규모의 원조가 필수적이라는 것이다(Sachs, 2005, 56-57).

원조에 찬성하는 학자들은 원조 효과가 떨어지거나 원조가 기대한 결과를 내지 못하는 이유는 원조 자체가 문제거나 원조가 필요하지 않아서가 아니라 더 근본적인 원인이 있기 때문이라고 주장한다. 로저 리델(Roger Riddell, 2008)은, 원조 비판론자가 주장하는 문제를 포함해 다양한 원인이 원조 효과를 저해하기 때문에 이 문제들만 해결하면 원조는 효과적일 수 있다고 주장한다[8](한국국제협력단, 2016).

그에 반해 윌리엄 이스털리(William R. Easterly)는 『세계의 절반 구하기(The White Man's Burden)』(2006)를 통해 다른 관점을 제시했다. 그는 원조가 작동하지 않는 이유를 설명하면서, ODA를 시작한 지 50년이 넘었음에도 여전히 많은 개발도상국이 빈곤 상태에 머무는 것은 원조 규모가 문제가 아니라 원조의 정책과 계획, 그리고 효율적인 원조 운영이 이뤄지지 않았기 때문이라고 말한다. 또한 그는 무리하게 개발도상국의 정부나 사회를 바꾸려고 하지 말고, 정부나 사회가 아닌 개개인의 빈곤 상태를 개선시켜 주는 것이 목적이며 사람들 스스로 발전을 꾀할 수 있게끔 해야 한다고 주장했다(Easterly, 2006, 368; 한국국제협력단,

2014; 한국국제협력단, 2016 재인용).

앞의 두 경우는 원조 자체를 부정하기보다 공여국과 공여기관의 부적절한 원조 정책과 방법을 비판한 것이다. 반면 원조 자체를 부정하는 움직임도 있는데 담비사 모요(Dambisa Moyo, 2009)가 대표적이다. 모요는 원조가 빈곤을 해결할 수 없다고 주장한 점에서 이스털리와 같은 선상에 있다고 볼 수 있으나, 이스털리가 원조를 이용한 빈곤 해결방안을 논의하는 데 반해 모요는 원조 없이 개발이 가능하다고 역설한다. 그 이유는 원조가 수원국 정부나 국민들에게 이익을 주기보다 독재와 부패를 강화하고 자유시장경제 시스템의 기능을 떨어뜨린다고 보기 때문이다. 그리하여 모요는 원조의 의존성을 타파하기 위해 단계적으로 원조를 축소하고 수원국, 특히 아프리카 국가의 자생적 성장 능력을 강화해야 한다고 주장한다(한국국제협력단, 2014).

이상과 같이 원조는 개발도상국에 도움을 주지만, 때론 문제를 불러일으키기도 한다. 원조 프로그램은 개발도상국의 환경을 파괴하기도 하며(예: 이집트의 아스완 댐), 그 지역의 전통을 훼손시키고 사람들의 삶을 너무 많이 변화시킨다. 심지어 어떤 원조는 의도한 목적에 도달하는 데 실패한다. 예를 들면, 소말리아, 수단, 니제르에서 식품 원조는 기아로 죽어가고 있는 수백 만의 사람들에게 도달하지 않았다. 이것은 운송 수단의 부족에 기인하기도 하지만, 또한 어떤 지역에서는 내전 때문이기도 했다. 이처럼 아프리카 사람들이 스스로 원조를 자생의 기회로 삼을 수 있도록 하는 배려와 고민이 필요하다.

개발도상국을 살리는 진정한 원조가 되려면 개발도상국의 각 지역 실정에 맞는 원조로 바뀌어야 한다. 그래야만 원조가 독이 아니라 약이 될 수 있다. 수많은 개발도상국이 안고 있는 문제에 대한 해결책을 찾는 것은 매우 어렵겠지만, 해결 주체는 분명하다. 선진국과 같은 제3자가 아닌 바로 그 땅의 주인들, 문제를 제대로 인식하고 이를 해결하려는 개발도상국 사람들의 실천이야말로 가장 큰 희망이다.

우리는 원조를 해야 할까?

원조의 유형

바람직한 원조

그림 3-2. 지리 교과서에 제시된 원조의 필요성과 유형, 바람직한 원조

4. 다자개발기구: UN에서 국제개발 금융기관까지

1) 다자개발기구

다자개발기구란 다자간 원조를 담당하는 국제기구를 말한다. 다자개발기구는 1940년대에 국제연합(UN), 국제통화기금(IMF), 세계은행(World Bank) 등이 설립되면서 활발히 부상했다. 오늘날에는 전문적인 역량을 갖추고 다양한 지원 수단을 통해 전 지구적 문제 해결과 개발도상국의 발전을 위해 힘을 쏟고 있다. 다자개발기구는 크게 UN 본부 및 산하 기구, 국제금융기구, OECD를 위시한 기타 기구로 구분할 수 있다(한국국제협력단, 2016).

UN 본부 및 산하 기구 중에서 국제개발협력과 밀접한 관련이 있는 것으로 대표적인 것은 유엔개발계획(UNDP)이다. 이는 세계 최대의 다자간 기술 원조 공여기관이자 UN의 개발 활동을 조정하는 중앙기구이다. 이외에 UN아동기금(UNICEF), UN식량농업기구(FAO), 세계보건기구(WHO) 등이 있다.

국제금융기구(IFI, International Financial Institution)를 대표하는 것으로는 국제통화기금(IMF), 세계은행(World Bank), 아시아개발은행(ADB), 아프리카개발은행(AfDB), 유럽부흥개발은행(EBRD), 미주개발은행(IDB) 등이 있다.

경제개발협력기구(OECD)는 상호 정책 조정 및 협력을 통해 회원국의 경제·사회 발전을 모색하고 나아가 지구촌의 경제문제에 공동으로 대처하기 위한 정부 간 기구이다. 1948년 마셜플랜을 집행하는 유럽경제협력기구(OEEC)로 출범해 1961년 OECD로 개편되었다. 앞에서 살펴보았듯이 OECD의 다양한 위원회 중 개발원조위원회(DAC)는 국제개발협력 전문조직으로 공적개발원조(ODA) 정책의 상호 조정업무를 수행한다. 대한민국은 1995년 3월 29일 OECD 가입신청서를 제출하고, 1996년 10월 25일 가입협정문에 서명했으며, 11월 26일 국회의 준비 절차를 거쳐 1996년 12월 12일, 폴란드(1996년 7월 11일)에 이어 OECD의 29번째 회원국이 되었다.

2) 국제연합(UN)과 국제개발

2차 세계대전 이후 국제사회가 당면한 가장 중요한 과제는 전쟁으로 피폐해진 국가들을 재건하고, 또 다른 세계대전을 예방할 장치를 마련하는 일이었다. 이를 위해 설립한 국제기구가 국제연합(UN, United Nations)이다.

1945년 10월 24일에 공식 출범한 UN은 지금까지 회원국 간의 평화와 안전을 유지하고 국가 간 우호와 협력을 증진해 오고 있다. 또 경제적, 사회적, 문화적, 인도적 문제를 해결하고 인권 및 자유를 증진하기 위해 국제적 협력을 이끌어내며, 이러한 목적을 달성하기 위해 각국의 입장과 행동을 조정해 왔다.

현재 UN은 식량, 농업, 보건, 아동, 여성, 교육, 과학, 문화, 환경, 노동, 무역, 투자, 인도적 지원, 평화 유지, 인권, 개발 등 다양한 분야에 전문기구를 두고 인류 평화와 공영을 위해 활동하고 있다(한국국제협력단, 2014).

여기서는 국제연합(UN)이 국제개발을 위해 그동안 추진해 온 새천년개발목표(MDGs)와 그 후속으로 등장한 지속가능개발목표(SDGs)에 대해 살펴본다.

(1) 새천년개발목표(MDGs)의 기원과 본질: 개발을 목표로 삼다

제2차 세계대전 이후 UN의 역할이 가장 두드러진 분야는 개발도상국에 대한 사회경제개발 지원이다. UN은 1960년대부터 남북문제에 관심을 두고 개발도상국의 빈곤문제, 선진국과 개발도상국 간의 경제적 불평등을 해소하기 위해 지속적으로 노력해 왔다. 그렇지만 개발도상국의 빈곤문제는 기대만큼 나아지지 않았고, 오히려 1980년대 이후 세계화와 신자유주의에 따른 경쟁 압력이 더해지면서 더욱 악화됐다.

그 결과 UN 회원국들은 2000년 9월 밀레니엄 정상회의(Millenium Summit)에서 OECD 21세기 개발협력전략 및 1990년대에 개최된 여러 국제개발협력회의 결과를 반영해 'UN 밀레니엄 선언(UN Millenium Declaration)'에 합의했다. 이를 토대로 2001년 단순히 빈곤 감소가 아니라 공정하고 포용적이며 지속가능한 발전을 도모하는 차원에서 '새천년개발목표(MDGs: Millenium Development Goals)'[9]로 불리는 8개의 주요 목표(Goal)와 18개 세부 목표(targets)를 제시하였다(UN, 2001). 이후 2008년을 기준으로 기존의 18개 세부 목표가 총 21개로 확장되었다[10]. 이들 목표는 각각 2015년까지 성취되어야 했다.

새천년개발목표의 8개 주요 목표는 ① 극심한 빈곤과 기아의 탈출 ② 보편적 초등교육의 제공 ③ 성평등과 여성 자력화의 촉진 ④ 아동사망 감소 ⑤ 산모건강 증진 ⑥ HIV/AIDA, 말라리아와 다른 질병 퇴치 ⑦ 지속가능한 환경 보장 ⑧ 개발을 위한 국제적 협력관계 구축이다.

이러한 새천년개발목표(MDGs)는 세계를 더 균등하게 만들기 위해 설정된 것이다. 즉, 현대세계를 특징짓는 글로벌 불평등을 해소하기 위한 국제적 노력으로 합의된 목표가 바로 새천년개발목표이다. 192개 UN 회원국과 대략 23개의 국제기구가 새로운 밀레니엄(Millennium)을 맞아 개발도상국의 지원을 공동으로 약속한 것이다.

UN은 새천년개발목표(MDGs) 이행 현황을 주기적으로 살펴보기 위해 모든 개발도상국에 사무소를 가지고 있는 유엔개발계획(UNDP)을 통해 해마다 『UN 새천년개발목표(MDGs) 보고서』를 발표한다. 2015년 발표된 『UN 새천년개발목표(MDGs) 보고서』에 따르면 전반적인 새천년개발목표(MDGs)의 개발에 대한 효과는 긍정적으로 평가된다. 그러나 이러한 성과는 대륙별로 큰 편차를 보였다. 2011년을 기준으로 보았을 때 전 세계 60%에 달하는 절대빈곤 인구는 5개국에 집중되어 있고, 많은 여성들이 임신 기간 또는 출산 시에 사망하고 있다. 나

새천년개발목표는 2000년 9월, 189개국 세계 정상들이 지역 간 불평등을 줄이기 위해 국제연합(UN) 본부에 모여 채택한 의제이다. 이들은 2015년까지 세계의 절대빈곤자 수를 반으로 줄이기 위해 8대 목표를 설정하였다.

그림 3-3. 새천년개발목표(MDGs)의 8대 목표

아가 나이, 장애, 인종 등에 의한 불평등도 여전히 심각한 상황이며, 지방과 도시 간 소득 수준도 큰 차이를 보인다. 세부 목표의 경우 절대빈곤 감소, 교육 과정에서의 남녀 비율 균형, 질병 감소, 식수 접근성 향상 등에서 목표가 달성되었고, 거의 목표치에 근접한 성과를 보인 세부 목표들도 있으나 아직 많은 세부 목표는 달성되지 못하였다. 따라서 새천년개발목표(MDGs) 수립 이후 개발도상국 개발의 측면에서는 많은 발전이 있었음에도 불구하고 국제사회의 새천년개발목표(MDGs) 달성 자체는 절반의 성공이라는 아쉬움을 남겼다(한국국제협력단, 2016).

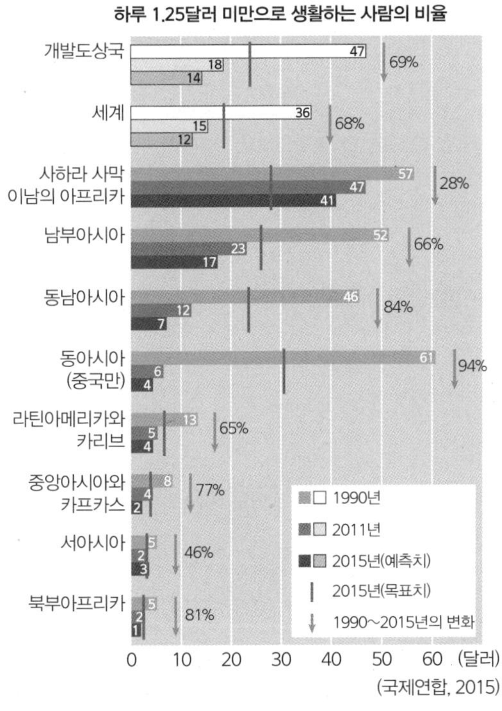

전 세계적으로는 빈곤율이 많이 떨어졌지만, 지역적으로는 여전히 불평등이 존재한다. 동아시아, 남부아시아, 동남아시아의 경우 많은 개발이 이루어졌지만, 특히 사하라 사막 이남 아프리카의 경우 거의 개발이 이루어지지 않았다. 그곳에서는 전체 인구의 50%가 여전히 하루에 1.25달러 이하로 살고 있다.

그림 3-4. 지역별 빈곤 정도의 변화

비록 새천년개발목표(MDGs)는 절반의 성공에 머물렀지만, 이는 국제개발협력 역사에서 큰 의미를 가진다. 새천년개발목표(MDGs)의 의의는 새로운 범지구적 이슈에 직면한 국제사회가 빈곤 퇴치에 공감대를 형성해 합의를 이끌어 냈다는 것이다. 또 하나는 상호 의존이 심화되는 세계질서 속에서 UN이 다양한 행위자, 즉 국가, 기업, 국제기구, 비정부기구, 개개인의 이해관계를 조율하고 취합해 합의를 이끌어 냄으로써 세계적인 수준의 국제기구로 자리 잡았다는 점이다(한국국제협력단, 2014). 한편, 새천년개발목표(MDGs)는 1990년대 이전 약 반세기 동안 강조되었던 경제 성장 중심의 패러다임을 탈피하고 사회 개발과 인간 중심의 패러다임으로 변화를 불러일으켰다.

새천년개발목표(MDGs)는 한계를 내포하기도 하였다. 즉 개발도상국 간 불평등에 대한 고려가 미흡하여 각 개발도상국이 당면한 정치·경제적 상황이 다름에도 모든 개발도상국이 같은 목표치를 달성해야 한다는 비실제적인 한계가 있었다. 나아가 새천년개발목표(MDGs)의 성과 점검이 개발도상국의 발전 상황을 기반으로 이루어지다 보니 자연히 새천년개발목표(MDGs)는 개발도상국에 주어진 과제로 여겨져 공여국에는 책무가 없는 것처럼 인식되었다. 그리고 새천년개발목표(MDGs)가 정량적인 목표를 지향함으로써 개발의 질적 부분을 간과하는 단점이 있었다.

(2) 새천년개발목표 달성의 실패와 후속 조치: 지속가능개발목표(SDGs)

앞에서 보았듯이, 2001년 UN에서 채택된 새천년개발목표(MDGs)는 국제개발협력 역사상 최초의 글로벌 공동 목표로서 2015년까지 달성하도록 합의되었다. 그 결과, 15년이란 기간에 새천년개발목표(MDGs)의 목표들은 절반의 성공을 거두었다. 21개의 세부 목표 중 극심한 빈곤 상태의 감소, 안전한 식수에의 접근성, 슬럼 거주자 삶의 질 개선 등에서는 목표에 대비해 괄목할 만한 성과를 이루었다. 그러나 보편적 초등교육과 말라리아 및 다른 질병의 퇴치에서는 부분적으로 목표가 달성되었지만, 다른 목표들은 달성되지 못했다. 그리고 이 기간에 지구

차원의 불평등과 사회문제, 환경오염은 전반적으로 개선되지 않거나 더 심각해졌다. 이처럼 새천년개발목표(MDGs)는 절반의 성공에 머물렀지만, 국제사회에서 처음으로 빈곤에 관한 공동의 목표에 합의하고 15년간 노력해 왔다는 사실 자체에 큰 의미를 부여할 수 있다.

지속가능개발목표(SDGs)는 전 세계의 빈곤문제를 해결하고 지속가능한 발전을 실현하기 위해 2016년부터 2030년까지 15년간 UN과 국제사회가 달성해야 할 목표들을 의미한다. 지속가능개발목표(SDGs)는 새천년개발목표(MDGs)가 종료된 2015년 이후 국제사회가 공동으로 가져야 할 새로운 개발 목표, 즉 'Post-2015 개발의제'를 고민하면서 만들어진 목표이다.

지속가능개발목표(SDGs)에 대한 논의는 2012년 브라질에서 개최된 리우+20(Rio+20) 회의 때부터 공식적으로 이루어졌으며, 이후 정부, 비정부기구, 기업 등 다양한 기관들의 적극적인 참여 프로세스를 거쳐 완성되었다. 특히 새천년개발목표(MDGs)의 한계점과 이행에서의 시행착오에 대한 반성이 함께 이루어졌다는 점에서 지속가능개발목표(SDGs)는 새천년개발목표(MDGs)의 바통을 이어받으면서도 진일보된 목표라 할 수 있다.

UN 개발정상회의에서 최종적으로 채택된 지속가능개발목표(SDGs)는 17개 목표(Goal)와 169개의 세부 목표(Target)로 구성되어 있다. 새천년개발목표(MDGs)의 8개 목표에 비해 훨씬 넓은 영역에서 구체적인 목표를 제시하고 있음

그림 3-5. Post-2015 지속가능개발목표(SDGs)의 17대 목표

을 알 수 있다.

사실 새천년개발목표(MDGs)도 모두 달성 못 했는데 과연 그보다 많은 지속가능개발목표(SDGs)를 2030년까지 달성할 수 있을지 의문이 들기도 한다. 그럼에도 이렇게 원대하고 방대한 목표를 제시하게 된 데에는 의도가 있다.

먼저, 기존에 추구하던 새천년개발목표(MDGs)는 인간과 사회적인 측면에 치중해 있다는 한계점을 가지고 있었다[11]. 그러나 지속가능개발목표(SDGs)는 사회 발전 측면뿐 아니라 경제적 번영 그리고 최근 기후 변화와 관련한 환경문제 해결을 위한 환경 지속가능성을 동시에 강조하여 지속가능한 발전 개념을 균형 있게 이행할 수 있는 방향을 제시하고 있다[12]. 또한 각국 정부 주도로 이루어지던 방식을 탈피하여 기업과 비정부기구, 시민사회와 민간기업, 자선재단 등 다양한 개발 주체들 간의 파트너십을 중요하게 다루고 있다는 점도 주목할 만하다.

지속가능개발목표(SDGs)의 또 다른 특징은 보편성에 있다. 새천년개발목표(MDGs)가 개발도상국과 빈곤에 초점을 맞추었다면, 지속가능개발목표(SDGs)는 선진국을 포함한 모든 국가와 지역에서 발생하는 다양한 형태의 빈곤과 불평등(예: 국가 내 빈곤층 해소, 청년 일자리 창출, 도시화에 따른 다양한 과제 등)을 모두 포함한다는 점에서 더 보편적이라 할 수 있다. 그래서 지속가능개발목표(SDGs)의 성공적인 이행을 위해서는 선진국과 개발도상국의 모든 주체들이 참여하고 행동하는 것도 중요하지만 동시에 국가와 지역의 상황에 맞게 실천하는 것도 중요하다. 이러한 의미에서 지속가능개발목표(SDGs)는 진정한 의미의 글로벌 목표로 수립된 것이라고 할 수 있다.

지속가능개발목표(SDGs)의 내용을 담고 있는 UN 보고서 『Transforming our world: the 2030 Agenda for Sustainable Development』는 지속가능한 목표가 우리 모두 공유해야 할 것이며 세계 곳곳에서 실제적인 변화가 일어날 수 있도록 함께 행동하자는 메시지를 강력하게 전달하고 있다.

한편, 지속가능개발목표(SDGs)에 대한 우려의 목소리도 있다. 지속가능개발목표(SDGs)가 너무 많은 세분화된 과제를 제시하여 통합적인 시각과 접근을 방해할 수 있다는 것이다. 뿐만 아니라 새천년개발목표(MDGs)의 21개 세부 목표를 달성하지 못한 상황에서 지속가능개발목표(SDGs)의 169개 세부 목표를 달성한다는 것은 더 어려운 일이다. 이러한 원대한 목표를 실행할 수 있는 방법이나 막대한 재원 마련에 대한 한계를 지적하기도 한다. 또한 지속가능개발목표(SDGs)의 이행 책임을 둘러싼 선진국과 개발도상국 간의 갈등은 해소될 수 있을지, 지구의 지속가능성 위기에 상당한 책임이 있는 기업이 지속가능개발목표(SDGs)의 주된 주체로 활동하는 상황이 모순은 아닌지 등 제기되는 문제들도 다양하다.

3) 국제개발금융 및 무역 기관

국제개발협력의 다자개발 국제기구로는 금융 및 무역 기관들도 있는데, 이들 중 대표적인 것이 세계은행(World Bank), 국제통화기금(IMF), 세계무역기구(WTO)이다.

세계은행(World Bank)은 브레튼우즈협정을 계기로 1946년 6월 설립되었다. 세계은행은 개발도상국의 빈곤 감소와 경제 성장을 돕는 세계 최대의 국제금융기관이다. 세계은행은 국제부흥개발은행(IBRD)이라 불리기도 한다[13]. 특히 '개발'은 국제부흥개발은행(IBRD)과 국제개발협회(IDA)가 주도적인 역할을 맡고 있다. 국제부흥개발은행(IBRD) 회원국은 188개국인데 이들은 공정하고 지속가능한 경제 성장을 위해 국가 간 협업을 강조한다. 국제개발협회(IDA)는 최빈국을 대상으로 양허성 차관을 제공하는 다자기구로, 개발도상국의 경제 성장 촉진과 빈곤 감소를 위해 자금을 제공한다[14]. 국제부흥개발은행(IBRD)과 국제개발협회(IDA)가 차관을 제공하는 중점 지역은 다르다[15](한국국제협력단, 2014).

국제통화기금(IMF)은 브레튼우즈협정을 계기로 국제금융시장의 안정을 도모하기 위해 1947년 설립되었다. 국제통화기금(IMF)의 주요 기능 중에는 우리에게 잘 알려진 회원국에 대한 경제 위기 극복 자금 지원뿐만 아니라, 개발도상국의 빈곤 감소를 위한 자금 지원 등이 있다. 국제통화기금(IMF)은 세계은행과 서로 보완적인 관계에 있으며, 이들은 함께 개발도상국에 구조조정 프로그램(SAPs)을 실시하여 차관을 지원한다. 구조조정 프로그램(SAPs)은 개발도상국이 국제통화기금(IMF)과 세계은행의 차관을 제공받는 대가로 이행해야 할 일종의 약속과 같다. 만약 그 약속을 이행하지 않는다면 단계적으로 차관을 회수하거나 만기를 연장하지 않는 등의 수단을 동원해 구조조정 프로그램(SAPs)의 이행을 강제한다.

세계무역기구(WTO)는 1994년 제8차 우루과이라운드에서 GATT 체제의 한계를 인정하고 포괄적이면서도 자유로운 국가 간 무역을 위해 출범하였다. 세계무역기구(WTO)의 목표는 세계 무역 질서를 유지하며 무역 장벽을 최대한 낮춰 원활한 국가 간 무역으로 세계경제를 통합하는 데 있다. 세계무역기구(WTO)는 세계가 자유무역을 하도록 환경을 조성함으로써 국제사회에 크게 기여했다. 그러나 노동운동과 환경운동 그리고 반세계화를 주장하는 각국의 여러 단체는 세계무역기구(WTO) 중심으로 개편된 신자유주의적 시장 개방을 자본주의적 세계화라며 비판한다. 세계무역기구(WTO)가 비판받는 주요 부분은 의사결정 구조다. 품목별 협정 등에서 미국과 서구 중심의 산업 혹은 이익을 대변하는 협정이 많이 이뤄지기 때문이다. 개발도상국들은 미국과 서유럽 국가에 비해 산업화가 늦은 개발도상국에도 선진국과 동일한 수준의 시장 개방과 세계화를 요구하고 상당히 포괄적인 협정을 체결하는 바람에 개발도상국 스스로 산업을 일으킬 기회를 박탈한다고 주장한다(한국국제협력단, 2014).

5. 개발 NGO와 시민사회, 국제민간재단과 민간기업

개발협력의 양적 확대 및 질적 개선과 더불어 공여 주체와 지원 방식도 다양화되고 있다. 특히 1990년 전후로 시장의 역할이 강조되면서 국제개발협력 분야에서 민간의 역할이 주목받기 시작했다.

시민사회를 구성하는 대표적인 조직으로 권력이나 이윤을 추구하지 않는, 정부와 무관한 비정부기구가 있다. 비정부기구(NGO)는 1차 세계대전 이후 등장하기 시작했지만 월드비전(World Vision), 옥스팜(Oxfam) 등 전후 복구를 도우려는 자선단체가 본격적으로 증가한 것은 2차 세계대전 이후이다. 비정부기구(NGO)는 1980년대 말부터 급속히 증가했다[16].

시민사회(CSO, Civil Society Organization)와 개발 NGO[17]는 자발적이고 적극적인 노력으로 개발협력의 중요한 주체로 부각되어 왔다. 개발협력에 있어서 시민사회단체와 개발 NGO는 개발도상국의 사회 변혁과 사회 및 경제 개발에 초점을 둔다. 이들은 개발도상국의 인권 및 민주주의 신장을 지원하고, 환경 보호, 무역정의, 사회정의 등의 실현에 협력해 사회 변혁을 유도하거나, 개발도상국의 사회·경제 발전을 위한 개발사업을 수행한다. 비영리기구인 개발 NGO들은 대개 풀뿌리 차원에서 철저한 현지화 및 지역사회와의 네트워킹을 통해 주민들의 권익을 보호하고 사회정의를 실현한다. 이로써 참여적 개발을 촉진시키고 나아가 개발원조의 효과성 제고에 기여한다. 또한, 지역주민의 자립을 위한 지역 개발사업이나 교육, 보건사업 등을 추진하고, 마이크로크레딧(Microcredit)이나 적정기술을 활용한 소득 증대 등의 사업도 기획한다(한국국제협력단, 2016).

개발 NGO들의 사업 재원은 자체 모금, 기업 지원, 원조기관의 NGO 지원사업, 국제개발 조달사업 등 다양한 경로로 조성된다. 규모도 다양한데 옥스팜, 케어인터내셔널, 월드비전처럼 세계적인 조직망을 갖추고 국제개발의 제 분야 사업을 수행하며 개발 담론 및 정책에 큰 영향력을 미치는 대규모 NGO들도 있고, 분야 또는 특정 지역에 특화한 소규모 NGO들도 있다. 옥스팜처럼 이미 국제적 명성을 확보한 개발 NGO들은 경우에 따라 기업 컨설팅보다 더 전문적으로 국제개발협력 관련 사업을 수행하기도 한다. 또한 대규모 개발사업의 조달에 참여해 다국적 컨설팅업체와 경쟁하기도 한다. 반면 소규모 영세 NGO들은 개발협력사업에 필요한 인력과 재원을 안정적으로 확보하지 못하는 경우가 많다. 따라서 대부분의 원조기관은 자국 기반의 개발 NGO에 대한 인큐베이팅 시스템을 운영해 사업 관리 역량 강화, 효율적 관리 기법 전수, 안정적 조직 운영 지원 등을 제공한다(한국국제협력단, 2016).

이처럼 비정부기구(NGO)는 개발 프로젝트에서 매우 중요한 부분을 차지하고 있다. 각각의 비정부기구(NGO)가 단일한 개체가 아니라 다양한 형태와 특성이 있다는 점을 감안하면서 비정부기구(NGO)와 긍정적으로 협업할 때 국가 및 국제기구가 진정한 시너지 효과를 누릴 수 있다(김혜경, 1997; 라미경, 2000; 최은봉·박명희, 2006).

한편, 개발협력 재원에 있어 민간기구 공여의 절대액은 다른 재원과 마찬가지로 급속도로 증가해 왔다. 민간 공여액이 가장 큰 국가는 미국이다. 미국의 빌 앤드 멜린다 재단(Bill and Melinda Gates Foundation)은 세계 최대의 민간 공여기구로 미국 재단 전체의 40%를 공여하고 있다.

기업은 크게 두 가지 방식으로 개발도상국의 경제 발전과 빈곤 퇴치에 공헌한다. 첫째, 기업 본연의 업무인 이윤 창출 활동으로, 주로 개발도상국에 대한 해외 직접투자(FDI) 형태로 공헌한다. 둘째는 사회적 책임(CSR) 활동을 통해 원조 공여 및 시행 주체로서 개발 프로젝트에 참여하는 것이다. 기업의 사회적 책임(CSR)이란 기업이 이윤을 추구하면서도 아동노동 등 사회적 윤리 기준에 반하는 활동을 하지 않고 사회 발전에 기여해야 한다는 개념으로, 시민사회의 강력한 요구로 오늘날 하나의 경영윤리로 자리 잡았다. 최근에는 기업 활동이 국제화되면서 기업이 이미 진출했거나 진출을 모색하고 있는 개발도상국에 대해 사회적 기여를 확대하고 있는 추세이다. 민간기업이 개발도상국에서 시행하는 기업의 사회적 책임(CSR) 활동은 기업이 독자적으로 추진하는 경우도 있고, 공공 부문과 협력을 통한 민관협력 파트너십 형태로 추진하기도 한다(한국국제협력단, 2016).

6. 한국국제협력단(KOICA)의 해외 협력

우리나라는 1996년 12월 경제개발협력기구(OECD)에 가입했다. 또한 2009년에는 OECD 회원국 중에서도 선진국만 가입할 수 있다는 OECD 개발원조위원회(DAC)의 회원국이 되었다. 이를 통해 우리나라는 국제개발협력의 혜택을 받는 수원국에서 국제개발협력에 적극적으로 기여할 수 있는 공여국 중 하나가 되었다.

우리나라는 1991년 양자 간 무상원조 및 기술협력 집행기관으로서 당시 외무부 산하에 한국국제협력단(KOICA)을 설립했다. 한국국제협력단(KOICA)은 우리 정부에서 운영하는 해외 봉사단체로, 개발도상국과 상호 협력 및 교류 증진, 경제 및 사회 발전 지원 등을 통해 국제협력 증진을 목적으로 한다. 그리고 한국국제협력단(KOICA)은 대한민국을 대표하는 무상 공적개발원조(ODA) 집행기관이다. 한국국제협력단은 프로젝트사업[18], 국제기구와의 협력사업, 민관협력사업[19], 월드프렌즈코리아(WFK, World Friends Korea) 봉사단 파견[20], 연수생

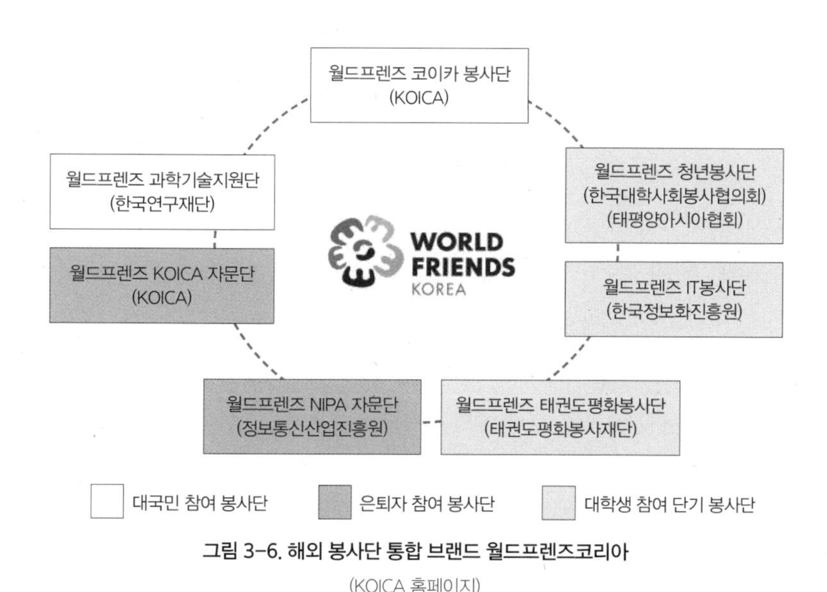

그림 3-6. 해외 봉사단 통합 브랜드 월드프렌즈코리아

(KOICA 홈페이지)

초청사업 등 인력 교류사업, 긴급 구호[21], 공적개발원조(ODA) 연구, 공적개발원조(ODA) 전문인력 양성을 위한 교육원 운영 등 다양한 사업을 추진한다.

이 중에서, 공적개발원조(ODA)에 대해 간단히 살펴보면 다음과 같다. 대한민국의 공적개발원조(ODA)는 크게 양자 간 ODA와 다자간 ODA로 구분된다. 양자 간 ODA는 다시 무상 ODA와 유상 ODA 원조[22]로 구분된다. 그리고 양자 간 ODA는 다시 무상 자금협력과 기술협력으로 구분된다. 다자간 ODA[23]는 UN 등 국제기구에 대한 지원과 국제금융기관 등에 대한 출자와 출연으로 구분된다. 또한 인도적 지원, 민관협력, 국제 빈곤 퇴치 기여금제도 등이 있다(한국국제협력단, 2016).

7. 빈곤 타파를 위해 노력하는 개인들

빈곤 타파를 위한 국제협력에 있어서 개인과 단체의 역할 역시 중요하다. '빈곤 퇴치(Make Poverty History)' 캠페인은 유명한 사례이다. '빈곤 퇴치(Make Poverty History)' 캠페인의 목적은 선진국과 개발도상국 간 무역에서 정의와 공정성을 실현하고, 가장 가난한 국가들의 빚을 변제하기 위해 더 많은 효과적인 원조를 실시하도록 촉구하는 데 있다. '빈곤 퇴치(Make Poverty History)' 캠페인은 2005년 영국과 아일랜드에서 자선단체, 종교집단, 운동가, 연예인 등으로 구성된 국제빈곤퇴치자선단체(GCAP, the Global Call to Action Against Poverty)에 의해 시작되었다. 이들은 극도의 빈곤 속에 살고 있는 사람들에 대한 관심을 증가시키고, 빈곤을 줄이기 위해 행동에 참여하고, 더 많은 원조를 하도록 정부에 압력을 행사하기 위해 함께 일을 했다. 이 캠페인은 2005년 7월 6일 스코틀랜드의 글렌이글스(Gleneagles)에서 열린 G8 정상회의와 동시에 실시되었다. 이 캠페인은 2005년 New Year's Day에 영국 텔레비전 쇼 'The Vicar of Dibley'에 론칭되었다. 전 세계적인 미디어 보도 이후, 첫 번째 '화이트 밴드 데이(White

Band Day)'가 2005년 7월 1일에 개최되었다. 비록 '빈곤 퇴치(Make Poverty History)' 캠페인을 시작한 원래의 그룹은 2006년 초에 분열되었지만, 새로운 조직들이 빈곤을 종식하기 위한 글로벌 도전에 합류했다. 국제빈곤퇴치자선단체는 80개국 이상에서 1억 5천만 명 이상이 캠페인에 참여하는 가장 큰 반빈곤운동으로 성장했다.

'화이트 밴드 캠페인(White Band Campaign)'은 지구촌 빈곤 퇴치를 위해 만들어진 전 세계 시민단체들의 연대체인 '빈곤 퇴치를 위한 지구행동(Global Call to Action Against Poverty)'이 제안하여 현재 전 세계 캠페인으로 확산되어 가고 있는데, 흰 띠(화이트 밴드)를 착용함으로써 세계빈곤퇴치운동에 동참하는 의사를 표현하고 있다. 그리고 '빈곤 퇴치(Make Poverty History)' 포스터는 자동차 주차요금미터기 그림과 함께 '세계 인구의 70%가 하루에 벌 수 있는 것보다 주차미터기는 한 시간에 더 많은 돈을 번다.'라고 경고하고 있다.

한편, 글로벌 불평등을 줄이기 위한 개인의 행동과 실천 역시 중요하다. 1985년 '밴드 에이드(Band Aid)'와 '라이브 에이드(Live Aid)' 사례가 대표적이다. 1984년 한 다큐멘터리 영화제작자는 에티오피아의 재앙적인 기근에 관한 비디오를 만들었다. 아일랜드 록 가수 밥 겔도프(Bob Geldof)는 이 비디오에 나온 이미지들에 감동을 받아 에티오피아 기근 희생자들을 위해 기금을 마련하기로 했다. 그는 당시 인기있는 음악가들로 구성된 슈퍼그룹을 조직하였는데, 그 이름이 '밴드 에이드(Band Aid)'이며, 싱글 앨범 「그들은 크리스마스를 알고 있을까?(Do They Know it's Christmas?)」를 내놓았다. 이 노래는 영국에서 역대 두 번째로 가장 많이 팔린 노래가 되었다. 이 레코드 판매를 통해 모은 돈은 에티오피아의 기근 희생자들을 위한 음식과 약품을 제공하는 데 사용되었다. 그리고 1985년 '라이브 에이드(Live Aid)'라는 록 콘서트가 열렸다. 이 콘서트는 잉글랜드와 미국 두 개의 주요 퍼포먼스 스테이지를 횡단하여 진행되었으며, 당시 최고의 아티스트들이 16시간 동안 공연하였다. 이들 장소는 위성통신에 의해 연결되었고, 심지어 필 콜린스(Phil Collins)는 엄청나게 빠른 콩코드 제트기로 대서양을 횡단하여 두 콘서트 장소에서 라이브를 선보였다. '라이브 에이드'는 기근 희생자들을 위해 1억 달러 이상의 기금을 마련하였다.

이와 다른 실천 방식인 2005년의 '라이브 8(Live 8)' 역시 중요한 사건이었다. 2005년의 '라이브 8(Live 8)'은 실천 방식이 많이 달라졌다. 아프리카의 상황이 계속해서 악화되자, 2005년 밥 겔도프(Bob Geldof)는 단지 단기적인 빈곤 완화를 위해 돈을 모금하는 것보다 빈곤에 처해 있는 사람들을 속박하고 있는 시스템을 변화시키는 데 목적을 두고 또 다른 '라이브 8' 콘서트를 개최하였다. 이 콘서트는 3가지 목적을 가지고 있었는데, 그것은 양적으로나 질적으로 더 나은 원조, 채무 변제, 공정무역이었다. 한편, '라이브 8(Live 8)' 콘서트는 실천적인 행동을 포함했다. 세계에서 가장 부유하면서 또한 권력을 가지고 있는 G8 지도자들에게 압력을 넣기 위한 것이었다. 그러한 이유로 이 콘서트는 '라이브 8(Live 8)'이라고 불리게 되었다. 이 콘서트는 무료였으며 전 세계로 방송되었다. 음악회에 자주 가는 사람들과 시청자들은 이러한 시스템의 변화를 추구하고 있는 모든 사람들에게 3천1백만 개의 이메일과 메시지를 보냈다. 또 다른 25만 명의 사람들은 '빈곤 퇴치(Make Poverty History)'라는 하나의 구호 아래 에든버러에서 개최되고 있는 G8 정상 회담장으로 행진했다. 이 콘서트에는 30억 명이라는 글로벌 청중이 직간접적으로 참여했다. G8 지도자들은 세계가 그들에게 말하고 있는 것을 무시할 수 없었다. 그 결과 G8 정상들은 세계에서 가장 가난한 19개국을 위한 채무 변제를 포함하여 많은 약속을 했다.

<table>
<tr><th colspan="2">Live Aid(1985)</th><th>USA for Africa(1985)</th><th>Live 8(2005)</th></tr>
<tr><td>
</td><td>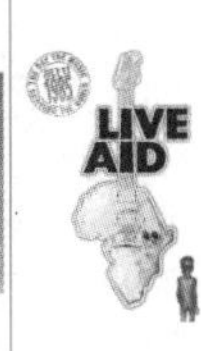
</td><td>
</td><td></td></tr>
<tr><td colspan="2"></td><td>
</td><td>
</td></tr>
<tr><td colspan="4">1971년 '방글라데시를 위한 콘서트'로부터 시작된 자선 팝 콘서트는 1980년대 들어오면서 '아프리카 사람들은 크리스마스를 알고 있을까?(Do they know it's christmas?)'라는 앨범을 발표한 밴드 에이드(Band Aid)와 라이브 에이드(Live Aid)의 콘서트, '우리는 하나(We are the world)'라는 앨범을 발매한 유에스에이 포 아프리카(USA for Africa) 그리고 G8 정상회담이 이루어지고 있는 곳에서 벌인 대규모 콘서트 '라이브 8(LIve 8)'을 통해 더욱 활발해졌다.</td></tr>
</table>

그림 3-7. 빈곤 타파를 위한 유명 뮤지션들의 자선 팝 콘서트 사례

:: 주

1. 일반적으로 국제개발협력은 선진국과 개발도상국 간에 이루어지는 행위이다. 하지만 개발도상국 간에도 국제개발협력은 추진된다. 특별히 개발도상국 간에 이루어지는 국제개발협력을 남남협력(South-South Cooperation)이라고 하는데, 이는 대부분의 개발도상국들이 지구의 남반구에 위치하기 때문이다. 그러나 남남협력은 선진국과 개발도상국 간에 이루어지는 국제개발협력에 비해 규모가 그리 크지 않고, 이에 대한 통계도 잘 제공되지 않으므로 정확한 규모를 파악하기는 쉽지 않다(한국국제협력단, 2016).

2. UN은 세계평화 유지, 국가 간 우호관계 발전, 국가들이 상호 협력해 빈곤 계층의 삶의 질을 향상시키고 굶주림, 질병, 문맹을 퇴치하며, 서로의 권리와 자유를 존중하고, 이러한 목표들을 달성할 수 있도록 국가들 간의 활동이 조화를 이루게 하는 중심 센터로서 역할을 수행한다.

3. 개발 NGO란 개발도상국의 개발과 빈곤문제에 관여하는 비정부·비영리기관을 말한다. 개발 NGO들은 풀뿌리(grass root) 차원의 지역주민 자립을 위한 지역 개발 활동이나 교육, 보건 등 인간 기본 수요 분야의 소규모 프로젝트 추진 등에서 강점을 보이는 경우가 많다. 이러한 개발 NGO로는 옥스팜(Oxfam), 케어인터내셔널(CARE International), 국제사면위원회(Amnesty International) 등이 있다.

4. 시민사회란 윤리적, 문화적, 정치적, 과학적, 종교적 또는 이타적 고려를 기반으로 두고 공공의 영역에서 회원들과 다른 사람의 이해와 가치를 주장하는 비정부 민간기구와 비영리기구를 말한다.

5. 민간기업은 성장하고 발전할수록 사회의 주요 일원으로서 사회성, 공공성, 공익성 등에 있어서 책임 있는 행동을 취할 것을 요구받는다. 이를 기업의 사회적 책임(Corporate Social Responsibility)이라고 한다.

6. 특별한 목적을 위해 설립되는 민간재단 또한 국제개발협력에 참여하는데, 이러한 활동에 대표적인 민간재단으로는 록펠러 재단, 게이츠 재단, 포드 재단, 쉘 재단 등이 있다. 이들 재단이 제공하는 국제개발협력 규모는 이미 웬만한 국가의 ODA 규모에 필적하거나 넘는 수준에 달하고 있다.

7. 경제협력개발기구(OECD) 산하 25개 위원회 중 하나로서, 개발협력을 촉진해 지속가능한 발전, 특히 개발도상국의 빈곤층에게 도움이 되는 경제 성장, 빈곤 감소 및 삶의 질 향상에 기여하고 궁극적으로는 원조가 필요 없는 미래를 만드는 것을 목적으로 한다. 이를 위해 개발도상국으로 흘러들어 가는 공적개발원조(ODA) 등과 같은 개발 재원의 모니터링, 평가, 보고 등을 실시하고, 회원국들의 개발협력정책과 관행 등을 평가하며, 개발협력의 가이드라인 마련과 모범 사례 전파 등을 담당한다.

8. 원조와 관련해 가장 전통적인 형태의 비판은 원조 공여국의 원조 지원 동기에서 찾아볼 수 있다. 대부분의 국가가 인도주의, 애타적 동기를 바탕으로 원조를 제공하지만, 순수하게 이 동기로만 원조를 제공하는 국가는 극히 드물다. 즉 정치외교적 동기나 상업적 동기를 수반하는 경우가 많다는 것이다. 오늘날 원조 산업에 종사하는 인구만 해도 50만 명에 달한다. 하지만 국제연합(UN), 세계은행, 국제통화기금(IMF), 각종 비정부기구(NGO), 민간 자선단체 등 각 국가나 단체의 원조가 '아프리카의 발전'이라는 애초의 목적은 온데간데없이, 아프리카 내 입지 강화를 위한 생색내기 수단

이 된 현실도 부정하기 어렵다.

9. 1996년 OECD의 개발원조위원회(DAC)가 「21세기 개발협력전략」에서 제시한 7가지 국제개발목표(IDGs: International Development Goals)는 이후 국제사회가 공동의 글로벌 목표로 개발한 새천년개발목표(MDGs)의 근간이 되었다. 국제개발목표(IDGs)는 새천년개발목표(MDGs)의 8개 목표 중 '개발을 위한 국제적 협력관계 구축' 목표를 제외한 나머지 7개의 목표와 일치한다.

10. 새천년개발목표(MDGs)의 8개 주요 목표 및 세부 목표들은 2001년 합의 이후 몇 가지 변화가 적용되었다. 2001년 개발 당시 세부 목표 1의 1일 소득 '1달러'가 기준이었던 것이 전 세계 경제 성장 및 물가상승 비율을 반영해 2009년부터 1.25달러로 변경되었다(World Bank, 2009). 그리고 2015년에는 1.92달러로 상향되었다. 또한 세부 목표 2는 새천년개발목표(MDGs) 개발 당시 주요 목표 8에 해당하는 세부 목표 16이었으나 2008년부터 주요 목표 1의 세부 목표 2로 변경되었다. 2001년 새천년개발목표(MDGs) 개발 이후, UN은 해마다 『새천년개발목표(MDGs) 보고서』를 발간해 국제사회의 새천년개발목표(MDGs) 이행 상황을 보고해 오고 있다.

11. 새천년개발목표(MDGs)에서 경제 개발은 목표 1만이, 환경 지속가능성은 목표 7만이 해당하였고, 목표 2에서 6까지는 모두 사회 개발에 해당하는 목표들이었다.

12. 지속가능발전목표(SDGs)는 사회 개발(목표 3, 4, 5)뿐 아니라 경제 개발(목표 1, 7, 8, 9, 11)과 환경 지속가능성(목표 6, 12, 13, 14, 15), 그리고 평화와 안보(목표 16)까지도 아우르는 목표로 개발되었다. 또한 기아문제를 빈곤문제와 별도로 다루어 식량 안보와 연계하고(목표 2), 불평등 완화 과제(목표 10)를 별도로 다루는 등 최근 국제사회가 당면한 다양한 과제를 포함하고자 하였다.

13. 정확히 말하면 세계은행은 국제부흥개발은행(IBRD), 국제개발협회(IDA), 국제금융공사(IFC), 국제투자보증기구(MIGA), 국제투자분쟁해결본부(ICSID)로 이루어져 있고, 이를 통칭해 세계은행그룹(World Bank Group)이라고 한다.

14. 국제개발협회(IDA)는 최빈국 지원에 특화된 기관으로 1960년 설립 이래 최빈국의 보건, 교육, 인프라 건설, 농업 및 경제 성장을 지원하고 있다. 이는 중소득국 이상을 대상으로 하는 유상차관과 달리 유상차관을 유지할 수 없는 최빈국의 경제 사회 발전을 위해 장기적으로 투자한다는 점에서 차별적이다. 또한 국제개발협회는 최빈국이 당면한 에너지문제 해결을 지원하는 한편, 장기적인 기후 변화 대응을 위한 국제적 공조에 힘쓰고 있다.

15. 국제부흥개발은행(IBRD)은 동아시아와 중남미에 상당액의 차관을 제공하는 반면, 국제개발협회(IDA)는 아프리카에 차관을 집중하고 있다. 이처럼 세계은행 내에서도 차관 지원은 지역적 안배를 통해 이뤄진다.

16. 국제문제를 해결하는 과정에서 국가 간 이해관계의 대립은 가장 큰 장애 요인이다. 자국민의 고통과 피해보다 힘의 논리와 정치적 이해관계를 우선시하는 경우가 있다. 이러한 상황에서 실리를 따지지 않고 인도주의적인 차원에서 구호 활동을 하는 비정부기구들(NGOs)이 있다. 이들은 자체 활동을 하면서 UN을 보조하기도 하는데 최근 이들의 역할이 커지고 있다.

17. 최근에는 국가 권력을 견제하고 시민사회의 권익을 대변하는 자발적인 결사체라는 의미를 강조하기 위해 비정부기구(NGO)보다 시민사회단체(CSO)라는 표현을 선호하기도 한다. 이러한 비정부기구에는 세이브더칠드런, 어린이재단, 월드비전, 플랜, 옥스팜 등 국제개발 NGO뿐만 아니라 굿네이버스, 엔젤스헤이븐, 팀앤팀, 지구촌나눔운동과 같은 국내 자생 NGO들도 많다. 이들은 한국국제협력단(KOICA)과 같은 각 공여국들의 개발협력기관이나 UN과 같은 국제기구에서 예산을 지원받거나 일반 국민들을 대상으로 한 기부금 모금을 통해 업무를 수행하고 있다.

18. 양자 간 무상 공적개발원조(ODA) 중에서 무상 자금협력은 한국국제협력단(KOICA)이 전담한다. 주로 프로젝트형 사업으로 교육, 보건, 공공 행정, 농림수산, 산업에너지, 기타(젠더, 환경 등)로 분류해 지원한다.

19. 민관협력사업은 민간 부문의 장점을 활용해 ODA의 효과성과 효율성을 높이는 데 주된 목적이 있다. 이 사업은 주로 KOICA를 통해서 시민사회, 아카데미 협력 프로그램, 역량 강화 프로그램, 국제개발 이해 증진사업 등의 형태로 이루어지고 있다.

20. 대한민국 정부 차원의 해외 봉사단 파견사업은 1990년 인도네시아, 네팔, 필리핀 및 스리랑카에 해외 봉사단 44명을 파견하면서 시작되었다. 한국의 해외 봉사단 파견 규모는 미국, 일본 등 주요 선진 공여국과 어깨를 나란히 하고 있음에도 파견 기관별로 명칭이 달라 하나의 브랜드로 인식되지 못한다는 한계가 있었다. 이에 정부는 2009년 해외 봉사단 통합 브랜드인 월드프렌즈코리아(World Friends Korea, WFK)를 출범시키고 외교부, 미래창조과학부, 교육부, 산업통상자원부, 문화체육관광부 등 5개 부처에서 파견하는 7개 봉사단을 통합했다. 2009년 출범한 월드프렌즈코리아 해외 봉사단은 개발도상국에 파견되어 현지 주민과 지식 및 기술을 공유하고, 국제사회에 기여하는 성숙한 세계 국가로서 우리나라의 국가 브랜드를 높이고 있다.

21. 인도적 지원은 자연재해, 대형사고, 분쟁 및 재난으로 인한 피해국이나 국제기구의 지원 요청에 따라 긴급 구호, 조기 복구 등을 지원하고, 재난이 빈번하게 발생하는 국가에 대해서는 재난 예방 및 재난 위험의 경감을 지원하는 사업이다. 한국 정부는 2004년 12월 동남아시아 지진해일(쓰나미) 긴급 구호 지원 등의 경험을 발판으로 삼아, 대규모 해외 재난 발생 시 총괄하는 범정부 차원의 긴급구호체제 구축을 목적으로 2007년 3월 29일 해외긴급구호에 관한 법률(제8317호)을 제정했다.

22. 양자 간 유상 ODA는 원리금을 상환받는 양허성 차관이다. 기획재정부가 주관 부처이며 한국수출입은행이 집행을 담당한다.

23. 다자간 ODA는 협력 대상국의 경제·사회 개발 및 환경, 빈곤, 여성 개발 등 범분야 과제 해결에 동참하기 위해 UN 등 국제기구 활동에 재정적으로 기여하거나 아시아개발은행(ADB) 등의 다자개발은행에 자본금을 출자함으로써 협력 대상국을 간접적으로 지원하는 형태의 ODA이다. 외교부는 UN 및 기타 국제기구를 통한 다자간 ODA를 주관하고 있으며, 기획재정부는 다자개발은행을 통한 다자간 ODA를 주관하고 있다.

제4부

글로벌 시민성 함양을 위한 개발교육의 실천

1. 개발교육의 역사와 전통
2. 개발교육이란 무엇인가?
3. 학교 교육과 개발교육(1): 영국을 사례로
4. 학교 교육과 개발교육(2): 오스트레일리아를 사례로
5. 학교 교육과 개발교육(3): 일본을 사례로
6. 개발교육과 지리교육의 관계 탐색
7. 지리 교육과정 및 교과서에 나타난 개발 담론 분석
8. 개발교육 교수·학습 방법으로서 OSDE 탐색

1. 개발교육의 역사와 전통

1) 개발교육의 간략한 역사

제2차 세계대전 직후 UN은 전쟁 방지와 평화 유지를 위한 교육의 필요성에 대한 인식으로 1946년 유네스코(UNESCO)를 창립하여 국제이해교육에 대한 관심을 고조시켰는데, 이것이 개발교육의 효시라고 할 수 있다. 그러나 개발교육이 본격적으로 시작된 것은 1960년대 이후로서, 북유럽 선진국들의 국제봉사단체들이 주도하였다. 1960년대 개발교육은 네덜란드, 캐나다, 영국, 프랑스, 스웨덴 등의 기독교 단체와 개발 NGO들을 중심으로 아프리카의 신생 독립국을 원조하는 데서 시작되었다. 이 조직들은 자국민들에게 개발도상국에 대한 공적 지원을 촉구하였는데, 이것이 개발교육의 첫 번째 양상이라고 할 수 있다. 이 시기에 개발 NGO들은 제3세계에 대한 인식을 높이는 것보다 빈곤을 강조하면서 경제적인 원조를 촉구하였으며, 그들이 이 문제에 대해 어떻게 대처해 나가고 있는지에 대해 강조했다.

1960년대 탈식민지화로 개발도상국이 증가하면서 UN에서는 이들과 관련한 쟁점이 중요한 정치적 이슈가 되었다. UN은 회원국들로 하여금 개발도상국의 빈곤과 기아에 대한 인식을 높이기 위해 세계식량기구(FAO)를 설립하였다. UN을 비롯한 개발 NGO들은 개발도상국의 문제를 다른 나라 사람들에게 알려야 한다는 것에는 동의했지만, 이를 학교에서 가르쳐야 할 공적인 활동으로는 인식하지 못했다. 왜냐하면, 선진국 국민들은 개발도상국의 문제와 그들의 삶 사이에는 아무런 관계가 없다고 생각했기 때문이다.

1960년대 후반 후진국도 선진국의 경제 발전 단계를 밟아 성장할 것이라는 근대화이론이 비판에 직면하게 되었다. 종속이론은 후진국의 저발전의 원인이 그들 자신보다는 세계경제구조에 있으며, 이러한 관점에서 빈곤을 이해해야 한다고 하였다. 1970년대 개발 NGO들[1]은 후진국이 놓여 있는 지역적인 맥락을 더 잘 이해해야 하며, 결국 후진국의 문제는 선진국과의 관계에 의해 야기된 구조적인 문제로 재해석해야 함을 상기시켰다. 그리하여 NGO와 일부 선진국 정부들은 후진국의 낙후문제가 선진국과 어떻게 연결되는지 가르칠 필요가 있다고 생각하였다[2]. 마침내 1970년대에 개발교육이 공교육의 한 형식으로서 학생들이 배워야 할 내용으로 학교에 소개되었다. 1970년대에는 개발교육이 다양한 주체들에 의해 다양한 의미로 해석되었다. 예를 들면, UN과 선진국 정부들은 개발교육을 주로 개발도상국에 대한 원조로 해석한 반면, NGO들은 원조뿐만 아니라 사회 변혁을 위한 행동으로 해석하였으며, 학교 교육에서는 학생들이 비판적으로 사고할 수 있도록 하는 것에 초점을 두었다(Hicks, 1983).

1980년대에 들어오면서 개발교육은 성장에 대한 환멸, 경제 개발과 생태계 사이의 균형, 지속가능한 개발 등에 더욱 초점을 두었다[3]. 그리고 개발교육의 범위가 확대되어 개발도상국뿐만 아니라 전 세계에 살고 있는 사람들의 삶의 질을 개선하기 위한 것으로 해석되었다. 또한 개발교육에서 환경적 차원이 매우 중요하게 취급되었으며, 지속가능한 발전의 필요성이 계속해서 제기되었다. 환경과 개발에 관한 UN회의는 개발교육에서 지속가능성을 위한 기회를 분명히 하였다. 1992년 유네스코의 '어젠다 21'은 우리의 삶의 질은 자연환경의 보존과 밀접한 관련이 있다는 것을 강조하였다. 1990년대에 이르러 개발교육은 환경 및 사회에 있어서 지속가능한 발전에 중요성을 부과하고 있다. 또한 학생들로 하여금 좀 더 정의롭고 공정한 세계를 만드는 데 기여할 수 있는 지식, 기능, 가치를 배우도록 하는 데 중요성을 부과하고 있다(Tilbury, 1997).

2) 더 넓은 세계에 관한 학습

개발교육의 의미에 대한 고찰에 앞서 개발교육에 영향을 준 역사와 전통을 개관할 필요가 있다. 현재의 개발교육은 글로벌 스케일을 대상으로 하는데, 사실 더 넓은 세계에 관한 학습은 결코 새로운 것이 아니다. Bonnett(2008)은 세계에서 의미를 찾기 위한 인간의 욕망이 고대 인간사회부터 있어 왔다고 말한다. 고대 그리스와 로마시대부터, 자신의 공동체를 넘어 더 넓은 사회와 공동체들에 관해 배우려는 목마름이 있어 왔다. 그러나 Bonnett(2008)이 제안하는 것처럼, 이는 세계와 자신의 관계를 명확히 할 필요성에 근거하며, 자신은 중심에 있고 나머지 세계는 주변에 있다는 생각에 근거한다.

경제가 팽창하고 무역이 사회 번영에 중요한 자리를 차지함에 따라, 다른 장소에 관한 이해는 경제 성장 및 그 결과로 일어나는 정치적 팽창과 연결되었다. 즉, 지리에 대한 관심의 성장은 종종 근대 산업화의 출현과 병행했고, 19세기 유럽에서 식민주의적 권력의 성장과 함께 사회적 엘리트들은 세계의 다른 곳에 있는 사람들, 장소들, 풍습들에 대해 알 필요가 있었다.

비록 계몽과 종교 등이 더 넓은 세계에 관한 학습을 촉구하는 데 큰 역할을 했음에도 불구하고, 영국과 같은 국가에서는 정치적 영향에 맞추어 조정된 경제적 고려들이 지리와 같은 교과목의 성장을 위한 우세한 추동력이었다.

21세기 더 민주적인 사회의 출현과 함께, 유럽과 북미에서는 세계에 관한 교육, 학습에 대한 자유로운 접근이 학교에서 모든 학생들이 배워야 할 일부분으로 간주되었다. 예를 들면, 영국의 Fairgreave는 그의 책 『Geography in the School』(1926)에서 다음과 같이 진술하고 있다.

> 학교에서 지리의 기능은 큰 세계 무대의 상황을 정확하게 상상하도록 미래의 시민을 훈련시키는 것이며, 따라서 그들에게 전 세계의 정치적·사회적 문제에 관해 건전하게 생각하도록 돕는 것이다.

그러나 일반적으로 다른 장소 또는 세계에 관한 학습은 사회적, 문화적, 경제적, 정치적 동기 및 렌즈와 분리될 수 없다. 19세기와 20세기, 유럽과 북미에서 아프리카와 같은 대륙에 관한 지식은 서구의 우월성과 아프리카 대륙 사람들을 그들의 예속하에 두려는 관점의 영향을 받았다. 예를 들면, 영국과 같은 선진국에서 지리 교수의 역사는 대영제국(British Empire)과 식민주의(colonialism)의 맥락 내에서 이해되어야 한다(Binns, 1995; Lambert and Morgan, 2010).

이러한 대영제국과 식민주의가 제2차 세계대전까지 그리고 일부의 경우에는 그 이후까지 영국의 지리교육을 지배했지만 계몽(enlightenment), 근대화(modernity)와 연결된 전통도 있었다. 예를 들면, 1930년대 영국 학교에서 지리학습은 '학생들에게 세계의 사람들의 삶과 일에 대한 그림'을 제공할 필요에 기반했다(Simon and Hubback, 1939, 237). 동일한 시기에 학교 교육과정의 또 다른 사례는, 학생들은 우간다의 면화산업을 공부하면서 세계의 다른 지역 사람들의 삶을 이해하고, 그들과의 공감을 발달시키며, … 따라서 세계시민성(world citizenship)을 이해하는 것이었다(Simon and Hubback, 1939, 258).

그러나 이들 사례들은 세계 역사의 한 시기 내에서 이해될 필요가 있다. 이 시기에는 민주주의와 시민성에 대한 교육의 관계, 국제연맹(League of Nations)의 원칙의 촉진, 파시즘과 군국주의의 상승에 반대한 캠페인 등에 관한 논쟁이 있었다(Bourn, 1978). 이 시기에 영국의 세계시민성교육위원회(Council for Education in World Citizenship)와 같은 운동이 출현했다(Harrison, 2008).

제2차 세계대전 말, 그리고 UN과 이후 UNESCO를 포함한 많은 국제적인 제도들의 출현 이후, 산업화된 선진국에서는 교육이 더 국제적인 관점을 가져야 할 필요성을 인식하게 되었다. 예를 들면, 1974년 UNESCO의 '세계교육정책의 목적에 대한 진술(Statement of Purpose of Worldwide Education Policy)'은 다음과 같이 언급하고 있다.

> 모든 수준에서의 교육은 국제적 차원을 포함해야 한다. 모든 사람들, 그들의 문화, 삶의 가치와 방식에 대한 이해와 존중, 게다가 문화를 횡단하여 의사소통할 수 있는 사람들의 능력과 국가들의 능력 간의 상호 의존성에 대한 인식, 특히 개인들이 국가적·국제적 수준에서 문제들에 대한 비판적 이해를 습득할 수 있도록 해야 한다(Tye, 1999, 38 재인용).

그러나 미국은 사정이 달랐다. 1970년대 말까지 미국에서 우세한 교육적 관점은 내향적인 것이었다. 또한 냉전 시기에 국제적 접근은 거의 설득력을 얻지 못했으며, 평화와 국제이해 같은 용어들은 오히려 공산주의 국가들과 더 긴밀하게 연결되었다. Smith(2002, 38)에 의하면, 1970년대 중반 교육학자들과 정책입안자들은 미국 학교들이 빠르게 변화하는 세계에 학생들을 얼마나 잘 준비시키고 있는지 우려를 나타내기 시작했고, 차츰 글로벌 교육이 형태를 갖추기 시작했다.

제1차 세계대전과 제2차 세계대전 동안 유럽에서 출현하기 시작한 진보적인 교육운동(Harrison, 2008; Bourn, 1978)은 아동 중심 학습(child-centred learning)에 대한 강조와 자유주의적·인문주의적 관점(libral and humanist perspective)으로부터 출현한 범교육과정 사고와 함께 성장했다. 예를 들면, 진보주의 교육운동은 교육과 사회 변화 간의 연계를 제시한 급진적 출판물의 홍수 속에서 영국에서 막을 내렸다(Simon, 1991). 알렉산더 닐(A.S. Neill)[4], 존 홀트(John Holt) 그리고 브라질 교육학자 파울로 프레리(Paulo Friere)와 같은 교육학자들은, 영국에서 처음에는 '월드스터디즈(world studies)'라 불리고 이후에는 '글로벌 교육(global education)'이라 불린 글로벌 교육의 아버지와 같은 인물인 Robin Richardson과 같은 사람들에게 큰 영향을 끼쳤다.

Robin Richardson(1990)은 글로벌 교육에 영향을 준 두 개의 오랜 전통을 언급했다. 첫 번째는 인문주의적·자유주의적 전통(humanistic and liberal tradition)에서 개인의 개인적 발달을 강조하는 학습자 중심(learner-centred) 교육에 대한 접근이다. 두 번째는 사회의 불평등에 도전하는 것과 관련된다. Richardson에 의하면, 두 전통은 전체주의, 홀리스틱 사고(wholeness and holistic thinking)와 관련된다.

3) 월드스터디즈에서 글로벌 교육으로

개발교육의 출현 배경을 이해하기 위해서는 더 넓은 세계에 관한 학습에 있어서 식민주의 사고의 영향과 국제이해 또는 글로벌 교육이라는 우산하에서 진보적인 교육사상의 출현에 대한 이해가 필요하다. 이들 전통은 모두 근대화(modernity), 계몽주의 사고(enlightenment thinking) 그리고 사회 진보(social progress)의 개념 내에 위치한다.

미국에서는 국제적 관점과 글로벌 관점을 가진 특별한 교육적 전통의 출현을 식민주의 전통으로부터의 의식적인 단절로 간주한다. 이는 부분적으로 UNESCO에 의한 국제이해교육의 영향이었고, 부분적으로는 교육과정 내에 사회과(social studies)의 출현에 대한 반응이었다. 그러나 그것은 또한 더 많은 국제교환프로그램, 외국어 학습의 필요성, 베트남전쟁에 대한 반작용 등의 결과로서 1960년대와 1970년대에 더 넓은 세계관에 반응한 것이었다(Tye, 1990). James Becker, Robert Hanvey, Lee Anderson, 그리고 이후 Kenneth Tye, Jan Tucker, Merry Merryfield와 같은 글로벌 교육 지지자들은 북미뿐만 아니라 유럽, 오스트레일리아, 일본에서도 큰 영향력을 갖게 되었다. 글로벌 교육 전통은 비록 비애국적이고 비미국적이라는 이유로 우파의 정치적 공격을 받았지만, 많은 국가의 연구자들, 실천가들, 정책입안자들에게 1970년대 이후 현재까지도 큰 영향을 미치고 있다.

많은 주제들은 글로벌 교육 내에 위치한다. 미국 교육 시스템에 의해 영향을 받은 첫 번째 주제는 더 넓은 세계를 보도록 하는 의식적인 세계관의 촉진이다. 글로벌 교육은 미국의 이상을 수출하는 것이 아니라 오히려 상이한 관점을 소중히 하고 이해하는 것이다. 글로벌 교육 관점은 국가 간의 상호 문화적 인식(cross-and intercultural awareness)을 강조하며, 글로벌 쟁점에 대한 면밀한 이해를 촉진한다.

글로벌 교육운동은 교사들의 지지와 함께 1970년대와 1980년대에 많은 저명한 대학 연구자들에 의해 전개되었다. 1980년대는 플로리다, 캘리포니아, 미국의 중서부와 동부에서 많은 네트워크와 프로그램을 통해 사회과와 함께 교육 자료와 혁신적인 프로젝트를 생산한 강력한 글로벌 교육운동의 시기였다(Tye, 1999;

Kirkwood-Tucker, 2009). 그러나 1980년대와 1990년대에 반복된 우파의 공격은 글로벌 교육운동이 훨씬 방어적인 태도를 취하게 하였다.

영국의 글로벌 교육운동은 미국과 약간 차이가 있었다. 비록 교육이 국제적 관점을 가지고 있었지만, 그것은 식민주의 사고에 의해 지배되거나 진보주의 교육 실천의 주변부에 머물러 있었다. 심지어 1930년대 후반 이후 존속되어 온 UN 및 UNESCO와 같은 국제적 조직들과 밀접하게 연관된 '세계시민성을 위한 교육위원회(Council of Education for World Citizenship)'와 같은 조직은 사립학교와 엘리트 교육 시스템을 넘어서는 거의 영향을 미치지 못했다.

영국에서 1970년대에 교육에 대한 글로벌 또는 월드 관점(global or world outlook)의 접근은 Robin Richardson의 주도로 World Studies Project와 함께 출현했다. 그는 능동적인 학습 방법을 특별히 강조하고, 월드 이슈(world issues)에 관한 교수를 위한 방법론을 발달시키는 데 큰 영향을 미쳤다(Starkey, 1994). Richardson과 James Henderson 그리고 이후의 David Selby, Graham Pike, Dave Hicks의 연구는 아동 중심 접근과 세계에 관심을 둔 접근 그리고 변화를 위한 학습에 의해 영향을 받았다(Richardson, 1976). 그들은 제1차 세계대전과 제2차 세계대전 사이에 영국의 진보주의 교육뿐만 아니라 Lee Anderson과 Robert Hanvey 등 미국 연구자들의 영향을 받았다(Hicks, 2003).

이러한 월드 스터디즈(World Studies) 운동[또는 1980년대 후반부터 영국에서는 글로벌 교육(Global Education)으로 알려진]은 일련의 교육과정 프로젝트를 통해 교사들과 교육학자들에게 어느 정도 영향을 끼쳤다. 그러나 그것은 또한 미국에서처럼 1980년대에 정치적 교화(political indoctrination)를 조장한다는 정치적 공격을 받았다. World Studies Trust는 1990년대와 21세기 초반 영국에서 글로벌 교육의 주요 지원자였다. 이 World Studies Trust는 글로벌 교육을 범교육과정으로, 그 자체가 하나의 교과가 아닌 것으로 간주했다. 그들은 또한 글로벌 교육을 진보적인 교수 모델을 포함하고, 학습 스타일에서 아동 중심과 협동에 기반한 것으로 간주하였다. 마지막으로, 그들은 또한 글로벌 교육은 '사람들이 그들 자신의 삶을 위해 책임을 질 수 있는 기능과 태도의 발달'뿐만 아니라 '능동적인 글로벌 시민(active global citizen)'이 될 수 있는 기능 등 능동적인 요소를 포함해야 한다고 제안하였다(Hicks, 2003).

유럽의 다른 곳, 주로 스칸디나비아, 네덜란드, 독일을 비롯하여, 일본에서는 1970년대부터 '국제이해교육(education for international understanding)' 또는 '상호문화학습(intercultural learning)'과 같은 주제하에 더욱 국제적인 관점을 촉진하는 교육을 강조하였다. 일부 국가는 UNESCO로부터 큰 영향을 받았다. EC(European Commission)의 역할이 증대됨에 따라 다른 국가, 또는 일본에서는 제국주의 과거로부터 의식적으로 세계에 대해 더 외향 지향적 관점으로 이동하였다(Harrison, 2008; Ishii, 2003; Olser, 1994).

4) 형용사적 교육의 출현

글로벌 교육의 출현은 또한 1960년대와 1970년대에 출현한 다른 형용사적 교육(adjectival educations) 전통들과 연계되었다. 이들 형용사적 교육은 환경교육(environmental education), 평화교육(peace education), 다문화 및 상호문화교육(multi- and inter-cultural education), 인권교육(human rights education)과 이후의 반인종차별교육(anti-racist education)을 포함한다(Sterling and Huckle, 1996). 이들 형용사적 교육은 각자의 기원과 명백한 전통을 가지고 있지만, 사회적 관심과 교육의 연계를 통해 영향력을 행사하려고 하는 공통된 주제를 가지며, 교육을 개인적 변혁과 사회적 변혁을 위해 사용할 수 있다는 신념을 가지고 있었다(Palmer, 1998; Greig et al., 1987).

이러한 형용사적 교육 전통은 그들의 교육에 대한 특별한 접근을 촉진하게 위해 출현한 조직들의 네트워크와 함께 특히 1980년대에 북미, 오스트레일리아, 유럽에서 성장했다. 이러한 경향들이 공통 주제와 기저 원리를 가진다고 인식하면서, 처음에는 영국에서 이후에는 캐나다에서 주로 활동한 Graham Pike, David

Selby와 같은 글로벌 교육 전통의 많은 지지자들은 글로벌 교육을 이러한 형용사적 교육의 모든 것을 포함하는 대단히 중요한 포괄적인 용어로 재정의하였다. 그들 제자들 중 한 사람인 Lister는 1986년에 이러한 새로운 형용사적 교육운동을 환영한다고 하였다. 왜냐하면 그것들이 인간 중심 교육과 글로벌 관점을 강조함으로써 지배적인 학교 교육(지식 기반과 자기 민족 중심적인)의 전통으로부터 급진적 이동을 촉진했기 때문이다(Lister, 1986, 54).

1990년대에 들어오면서 이러한 글로벌 교육의 개념 변화가 유럽에서 개발교육과 더 밀접한 연계와 함께 출현했다. 그러나 그러한 변화는 형용사적 교육을 함께 가져오는 것을 목적으로 했다. 왜냐하면 그것들은 상호 연결성(interconnectedness)과 사회정의(social justice)라는 공통된 인식소를 가지고 있었기 때문이다. 이러한 글로벌 교육의 개념은 2002년 마스트리히트 콘퍼런스(Maastricht conference)에서 정부, 의회, 지방 및 지역 조직, 시민사회단체들로부터 전략에 대한 헌신을 얻어낸 유럽회의(Council of Europe)와 North-South Centre의 활동 결과로서 정책입안자들로부터 상당한 정치적 지지를 얻어내었다. 이러한 글로벌 교육에 대한 정의는 '세계의 실재(the realities of the world)'에 대한 사람들의 눈과 마음을 열어젖히고, 그들로 하여금 더 큰 정의, 평등과 모두를 위한 인권에 기반한 세계를 만드는 것이다. 글로벌 교육은 개발교육, 인권교육, 지속가능성교육, 시민성교육, 상호문화교육, 평화교육을 아우르기 위해 더욱더 노력한다(Olser and Vincent, 2002; O'Loughlin and Wegimont, 2005).

5) 개발 어젠다와 개발교육의 출현

개발교육의 출현과 성장 그리고 특징은 이러한 글로벌 교육의 전통과 밀접한 관련을 지닌다. 글로벌 및 다른 형용사적 교육 전통은 개발교육에 큰 역할을 한 비정부기구의 실천에 큰 영향을 끼쳤다. 영국에서는 Oxfam, Save the Children과 같은 비정부기구에 의해 더 넓은 세계관과 참여적·아동 중심 접근이 강조되었다.

유럽인들이 1960년대 후반까지 '제3세계'에 대해 가지고 있던 우세한 관점은 제3세계는 문제이고, 가난한 사람들을 돕는 것은 교회의 임무라고 생각한 것이다. 제3세계에 대한 우세한 관점은, 그들에게는 자선이 필요하며, 그들은 스스로 어떻게 할 수 없는 사람들이라는 생각을 갖게 했다. 흑인 유아들을 위해 원조를 해야 한다는 것이 공통된 인식소였다. 선진국 사람들이 개발도상국에 관해 배우는 매개체가 바로 교회였다.

1950년대와 1960년대에 탈식민주의 접근이 이루어지기 시작했다. 탈식민주의 접근으로 영국, 프랑스, 네덜란드, 벨기에와 같은 선진국들은 이전의 식민지에 대한 그들의 관계가 이제 경제적, 사회적, 문화적 관계에 근거하리라는 것을 의미했다. 이것이 개발과 원조의 시발점이다. 1960년대 후반부터 선진국 정부들은 근대주의적 관점에서 제3세계의 개발과 경제 성장에 초점을 두기 시작했다. 선진국에서는 제1차 세계대전 이후 Save the Children이, 제2차 세계대전 동안에는 영국의 Oxfam과 같은 비정부기구들이 출현했다. 1960년대 후반 이후, 스웨덴, 네덜란드, 노르웨이, 캐나다, 영국 등에서는 원조를 지원하기 위한 공적 펀드가 제공된 프로그램들이 출현했다. Ishii(2003, 156)는 개발교육의 성장에 대해 언급하면서 다음과 같은 국가에서 개발교육이 출현하는 경향이 있었다고 주장했다.

(1) 높은 소득과 산업화된 경제
(2) 군사력보다 다른 수단들에 의해 정치적으로 중요한 국가가 되기 위한 외교 정책
(3) 국내 정책에서 복지, 인권, 국가 부의 균등한 분포에 대한 강조
(4) 개발도상국과의 연계
(5) 개발도상국 출신의 인종적 소수자가 존재하는 사회 시스템

개발교육은 선진국 정부와 비정부기구의 개발도상국에 대한 원조를 위한 공적 지원과 밀접한 관련이 있다. 그들은 멀리 떨어져 있는 개발도상국 사람들에게 원조를 하기 위한 합법성을 공적으로 승인받아야 했다. 스웨덴, 네덜란드, 캐나다 등 선진국에서는 강한 국제주의적 관점이 있었다. 그러나 심지어 스웨덴에서 1960년대와 1970년대 개발교육은 그 시대의 우세한 자원들, 즉 근대화, 경제 성장 그리고 인구 성장에 관한 관심과 관련한 것으로 간주되었다(Knutsson, 2011).

국제적 관점과 개발 지원 프로그램 성장 간의 이러한 연계는 정책입안자들뿐만 아니라 비정부기구에 영향을 끼쳤다. 예를 들면 영국의 개발과 원조 에이전시인 Oxfam의 활동은 비정부기구(NGO)가 학교들과 함께 어떻게, 왜 개발과 원조 활동에 종사하고 지원하는지에 대한 전형적인 사례를 제공한다. Harrison(2008)에 의하면, 이러한 활동의 동기는 해외 개발도상국의 빈곤문제에 대한 원조뿐만 아니라 마음과 정신을 개방할 수 있는 욕망이라고 했다(Black, 1992, 102). 개발교육 실천의 특징은 대부분의 선진국들이 제3세계 국가의 개발과 경제 성장 그리고 제3세계 문제에 관한 정보와 자원을 제공하는 것이었다(Starkey, 1994). McCollum(1996)은 개발교육의 전개 과정을 검토하면서, 개발교육은 본질적으로 '식민주의의 부산물'이며 원조를 위한 펀드 모금과 제3세계에 대한 반식민지적이고 온정주의적인 비전에 너무 얽매여 있다고 주장한다.

6) 개발교육의 더 비판적이고 급진적인 변화

1970년대에 개발교육은 더 비판적인 접근을 취했다(Lemaresquier, 1987). 개발교육 실천가들은 원조 산업에 의문을 품기 시작했고, 사회정의 기반 접근(social-based approach)을 위한 필요성에 공감했다(Harrison, 2008). Lissner(1977)는 개발과 개발교육에 대한 비정부기구들(NGOs)의 관계에 관해 주요한 질문들을 제기하고, 사회정의(social justice), 공정(equity), 연대(solidarity)에 관한 논쟁의 필요성을 주장했다.

스웨덴은 개발교육에 대한 더 급진적 접근을 정책에 반영하기 시작했고, 국제적 연대와 사회정의를 강조했다(Knuttsson, 2011, 173). 더욱 정치적인 어젠다는 포르투갈의 아프리카에 대한 계속된 식민주의에 반대한 투쟁에 의해 출현하고 영향을 받았지만, 또한 파울로 프레리(Paulo Freire, 1972)와 같은 급진적 교육운동가들에게 영향을 받았다. 예를 들면, 라틴아메리카의 NGOs에서 일했던 캐나다인들은 사회를 변혁시키기 위한 프레리의 페다고지 힘을 인식했고, 프레리의 비판적 페다고지를 캐나다에 도입했다. 그들은 프레리의 페다고지를 캐나다 문화와 현실에 적용했다(Cronkhite, 2000, 152).

유사한 사례들이 독일과 오스트리아에서도 일어났다. 그곳에서 교육의 은행 시스템에 대한 프레리 비판이 더 참여적인 개발에 관한 학습과 함께 출현했다(Hartmeyer, 2008, 36). Osler(1994a, b)는 개발교육에 관한 연구에서 1980년대에 특히 프레리뿐만 아니라 줄리어스 니에레레(Julius Nyerere)와 같은 그 시대에 선도적인 제3세계 인물들의 영향을 받은 많은 급진적 실천과 행동에 주목했다. 개발교육 분야에서 선도적인 오스트레일리아 학자 존 피엔(John Fien)은 다음과 같이 진술했다.

> 개발교육의 목적은 자기 자신과 다른 사회에 의해 경험되는 삶의 경험의 패턴을 이해하고, 공감과 연대를 통해 사회정의를 촉진하며, 세계를 변화시키는 것이다. 특히 개발교육은 사우스(South)의 제3세계 국가들 또는 노스(North)의 제3세계적 상황에 살고 있는 사람들, 즉 억압받는 사람들의 삶 및 미래의 웰빙과 관련된다(Fien, 1991; Starkey, 1994, 28 재인용).

1990년대에 영국, 캐나다, 독일, 네덜란드, 일본을 중심으로 프레리의 페다고지와 진보적인 수업 실천을 결합하여 개발에 관한 비판적인 접근을 촉진한 교육운동이 있었다(Kirby, 1994; Walkington, 2000; McCollum, 1996). Regan and Sinclair(2006, 109)에 의하면, 개발교육이 초창기에는 '서구'가 부족한 정보를 얻는 데 치중한 반면, 이후에는 서구와 제3세계의 개발 엔진을 위한 연료로 간주하였다.

영국, 캐나다, 오스트레일리아, 일본에서는 이러한 비판적 개발교육을 위한 네트워크들이 출현했다. 영국에서는 1980년대 이후 존속해 온 로컬 개발교육센터(DECs, Development Education Centres) 네트워크가 1993년에 개발교육협회(DEA, Development Education Association)를 설립하기 위해 많은 선도적인 국제조직들과 힘을 합쳤다. 개발교육협회(DEA)는 개발교육을 개발에 관한 학습(learning about development) 이상으로 간주했다. 개발교육협회(DEA)가 창립 시에 사용했던 개발교육에 대한 정의는 영국과 유럽의 다른 국가들의 개발교육 실천에 영향을 주었다. 개발교육은 전 세계 사람들 간의 연계, 이를 형성하는 영향력에 대한 이해의 중요성, 더 공정하고 지속가능한 세계(just and sustainable world)의 촉진 등을 강조했다(Kirby, 1994; Bourn, 2008).

그러나 McCollum(1996, 22)에 의하면, 개발교육은 소수의 개인 실천가들의 노력을 통해 발전해 왔고, 그리하여 개발교육에 대한 논쟁은 정확하게 피상적인 수준에 머물렀다. 왜냐하면 개발교육 실천에 내포된 이론에 대한 논의가 거의 없었기 때문이다. 물론 World Studies Trust의 연구와 특히 Richardson의 사고가 개발교육에 대한 이론적 프레임워크를 제공한다고 주장할 수 있지만, 개발교육에 관한 학문 기반 연구는 거의 없었다. 개발교육에 관한 연구는 대개 실천 사례와 정치적 영향력에 초점을 두었다(Arnold, 1988; Osler, 1994a, b). 교육적인 이론적 근거나 교육의 필요성과 목적에 대한 개발교육의 가치를 증명하는 어떤 연구도 없었다. 이것은 개발교육이 이를 의문시하는 정치집단과 교육집단으로부터 쉽게 공격당한다는 것을 의미했다.

7) 원조를 위한 정치적 지원과 합법성

개발교육은 개발을 위한 합법적인 공적 지원과 원조를 위해 출현했다. 시민들은 개발교육을 위한 정부 지원의 관점에서 개발 어젠다를 이해할 필요가 있었다. 결과적으로, 1970년대 후반부터 원조 프로그램을 가진 대부분의 국가에서는 펀딩과 개발교육 프로그램이 비정부기구(NGOs)의 활동을 지원하기 위해 출현하였다.

그러나 사회정의 접근에 인색한 보수적인 정당들은 개발교육 프로그램에 대해 비판적이었다. 1980년대 영국과 미국, 그리고 1990년대의 캐나다와 오스트레일리아와 같이 보수적인 정부는 개발교육을 위한 지원을 삭감했다. 개발교육에 대한 펀딩은 그 시대 정부의 정치적 관점과 관련되어 있다. 개발교육, 월드스터디즈, 글로벌 교육은 보수적인 정부들의 정치적 공격에 시달렸다(McCollum, 1996; Marshall, 2005; Cronkhite, 2000).

1990년대 후반부터 많은 선진국에서 개발교육을 위한 지원이 증가했다. 그것은 부분적으로 개발에 대한 대중의 관심 증가, 비정부기구(NGOs)의 성장, 유럽연합 집행위원회(European Commission)와 같은 단체들의 관심 증가에 기인했다. 개발교육은 유럽연합 집행위원회 내에서 정치적으로 중요해졌다.

이러한 성장은 2002년 글로벌 교육에 관한 마스트리히트 회의(Maastricht Congress on Global Education)에서의 유럽회의(Council of Europe) 지원과 결부되었다. 이 회의는 유럽회의의 모든 국가들에게 펀딩을 제공하도록 할 것과 교육단체들에게 글로벌 쟁점에 관한 학습을 촉진하도록 요청했다(Osler and Vincent, 2002).

21세기 초반 UN의 새천년개발목표에 지원을 요청하기 위한 정부 및 국제적 열망이 있었지만, 개발교육을 위한 펀딩은 순조롭지 못했다. 왜냐하면 원조 예산이 2008년과 2009년의 경제 침체에 압박당했기 때문이다. 실제로 2009년에 아일랜드, 스웨덴, 네덜란드에서 펀딩이 줄어들었다. 그것은 부분적으로 경제 침체 때문이었지만, 개발교육의 가치와 영향에 관한 의문이 나타났기 때문이기도 하다.

8) 세계화의 진전과 글로벌 사회에서의 학습

1990년대에 들어서면서 일부 국가와 학자들에 의해 '글로벌'이라는 용어는 '개발'보다 더 적절한 용어로 사용되었다. 영국, 캐나다, 독일, 오스트레일리아, 핀란드 같은 국가에서의 프로그램, 프로젝트, 자료, 이니셔티브는 개발보다 오히려 글로벌을 더 언급하기 시작했다. 이것은 부분적으로 전략적인 이유 때문이었다. 즉, 사람들은 더 이상 개발교육이 실제로 의미했던 것을 이해하지 못했다. 또한 세계화의 영향력이 더욱 커지면서 '글로벌'이란 용어가 더 많이 사용되었다. 그리하여 전 세계에서 특히 이 글로벌이라는 용어를 사용하는 네트워크와 이니셔티브가 출현했다. 예를 들면, 1991년 독일에서 Klaus Seitz는 '세계화(globalization)'와 '글로벌 사회(global society)'의 필요성에 부응하여 '글로벌 학습(global learning)'이라는 용어를 사용했다. 그는 미래를 위한 학습을 글로벌 학습으로 간주했다.

Annette Scheunpflug(2008, 2011)는 개발교육이라는 용어의 가치에 도전했다. 그녀는 더욱더 글로벌 사회로 진전되면서 개발은 더 이상 주체가 되지 못한다고 했다. 사회가 더욱 복잡해짐에 따라 근대화를 촉진했던 사고에 도전했다. 그녀에게 더 적절한 용어는 '글로벌 학습'이었다. 그녀는 사회정의 실현을 위한 글로벌 학습을 글로벌 사회에 대한 교수학적 반작용으로 규정했다.

21세기 초반 미국, 캐나다, 오스트레일리아, 핀란드, 스웨덴, 독일, 오스트리아, 스위스, 네덜란드와 같은 많은 국가에서, 글로벌 교육 또는 글로벌 학습이 우세한 용어가 되었다. 글로벌 교육 또는 글로벌 학습은 국제개발에 관한 학습과 이해의 담론을 내포하고 있다. 글로벌 교육 또는 글로벌 학습은 중부 유럽에서처럼 Seitz와 Scheunpflug의 영향에 기인했을 뿐만 아니라, 유럽회의(Council of Europe)의 연구와 개발, 인권, 환경과 상호문화학습(intercultural learning) 간의 좀 더 긴밀한 연계에 기인했다. 북아메리카와 오스트리아에서는 정치적 영향력보다 오히려 Selby와 Pike의 선도적인 학문적 영향으로부터 글로벌 교육이 뿌리를 내렸다.

영국에서는 글로벌과 개발이라는 용어에 관한 논쟁이 부분적으로는 전략적이었다. '글로벌'이라는 용어는 개발보다 더 이해하기 쉬웠다. 그러나 그것은 세계화의 맥락 내에서 개발교육의 전통을 다시 생각할 필요성에 기인했다. 따라서 개발교육협회(DEA)와 로컬 개발교육센터(DEC)에 의한 일련의 출판물에서 그리고 학교들을 지원하는 지역적 전략에서, '글로벌 사회에서의 학습(learning in a global society)'이 공통적인 문구가 되었다.

영국에서 '개발'이라는 용어에 대한 이러한 의문 제기는 2008년에 개발교육협회(DEA)에 새로운 전환을 가져왔다. 이 시기에 개발교육협회(DEA)는 '개발교육'이라는 용어의 사용을 중단하기로 결정하고, 개발교육을 '글로벌 학습(global learning)'이라는 용어로 대체한다. 비록 이는 점점 인기가 없어지는 용어로부터 이동하는 전략적 결정이었지만, 그것은 개발교육협회가 개발교육을 재개념화할 수 있는 공간을 제공했다. 개발교육협회(DEA)는 글로벌 학습을 글로벌 쟁점, 비판적·창의적 사고, 더 나은 세계를 위한 낙관주의를 촉진하는 것을 포함하여 글로벌 맥락에 두는 교육으로 정의했다(DEA, 2008a, b).

2013년 학교들을 위한 국제개발부(DFID)의 펀딩과 함께 새로운 전략적 개발교육 이니셔티브가 영국에서 론칭되었지만, 그 이름은 '글로벌 학습 프로그램(GLP: Global Learning Programme)'으로 불리었다. 왜냐하면 이것이 학교와 교사들을 위해 더 사용자 친화적인 개념으로 여겨졌기 때문이다.

이처럼 용어를 둘러싼 논쟁은 이미 언급된 형용사적 교육에서의 유사한 전통에 영향을 받았다. 그러나 지속가능한 발전(sustainable development)과 글로벌 시민성(global citizenship)이라는 새로운 형용사적 교육운동이 나타났다.

9) 새로운 형용사적 교육: 지속가능한 발전과 글로벌 시민성

지속가능한 발전(sustainable development)이라는 용어는 1987년 개최된 환경 및 발전에 관한 세계위원회(World Commission on Environment and Development), 일명 '브룬트란트위원회(Brundtland Commission)'에서 처음 제시된 개념으로서, 자신의 필요를 충족시킬 수 있는 미래 세대의 능력을 손상하지 않으면서 현재 세대의 필요를 충족시키는 발전을 말한다.

지속가능한 발전에 관한 학습과 이해는 2005년 UN의 '지속가능 발전교육에 관한 10년(Decade on Education for Sustainable Development)'의 론칭 이전 많은 국가들에서 시행한 교육 프로그램의 한 특징이었다. 지속가능 발전교육의 뿌리는 1987년의 '브룬트란트 보고서(Brundtland Report)'와 1992년 UN의 지속가능한 발전에 관한 리우정상회담에서 만들어진 권고안으로 거슬러 올라간다(Scott and Gough, 2003).

1992년 이후 지속가능 발전교육에 관한 연구와 평가에 의하면, 대부분 이 영역의 이니셔티브들은 환경교육의 확장에 지나지 않았다(Reid, 2002; Bourn, 2009). 그러나 1992년 지속가능 발전교육은 환경교육과 개발교육을 모두 가져오는 데 기초하였다(Sterling, 1992).

Rost(2004, 6-8)는 독일의 관점에서, 지속가능성을 위한 교육(education for sustainability)은 국제정치적 의지의 표현으로부터 나온 개념이며, 지속가능한 발전을 위해 필요한 요구사항을 정확하게 다루는 교육적 개념을 설계하도록 교육 전문가들과 학자들에게 주어진 일종의 정치적 미션으로 이해될 수 있다고 하였다. 예를 들면, 영국의 지속가능 발전교육(ESD, Education for Sustainable Development) 역사를 보면, 비록 그 의지가 1990년대에 정치가들보다는 오히려 비정부기구(NGOs)로부터 온 것이지만 이러한 개념을 지지할 상당한 증거가 있다.

또한 Sterling and Huckle(1996)과 같은 영국 학자들은 지속가능 발전교육(ESD)이 최고의 형용사적 교육을 구축하는, 교육에 대한 새롭고 더 급진적이며 변혁적인 접근이라고 하였다. Sterling은 지속가능한 교육을 위해 방향 전환의 필요성을 언급했다(Sterling, 2004). 그는 '지속가능성'에 대해 세계를 이해하고 세계와 관계하기 위한 변화의 기초로서 '체계적 학습(systemic learning)'의 강조와 함께 교육 목적의 변화를 함축한다고 했다. Huckle(2010)은 환경과 교육에 대한 비판사회이론(critical social theories)을 비판교육학(critical pedagogy)과 결합하려고 했다. Huckle은 지속가능성(sustainability)과 글로벌 민주주의(global democracy) 간에 밀접한 관계가 있다고 보았다.

지속가능 발전교육(ESD)은 지속가능성을 위한 교육의 긴급성, 기후 변화의 위협, 대중들이 능동적으로 참여할 필요성 등에 근거한다. 2005년에서 2014년까지 UN의 '지속가능 발전교육에 관한 10년(Decade on Education for Sustainable Development)'은 매우 중요한 개념으로서 지속가능성을 위한 새로운 정치적 추동력을 제공했다.

특히 지속가능 발전교육(ESD)은 행동의 변화를 불러일으킬 수 있는 형용사적 교육을 위한 하나의 이론적 근거가 된다. 지속가능 발전교육은 공정무역, 자원 재활용, 탄소발자국 모니터링 등을 통해 구매의 관점에서 더 윤리적이고 환경적으로 더 책임있는 시민과 청소년이 되도록 이끈다.

이러한 변화는 또한 1990년대 이후 새로운 용어, 즉 '글로벌 시민성(global citizenship)'이라는 개념의 도움을 받았다. 지속가능한 발전교육(ESD)의 출현과 유사한 시기에, 글로벌 시민성이라는 용어는 글로벌 및 개발 쟁점에 관한 학습, 세계 권력 블록들의 변화, 정체성과 관련해 이동하는 패턴을 인식할 필요성 때문에 출현하기 시작했다. 영국의 Steiner(1996)는 자신의 저서에서 '글로벌 교사(Global Teacher)'라는 용어를 처음 사용하였다. 이 책에서 그녀는 다음과 같이 진술했다. "이데올로기적 그리고 지리적 권력 블록의 명백한 소멸과 초국적 경제무역 공동체의 성장은 경계가 덜 중요하다는 의미를 창출했다."(Steiner, 1996, xv).

Steiner는 또한 선진국들이 '시민성' 개념에 대한 관심의 증가와 시민성을 글로벌 차원과 관련하여 재개념화할 필요성에 주목했다. 1990년대 그리고 21세기 초에, 이러한 논쟁들을 더욱 심화시키는 풍부한 문헌이 나왔다. '글로벌 시민성'이라는 용어는 몇몇 논문에서 글로벌 커뮤니케이션, 여행, 상이한 언어의 사용과 관련되는 것으로 나타났다(Falk, 1994). 또한 다른 논문들에서는 점증하는 반세계화운동의 영향을 받는 개인적, 사회적 행동과 관련되는 것으로 나타났다(Mayo, 2005). 그러나 특히 영국 Oxfam의 개발교육운동에서 글로벌 시민성이라는 용어는 글로벌 및 개발 쟁점에의 참여와 개인적, 사회적 책임성을 해석하는 방법이 되었다(Oxfam, 2006). 1996년에 처음 출판된 Oxfam의 『글로벌 시민성 프레임워크』는 개발교육의 행동 기반 요소들(action-oriented elements)과 Og Thomas와 같은 Oxfam의 초기 인물들(Harrison, 2008) 그리고 Selby, Pike and Hicks에 의해 정교화된 글로벌 교육운동의 영향력을 보여 준다.

영국 웨일즈의 정책입안자들과 실천가들은 이러한 두 가지의 새로운 형용사 교육인 '지속가능 발전교육'과 '글로벌 시민성교육'을 함께 가져오려고 시도했다. 웨일즈의 전략은 복잡하고 상호 관련된 세계의 본질에 대한 교육과 인식을 향한 홀리스틱 접근의 필요성으로부터 시작했다. 이 전략은 그 프로그램의 핵심적 요소가 학습자들에게 비판적으로 생각할 수 있고, 좌우로 생각할 수 있으며, 아이디어와 개념을 연결할 수 있고, 현명한 결정을 할 수 있어야 한다는 것을 인식하는 학습 프레임워크 내에 위치된다(DELLS, 2006). 2005년 이후, 이러한 사고를 모든 교육 부문들을 횡단하여 전면으로 가져오려는 일련의 이니셔티브들이 있었다(Norcliffe and Bennell, 2011).

2007년, 아마도 웨일즈 모델의 부분적인 영향을 받고 또한 우세한 환경적 어젠다들이 더 큰 대중 참여가 반드시 필요한 글로벌, 즉 기후 변화라는 인식하에서, 잉글랜드 교육과정평가원(QCA)은 많은 새로운 범교육과정 주제들의 하나로서 이러한 상이한 어젠다(지속가능 발전교육, 글로벌 시민성교육)를 함께 묶는 데 목적을 둔 학교들을 위한 새로운 가이드라인을 생산했다. 그러나 이러한 가이드라인들은 2010년에 열외 취급을 받았다. 왜냐하면 영국의 연립정부가 새로운 지식 및 교과 기반 핵심 교육과정(knowledge- and subject-based core curriculum)을 촉진하는 프로세스를 시작했기 때문이다.

이상과 같이 개발교육과 관련하여 용어를 둘러싼 논의에도 불구하고, 부정할 수 없는 것은 21세기 초반 선진국은 글로벌 및 개발 쟁점에 관한 학습에 가장 많은 관심을 가지고 지원과 참여를 했다는 것이다. 2000년 새천년개발목표(MDG)는 특히 선진국 정부에 개발도상국에 대한 책임을 부가했다. 뿐만 아니라 세계화, 커뮤니케이션, 기후 변화의 영향, 공정무역을 위한 캠페인은 글로벌 쟁점에 관한 학습을 일상적인 학습의 일부분으로 만들었다. 더 넓은 세계의 쟁점에 관한 학습은 더 이상 의문시할 게 없었다. 그리하여 핀란드, 독일, 오스트레일리아, 영국, 포르투갈 등 많은 선진국은 행정부뿐만 아니라 시민사회가 함께 글로벌 학습, 글로벌 교육에 헌신하기 시작했다. 학습자들이 글로벌 사회에서 살아가고 일하기 위해 무장해야 할 필요성을 언급하기 시작했다. 북아메리카, 일본과 한국, 그리고 유럽에서는 학생들이 글로벌 시민(global citizens)으로 무장해야 할 것을 언급했다. 이들 국가들은 글로벌 사고방식(global mindset)을 창출하는 것의 일부분으로서 개발도상국의 학교들과 연계하여 글로벌 쟁점에 관한 학습을 촉진했다.

실제로, 개발교육의 역사는 결코 단선적이지 않다. 역사를 통해 진보하기도 하고 후퇴하기도 했다. 그러나 하나의 새로운 주제가 출현했다면, 그것은 개발교육을 둘러싼 개념과 전통이 지속가능 발전교육, 글로벌 시민성 또는 글로벌 학습이라는 더 넓은 운동에 큰 영향을 끼쳤다는 것이다. 개발교육의 성장 배후에는 명백한 교수적 접근, 즉 글로벌 사회정의를 위한 페다고지(pedagogy for global social justice)가 있다. 비판교육학(critical pedagogy), 변혁적 학습(transformative learning), 포스트식민주의 이론들(postcolonial theories)은 새로운 급진적 개발교육을 위한 가능성을 열어젖힌다. 개발교육은 이제 글로벌 교육, 글로벌 학습, 지속가능 발전교육, 글로벌 시민성교육과 매우 밀접하게 관련된다.

2. 개발교육이란 무엇인가?

1) 개발교육의 의미와 목적

개발교육은 글로벌 빈곤(global poverty)에 관한 인식에서부터 개발 쟁점에 관한 학습에 이르기까지 하나의 용어로서 상이한 의미와 해석을 가진다. 그렇다면 왜 (국제)개발교육은 중요할까? 개발에 관해 학습하는 것은 사람들에게 전 세계의 많은 사람들이 직면하고 있는 문제를 이해하고, 부유한 국가들이 가난한 국가들이 발전하고 그들의 삶의 표준을 개선하도록 도울 필요성을 자각하도록 한다. 즉 개발에 관한 학습은 사람들이 세계에 관심을 가지고, 문제를 인식하고 그것을 해결하기 위해 기꺼이 노력하는 글로벌 시민(global citizen)이 되도록 돕는다.

개발교육에 대한 명확한 정의를 내리기는 쉽지 않다. 왜냐하면 개발교육에 대한 정의는 시대마다, 그리고 이를 정의하는 기관에 따라 다소 다르기 때문이다. 그리고 개발교육은 큰 틀에서 글로벌 교육 또는 글로벌 학습과 유사한 것으로 사용된다(Osler, 1994a, b)[5].

일본의 개발교육을 대표하는 단체인 개발교육협회(開發教育協議會, 1998, 4)는 개발교육을 "개발에 대한 다양한 문제의 '이해', 바람직한 개발 방향에 대한 '성찰', 공생할 수 있는 공정한 지역 만들기에의 '참여'를 목표로 하는 교육 활동"으로 정의한다. 이를 실현하기 위한 구체적인 목표로, 개발을 생각하는 기초로서 인간 존엄성과 세계 문화의 다양성에 대한 이해, 세계 각 지역의 빈곤 및 격차의 현상과 원인에 대한 이해, 개발문제와 환경 파괴 같은 지구적 과제에 대한 상세한 이해, 개발을 둘러싼 문제와 자신과의 관계에 대한 인식, 개발과 관련된 문제를 극복하기 위한 노력 및 시도를 알고 참여할 수 있는 능력과 태도의 배양 등을 제시하고 있다(開發教育協議會, 1998, 4-5). 이를 종합하면, 개발교육은 개개인이 개발을 둘러싼 다양한 문제를 이해하고, 개발에 대한 바람직한 자세를 가지며, 함께 살아갈 수 있는 공정한 세계를 만드는 데 참여하는 것을 목적으로 한 교육 활동이라고 할 수 있다.

개발교육의 목적은 시대에 따라 계속 변해 왔다. 개발교육은 1960년대를 전후하여 남북문제에 대한 관심이 높아지면서 서구 여러 국가의 시민 활동으로부터 시작하였다(田中治彦, 1994). 처음에는 개발도상국(또는 제3세계)의 빈곤 상태를 비롯하여 선진국과 개발도상국의 정치적·경제적 관계를 이해시키려는 데 주안점을 두었다. 그러나 개발도상국의 빈곤이 자신들만의 문제가 아니라 선진국의 착취에 의한 산물, 즉 세계경제의 구조적 원인에 기인한다는 인식으로 전환되었다. 따라서 선진국의 생활양식이 변하지 않는 한 남북 간의 격차는 줄어들지 않는다는 인식이 팽배하기 시작했다(Hicks, 1983).

게다가 선진국 역시 빈곤한 주거 환경, 실업자, 도시와 농촌의 격차, 환경오염 등 개발문제를 많이 가지고 있으며, 제3세계의 개발문제와 선진국의 개발문제가 밀접한 관련이 있다는 인식이 나타나기 시작했다. 선진국의 부의 재분배가 이루어지지 않고서는 지구상의 공정하고 지속가능한 개발은 있을 수 없다고 생각하게 된 것이다. 이는 개발 목적이 지구상의 모든 개인의 행복 추구에 있다는 인식의 전환을 가져오게 했으며, 개발이 인류 공영의 문제라는 것을 의미하는 것이었다. 개발이 사회경제적 측면뿐만 아니라 정신적·문화적 측면을 포함한 인간 생활의 모든 측면과 관련되고, 남북 공통의 문제로 인식하게 된 것이다(Hicks, 1983).

이와 같이 개발교육의 정의와 목적은 다소 차이가 있지만, 세계적인 공간적 불평등, 특히 아시아, 아프리카, 라틴아메리카 등 제3세계에서 주로 나타나는 빈곤, 낮은 건강 수준, 높은 문맹률과 실업률에 초점을 두고 있다는 것이 공통점이다. 선진국이 풍요로운 생활을 누리고 있는 시기에 인류의 3/4에 달하는 개발도상국에서는 영양 부족, 문맹, 낮은 소득에 시달리고 있다. 개발교육은 이러한 개발도상국의 빈곤과 불공정한 현실, 그리고 그 원인을 이해하는 데 멈추지 않고, 그것을 극복하는 데 참여할 수 있는 글로벌 시민 육성에 초점을 둔다. 즉 개발교육은 개발도상국을 단순히 이해하는 데 그치는 것이 아니라, 세계시민의 태도 육성을 지향하는, 학생의 능동적인 참여 학습을 강조한다. 그리고 세계시민 육성을 위한 개발교육은 글로벌 쟁점에 대한 이해와 이에 대한 해결이 중요한데, 이를 위해서는 글로벌 스케일과 자신이 살고 있는 로컬 스케일의 관계를 이해하는 것이 필수적이다.

한편 Butt(2000)에 의하면, 개발교육은 경제적, 사회적 발달 양상을 탐색하기 위해 설계된 교육의 한 형태이다. 개발교육은 학생들에게 로컬에서 글로벌 스케일에 이르는 개발 쟁점들을 인식하게 하고, 사회정의라는 개념을 이해하게 한다. 또한 개발교육은 사회 참여의 중요성을 강조하며, 지식과 이해뿐만 아니라 기능과 태도의 발달을 강조한다. 개발교육 내에서 다루어지는 주제는 다양하며, 종종 홀리스틱하다. 지리는 일반적으로 개발교육 내에서 다루어지는 많은 내용과 밀접한 연관을 가지지만, 이들은 때때로 교과 기반 교육과정 내에서는 간과될 수 있다. 능동적 학습, 학습 중심 학습, 의사결정 활동과 탐구는 종종 개발교육과 관련된다. 그것은 모두 '민주적인' 교실(수업)의 존재를 암시한다. 개발교육은 공통적으로 학교에서 지리를 위한 6개의 폭넓은 오버랩과 지원 영역을 개관한다. 그 여섯 가지는 글로벌 관점과 상호 관련성, 인종의 통합, 학교 지리의 학습에서 학습자의 역할, 정의, 기능들의 기초 제공하기, 실제 세계에 대한 관심이다(Robinson and Serf, 1997). 개발은 '개발도상국(the South)'뿐만 아니라 세계의 모든 지역들과 관련한 요인인 것으로 간주된다. 한편 개발교육은 환경교육 또는 지속가능 발전교육과 불가분의 관계를 지닌다. 왜냐하면 기후 변화에 따른 환경 문제는 전 지구적인 과제이기 때문이다.

한편 정치적 문해력(political literacy)[6]과 경제적 인식(economic awareness)은 개발교육의 핵심 영역이며, 학교는 학생들이 적절한 스케일에서 개발 과정 내의 사회적, 경제적, 정치적 질문들을 검토하는 데 필요한 필수적인 지식과 기능을 준비시켜야 한다. 개발교육은 학생들이 세계에 효과적으로 참여할 수 있는 기능을 발달시키는 것이다. 그러한 기능이란 자신의 가치와 이에 대한 영향을 인식하는 기능, 정보를 습득하고 이를 비판적으로 분석하는 기능, 다양한 관점의 타당성을 인식하는 기능, 자신의 결정을 형성하는 기능, 사람들이 세계와 관련되는 방법을 인식하는 기능, 미래의 행동을 위한 가능성을 인식하는 기능 등을 말한다. 또한 개발교육은 상호 의존적인 세계에 사는 것과 일치하는 태도의 개발에 관한 것이다. 마지막으로 개발교육은 세계의 사건에 우리의 참여, 그것들에 영향을 주기 위한 우리의 잠재력, 따라서 개발에 대한 이해에 근본적인 개념의 지식

표 4-1. 개발교육에 대한 정의

주체	정의
UN(1975) (Hicks and Townley, 1982, 9 재인용)	개발교육의 목표는 사람들로 하여금 공동체는 물론 국가와 세계 전체의 개발에 참여할 수 있도록 하는 것이다. 그러한 참여는 사회적, 경제적, 정치적 과정의 이해에 근거한 로컬, 국가, 국제적 상황에 대한 비판적인 인식을 의미한다. 개발교육은 선진국과 개발도상국 모두에서 인권, 존엄, 자립심, 사회정의의 쟁점들과 관련된다. 개발교육은 저개발의 원인, 개발에 무엇이 포함되는지, 상이한 국가들이 개발을 어떻게 겪는지, 새로운 국제경제 및 사회질서를 성취하기 위한 이유와 방법에 대한 이해의 촉진과 관련된다.
Tilbury (1997)	개발교육은 UN과 NGO를 중심으로 개발도상국의 사회·경제적인 빈곤에 대한 관심으로부터 등장하였으며, 선진국의 정치적 지지와 재정적 지원에 힘입어 공교육으로 발전하였다. 그리하여 개발교육은 제3세계의 기근과 빈곤 등에 대한 인식을 증대시키고 개발도상국에 사회·경제적 지원을 하는 것을 목적으로 하고 있다.
Butt (2000)	개발교육은 경제적·사회적 개발의 양상을 탐구하기 위해 고안된 교육의 한 형태로서 학생들로 하여금 로컬과 글로벌 스케일에 이르는 개발 쟁점들에 대한 인식을 가능하게 하며 사회정의의 개념을 이해하도록 하는 것이다. 개발교육은 사회 참여의 중요성을 강조하며, 지식과 이해뿐만 아니라 기능과 태도의 발달을 강조한다.
DEA (2004)	개발교육은 자신의 삶과 세계의 다른 사람들의 삶 사이의 연결에 대해 이해하도록 하며, 우리의 삶을 구성하는 경제, 사회, 정치, 환경적인 힘에 대한 이해를 높이며, 사람들의 삶을 통제할 수 있는 기능, 태도, 가치를 발전시키며, 권력과 자원이 더 공정하게 분배되는 지속가능한 세상을 만들기 위한 작업이다.
EU Multi-Stakeholder Forum on Development Education, 2005, 5	개발교육의 목적은 유럽의 모든 사람들이 글로벌 개발에 대한 관심과 이러한 관심과 로컬 및 개인의 관련성을 알고 이해할 수 있는 기회에 평생토록 접근할 수 있게 하고, 공정하고 지속가능한 세계를 위한 변화를 가져오도록 함으로써 상호 의존적이고 변화하는 세계의 거주자로서 권리와 책임을 다할 수 있는 기회에 평생토록 접근할 수 있도록 하는 것이다.
비정부기구 (NGOs)의 관점들 (Rajacic et al., 2010)	• 우리 자신의 삶과 전 세계 사람들의 삶 사이의 연계를 포함하여 글로벌화된 세계를 이해하기 • 사회정의, 인권, 타자에 대한 존중을 포함한 윤리적 기초와 목적 • 대화와 경험의 강조와 함께 참여적이고 변혁적인 학습 과정 • 비판적인 자기 반성 역량 발달시키기 • 지원적인 능동적 참여 • 능동적인 글로벌 시민으로 함께 하기

에 관한 것이다(DEC, 1981).

이상과 같이 국제사회 환경의 변화에 따라 개발교육의 주체와 지향점은 조금씩 변화를 거듭해 오고 있다. 개발교육에 대한 해석 역시 다양하게 전개되어 왔는데, 크게 두 가지의 범주로 요약할 수 있다. 첫째, 협의의 개념으로서 제3세계의 사회·경제적 상태에 대한 관심과 지원을 통해 자국 국민들에게 이들 국가의 빈곤에 대한 인식을 증대시키고 원조를 목적으로 하는 교육이다. 둘째, 광의의 개념으로 제3세계뿐만 아니라 전 세계의 모든 개발 쟁점에 대한 인식과 이해를 통해 모든 사람들의 삶의 질 개선에 초점을 두는 교육이다. 현대사회로 올수록 개발교육은 전자보다는 후자의 광범위하고 적극적인 의미로 받아들여지고 있으며, 궁극적인 목적은 전 세계 모든 사람들의 인권, 자존감, 사회정의의 실현을 통해 더 나은 삶의 세계를 만드는 데 있다고 할 수 있다.

2) 개발교육의 필요성과 역할

오늘날 여전히 개발교육이 필요하다. 아니 더 긴요하게 요구된다. 왜냐하면 개발과 저개발(빈곤), 소수자 권리, 인종차별주의 등의 쟁점이 오늘날 중요한 관심사이기 때문이다. 이들 쟁점은 교실 안팎의 삶에 직접적으로 또는 간접적으로 영향을 준다. 이들은 로컬에서 글로벌에 이르는 다양한 스케일에서 지리 영역이 연구해야 하는 쟁점들이다(Hicks, 1983).

개발교육이 필요한 이유에는 여러 가지가 있다(Binns, 2000; Binns, 2002). 먼저, 인도주의적 관점으로 개발 격차 즉 글로벌 불평등이 더 커지고 있기 때문이다. 예를 들면, 1인당 국내총생산(GDP)과 같은 경제적 지표뿐만 아니라 교육, 기대수명, 1인당 의사 수, 성인 문해력, 성평등 등 사회적 지표에서도 개발 격차가 커지고 있다. 우리는 학생들에게 그러한 개발 쟁점에 관계하도록 격려할 필요가 있으며, 그러한 불평등의 기저 원인들이 무엇이며, 어떤 전략들이 그러한 불평등을 줄이기 위해 상이한 스케일에서 실행될 수 있는지 물어볼 필요가 있다. 개발 쟁점을 도입하여 학생들로 하여금 자신보다 열악한 환경에 있는 사람을 위한 감정 이입과 관심을 발전시켜야 한다. 그리고 개발 맥락에서 상이한 '개인지리(personal geographies)'의 본질과 중요성을 고려하도록 격려해야 한다.

세계는 특히 경제적으로 이전보다 더욱 통합되고 있다. 다국적기업의 성장, 금융시장의 영향 그리고 통신기술은 동시에 지구의 많은 지역에 영향을 줄 수 있는 경제적 결정을 가능하게 하고 있다. UN의 역할 증대, 구소련의 붕괴 그리고 석유와 같은 전략적 자원의 중요성 모두 우리에게 국가정책의 로컬적 배경을 넘어 정치적 문해력의 구축을 요구한다. 수천 마일 떨어진 곳에서 일어나는 사건들은 우리에게 즉시 정치적, 경제적, 환경적 영향을 끼칠 수 있다(Sinclair, 1994).

우리는 세계의 다른 지역에서 발생하는 갈등의 현실에 대해 더 잘 알고, 우리가 그것들과 어떻게 연관되는지 더 잘 알아야 한다. 그리고 부정의, 불평등, 빈곤에 대응할 필요성이 점점 증가하고 있다. 이것은 세계를 국제정치적 맥락에서 이해해야 할 부분이다. 이는 교육에 개발 관점과 글로벌 차원을 도입해야 할 필요성을 강조한다.

개발교육은 학생들이 글로벌 사회에서 능동적으로 살아가고, 개발 과정에서 효과적인 역할을 할 수 있는 기능을 가진 미래 세대로서의 역량을 갖추도록 해야 한다. 개발교육은 학교 교육에 글로벌 차원과 개발 관점의 도입에 관한 것이다(Sinclair, 1994). 이것은 또한 로컬적 상황이 글로벌 수준에서 기능하는 사회적, 정치적, 경제적, 자연적 시스템의 결과로 다른 장소의 상황과 직접적으로 연결된다는 사실을 강조한다. 그러므로 이러한 접근은 글로벌 맥락에서 로컬적으로 간주될 수 있는 많은 쟁점에 대해 공부할 필요성을 강조한다. 시장과 경제, 인종, 젠더, 문화, 평화, 인권, 환경과 같은 쟁점과 관련된 교육은 개발과 관련한 교육에 의해 보완된다.

개발교육은 인종 및 젠더 편견을 피하고, 우리의 일상적 사고에서 그러한 편견의 역할에 대해 인식하도록 해야 한다. 개발교육은 단순히 편견을 근절하도록 하는 것이 아니다. 즉 개발교육은 학생들이 스스로 특정한 주제 또는 쟁점과 관련한 자신의 태도와 가정의 본질과 기원을 재평가하도록 할 수 있는 학습 과정 기회를 구축하는 것이다.

개발교육은 부정의와 빈곤의 원인에 더 초점을 맞출 필요가 있고, 세계를 제1세계, 제2세계, 제3세계로 구분하는 것의 한계를 인식하도록 할 필요가 있다. 비록 '제3세계'라는 용어의 한계를 알더라도, 우리는 또한 '남(南)'이라는 용어가 우리에게 더 정확한 집합적 기술을 반드시 제공하지는 않는다는 것을 인식하여야 한다.

북(北)에서의 개발교육은 대개 글로벌 상호 의존성에 대한 질문과 관련이 있으며, 남(南)과 남(南) 사람들, 그리고 문화에 대한 부정적 이미지와 관련되어 있다. 만약 우리가 남(南)에 대한 그러한 관점이 왜 오늘날 유지되고 전파되는지를 이해하려면, 유럽의 제국주의 과거로 되돌아갈 필요가 있으며, 인종차별주의와 제국주의 간의 관계를 탐색할 필요가 있다(Olser, 1994).

개발교육은 학교 교육과정의 글로벌 관점에 기여하며, 로컬, 국가, 지역, 글로벌 수준에서 개발 쟁점을 탐색한다. 글로벌 상호 의존성에 대한 인식은 학생들이 경제적 관계와 권력관계를 탐색할 수 있는 프레임을 제공하며, 학생들에게 인종차별주의와 부정의를 이해하도록 한다(Olser, 1994).

개발교육은 유럽의 식민지 과거의 잔재인 인종차별주의와 그에 대한 대안으로서 반인종차별주의를 지지한다. 개발교육이 로컬, 국가, 지역, 글로벌 쟁점과 관련되는 것처럼, 역시 사회에서의 능동적 참여를 위한 교육은 이러한 모든 수준(로컬, 국가, 지역, 글로벌)을 검토해야 한다(Olser, 1994). 개발교육은 남(南)과 북(北)의 연대, 상호 의존성과 관련이 있으며, 모든 수준-로컬, 국가, 지역, 글로벌-에서의 개발 쟁점과 관련이 있다. 개발교육과 개발 쟁점에 대한 이해는 인종적 평등과 사회정의를 촉진하는 데 기여할 수 있다. 그리고 개발교육은 재구성된 글로벌 시민성 개념을 이해하는 데 큰 기여를 한다.

개발교육은 청소년들이 공동체의 능동적 구성원이 되도록 격려하며, 국가 및 글로벌 시민성에 대한 새로운 이해를 발달시키도록 하는 데 중요한 기여를 한다.

:: 글상자

개발교육: 3개의 핵심 도전들

도전 1: 세계시민성을 위한 교육

(국제적인 불평등과 부정의에 대한) 이러한 어려운 질문들은 현재 요구되는 활동의 중심에 있다. 즉, 세계 민주주의를 위한 교육, 인권을 위한 교육, 지속가능한 인간 개발을 위한 교육은 더 이상 선택이 아니다. 특히 우리가 이러한 개발 어젠다에 대한 폭넓은 이해와 소유의식을 구축하려고 한다면, 교육은 중심적 역할을 한다. 또한 인간의 상황과 우리는 미래에 어디로 갈 것인가에 대한 '새로운 이야기'를 발달시키고 기술할 긴요한 것이 있다. 그러한 새로운 이야기 주위의 교육은 단지 우리가 무엇을 가르치는가에 관한 것일 뿐만 아니라 우리가 어떻게 누구에게 가르치느냐에 관한 것이다(Development Education Commission, 1999).

도전 2: 세계 개발

오늘날 세계는 사람들이 20년 전보다, 50년 전보다, 100년 전보다 더 많은 기회를 가지고 있다. 어린이 사망률은 1965년 이후 절반으로 떨어졌으며, 오늘 태어난 어린이는 그 당시(1965년)에 태어난 어린이보다 10년 더 오래 살 수 있을 것으로 기대된다. 개발도상국에서, 초등학교와 중등학교 등록 학생 비율이 2배 이상 증가했고, 성인 문해력 비율 또한 1970년의 48%에서 1997년에 72%로 상승했다. 대부분의 국가들은 현재 독립국가들이며, 세계 인구의 70% 이상이 공정한 다원적인 민주적 통치하에 살고 있다. 세계는 더 번영하고 있다. 세계 GDP가 9배 증가한 것처럼 평균 1인당 수입이 3배 이상 증가했다. 그러나 이러한 경향들은 큰 불균등을 숨기고 있다. 빈곤은 어느 곳에나 있다. 거의 13억 명의 사람들이 깨끗한 물에 접근하지 못하고, 초등학생 7명 중 1명이 중퇴하고 있고, 8억 4천만 명이 영양실조를 경험하고, 13억 명의 사람들이 하루에 1파운드 이하의 수입으로 살고 있다(UNDP, Human Development Report, 1999).

도전 3: 다른 세계관을 경청하기

제3세계의 쟁점과 국가들이 유럽의 미디어에 재현되는 방식에 관한 나의 주요 관심은 대부분 종종 우리가 희생자로 나타난다는 것이다. 즉, 기근, 질병, 빈곤, 부패의 희생자로 말이다. 그들의 빈곤한 환경에도 불구하고, 사람들을 그들 사회의 능동적인 참가자와 주제로 재현하려는 노력은 거의 없다(Luis Hernandez, Mexico City).

(Regan and Sinclair, 2006, 110)

교사들과 개발교육 종사자들은 반인종차별주의, 글로벌, 적실한 교육과정을 촉진하기 위해 시민성에 대한 재정의를 구축해야 한다.

표 4-2. 개발교육에서의 핵심적인 개발 및 교육 아이디어

개발교육에서의 핵심적인 개발 아이디어	개발교육에서의 핵심적인 교육 아이디어
• 세계를 단지 이분법적 관점에서 보는 개발은 개발이 아니다(예를 들면, '개발된' 서구와 '저개발된' 나머지 또는 '부유한 세계'와 '가난한 세계'). • 개발은 단순히 경제 개발이나 원조 또는 개발 협력에 관한 것이 아니다. 개발은 전체적인 이야기, 즉 인간 개발에 관한 것이다. • 개발(그리고 저개발)은 '저기'에서뿐만 아니라 '여기'에서도 일어난다. 즉, 우리는 그것들의 연결뿐만 아니라 상호작용 모두를 이해할 필요가 있다. • 개발 결정은 그들이 누구이든지 간에 엘리트들의 전유물이 아니다. 즉, 이 어젠다의 민주적 소유의식을 위한 피할 수 없는 필수품이다. • 당연히 원조는 그 문제를 결코 해결할 수 없다. 더 근본적인 변화가 필요하며, 개발교육은 그것에 대한 기본적인 구성요소이다. • 미디어 보도와 개발 자금 조달에서 사용되는 이미지들은 단지 실재의 일부만을 재현한다. 그리고 너무나 자주 단지 부정적인 실재를 재현한다. • 개발은 역동적이고, 계속 진행 중인 세계의 현상이다. • 전 세계 사람들은 국제적으로 모든 사람들을 위한 기본권과 긍정적 개발에 관심이 많다.	• 세계에 대한 하나의 관점을 보여 주는 교육은 교육이 아니다. • 세계 어느 곳에서나 인간 경험의 근본적인 공통점이 있다. 이러한 공통점을 이해하는 것은 차이를 탐색하고 부정의의 쟁점들을 맥락적으로 보는 데 중요하다. • 교육의 우선 순위는 변화(지식, 기술, 인식에서, 예를 들면 환경 시스템의 글로벌 본질)의 맥락에서, 또 우리가 살고 있는 점점 상호 의존적인 글로벌화된 사회에 대한 맥락에서 우리의 교육적 요구를 반영해야 한다. • 우리는 쟁점을 다루고, 선택하고, 변화에 기여하는 데 필요한 우리의 기능을 발달시킬 필요가 있다. 기능은 스스로 사물을 분석하고 사고하는 데 초점을 둔다. 기능은 우리의 참여를 가능하게 한다. • '교육'은 부정적인 경험일 수 있다. 즉, 참여를 위해 우리의 역량을 단순화하고 줄인다. 교육의 긍정적인 가치는 추정될 수 없다. • 교육은 세계의 역동적인 본질을 변화시킨다고 볼 수 있으며, 우리가 어떻게 기여할 수 있는지에 대한 우리 자신의 성향에 공을 들이도록 우리를 도울 수 있다. • 참여는 개인의 '일상적' 선택과 세계에서 진행되고 있는 것에 합의를 보는 사회에서 우리의 역할에 영향을 주는 책임성을 부여한다. • 전 세계 사람들은 개발에 기여하는 데 관심이 많고, 학습하는 데 동기 부여가 되어 있다.

(Regan and Sinclair, 2006, 115)

개발교육은 사회 내 기존의 구분, 갈등, 차별과 불평등을 검토해야 하며, 교사들은 준비와 훈련 과정의 일부분으로서 자신의 가치를 검토해야 한다. 개발교육 종사자들과 교사들은 자신의 전문성 부족이 심각한 문제라는 것을 인식할 필요가 있다(Olser, 1994).

개발교육은 다원주의 사회를 위한 교육과 오늘날 서구에 여전히 남아 있는 인종차별주의에 도전하는 데 중요한 역할을 한다. 개발교육은 사회정의를 방해하는 태도에 도전하는 데 역할을 한다. 또한 개발교육은 학생들이 모든 수준에서 세계시민으로 능동적으로 참여할 수 있는 기능을 발달시킬 수 있는 기회를 제공한다(Olser, 1994).

3. 학교 교육과 개발교육(1): 영국을 사례로

1) 국가 주도의 학교 교육과정에 글로벌 및 개발 관점의 지원

영국의 학교 교육에서는 개발교육 또는 글로벌 학습을 매우 중요시하고 있는데, 글로벌 관점이 학교 교육을 통해 더욱 잘 실현될 수 있도록 중추적인 역할을 하고 있는 기관은 국제개발부(DFID, Department for International Development)이며, 자금은 커뮤니티 펀드(community fund)가 맡고 있다. 국제개발부(DFID)는 영국 정부의 한 조직으로서 전 세계의 개발과 빈곤 감소를 지원하는 데 책임을 지고 있다. 국제개발부(DFID)는 글로벌 상호 의존과 개발 쟁점들에 대한 인식을 끌어올리기 위해 노력하고 있을 뿐만 아니라 영국 전체의 개발을 위한 공적 지원 체제를 구축하기 위해 활동하고 있다. 나아가 국제개발부(DFID)는 개정된 2000년 국가 교육과정이 글로벌 차원(global dimension)을 더욱 강조함에 따라 이를 지원하기 위하여 『학교 교육과정에서의 글로벌 차원을 발전시키기(Developing a Global Dimension in the School Curriculum)』라는 안내 책자를 출판했다(DfES, 2000). 국제개발부(DFID)는 학교 협력 프로그램을 운영하고 있는데, 이는 영국문화협회(British Council)[7]가 관리하고 행정적 지원을 하고 있다. 또한 국제개발부(DFID)는 글로벌 차원(global dimension)이라는 홈페이지(www.globaldimension.org.uk)를 만들어 지원하고 있으며, 개발교육협회(DEA, The Development Education Association)에 의해 관리되고 있다.

개발교육협회(DEA)는 잉글랜드(England)에서 학교 교육에 글로벌 및 국제적 개발을 촉진하기 위해 노력하고 있는 중추적인 기관으로서 잉글랜드와 영국의 5~19세 학생들이 다니는 학교와 학생들의 활동을 지원하고 있을 뿐만 아니라 비공식적인 교육도 대상으로 하고 있다. 즉, 세계화, 빈곤, 지속가능한 개발, 공동체의 단결 등과 관련한 어젠다를 교육에 끌어오기 위해 노력하고 있는 국가 조직이다. 이 조직의 궁극적인 임무는 학생들을 비롯한 모든 시민들로 하여금 현재 직면하고 있는 글로벌 변화를 이해하도록 하고, 더 정당하고 지속가능한 세계를 만드는 데 기여할 수 있도록 하는 데 있다.

개발교육협회(DEA)는 200개 이상의 로컬 개발교육센터(DECs: development education centers)를 가지고 있으며[8], 글로벌 관점을 지원하기 위한 수업자료와 프로그램을 생산하여 교사와 학생에게 지원하고 있다. 개발교육협회(DEA)는 개발교육센터(DECs, Development Education Centers)의 이익을 대변하기 위해 설치한 NADEC(National Association for Development Education Centers)로부터 성장했으며, 1993년 개발교육센터(DECs)뿐만 아니라 Oxfam, ActionAid, Save the Children, Christian Aid, CAFOD 등의 주요 개발 NGO들(development NGOs)의 연합에 의해 설립되었다(ActionAid et al., 2003). 개발교육협회(DEA)는 원래 개발 쟁점들을 영국과 연계시키기 위한 '개발교육'을 촉진하는 데 초점을 두었다. 그러나 시간이 지남에 따라, 개발교육협회(DEA)는 그들의 관심 영역을 경제적 세계화, 개발 쟁점, 환경 쟁점, 인권 등으로 더욱 확장하여, 교육이 어떻게 우리가 살고 있는 세계에 대해 더 나은 이해를 할 수 있도록 할 것인가에 초점을 두면서 현재는 '글로벌 학습(global learning)'이라는 용어를 사용하고 있다[9]. 개발교육협회(DEA)는 글로벌 학습을 글로벌 맥락(global context)에서 비판적·창의적 사고, 자기 인식과 차이에 대한 열린 마음, 글로벌 쟁점과 권력관계에 대한 이해, 더 나은 세계를 위한 낙관주의와 행동 등을 촉진하는 교육으로 정의하고 있다(DEA, 2004).

개발교육협회(DEA)는 교사들로 하여금 글로벌 학습을 실천하도록 자극하고 있으며, 글로벌 학습의 중심 개념으로 글로벌 시민성(global citizenship), 상호 의존성(interdependence), 사회정의(social justice), 갈등 해결(conflict resolution), 다양성(diversity), 가치와 지각(values and perceptions), 인권

(human rights), 지속가능한 개발(sustainable development) 등을 제시하고 있다(DEA, 2004). 또한, 학령 단계별로 지리 교과에서 가르쳐야 할 글로벌 차원의 목표(표 4-3)뿐만 아니라, 지리 교육과정 맥락에서의 8가지 개념에 대한 구체적인 내용을 제시하여 도움을 주고 있다(표 4-4).

표 4-3. 학령 단계별 지리에서의 글로벌 차원

단계	글로벌 차원
Key Stage 1	어린이들은 인간, 장소, 환경에 관한 자신의 감정을 알게 되고, 더 넓은 세계에 대해 인식하게 된다. → 이렇게 함으로써, 어린이들은 자신과 그들이 살고 있는 장소가 세계의 다른 장소와 어떻게 연계되어 있는지 이해할 수 있다.
Key Stage 2	어린이들은 자신의 삶과 다른 나라 사람들의 삶을 서로 비교한다. 또한 어린이들은 환경 변화와 지속가능한 개발에 관해 배운다. → 이렇게 함으로써, 어린이들은 장소가 어떻게 더 넓은 지리적 맥락 내에 위치하고 상호 의존적인지 인식하는 것을 배울 수 있다. 어린이들은 사람들이 어떻게 환경을 개선할 수 있고 파괴할 수 있는지를 배울 수 있고, 장소와 환경에 관한 결정들이 어떻게 미래 사람들의 삶의 질에 영향을 주는지 배울 수 있다.
Key Stage 3 and 4	어린이들과 청소년들은 세계의 상이한 지역과 경제 발달이 상이한 국가의 인간, 장소, 환경에 대해 공부한다. → 이렇게 함으로써, 그들은 자신의 가치와 태도를 포함하여 가치와 태도의 역할을 판단할 수 있고, 원조, 상호 의존, 국제무역, 인구, 재해 등과 관련한 토픽적인 쟁점에 대해 더 잘 이해할 수 있다.

(DfES, 2000)

표 4-4. 지리 교육과정의 맥락에서 글로벌 차원의 8가지 개념

글로벌 시민성	다음에 대한 이해 • 세계에 있는 사람들의 '장소' • 사람들의 권리와 타자에 대한 책임성 • 글로벌 맥락에서 지역적으로 중요성을 가진 쟁점들 • 다양한 관점들에 대한 가치와 존중 • 잠재적으로 글로벌 중요성을 가진 로컬 의사결정에 참여하는 방법
지속 가능한 개발	• 지속가능한 개발의 원리에 대한 지식 습득하기 • 경제적, 환경적, 정치적, 사회적 맥락 사이의 상호 연결에 대해 이해하기 • 지구의 자원은 한정되어 있고 책임있게 사용해야 한다는 인식 가지기 • 세대 간의 형평을 이해하고 가치화하기 • 환경적 영향의 맥락에서 삶의 방식-여행, 소비, 관광-에 관해 탐구하기
갈등 해결	다음에 대한 이해 • 어떻게 충돌하는 요구들이 일어나고 있는지(예를 들면, 환경에 관한 상이한 관점들 또는 자원의 유효성과 이용에 관한 상이한 관점들) • 그러한 갈등의 결과 • 어떤 갈등이 해결되는 방법 • 논쟁의 맥락에서 협상과 절충의 기능

상호 의존성	다음에 대한 이해 • 인간과 장소들 간의 상호 연결 • 국가들 사이의 상호 의존성과 글로벌적인 정치적·경제적 시스템 • '자연적' 세계와 '사회적' 세계 사이의 상호 의존성 • 로컬과 글로벌 사이의 연계
가치와 지각	• 세계에 대한 상이한 이미지들이 있으며 이들이 사람들의 가치와 태도에 영향을 준다는 것에 대해 이해하기 • 사물을 바라보는 다중적 관점과 새로운 방법을 발전시키기 • 기존의 지각과 지리적 상상력, 그리고 이들이 어떻게 개발될 수 있는가를 탐구하기 • 인간이 가지고 있는 가치는 자주 그들의 행동을 형성한다는 것을 이해하기 • 가치와 사실은 서로 얽혀 있다는 것을 이해하기
사회정의	다음에 대한 이해 • 다양한 스케일에서 불평등의 존재와 영향 • 불균등한 발전이 인간의 삶에 끼치는 영향 • 불평등한 권력관계 • 행동은 인간의 삶에 의도된 결과와 의도되지 않은 결과를 모두 가지고 있다는 사실
인권	• 서로에 대한 사람들의 권리뿐만 아니라 책임성에 대해 인식하기 • 인간과 환경에 대한 상이한 생활방식의 영향에 대한 인식과 관심 가지기 • 로컬과 국가를 넘어 관심의 영역을 넓히고 글로벌 연결을 이해하기 • 일련의 수준에서 문제를 해결하는 데 자발적으로 참여하기
다양성	• 세계 주위의 로컬적 차이를 보편적인 인권에 대한 사고에 관련시키기 • 장소와 인간의 명백한 특성에 대해 인식하기 • 문화와 삶의 방식의 차이를 이해하고 존중하기 • 세계의 사람, 경관, 환경의 다양성에 대한 경외감을 발전시키기

(DEA, 2004)

2) 버밍엄 개발교육센터(Tide~)의 개발나침반(DCR)

영국에서는 원조와 개발에 있어서 정부 참여의 주기적 변동에 따라 NGOs가 점점 더 큰 역할을 하게 되었다. 1980년대와 1990년대에 산업화된 선진국에서 개발교육은 글로벌 및 개발 쟁점에 관한 참여적 학습에 초점을 두고, 이것이 어떻게 현명한 사회적 행동으로 이어질 것인가를 고민했다. 특히 영국 내에서 이러한 많은 실천의 추동력은 교수·학습 자료를 생산하고 또한 교사들 및 다른 교육자들과의 파트너십 프로젝트를 통해 학습 모형을 도입한 로컬 개발교육센터(local Development Education Centers)에 의해 주도적으로 이루어졌다(Blum et al., 2010).

영국의 개발교육센터(DECs)는 글로벌 및 개발 쟁점에 관한 학습에 접근을 촉진하고 있다. 예를 들면, 버밍엄에 기반을 둔 Tide~(Teachers for Development Education)는 긍정적인 미래를 구축하는 데 교육의 잠재적 역할에 관한 공유된 가치를 언급하고, 글로벌 쟁점에 대응하는 학습의 과정을 강조하면서 '개발나침반(DCR: Development Compass Rose)'을 제공하고 있다.

노팅엄에 기반한 개발교육센터(DEC)인 MUNDI는 그것의 임무를 '더 공정한 지속가능한 세계를 향한 변화를 실현하기 위해 교육을 통해 비판적 인식, 글로벌 개발의 이해와 지식, 시민성과 지속가능성의 쟁점'을 촉진하는 것이라고 진술하고 있다. 이러한 목적의 배후에는 개발교육의 비판적 사고와 학습자 중심 접근의 중요성에 대한 인식이 있다.

특히 지리교육과 관련하여 이러한 개발교육센터들(DECs) 그리고 Oxfam과 ActionAid와 같은 NGOs는 많은 교사들에게 신뢰받는 자료를 생산해 오고 있다. 잘 알려진 자료로는 ActionAid의 Chembakolli에 관한 자료, Oxfam의 'Education for Global Citizenship' 프레임워크와 관련된 자료들, Tide~의 '개발나침반(DCR)' 프레임워크를 사용한 다양한 자료, Global Campaign for Education에 의해 조직된 'Send My Friend to School' 이니셔티브 등이 있다. 공정무역, 기후 변화 그리고 역할극, 게임과 시각 보조교재를 포함하는 상호작용 접근들의 사용은 교사들을 위해 생산된 자료들 중 인기있는 것들이다(Blum et al., 2010). 여기서는 버밍엄 개발교육센터의 개발나침반을 중심으로 살펴본다.

(1) 개발나침반이란?

개발나침반(DCR)은 버밍엄 개발교육센터(Birmingham DEC; Tide~, 1995)에서 만든 것으로 지리적 질문하기와 이미지 분석을 위해 널리 사용된다. 개발나침반은 '자연적(Natural), 경제적(Economic), 사회적(Social), 누가 결정하나?(Who decides? 즉 정치적, Political)'(DEC, 1992)를 이용하여 이미지를 분석하는 데 사용된다. 개발나침반은 나침반의 포인트 첫 번째 문자들을 사용하기 때문에 쉽게 기억된다(Roberts, 2013).

영국에서는 개발교육을 지원하기 위하여 지역마다 개발교육센터(DEC)가 설치되어 있는데[10], Tide~는 버밍엄 소재 개발교육센터이다. Tide~는 학교 교육과정에 글로벌 차원과 개발 관점을 도입하기 위해 교육개발센터(DECs)에 참여하는 교사들의 네트워크로서 학생들에게 글로벌 학습, 즉 글로벌 차원(global dimensions), 개발 관점(development perspective), 인권의 원리(human rights principles)에 대한 이해를 충족시켜 주기 위해 노력하고 있다. Tide~는 학생들이 개발 쟁점에 더 쉽게 접근할 수 있도록 일련의 프로그램과 아이디어를 제공하고 있다.

Tide~는 개발교육을 글로벌 학습의 핵심 요소로 인식하고 있으며, 학생들에게 글로벌 학습에 대한 권리를 부여하려고 노력하고 있다. 특히, Tide~는 글로벌 차원과 개발 쟁점에 대한 여러 출판물을 통해 개발교육, 글로벌 학습에 기여해 오고 있다. 글로벌 차원과 개발교육을 지원하기 위해 개발된 대표적인 사례가 '개발나침반'인데, 이는 지역에 대해 다양한 질문을 할 수 있도록 도와 준다. 즉, 개발나침반은 지역성을 표상하는 사진을 통해 환경, 사회, 경제, 정치적인 쟁점 사이의 상호작용을 탐구할 수 있는 질문을 이끌어 낸다.

또한 개발나침반은 매우 상이한 상황에서 나타나는 것들 사이의 유사점에 초점을 두는 데 도움을 준다. 개발나침반은 우리 자신의 지역뿐만 아니라 우리에게 익숙하지 않은 다른 지역의 쟁점들을 탐구하도록 하는 데도 사용할 수 있다. 그리고 개발나침반은 특정 상황에 영향을 주는 요소들의 스펙트럼을 인식할 수 있도록 열린 해석을 가능하게 하는 체크리스트이다. 우리에게 익숙한 로컬 상황에 관한 질문들은 이후 다른 곳의 쟁점을 탐구하기 위한 출발점으로 사용할 수 있으며, 우리에게 덜 익숙한 상황에 관한 질문들은 다시 우리 자신의 로컬 상황에 관한 새로운 통찰을 제공해 주는 출발점으로 사용할 수 있다.

(2) 개발나침반의 구성

개발나침반은 우리로 하여금 어떤 장소 또는 상황에 있는 개발 쟁점들에 관해 일련의 질문을 하도록 격려하는 하나의 구조적 틀이다. 우리가 낯선 곳에서 방향을 찾기 위해 사용하는 나침반처럼, 개발나침반은 어떤 지역 또는 장소를 표상하는 사진을 탐구하는 데 사용될 수 있다(Tide~, 1995). 그림 4-1과 같이 개발나침반은 개발 쟁점들과 환경의 상호 관련성, 사회적, 경제적, 정치적 쟁점들에 관한 질문들을 끌어오기 위해 사용된다. 그림에서 보는 것처럼 북(North), 남(South), 동(East), 서(West) 대신에, 4개의 주요 방위에 각각 자연적/생태학적 질문(Natural/ecological questions), 사회·문화적 질문(Social and cultural questions), 경제적 질문(Economic questions), 정치적 질문(Who decides? Who benefits?) 등을 표상한다(Tide~, 1995).

개발나침반은 4방위뿐만 아니라 대각선의 4방위에서 가장 흥미로운 질문과 논쟁이 발생한다. 대각선은 자연과 경제(NE), 자연과 정치(NW) 등과 같이 4개의 주요 방위 사이의 관계에 초점을 맞춘다. 예를 들어 북동 방위에서는 경제적인 활동이 자연세계에 어떤 영향을 미치는가에 대한 질문들을 끌어내고, 남동 방위에서는 경제적인 활동과 사람들의 삶 사이에 대한 질문들을 이끌어낸다. 또한 북/남과 동/서 관계를 고려하는 것도 중요하다.

지리는 학생들로 하여금 인간과 장소에 대해 인식하고, 다른 지역의 인간과 장소의 상호작용을 이해하도록 한다. 좋은 지리는 부분적인 장소가 더 넓은 장소, 세계적인 시스템과 어떻게 연결되어 있는지 탐구할 것을 요구한다(DEA, 2004). 로컬 쟁점에 대한 탐구는 세계의 다른 지역들의 쟁점을 탐구하는 출발점이 된다. 상이한 스케일이 그려진 개발나침반을 사용한 활동은 글로벌 맥락과 글로벌 수준에서 기능하고 있는 자연적, 경제적, 정치적 시스템에 대한 더 나은 이해를 가능하도록 한다. 즉, 개발나침반을 사용해서 로컬 수준에 영향을 미치는 요인들, 국가 또는 글로벌 단위에서 영향을 미치는 요인들을 탐구할 수 있다. 나아가 이 세 가지 스케일에서 나타나는 영향력과 다른 로컬 간의 관련성에 대해서도 탐구

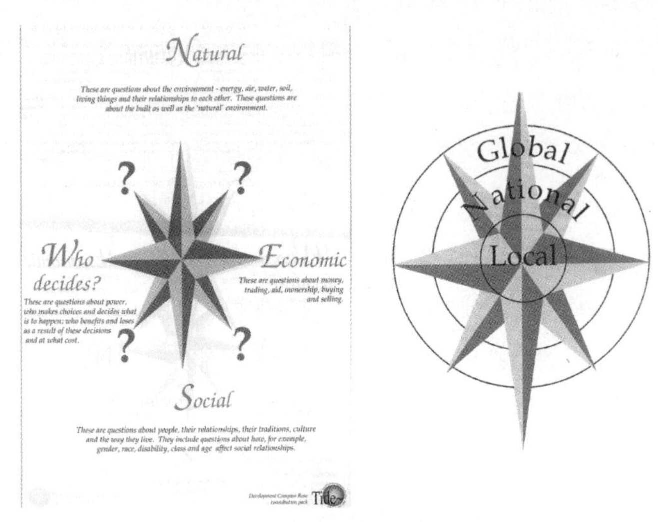

그림 4-1. Tide~의 개발나침반(DCR)

(Tide~, 1995)

표 4-5. 4방위 및 대각선의 4방위와 관련한 질문

방위	질문
북(North) 자연적/생태적 질문 (Natural/ecological questions)	이들은 에너지, 공기, 물, 토양, 생명체, 그들 서로 간의 관계 등 환경에 대한 질문들이다. 이 질문들은 '자연' 환경뿐만 아니라 건조환경에 관한 것이다.
남(South) 사회·문화적 질문 (Social and cultural questions)	이들은 사람, 사람 사이의 관계, 전통, 문화, 삶의 방식 등에 관한 질문들이다. 예를 들면, 사회적 관계에 영향을 주는 성, 인종, 장애, 계급, 연령 등에 관한 질문들을 포함한다.
동(East) 경제적 질문(Economic questions)	이들은 돈, 무역, 원조, 소유, 매매 등에 관한 질문들이다.
서(West) 정치적 질문 (Who decides? Who benefits?)	이들은 무엇이 일어날 것인가를 누가 선택하고 결정할 것인가, 이러한 결정의 결과로 누가 얼마만큼 이익을 얻고 손해를 보는가와 관련한, 권력에 관한 질문들이다.
NW	환경은 미래 세대를 위해 보호될까? 무엇이 미래 세대의 환경에 영향을 줄까? 동일한 자원들이 그들에게 유용할까?
NE	자연환경에 대한 경제적 활동의 영향은 무엇인가? 이러한 활동은 지속가능한가?
SE	어떤 경제적 기회들이 있는가? 그것들은 모든 집단이 접근하기에 용이한가?
SW	사람들은 변화에 영향을 주기 위해 어떤 방식으로 조직할까?

(Tide~, 1995)

할 수 있다. 먼저 로컬과 관련된 쟁점을 확인하면 다른 나라의 유사한 쟁점에 초점을 맞출 수 있다. 이를 통해 유사점과 차이점은 무엇인지, 공통의 해결방안은 있는지에 대해 생각할 수 있다. 나아가 로컬 쟁점을 통해 다른 지역이나 국가의 쟁점들을 이해할 수 있으며, 로컬 쟁점이 지역적, 국가적, 세계적인 요인들의 영향을 받는다는 것을 인식할 수 있다(그림 4-1, 표 4-5).

작은 또는 로컬 스케일에 대해 학습할 때, '개발나침반(DCR: Development Compass Rose)'은 이에 영향을 미치는 상이한 스케일에 대해 사고하도록 하는 데 유용하다(그림 4-2). 나침반의 각 지점들은 장소에 영향을 미치는 4개의 주요한 차원 또는 프로세스로 대체된다. 즉, 북쪽(N)은 자연적·환경적 프로세스(Natural and environmental process), 남쪽(S)은 사회적·문화적 프로세스(Social and cultural process), 동쪽(E)은 경제적 프로세스(Economic process), 서쪽(W)은 정치적 프로세스(Who decides? Political process)로 대체된다. 이러한 자연적·환경적, 사회·문화적, 경제적, 정치적 프로세스 간의 상호작용은 사람과 장소를 이해하는 데 필수적이다. 이러한 점에서 개발나침반은 '장소학습'이 탐구에 초점을 둔 지리학습에 뿌리내릴 수 있도록 도와 준다.

Robinson(1995)에 의하면, 멀리 있는 장소와 사람에 대한 학습은 가까이 있는 작은 또는 로컬 스케일의 장소와 사람에 대한 학습과 연계되어야 한다. 예를 들어 브라질의 파벨라에 대해 학습할 때, 자신이 살고 있는 가까운 로컬 지역에 사는 사람들의 삶과 연계하는 것이 필요하다. 또한 Robinson(1995, 27)은 교사들이 활동계획을 설계하는 도구로 매트릭스를 사용할 때, '선택된 스케일의 학습에 확실하게 초점을 두어라. 그러나 각 학습에서 프로세스에 대한 이해를 높이기 위해 전체 스케일로 올라가라. 그리고 장소와 사람들의 실재를 학습하기 위해 다시 로컬 스케일로 내려와라.'라고 주장한다. 이와 유사하게, Massey(1991)는 장소를 '상호 관계의 망(a web of interrelationship)'의 일부라고 하면서, 열린 장소감 또는 다중정체성(multiple identities)으로서 '세계적 지역감(global sense of local)' 또는 '세계적 장소감(global sense of place)'을 강조한다.

N – Natural and environment
(자연적·환경적 프로세스)
- 국가 또는 로컬리티의 환경은 세계화에 의해 어떻게 영향을 받는가?
- 어떤 자원이 유입되거나 유출되는가?
- 세계화는 로컬적으로 자연 시스템에 어떤 영향을 가져오는가?
(예: 기후, 지질, 물 순환, 생태계)

N ▲

W – Who decides? Political
(정치적 프로세스)
- 국가 또는 로컬리티에 영향을 주는 글로벌 의사결정자는 누구인가?
- 사람들은 글로벌 의사결정을 위해 국가 또는 로컬리티 역할의 어떤 부분을 담당하는가?
- 국가적 또는 로컬적 의사결정은 세계화에 의해 어떻게 영향을 받는가?

E – Economic
(경제적 프로세스)
- 세계화의 결과로서 고용, 임금, 부, 투자, 금융 등에 어떤 변화가 일어나고 있는가?
- 이것은 소비자들에게 어떤 영향을 미치고 있는가?

S – Social and culture
(사회적·문화적 프로세스)
- 인간의 가치는 세계화에 의해 어떻게 영향을 받고 있는가?
- 세계화의 결과로서 종교, 언어, 문화, 가족생활, 여가 활동 등에 무엇이 일어나고 있는가?
- 생활양식과 교육은 어떻게 영향을 받는가?

그림 4-2. 개발나침반

(Carter, 2000, 178)

(3) 개발나침반의 적용 사례

버밍엄의 개발교육센터(DEC)에서 제공한 개발나침반을 이용하여 적절한 이미지의 세부적인 모습을 구조화할 수 있다. 개발나침반은 학생들로 하여금 이미지에 대한 그들의 반응을 성찰할 수 있도록 도와 주는 하나의 활동으로 이끈다. 버밍엄의 개발교육센터는 사진꾸러미를 제공하고 있는데, 이는 도전적인 학습 활동을 조직할 때 주요한 자원으로 이용될 수 있다. 개발나침반을 활용한 사진 읽기 사례는 그림 4-3, 그림 4-4와 같다.

그림 4-3의 사진은 남부 이라크의 습지대를 배경으로 하고 있다. 물 위에 떠 있는 실트와 갈대로 된 섬에 살고 있는 사람들은 마쉬 아랍(Marsh Arabs)으로, 세계에서 가장 원시적인 부족 중의 하나이다. 1990년대에 사담 후세인은 마쉬 아랍

(Marsh Arabs)을 쫓아내기 위해 습지대에 있는 물을 퍼 내었으며, 이 지역은 사막으로 변하기 시작했다. 이로 인해 많은 마쉬 아랍(Marsh Arabs)은 도시로 가거나 난민 캠프로 갔다. 그러나 2004년에 실시된 프로젝트에 의해, 습지대가 다시 복원되었다. 개발나침반은 이러한 배경의 사진과 관련된 질문을 던지고 답변을 찾

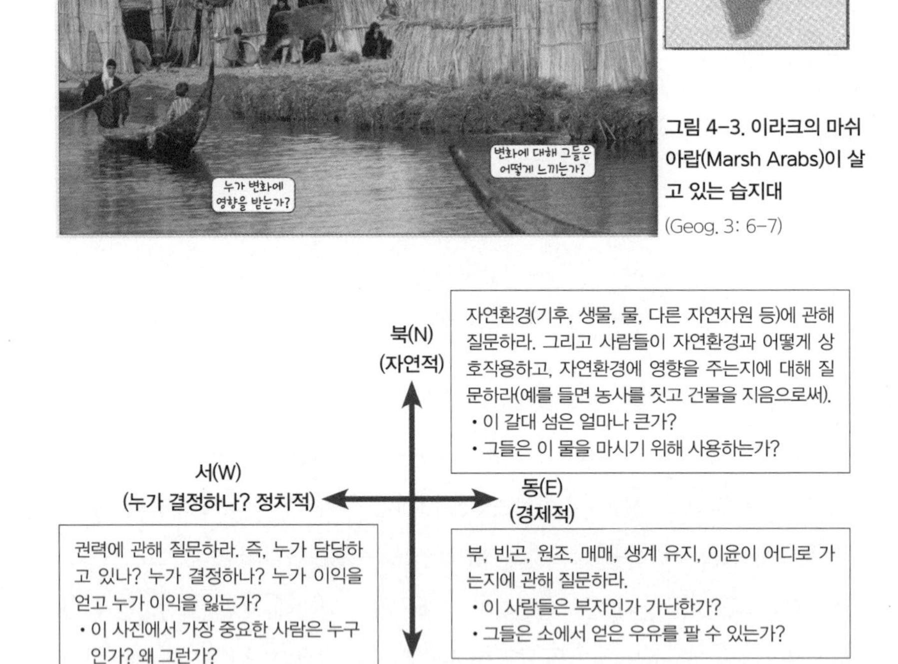

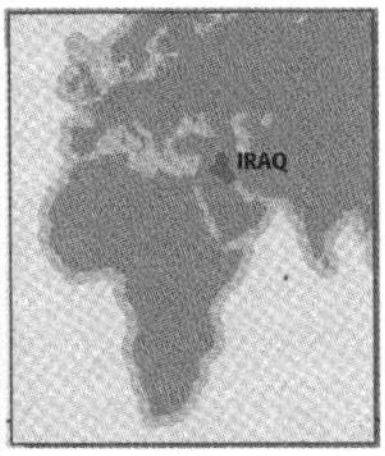

그림 4-3. 이라크의 마쉬 아랍(Marsh Arabs)이 살고 있는 습지대
(Geog. 3: 6-7)

북(N)
(자연적)

자연환경(기후, 생물, 물, 다른 자연자원 등)에 관해 질문하라. 그리고 사람들이 자연환경과 어떻게 상호작용하고, 자연환경에 영향을 주는지에 대해 질문하라(예를 들면 농사를 짓고 건물을 지음으로써).
- 이 갈대 섬은 얼마나 큰가?
- 그들은 이 물을 마시기 위해 사용하는가?

서(W)
(누가 결정하나? 정치적)

권력에 관해 질문하라. 즉, 누가 담당하고 있나? 누가 결정하나? 누가 이익을 얻고 누가 이익을 잃는가?
- 이 사진에서 가장 중요한 사람은 누구인가? 왜 그런가?
- 이 사진에서 누가 가장 덜 중요한 사람인가? 왜 그런가?

동(E)
(경제적)

부, 빈곤, 원조, 매매, 생계 유지, 이윤이 어디로 가는지에 관해 질문하라.
- 이 사람들은 부자인가 가난한가?
- 그들은 소에서 얻은 우유를 팔 수 있는가?

남(S)
(사회적)

사람들의 삶의 방식, 문화, 전통, 관계에 관해 질문하라.
- 보트에 있는 두 사람은 어디에 갔다 왔는가?
- 왜 중앙에 있는 오두막은 다른가?

그림 4-4. 사진 분석을 위한 프레임으로서 '개발나침반'의 질문

는 데 도움을 주며 이 장소의 사람들과 그들의 삶에 관해, 더 많은 것을 발견할 수 있도록 도와 준다. 개발나침반은 나침반에 근거하여 각각의 방위에 해당되는 질문을 부여하며, 이는 상이한 방식으로 사용될 수도 있다. 예를 들면, 그림 4-4에 제시된 질문들과 같이 사진에서 실제로 볼 수 있는 것에 관한 질문에 답변할 수도 있고, 사진의 배후에 숨겨져 있는 것에 관해 심층적인 질문을 할 수도 있다.

(4) 개발나침반의 한계

개발나침반은 한계를 가지고 있다. 그리고 개발나침반은 학생들에게 다소 어려울 수 있다. 왜냐하면 개발나침반은 지리의 환경적, 사회적, 경제적, 정치적 양상들의 구분에 대해 이해를 요구하기 때문이다. 그러나 이러한 양상들은 학생들이 지리 학습에서 진보하려고 한다면 할 수 있어야 하는 구분들이다. 따라서 학생들에게 이러한 용어를 이해하도록 돕기 위해 개발나침반을 빈번하게 사용한다. 질문들은 모든 단원에서 적합하지 않을 수 있지만, 각 나침반 아래에 포함될 수 있는 더욱 특별한 것들을 제안하거나 더 구체화함으로써 수정될 수 있다. 북(N)은 자연환경에 제한될 수 있다. 특정 탐구를 위해, 남(S)은 다양성, 예를 들면 젠더, 민족성, 계층, 장애에 따른 다양성에 제한될 수 있다. 다른 프레임과 달리 개발나침반은 권력관계에 관한 질문을 격려하지만, 미래 또는 무엇이 일어나야 하는지에 관한 질문을 명확하게 격려하지는 않는다. 그러나 이러한 차원들은 각각의 나침반을 위해 제공된 안내에 포함될 수는 있다(Roberts, 2013).

4. 학교 교육과 개발교육(2): 오스트레일리아를 사례로

이 장에서는 오스트레일리아 NSW주 지리 교육과정과 이에 근거하여 개발된 지리 교과서를 사례로 글로벌 시민성교육을 위한 개발교육의 특징을 살펴본다. 우리나라보다 먼저 경제 성장을 이룩한 오스트레일리아가 글로벌 시민 육성이라는 시대적, 국가적, 사회적 요구를 지리 교육과정 및 교과서에 어떻게 수용하면서 전개해 왔는지 고찰해 보는 것은 우리나라의 글로벌 시민성 육성을 위한 지리교육의 미래를 가늠하고 설계하는 데 도움이 될 것이다.

1) 오스트레일리아 NSW주의 교육과정과 지리 교육과정

2008년 이후 오스트레일리아는 9개 주에서 독자적으로 교육과정을 운영해 오던 체제에서 벗어나 국가 교육과정으로 전환하기 위한 일련의 시도를 해 오고 있다. 2011년 이후 연차적으로 시작하여 2013년부터 모든 주가 의무적으로 시행해야 하는 국가 교육과정은 8개의 학습 영역(learning area)–영어, 수학, 과학, 인문학 및 사회과학(역사, 지리, 경제, 경영, 시민성), 외국어, 예술, 보건 및 체육, 기술–으로 구성되어 있다. 인문학 및 사회과학에 해당되는 지리는 2010년에서 2012년까지 개발을 완료하여 시행에 들어갈 예정이었다. 하지만 이러한 국가 교육과정이 모든 주에서 전면적으로 시행되기 위해서는 상당한 시일이 소요될 것으로 예상된다. 현재는 주별로 별도의 교육과정을 운영하고 있기 때문에, 이 연구에서는 현재의 NSW주 교육과정에 초점을 둔다.

사실 오스트레일리아의 국가 교육과정에 대한 논의는 1990년대로 거슬러 올라간다. 이 당시 NSW주는 국가 수준의 교육과정 개혁운동을 주도하던 연방정부의 노력과 맞물려 1990년 교육개혁법(the Education Reform Act)을 발표하고, 주 교육연구위원회(the Board of Studies)[11]를 설립하였다. 이 법은 학생들의 학업 성취결과(outcomes)의 진술에 관해 규정하고 있는데, 교육과정 문서를 교수요목으로 구성했던 기존의 방식과는 달리 학생들의 성취목표 중심의 접근을 강조하기 시작한 것은 이 법을 설치하면서부터이다(손민호, 2004). 그리고 교육연구위원회 산하 교육과정개정위원회는 1991년 K–12학년 교육과정 성취목표 진술서 개발에 착수하였다. 이때부터 교육과정 문서는 기존의 교육과정 단위였던 학년제에서 벗어나 여섯 단계, 즉 K–2, 3–4, 5–6, 7–8, 9–10, 11–12로 재구분하여 규정되기 시작하였고, 1993년까지 각 Stage에 맞는 교육과정 목표 개발에 주력하였다. 그리고 1995년 새로이 들어선 노동당 주도의 주 정부는 NSW주 교육과정평가(Review of Profiles and Outcomes)를 단행하였으며, 그 결과 나온 평가보고서가 '엘티스 보고서(the Eltis Review)'라고 알려져 있다. 여기서 교육과정을 학년별이 아닌 Stage별로 구분하여 초등학교는 Stage 1–3, 중학교 자격시험과정(School Certificate syllabus)은 Stage 4–5, 대학입학 자격시험과정(Higher School Certificate, HSC syllabus)은 Stage 6으로 제시할 것을 제안하기도 하였다. 이러한 평가는 곧바로 교육과정 개정 작업으로 이어져, 1997년부터 고등학교 11–12학년에 해당하는 Stage 6의 교육과정 개정을 시작으로, 부분적으로 그리고 단계적으로 교육과정 개정 작업을 추진하고 있다. 1998년에는 교육연구위원회가 교육과정 분과위원회를 구성하여 본격적인 개정 작업에 들어가 교육과정 시안을 작성하기 위한 자문 및 연구를 실시하였다. 그리고 11–12학년 교육과정 초안을 작성, 검토하여 1999년 교육부장관의 최종 승인을 거쳐 새로운 교육과정이 공포되었다. 그리고 2000년 11학년부터 적용 시행한 이 안을 따라 2002년에는 새로운 대학입학 자격시험 요강이 발표되었다. 인문학 및 사회과학에 포함되는 지리의 경우 7, 8학년이 2005년부터, 9, 10학년이 2006년부터 새로운 교육과정을 시행하게 되었다.

2) 오스트레일리아 NSW주의 지리 교육과정과 개발교육

(1) 이론적 근거, 목적, 목표, 지리학습의 특징

오스트레일리아 NSW주의 교육과정(Syllabus)[12]에서 지리는 그림 4–5와 같이 유치원 및 초등 단계인 K–6학년에서는 변화와 연속성, 환경, 문화, 사회시스템과 구조 등의 스트랜드로 구성된 '인간사회와 환경(HSIE: Human Society and Its Environment)'에 통합되어 있으며, 7–10학년의 Stage 4–5에서는 지리가 별도로 분리되어 있으며 필수와 선택으로 나뉜다. 7–10학년을 위한 지리는

Stage 4의 필수지리[Geography (Mandatory) Stage 4], Stage 5의 필수지리[Geography (Mandatory) Stage 5], 지리 선택(Geography Elective), 지리 생활 기능(Geography Life Skill)으로 구성된다. 그리고 11-12학년에 해당되는 Stage 6에도 지리가 개설되어 있다.

한편, 지리 교육과정은 '이론적 근거(Rationale)', '목적(Aim)', '목표(Objectives)', '지리 학습의 특징(Features of Geography Learning)' 순서로 구성되어 있는데, 이를 차례대로 살펴보면 다음과 같다. 먼저 이론적 근거에서, 지리는 공간적 차원(사물은 어디에 있고 그것들은 왜 그곳에 있는가?)과 생태적 차원(인간은 환경과 어떻게 상호작용하는가?)이라는 두 가지 핵심적인 차원을 포함하는 풍부하고 복잡한 학문이라고 규정하면서 지리 학습이 학생들에게 기여할 수 있는 측면들을 제시하고 있다. 예를 들면 '지리는 공동체 생활에 능동적인 참여, 생태적인 지속가능성, 정의로운 사회 창출, 다른 문화에 대한 이해와 평생학습을 촉진

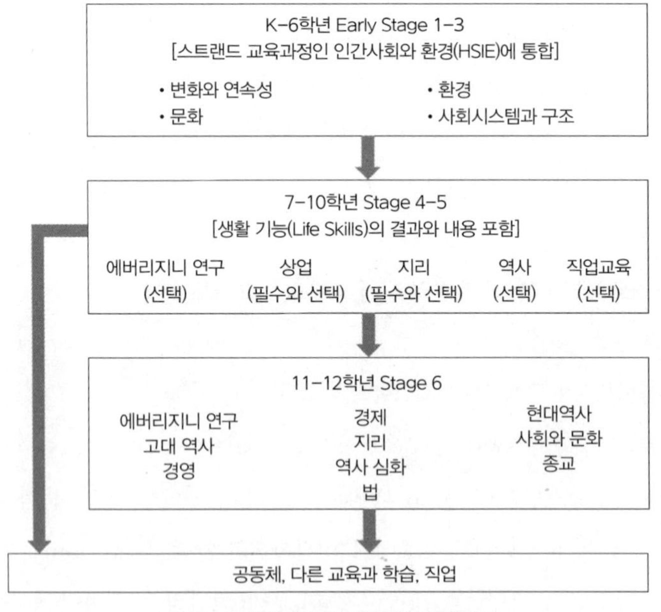

그림 4-5. NSW주의 학년별 지리 교육과정

(Board of Studies NWS, 2003b, 9)

하기 위한 기초를 형성한다. 공민과 시민성에 대한 학습을 통해, 학생들은 다양한 스케일에서 존재하는 의사결정 과정에 대한 지식을 발달시키며, 그것은 학생들에게 책임있고 교양있는 사회의 구성원으로서 참여할 수 있는 방법을 알려 준다.'라고 언급하고 있다(Board of Studies NWS, 2003, 8). 이러한 지리 학습에 대한 이론적 근거에 부가하여 표 4-6과 같이 지리 학습의 목적을 비롯하여 목표를 기능 영역, 지식과 이해 영역, 가치와 태도 영역으로 구체화하여 제시하고 있다.

다음으로 7-10학년 지리를 위한 '지리 학습의 특징'을 제시하고 있는데, 이는 '범교육과정 내용', '기초적인 지식과 기능', 'K-6에서의 인간사회와 환경에 대한 선행학습', '가치와 태도', '야외조사', '지리적 쟁점', '지리적 도구', '지리적 기능'의 측면으로 구분하여 자세하게 설명하고 있다.

표 4-6. 지리 7-10학년 교육과정의 목적과 목표

목적	지리 7-10학년 교육과정(Geography Years 7-10)의 목적은 자연환경과 인문환경의 상호작용에 대한 학생들의 흥미와 관심을 자극하는 것이다. 학생들은 지리적 지식, 이해, 기능, 가치와 태도를 발달시키고, 교양있고 능동적인 시민(informed and active citizens)으로서 공동체에 참여할 때 이것을 성취한다.
목표	기능 지리에 대한 학습을 통해, 학생들은 다음과 같은 기능을 발달시킬 것이다. • 지리적 정보를 습득하고, 처리하며, 의사소통하기 • 적절한 지리적 도구(geographical tool)를 선정하고 적용하기 지식과 이해 지리에 대한 학습을 통해, 학생들은 다음에 관한 지식과 이해를 발달시킬 것이다. • 환경의 특성과 공간적 분포 • 사람들과 공동체들이 환경을 어떻게 변경하고, 그것에 의해 어떻게 영향을 받는지 • 자연적, 사회적, 문화적, 경제적, 정치적 요인들이 글로벌 공동체를 포함하여 공동체를 어떻게 형성하는지 • 교양있고 능동적인 시민성을 가진 시민 가치와 태도 지리에 대한 학습을 통해, 학생들은 다음에 대한 헌신과 함께 사람들, 문화, 사회, 환경에 대한 관심과 교양있고 책임있는 태도를 발달시킬 것이다. • 생태적 지속가능성 • 정의로운 사회 • 다른 문화에 대한 이해 • 교양있고 능동적인 시민성 • 평생학습

(Board of Studies NWS, 2003b, 10)

(2) 내용의 조직과 학업 성취결과

① 필수 지리 교과목에서의 개발교육 내용

그렇다면, 지리의 내용(content) 구성은 어떻게 되어 있을까? 내용은 교과과정의 학업 성취결과(outcomes)와 연결된 '무엇에 대한 학습(learn about)'과 '무엇을 위한 학습(learn to)'의 형식으로 표현되어 있다. 여기에서는 필수 교과인 7−10학년의 Stage 4−5 지리의 내용과 학업 성취결과에만 초점을 두어 살펴보자. 필수 지리 교과과정은 세계 지리(Global Geography, Stage 4)와 오스트레일리아 지리(Australian Geography, Stage 5)로 구분된다. 각 Stage는 각각 4개의 초점 영역(focus areas)으로 구성되어 있다. 세계 지리(Global Geography, Stage 4)의 초점 영역은 'Focus Area 4G1 세계를 조사하기', 'Focus Area 4G2 글로벌 환경', 'Focus Area 4G3 글로벌 변화', 'Focus Area 4G4 글로벌 쟁점과 시민성의 역할'이며, 오스트레일리아 지리(Australian Geography, Stage 5)는 'Focus Area 5A1 오스트레일리아의 자연환경을 조사하기', 'Focus Area 5A2 오스트레일리

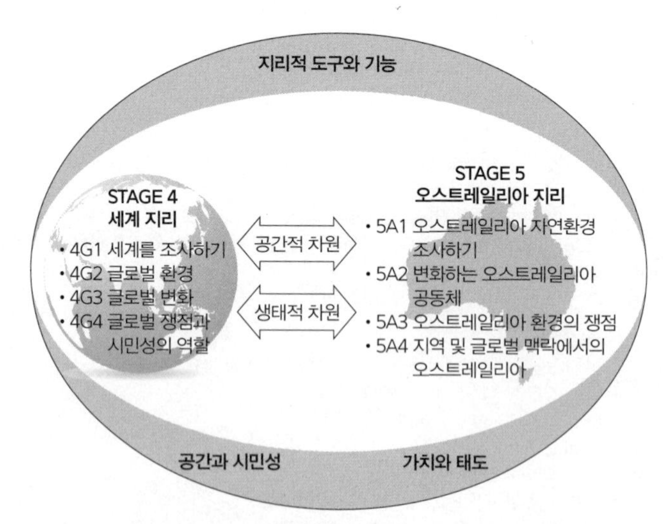

그림 4−6. 필수 교과목 'Stage 4 세계 지리'와 'Stage 5 오스트레일리아 지리'의 내용 조직

(Board of Studies NWS, 2003b, 22)

아의 공동체를 변화시키기', 'Focus Area 5A3 오스트레일리아 환경의 쟁점들', 'Focus Area 5A4 지역 및 글로벌 맥락에서의 오스트레일리아'이다(그림 4-6).

내용은 필수적인 내용(essential content)과 부가적인 내용(additional content)으로 구분된다. 먼저 필수적인 내용은 다음과 같다. 학생들은 세계 지리의 학습에 100시간, 오스트레일리아 지리의 학습에 100시간을 이수해야 한다. 지리 교

표 4-7. 필수 지리의 학업 성취결과

목표	Stage 4 학업 성취결과	Stage 5 학업 성취결과
학생들은 지리적 정보를 수집하고, 처리하며, 의사소통하는 기능을 발달시킬 것이다.	4.1 학생은 지리적 정보를 확인하고 수집한다. 4.2 학생은 지리적 정보를 조직하고 해석한다. 4.3 학생은 일련의 활자, 구술, 그래픽 형태를 사용하여 지리적 정보를 의사소통한다.	5.1 학생은 지리적 정보를 확인하고, 수집하며, 평가한다. 5.2 학생은 지리적 정보를 분석하고, 조직하며, 종합한다. 5.3 학생은 일련의 활자, 구술, 그래픽 형태를 선정하고 사용하여 지리적 정보를 의사소통한다.
학생들은 적절한 지리적 도구를 선택하고 적용하는 기능을 발달시킬 것이다.	4.4 학생은 일련의 지리적 도구를 사용한다.	5.4 학생은 일련의 지리적 도구를 사용한다.
학생들은 환경의 특성과 공간적 분포에 관한 지식과 이해를 발달시킬 것이다.	4.5 학생은 글로벌 환경에 관한 장소감을 보여 준다.	5.5 학생은 오스트레일리아 환경에 관한 장소감을 보여 준다.
학생들은 사람들과 공동체들이 환경을 어떻게 변화시키고, 그것에 의해 영향을 받는지에 관한 지식과 이해를 발달시킬 것이다.	4.6 학생은 환경을 형성하고 변형하는 지리적 프로세서를 기술한다. 4.7 학생은 일련의 관점으로부터 지리적 쟁점을 확인하고 토론한다.	5.6 학생은 오스트레일리아의 환경을 형성하고 변형하는 지리적 프로세서를 설명한다. 5.7 학생은 로컬, 국가, 글로벌 스케일에서의 지리적 쟁점에 관한 상이한 관점들의 영향을 분석한다.
학생들은 자연적, 사회적, 문화적, 경제적, 정치적 요인들이 글로벌 공동체를 포함한 공동체들을 어떻게 형성하는지에 관한 지식과 이해를 발달시킬 것이다.	4.8 학생은 인간과 환경 간의 관계를 기술한다. **4.9 학생은 전 세계에서의 삶의 기회의 차이를 기술한다.**	5.8 학생은 오스트레일리아 공동체들 내의 차이와 공동체들 간의 차이를 설명한다. **5.9 학생은 오스트레일리아와 다른 국가들과의 연계 그리고 글로벌 공동체에서의 오스트레일리아의 역할을 설명한다.**
학생들은 교양있고 능동적인 시민성을 위해 공민에 관한 지식과 이해를 발달시킬 것이다.	4.10 학생은 지리적 지식, 이해, 기능이 교양있는 시민성에 기여하기 위해 공민의 지식과 어떻게 결합하는지를 설명한다.	5.10 학생은 지리적 지식, 이해, 기능을 공민에 대한 지식에 적용하여 교양있고 능동적인 시민성을 보여 준다.

(Board of Studies NWS, 2003b, 23)

육과정은 지리의 모든 내용에 대한 학습을 위해 기초를 형성하는 두 개의 핵심적인 차원들[공간적 차원–사물들은 어디에 있고 그것들은 왜 그곳에 있는가?, 생태적 차원–인간은 환경과 어떻게 상호작용하는가?]을 가지고 있다. 다음으로, 부가적인 내용은 다음과 같다. 학생들에게 지리적 기능, 지식과 이해를 넓히고 심화시키기 위해, Stage 4와 Stage 5의 초점 영역들은 관련된 환경 또는 공동체, 지리적 쟁점에 대한 부가적인 학습을 위한 기회를 제공한다. 교육과정이 '적어도 하나(At least ONE)' 또는 '적어도 둘(At least TWO)'에 대한 학습을 명시하는 곳에서, 학생들은 그들의 관심과 전문적 지식에 따라 부가적인 학습을 수행할 수 있다.

한편, 필수 지리(Stage 4, Stage 5)에 대한 학업 성취결과(outcomes)는 표 4–7과 같다. 본 연구의 주제인 개발교육과 밀접한 학업 성취결과는 Stage 4의 '4.9 학생은 전 세계에서의 삶의 기회의 차이를 기술한다.'와 Stage 5의 '5.9 학생은 오스트레일리아와 다른 국가들과의 연계 그리고 글로벌 공동체에서의 오스트레일리

표 4–8. 초점 영역 '4G3 글로벌 변화'에서 개발교육 내용 부분

학생들은 다음에 관해 학습한다(learn about).	학생들은 다음을 위해 학습한다(learn to).
글로벌 불평등	
• 빈곤과 부의 양 극단 • 다음을 포함한 삶의 필수적인 양상에 대한 사람들의 접근의 차이 –교육 –식품 –건강 –주거 –물	• 빈곤과 부의 글로벌 패턴을 구체화한다. • 일련의 필수적인 삶의 양상에 대한 인간의 접근에서의 글로벌 차이를 기술한다.
• 자연자원의 분포, 접근, 사용의 차이 –자연자원의 사용 –자연자원의 지속가능성 • 전 세계 상이한 삶의 기회와 삶의 질	• 자원 이용의 글로벌 패턴을 구체화한다. • 자원의 사용과 지속가능성 간의 연계를 설명한다. • 젠더에 근거한 것들을 포함하여, 상이한 글로벌 삶의 기회와 삶의 질을 기술한다.
글로벌 조직	
• 다음을 조사하기 위한 글로벌 조직 –글로벌 불평등을 줄이는 데 참여하는 집단 또는 생태적 지속가능성을 촉진하는 데 참여하는 집단	• 글로벌 공동체에 영향을 주기 위해 집단들에 의해 사용된 방법들을 토론한다.

(Board of Studies NWS, 2003b, 31)

표 4-9. 초점 영역 '5A4 지역 및 글로벌 맥락에서의 오스트레일리아'에서 개발교육 내용 부분

학생들은 다음에 관해 학습한다(learn about).	학생들은 다음을 위해 학습한다(learn to).
오스트레일리아의 지역 및 글로벌 연계들 • 다음을 포함하여 오스트레일리아가 다른 국가들과 상호작용하는 방법들 –원조 –이주 –커뮤니케이션 –관광 –문화 –무역 –방어 –스포츠	• 오스트레일리아가 지역 및 글로벌 연계를 가지는 국가를 확인하고 정확한 위치를 파악하며, 그러한 연계의 본질을 기술하기 위해 자료를 수집한다. • 지역 및 글로벌 맥락에서 오스트레일리아의 연계를 보여 주는 결과를 의사소통한다.
원조, 방어, 이주, 무역에서 선택된 적어도 하나의 지역 및 글로벌 연계	
• 연계의 본질	• 연계를 기술하고 포함된 국가를 구체화한다.
• 연계와 관련하여 정부와 비정부기구의 역할	• 연계와 관련하여 정부의 상이한 수준의 역할과 행동을 설명한다. • 연계와 관련한 비정부기구의 중요성을 토론한다.
• 연계와 관련한 조약/또는 협정	• 연계와 관련한 조약/또는 협정의 목적을 구체화하여 기술한다. • 연계에 포함된 국가들에 대한 조약/또는 협정의 중요성을 개관한다.
• 오스트레일리아에 미치는 문화적, 경제적, 지정학적 이익과 불이익	• 연계로 인한 오스트레일리아의 이익과 불이익을 분석한다.
• 오스트레일리아와 다른 국가들의 사회정의와 공정의 쟁점	• 연계와 관련한 사회정의와 공정을 위한 함의를 인식한다.

(Board of Studies NWS, 2003b, 43)

아의 역할을 설명한다.'이다.

교육과정의 나머지 부분은 Stage 4 세계 지리의 내용 조직(초점 영역 4G1~4G4)과 Stage 5 오스트레일리아의 내용 조직(초점 영역 5A1~5A4)의 초점 영역 각각에 대한 내용을 자세하게 기술하고 있다. 이들 초점 영역 중에서 개발교육과 관련된 것은 Stage 4 세계 지리의 '초점 영역 4G3 글로벌 변화(Focus Area 4G3 글로벌 변화)'(표 4-8)와 오스트레일리아의 '초점 영역 5A4 지역 및 글로벌 맥락에서의 오스트레일리아'(표 4-9)이다[13].

② '선택 지리'와 '생활기능지리'에서의 개발교육 내용

한편, 7-10학년을 위한 선택 교과목으로서 지리를 명시하고 있다. 선택 교과 지리 교과과정은 학생들에게 부가적인 지리 내용에 참여하도록 하며, 더욱 심화

된 학습 기회를 제공한다. 이 과정은 학생들에게 지리학이라는 학문에 대한 좀 더 폭넓은 이해와 지리탐구의 프로세스를 제공하며, 초점 영역에 대한 유연한 프로그램의 계획을 통해 심층적인 학습을 가능하게 한다. 학생들은 Stage 4/또는 Stage 5에서 선택 교과로서 지리에 대한 학습을 100시간 내지 200시간을 이수할 수 있다. 100시간짜리 프로그램을 위해서는 지리(선택)의 8개 초점 영역(E1~E8) 중에서 적어도 3개를 개발해야 하며, 200시간짜리 프로그램을 위해서는 8개의 초점 영역(E1~E8) 중에서 적어도 5개를 개발해야 한다(그림 4-7).

그림 4-7. 선택 지리 교과목의 내용 조직
(Board of Studies NWS, 2003b, 44)

선택 지리(Stage 4, Stage 5)의 학업 성취결과(outcomes, Board of Studies NWS, 2003b, 45 참조)와 내용에 대해서도 구체적으로 제시하고 있다. 선택 지리의 내용은 그림 4-7에서처럼 총 8개의 초점 영역으로 조직되어 있는데, 이 중에서 개발교육과 관련된 내용은 초점 영역 'E4 개발지리(Development Geography)'이며, 이 초점 영역은 공간적 패턴과 글로벌 불평등의 원인, 삶의 질을 개선하기 위한 적절한 개발 전략들을 위한 요구에 초점을 두고 있다(표 4-10).

마지막으로 '생활기능(Life Skills)지리'에 대해서도 학업 성취결과(자세한 내용은 교육과정, 60 참조)와 내용을 구체적으로 제시하고 있다. 생활기능지리의 초점 영역은 'LSG1 세계를 조사하기', 'LSG2 글로벌 환경', 'LSG3 글로벌 변화', 'LSG4 글로벌 쟁점과 시민성의 역할', 'LSG5 오스트레일리아의 자연환경을 조사하기', 'LSG6 변화하는 오스트레일리아 공동체들', 'LSG7 오스트레일리아 환경의 쟁점들', 'LSG8 지역 및 글로벌 맥락에서의 오스트레일리아' 등 8개로 구성되어

표 4-10. 초점 영역 'E4 개발지리'의 내용 부분

학생들은 다음에 관해 학습한다(learn about).	학생들은 다음을 위해 학습한다(learn to).
개발	
• 개발의 정의 • 개발의 지표	• 개발의 다양한 정의를 논의한다. • 지표를 사용하여 개발의 수준을 비교한다.
개발도상국(developing world)에서 적어도 한 국가	
• 그 국가의 개발 수준에 기여하는 요인들 • 개발의 수준과 비율에 있어서 지역적 차이 • 개발을 촉진하기 위한 정부의 계획 • 그 국가의 사람들의 삶의 기회를 강화하기 위한 공동체에 기반한 계획	• 양적, 질적 데이터를 포함한 그 국가의 프로파일을 준비한다. • 그 국가 내에서 개발의 불평등의 원인을 확인한다. • 정부와 공동체의 계획 그리고 그것들이 사람들의 삶의 질에 어떻게 기여하는지 조사한다.
다음에서 선정된 적어도 하나의 현대의 개발 쟁점	
–인구 성장 –경제 의존 –정치적 권리와 인권 –자원에 대한 접근 –다국적기업의 역할 –국제적 원조 –난민 –여성의 역할과 지위 –건강 –환경 악화	• 선정된 국가와 관련한 현대의 개발 쟁점들을 확인한다. • 개인, 집단, 정부의 역할을 검토한다. • 개인과 시민들이 교양있고 능동적인 시민으로서 참가하는 방식을 기술한다.

(Board of Studies NWS, 2003b, 52)

있다. 이 중에서 개발교육과 관련된 초점 영역은 'LSG3 글로벌 변화'(표 4-11)와 'LSG8 지역 및 글로벌 맥락에서의 오스트레일리아'(표 4-12)이다.

한편, 지리 7-10학년 교육과정에는 마지막에 '용어 해설(Glossary)'을 담고 있는데, 개발교육과 관련된 용어는 시민성(citizenship), 공민(civics), 선진국(developed world), 개발도상국(developing world), 사회정의(social justice) 등이다. 이 중에서 선진국(developed world)은 '고도의 경제적 생산성, 상대적으로 높은 삶의 표준, 상대적으로 정부의 민주적 시스템을 가지고 있는 미국, 영국, 프랑스, 독일, 일본, 오스트레일리아와 같은 국가'라고 제시하고 있다. 반면 개발도상국(developing world)에 대해서는 "세계의 가장 가난한 국가들을 기술하고 분류하기 위해 사용된 용어이다. 그것은 인구와 그것들이 차지하고 있는 지표면 면적의 관점에서 선진국을 능가한다. 이전에는 '남(南)'과 '제3세계(Third World)'

표 4-11. 초점 영역 'LSG3 글로벌 변화'의 개발교육 내용 부분

학생들은 다음에 관해 학습한다(learn about).	학생들은 다음을 위해 학습한다(learn to).
• 기본적인 인권	• 식품, 주거, 물, 깨끗한 공기, 건강, 교육에 대한 사람들의 권리를 인식한다.
• 글로벌 인간 불평등	• 일부 사람들은 기본적인 인권에 접근하지 못한다는 것을 인식한다. • 사람들이 기본적인 인권에 접근하지 못하는 지역을 지도 또는 지구의에 정확하게 표시한다. • 기본적인 인권에 대한 접근을 거부하는 요인들, 예를 들면 전쟁, 홍수, 기근, 다른 자연재해, 정치적 실천, 과잉 인구 등을 탐구한다.
• 시민성이 기본적인 인권을 보호하는 방법	• 개인, 집단, 정부가 인권의 보호에 기여할 수 있는 방법을 탐구한다. -개인, 예를 들면 학생들은 기금 조성, 편지 쓰기, 집단에 가입함으로써 도울 수 있다. -집단, 예를 들면 학급은 한 어린이를 후원하고, 편지를 쓰고, 탄원서를 준비하고, 기금을 조성할 수도 있다. -정부, 예를 들면 해외 원조를 제공할 수 있다.

(Board of Studies NWS, 2003b, 65)

표 4-12. 초점 영역 'LSG8 지역 및 글로벌 맥락에서의 오스트레일리아'의 개발교육 내용 부분

학생들은 다음에 관해 학습한다(learn about).	학생들은 다음을 위해 학습한다(learn to).
• 오스트레일리아가 근린 국가들 및 다른 국가들과 가지는 연계의 유형들 -무역 -방어 -원조 -스포츠 -이주 -환경 -관광	• 오스트레일리아가 다른 국가들과 연계를 맺는 방법들, 예를 들면 인도주의적 원조, 스포츠 연계, 관광 연계 등을 탐구한다.

(Board of Studies NWS, 2003b, 73)

국가로 언급되었다."라고 설명한다(Board of Studies NWS, 2003b, 86).

3) 지리 교과서에 나타난 개발교육 내용

(1) 지리 교과서 『Geography Focus』의 구성 체제와 개발교육

이 연구에 사용된 교과서는 오스트레일리아 NWS주의 7-10학년 지리 교육과정에 근거하여 Pearson 출판사가 발행한 『Geography Focus』 시리즈이다. 『Geography Focus 1』은 Stage 4를 위한 세계 지리 교과서이며, 『Geography

Focus 2』는 Stage 5를 위한 오스트레일리아 지리 교과서이다. 이와 같은 이유는, 앞에서 살펴보았듯이 오스트레일리아 NSW주의 7-10학년 지리 교육과정이 Stage 4에서 세계 지리를 먼저 학습한 후, Stage 5에서 자국의 지리인 오스트레일리아의 지리를 학습하도록 하고 있기 때문이다.

먼저 『Geography Focus 1』은 세계를 조사하기, 글로벌 환경, 글로벌 변화, 글로벌 쟁점과 시민성의 역할 등 총 4개의 대단원 또는 초점 영역에 15개의 중단원으로 구성되어 있다. 여기에서 개발교육과 관련된 내용은 세 번째 대단원 '글로벌 변화'의 중단원 '9. 글로벌 불평등'에서 다루어지고 있다. 그리고 중단원 '9. 글로벌 불평등'은 10개의 소단원으로 구성되어 있으며, 각각의 하위 주제들로 이루어져 있다(표 4-13).

다음으로 『Geography Focus 2』는 오스트레일리아 자연환경 조사하기, 변화하는 오스트레일리아의 공동체들, 오스트레일리아 환경의 쟁점들, 지역 및 글로벌 맥락에서의 오스트레일리아 등 총 4개의 대단원 또는 초점 영역에 15개의 중단원으로 구성되어 있다. 여기에서 개발교육과 관련된 내용은 네 번째 대단원 '지역 및 글로벌 맥락에서의 오스트레일리아'의 중단원 '12. 오스트레일리아의 원조 연계들'에서 다루어지고 있다. 그리고 중단원 '12. 오스트레일리아의 원조 연계들'은 7개의 소단원으로 구성되어 있으며, 각각의 하위 주제들로 이루어져 있다(표 4-13).

한편, 이 교과서의 중단원 구성 체제는 다음과 같다. 첫째, 중단원의 도입 페이지에서는 이 중단원에서 학생들이 성취해야 할 학업 성취결과(outcomes)와 지리적 도구(geographical tool: 지도, 그래프와 통계, 사진, ICT)를 개관하고 있다. 또한 도입 페이지에 이 중단원에 사용된 모든 핵심 용어들에 대한 용어해설을 제시하고 있다[14]. 둘째, 각 소단원의 마지막에는 본문에서 기술된 내용과 제시된 자료를 활용한 탐구 활동을 제공하고 있는데, 이는 지식, 기능, 적용, 서퍼(surf), 야외조사 등으로 구분하여 제시하고 있다. 셋째, 스킬 마스터(Skill Master)를 제시하고 있는데, 이는 학생들에게 지리적 도구를 사용하는 데 요구되는 지식을 제

표 4-13. 『Geography Focus 1과 2』의 단원 구성 체제

Geography Focus 1(Stage 4)		Geography Focus 2(Stage 5)	
대단원	중단원	대단원	중단원
세계를 조사하기	1. 세계를 열어젖히기	오스트레일리아의 자연환경을 조사하기	1. 오스트레일리아-독특한 대륙
	2. 우리의 세계와 유산		2. 오스트레일리아의 공동체들에 영향을 주는 자연재해
글로벌 환경	3. 극 지방	변화하는 오스트레일리아의 공동체들	3. 오스트레일리아의 독특한 인문적 특성들
	4. 산호초		4. 두 개의 오스트레일리아 공동체
	5. 산지	오스트레일리아 환경의 쟁점들	5. 지리적 쟁점들에 대한 개관
	6. 열대우림		6. 대기의 질
	7. 사막		7. 해안 관리
글로벌 변화	8. 변화하는 글로벌 관계		8. 토지와 물 관리
	9. 글로벌 불평등		9. 도시의 성장과 쇠퇴
글로벌 쟁점과 시민성의 역할	10. 기후 변화		10. 쓰레기 관리
	11. 담수에의 접근	지역 및 글로벌 맥락에서의 오스트레일리아	11. 오스트레일리아의 지역적, 글로벌 연계들
	12. 도시화		12. 오스트레일리아의 원조 연계들
	13. 토지 침식		13. 오스트레일리아의 방위 연계들
	14. 인권		14. 오스트레일리아의 무역 연계들
	15. 위험에 직면한 서식지		15. 오스트레일리아를 위한 미래의 도전들

공한다. 넷째, 이외에도 스냅샷(Snapshot), 사례 학습(Case Study), 지리 포커스(Geography Focus), ICT 능력(인터넷 조사, 웹사이트 활용, 이메일 작성, 웹페이지 설계, 멀티미디어 프레젠테이션하기) 등으로 구성되어 있다.

(2) 『Geography Focus 1』에 나타난 개발교육의 특징

① 삶의 질의 차이와 공간적 불평등에 대한 이해

『Geography Focus 1』의 대단원 '글로벌 변화'의 두 번째 중단원은 '글로벌 불

평등'으로, 개발교육은 주로 여기에서 다루어진다. 중단원 '글로벌 불평등'에 대한 도입글은 '오늘날 세계의 많은 사람들은 식품, 거주지, 물, 의료, 교육에 대한 적절한 접근을 가지지 못한다. 비록 지구에는 모든 사람들을 위한 충분한 자원들이 있지만, 이러한 자원들이 분배되는 것은 불균등하다. 지리학자들은 세계의

표 4-14. 중단원 '글로벌 불평등'의 구성 체제

소단원	주제
9.1 삶의 필수품에 접근하기–깨끗한 물	• 오늘날 세계는 어떤 모습인가? • 맑고, 안전한 물에의 접근 –이용할 수 있는 물의 글로벌 불평등
9.2 삶의 필수품에 접근하기–식품과 주거	• 식품에 대한 접근 –식품은 충분한가? • 기아의 순환 • 주거에 대한 접근
9.3 삶의 질의 다른 양상들	• 여성의 역할과 지위 • 정부의 유형 • 의료에 대한 접근
9.4 세계와 자원	• 자연적 자원이란 무엇인가? • 화석연료 –화석연료의 대안들 • 누가 세계의 자원을 이용하는가? • 세계의 자원에 대한 이용은 얼마나 지속가능한가?
9.5 국가 간의 불평등을 측정하기	• 개발도상국에서의 삶의 질 • 선진국과 개발도상국이란 무엇인가? • 개발을 측정하기 • GDP는 개발을 측정하는 최선의 지표인가?
9.6 인간개발지수	• UN의 개발의 분류 –인간개발지수(HDI)에서 GDP 외의 통계들은 무엇이 있나? • 0(worst)에서 1(best)까지 • 인간개발지수는 어떻게 사용되나?
9.7 전 세계에서의 삶의 기회	• 개발 지표들 –인도의 삶의 질 –말리의 삶의 질 –미국의 삶의 질
9.8 글로벌 불평등을 줄이기	• 새천년개발목표(MDGs)
9.9 행동(실천)의 중요성	• 1985년의 밴드 에이드(Band Aid)와 라이브 에이드(Live Aid) • 2005년의 라이브 8(Live 8) • 라이브 8(Live 8)의 결과들
9.10 글로벌 조직	• 비정부기구(NGOs)

국가를 그들이 사용하는 자원에 따라 두 개의 그룹, 선진국(developed world)과 개발도상국(developing world)으로 구분한다. 전 세계 사람들의 삶의 기회는 매우 다양하다. 지리학자들은 인권과 생태적 지속가능성을 촉진하기 위한 전략들을 발전시킴으로써 불평등을 줄이는 데 도움을 준다.'라고 진술하고 있으며(Tilbury, 1997; Zuylen et al., 2011a, 204), 표 4-14와 같이 중단원 '글로벌 불평등'은 소단원 10개로 구성되어 있다.

이와 같이 개발교육의 궁극적인 목표는 글로벌 불평등을 줄이는 데 있다. 이 중단원의 계열 역시 글로벌 불평등이 어떻게 나타나고, 왜 나타나며, 발전했다는 것은 무엇을 의미하며, 그러한 발전 또는 개발을 측정하는 지표는 무엇이며, 이러한 글로벌 불평등을 줄이기 위한 실천 전략은 무엇인지에 대한 학습으로 이루어져 있다. 따라서 이러한 계열에 따라 교과서를 분석하고자 한다.

이 중단원은 삶의 질의 차이와 공간적 불평등에 대한 이해를 개발교육의 출발점으로 삼고 있다. 이 중단원에서 삶의 질의 차이를 인식하도록 하기 위해 사용하고 있는 것이 식수, 음식과 주거(집), 여성의 역할과 지위, 정부의 유형, 의료에 대한 접근, 자원 등이다. 삶의 질에 차이를 보이는 기본적인 것으로 물, 음식, 집 등이 있으며, 부가적인 것으로는 의료, 투표 자격, 여성의 역할 등이 있다. 그리고 이러한 삶의 질의 차이가 공간적 불평등을 야기하는 것으로 설명하고 있다.

② 개발의 정의와 개발을 측정하기 위한 지표에 대한 이해

다음으로 개발의 정의와 개발을 측정하기 위한 지표에 초점을 둔다. 이 교과서에서는 국가를 개발의 정도에 따라 '저개발(underdeveloped)', '개발된(developed)', '개발되고 있는(developing)'이라는 용어를 사용하기도 하며, 이러한 기준에 따라 '개발도상국(developing countries)'과 '선진국(developed countries)'으로 구분하기도 한다[15]. 그리고 선진국과 개발도상국의 차이를 자원에 대한 접근의 차이, 즉 삶의 표준과 질에 대한 차이로 접근한다. 선진국에 살고 있는 사람들은 삶의 표준과 질이 높은 반면, 개발도상국에서는 사람마다 삶의 표

준에 있어서 상당한 차이가 있지만 일반적으로 많은 사람들이 선진국에 비해 낮다고 설명하고 있다.

그렇다면 선진국과 개발도상국, 즉 국가 간의 불평등을 측정하는 개발 지표는 무엇일까? 이 교과서에서 경제 개발을 측정하는 지표로서 한 국가에서 생산되는 모든 상품과 서비스의 가치를 측정함으로써 계산되는 국내총생산(GDP) 또는 국내총수입(GNI)을 제시하고 있다. 그리고 한 국가의 국내총생산을 그 국가에 살고 있는 사람들의 수로 나눈 1인당 국내총생산(GDP per capita)을 제시하고 있는데, 이는 한 사람당 국가 간의 수입을 비교할 수 있기 때문에 더 유용한 통계로 간주된다.

이 교과서는 먼저 'GDP가 개발을 측정하는 최선의 지표일까?'라는 질문을 던진다. 국내총생산(GDP)과 1인당 국내총생산(GDP per capita)은 유용한 지표이지만, 사람들이 향유하는 삶의 표준을 완전하게 보여 주지는 못한다[16]. 그러나 이러한 국내총생산(GDP)의 한계를 지적하면서도 아직까지 개발의 지표로서 사용되는데, 1인당 국내총생산이 1만 달러 이상이면 일반적으로 개발 수준이 높은 국가로 간주되는 반면, 1인당 국내총생산이 2000달러 이하이면 가난한 국가로 분류된다. 현재 우리가 개발 지표로 인식하는 국내총생산 또는 국내총수입에 대해 균형적인 시각을 보여 준다고 할 수 있다.

그리고 이 교과서는 이러한 개발 지표로서 국내총생산 또는 국내총수입 그리고 1인당 국내총생산이 가지는 한계를 보완하기 위해 등장한 국제연합(UN)의 인간개발지수(HDI: Human Development Index)에 대해 자세하게 설명하고 있다. 국제연합은 특정 국가에서 사람들의 삶의 질을 판단할 수 있는 정확한 지표가 필요하다고 생각했다. 왜냐하면, 국제연합은 특정 지역의 삶의 질을 개선하기 위해 필요한 프로그램과 지원을 하기 위해서는 좀 더 정확한 지표가 필요했기 때문이다. 그리하여 삶의 질을 판단할 수 있는 좀 더 진정한 지표로서 인간개발지수를 사용하게 되는데, 이는 1인당 국내총생산, 기대수명, 문해력과 교육 수준 등 3가지 영역으로 구성된다[17]. 3가지 영역을 포함하고 있는 인간개발지수는

1인당 국내총생산보다 사람들의 삶의 질을 판단할 수 있는 더 나은 지표로 인식된다. 이와 같이 인간개발지수는 국내총생산에 의해 측정되는 것처럼, 한 국가가 단지 얼마나 많이 생산할 수 있는가를 측정하는 국내총생산 이상을 포함하는데, 정부로 하여금 의료, 학교 교육, 직업 창출과 같은 영역의 발달에 주목하도록 할 수 있다. 그리고 비정부기구(NGO)는 이러한 인간개발지수를 사용하여 특정 국가의 사람들의 삶의 질을 개선하는 데 도움이 되는 프로그램을 개발할 수 있다.

한편, 이 교과서에서는 인간개발지수 이외에 인간의 삶의 질을 결정하는 데 사용될 수 있는 개발 지표로 깨끗한 물, 의사 1인당 인구, 여성이 차지한 의회의 수, 인터넷 사용, 정부의 유형, 유아사망률 등을 제시하고 있다. 나아가 인구, 인구밀도, 총사망률, 인구가 2배 되는 시간, 도시/농촌 비율, 1인당 전기 사용, 유아사망률, 기대수명, 성인의 문해력 비율, 1인당 국내총생산, 인간개발지수, 인터넷 사용자, 인구 100,000명당 의사 비율 등의 지표를 사용하여 인도, 말리, 미국의 삶의 질을 비교하고, 관련된 내러티브와 사진을 보여 주고 있다.

이와 같이 이 교과서는 개발에 대한 단일의 지표를 거부하며, 개발 지표는 사회적으로 구성되는 것임을 이해시키려는 의도가 엿보인다. 즉 한 국가가 개발 또는 발전되었다는 것을 경제적 지표만으로 이해하는 것은 한계가 있으며, 사회적·정치적·문화적·개인적 지표와 결합되어야 한다는 것을 보여 준다.

③ 글로벌 불평등을 줄이기 위한 실천의 중요성

마지막으로, 이 교과서는 이러한 국가 간의 글로벌 불평등을 줄이기 위한 실천의 중요성을 강조한다. 그런데 그 실천이 구호나 형식적인 언급 수준에 머물지 않고 매우 구체적인 실천 사례를 개인 수준에서 비정부기구와 같은 단체 수준으로 나아가면서 제시하고 있다.

먼저 이 교과서에서는 글로벌 불평등을 줄이기 위한 사례로서 2000년 9월에 제정된 국제연합의 새천년선언(UN Millennium Declaration)을 제시하고 있다. 이 선언은 8가지의 새천년개발목표(Millennium Development Goals)를 설정했으며, 국제연합에 가입하고 있는 국가들은 2015년까지 이 목표를 성취하기 위해 노력하는 데 동의했다(표 4-15). 이 목표를 성취하기 위해 세계의 부유한 국가들(선진국)은 가난한 국가들(개발도상국)에 원조를 제공하고, 자신의 국가에 이익이 되는 보조금과 관세 장벽을 제거하여 자유무역을 허용하며, 채무를 변제하는 등 3가지를 지원하기로 했다.

둘째, 글로벌 불평등을 줄이기 위한 개인의 행동과 실천의 중요성을 강조하면서, 이에 대한 사례를 이야기 형식으로 자세하게 제시하고 있다. 먼저 1985년의 밴드 에이드(Band Aid)와 라이브 에이드(Live Aid)의 사례를 소개한 후, 이에 대한 반성으로 다른 실천 방식인 2005년의 '라이브 8(Live 8)' 사례를 제시하고 있다(그림 4-8). 전자가 밥 겔도프 주도로 라이브 에이드 콘서트를 통한 기금을 마련

표 4-15. 국제연합의 새천년개발목표

새천년개발목표
* 이 목표는 1990년대의 세계 상황에 근거하며, 2015년까지 성취하기로 되어 있다.
• **목표 1: 극도의 빈곤과 기아를 근절한다.** -하루에 1달러 이하로 살고 있는 사람들과 기아로부터 고통받고 있는 사람들의 비율을 반으로 줄인다.
• **목표 2: 보편적인 초등교육을 성취한다.** -2015년까지 모든 지역의 어린이들은 초등교육을 완료할 수 있어야 한다.
• **목표 3: 젠더 평등을 촉진하고 여성에게 권력을 부여한다.** -소년들과 소녀들의 동등한 숫자가 초등, 중등, 고등교육을 완료한다.
• **목표 4: 어린이 사망률을 줄인다.** -매년 죽는 5세 이하 어린이들의 숫자를 2/3까지 줄인다.
• **목표 5: 엄마의 건강을 개선한다.** -어린이를 출생하면서 죽는 여성의 숫자를 3/4까지 줄인다.
• **목표 6: HIV/AIDS, 말라리아, 다른 질병들과 싸운다.** -HIV/AIDS, 말라리아, 다른 주요 질병들을 멈추게 한다.
• **목표 7: 환경적 지속가능성을 확신한다.** -안전한 식수와 공중위생에 접근하지 못하는 사람들의 숫자를 50%까지 줄이고, 적어도 1억 명의 슬럼 거주자들을 위한 환경을 개선한다.
• **목표 8: 개발을 위한 글로벌 협력을 발전시킨다.** -가난한 국가들을 위해 원조를 확대하고, 가난한 국가들이 지고 있는 빚을 변제하며, 국가들 간에 자유무역이 이루어질 수 있게 한다.

(Zuylen, 2011a, 223)

그림 4-8. Live 8 콘서트, 밥 겔도프, 빈곤 퇴치(Make Poverty History) 포스터

(Zuylen, 2011a, 224-225)

하여 아프리카의 빈곤을 해결하기 위해 원조를 한 성공적인 사례라면, 후자는 이러한 기금 모금 방식의 한계를 인식하고 라이브 8 콘서트를 통해 선진국 G8 국가들에게 아프리카의 채무를 변제해 줄 것을 청원한 것으로, 구조적인 모순을 해결하는 데 초점을 맞추었다.

한편, 이 교과서는 실천 또는 행동의 중요성을 강조하면서 스냅샷을 통해 다른 사례를 제시하고 있다. 즉 '크리켓 선수가 어린이들을 돕다.'라는 제목하에 다음과 같이 기술하고 있다.

> 그룹 U2 출신의 보노(Bono)와 같은 인기있는 음악가들, 오스트레일리아의 크리켓 선수 스티브 워프(Steve Waugh), 배우 안젤리나 졸리(Angelina Jolie)는 글로벌 불평등이라는 쟁점에 기여를 하고 있다. 스티브 워프는 그의 명성을 이용하여 다른 사람들의 삶의 질을 개선해 오고 있다. 크리켓 선수로서 그는 세계를 여행하면서 빈곤과 사람들의 고통을 목격했다. 한센병 환자 어린이를 돌보는 콜카타(Kolkata) 외곽에 있는 우다얀(Udayan)에 초대받아 방문한 이후, 더욱더 실천의 필요성을 절감했다. 그는 첫 번째 방문 이후, 여러 번 다시 방문하였다. 그는 우다얀 프로젝트 중 하나에 후원자가 되었고 그의 시간과 에너지를 이 조직을 위한 펀드를 모금하는 데 투자했다. 그의 노력을 통해, 인도의 400명 이상의 사람들의 삶의 질이 개선되었다. 여러분은 캘커타 파운데이션(Calcutta Foundation) 웹사이트에서 그의 활동 결과를 볼 수 있다.

그림 4-9. 『Geography Focus 1』의 표지와 국제연합에 증서를 제공하는 U2의 보노(Bono)

(Zuylen, 2011a, 226)

특히, 이 교과서의 표지는 '빈곤 퇴치(Make Poverty History)'라는 깃발을 들고 행진하는 사람들을 배경으로 힘차게 노래 부르는 록 그룹 U2 출신 보노(Bono)의 모습을 싣고 있다. 그리고 록 음악가이자 인권운동가인 보노가 2000년 9월에 세계에서 가장 큰 탄원서를 국제연합에 넘겨주는 모습을 싣고 있다(그림 4-9). 이 탄원서는 부유한 국가들에게 가난한 국가들의 채무를 변제할 것을 요구하고 있다. 한편 보노는 다음과 같이 이야기한다. "우리 세대는 무엇으로 기억될까요? 인터넷? 그렇습니다. 테러와의 전쟁? 그렇습니다. 만약 또한 우리가 '빈곤 퇴치'에 착수한다면, 위대하지 않겠습니까?"

이와 같이 실제 인물의 진솔한 이야기와 실천적인 행동은 학생들이 글로벌 불평등에 좀 더 친근하게 다가갈 수 있도록 할 뿐만 아니라, 공감(감정이입)할 수 있게 한다. 또한, 기존의 딱딱한 문체의 설명식 텍스트로 행동의 정당성을 주장하는 것이 아니라 인간의 이야기, 대중적인 문화, 내러티브와의 만남을 통해 학생들의 태도와 가치, 그리고 행동을 자극하고 있다. 한편 개인적 행동은 단순히 기금을 모아서 빈곤한 국가를 원조하는 차원에 머무를 뿐이라는 반성을 통해, 개발도상국의 좀 더 구조적인 문제를 해결할 수 있는 차원으로 나아갈 수 있다는 사례를 보여 준다고 할 수 있다.

셋째, 글로벌 불평등을 줄이기 위한 글로벌 조직(global organization), 정부와 특히 비정부기구의 역할과 종류에 대해 자세하게 언급하고 있다. 비정부기구로는 세계적인 조직으로 그린피스(Greenpeace), 월드비전(World Vision), 옥스팜(Oxfam)을 제시하고 있다.

(3) 『Geography Focus 2』에 나타난 개발교육의 특징

① 국제적 원조 연계의 개념과 유형, 편익-비용에 대한 이해

『Geography Focus 2』의 대단원 '지역 및 글로벌 맥락에서의 오스트레일리아'의 두 번째 중단원은 '오스트레일리아의 원조 연계들'로, 개발교육은 여기에서 주로 다루어진다. 중단원 '오스트레일리아의 원조 연계들'에 대한 도입글은 '오스트레일리아는 연계를 형성하는 세계의 다른 국가들과 상호작용한다. 오스트레일리아가 다른 국가들과 긍정적인 연계를 형성하는 한 가지 방식은 개발에 도움을 줄 수 있거나 긴급 상황과 재해에 대응할 수 있도록 도움을 줄 수 있는 국제적인 원조의 기부에 의한 것이다. 오스트레일리아는 일련의 상이한 프로그램과 조직을 통해 아시아-태평양 지역에 원조 공여자로서 중요한 역할을 한다.'라고 진술하고 있다(Zuylen et al., 2011b, 254). 그리고 표 4-16과 같이 중단원 '오스트레일리아의 원조 연계들'의 소단원은 7개로 구성되어 있다.

이와 같은 오스트레일리아와 세계의 원조 연계는 개발교육을 실현하는 하나의 방식을 의미하며 궁극적으로 글로벌 불평등을 줄이는 데 목적이 있다. 그러나 앞에서 살펴본 세계 지리가 보편적인 글로벌 불평등을 줄이는 데 초점을 두고 있는 것과 달리, 오스트레일리아에 초점을 두고 글로벌 원조 연계를 다루고 있다는 것이 큰 차이점이다. 이 단원을 유사한 범주끼리 묶으면 '국제적 원조의 개념과 유형에 대한 이해'를 비롯한 '원조 연계의 편익-비용 분석', '오스트레일리아와 세계의 원조 연계의 사례', '비정부기구의 역할과 사례', '원조에 있어서 사람들의 힘(행동과 실천)' 등이며, 이와 같은 관점에서 개발교육의 특징을 고찰할 수 있다.

표 4-16. 『Geography Focus 2』의 중단원 '오스트레일리아의 원조 연계들'의 구성 체제

소단원	주제
12.1 국제적인 원조란 무엇인가?	• 원조의 유형 • 원조의 양
12.2 오스트레일리아와 세계의 원조 연계들	• 오스트레일리아의 원조 프로그램에 자금을 지원하기 -국제개발처(AusAID) • 오스트레일리아의 원조 수혜자들 • 오스트레일리아의 원조는 어떻게 사용되는가? • 국제적인 원조 조약들과 협정들
12.3 오스트레일리아의 파푸아 뉴기니에 원조	• 경제 개발 -인간개발지표들 -개발문제들 • 원조 제공자들 • 오스트레일리아의 파푸아 뉴기니에 원조
12.4 원조 연계의 비용-편익 분석	• 수혜국들을 위한 편익들 • 원조 공여국들을 위한 편익들 -경제적 이익들 -지정학적, 전략적 이익들 • 수혜국들을 위한 비용들 • 원조 공여국들을 위한 비용들
12.5 원조에 있어서 비정부기구(NGOs)의 역할	• 비정부기구들은 어떻게 원조 프로세서를 도와 주는가?
12.6 인도양 쓰나미에 대한 원조 대응	• 글로벌 원조 대응 • 오스트레일리아의 원조 대응 • 인도네시아의 반다아체(Banda Aceh)에의 쓰나미의 영향 ㅿ아체(Aceh)에서의 원조 노력
12.7 원조에 있어서 사람들의 힘	• 빈곤 퇴치(Make Poverty History) • 빈곤 퇴치 캠페인의 목적들 • 개인들은 차이를 만들 수 있다

먼저 이 중단원은 국제적 원조의 개념과 유형에 대한 이해를 출발점으로 삼고 있다. 표 4-17과 같이 오스트레일리아가 제공하는 국제적 원조의 7가지 유형, 즉 양자 간 원조, 다자간 원조, 구속성 원조, 비구속성 원조, 식품 원조, 기술 원조, 긴급 원조 등에 대한 정의와 사례 지역을 자세하게 제시하고 있다. 다양한 원조의 유형에 대한 정의를 비롯하여, 오스트레일리아가 이러한 다양한 유형의 원조를 체결하고 있는 사례를 해당 단원과 함께 제시하고 있는 것이 특징이다. 이어서 원조의 양에 대해 기술하고 있는데, 이는 '주요 원조 공여국과 수혜국을 보여 주

표 4-17. 오스트레일리아가 제공하는 국제적 원조의 7가지 유형

원조의 유형	정의	사례
양자 간 원조 (bilateral aid)	원조국의 정부가 수혜국의 정부에 직접 제공하는 금융 원조	오스트레일리아와 파푸아 뉴기니 정부 사이의 협정
다자간 원조 (multilateral aid)	국제통화기금(IFM)과 아시아개발은행 같은 국제개발은행 또는 조직들을 통해 정부들이 제공하는 금융 원조	오스트레일리아 정부는 G8의 다자간 채무 변제 계획(MDRI: Multilateral Debt Relief Initiative), 아시아개발기금, 세계은행을 통해 국가들에게 다자간 원조를 한다.
구속성 원조 (tied aid)	원조국 또는 원조국 내의 기업들이 특별한 목적을 위해 건물과 교육 같은 상품과 서비스를 제공하는 것. 2006년 4월까지, 오스트레일리아 원조의 40% 이상이 주로 오스트레일리아 국민들을 위한 직업과 기회를 창출하는 구속성 원조이다.	오스트레일리아 정부는 2005년 지진 재해 이후 파키스탄에 학교와 병원을 재건하기 위해 기금과 전문가를 제공했다.
비구속성 원조 (untied aid)	정부와 비정부기구가 수혜국에 제공하는 원조로, 수혜국은 그들이 적합하다고 간주하는 국가 또는 조직으로부터 상품과 서비스를 구매하는 데 원조를 사용한다.	삶의 표준을 끌어올리는 데 도움을 줄 수 있는 목적을 위해 오스트레일리아 정부가 파푸아 뉴기니 정부에 제공하는 기금
식품 원조 (food aid)	자연재해, 기근, 전쟁 등의 사건에 긴급 식품 공급의 제공	오스트레일리아는 복싱데이(Boxing Day) 쓰나미 이후 인도네시아에 식품을 원조했으며, 2006년 국내 불안 이후에 동티모르에 식품을 원조했다.
기술 원조 (technical assistance)	때때로, 비정부기구와 정부는 개발도상국에서 일할 수 있고, 개발도상국이 스스로 프로그램을 개발하여 서비스를 제공할 수 있도록 교육하고 지원할 수 있는 각 분야의 전문가들을 제공한다.	오스트레일리아 연방 경찰과 군대는 동티모르와 솔로몬 제도의 경찰을 훈련시켜 오고 있다.
긴급 원조 (emergency aid)	자연재해 이후 또는 전쟁 동안에 옷, 식품, 거주지, 의료 서비스를 포함한 생존을 위한 기본적 요구의 제공	오스트레일리아는 거대한 산사태 이후에 필리핀 사람들에게 2006년 긴급 구호를 제공했다.

(Zuylen, 2011b, 256)

는 세계지도'와 '주요 선진국의 해외개발원조(ODA)의 양을 비교할 수 있도록 보여 주는 그래프'를 국민총소득(GNI)에서 차지하는 비율로서 표시하고 있다.

한편, '원조의 편익-비용 분석'이라는 소단원을 통해 원조의 양면성을 보여 준다. 일반적으로 원조는 선진국인 공여국이 개발도상국인 수혜국에 제공하는 것으로, 공여국의 입장에서 긍정적인 측면만을 다루는 경향이 있다. 그러나 이 교과서에서는 원조 수혜국과 원조 공여국 각각의 편익뿐만 아니라(표 4-18), 원조

표 4-18. 수혜국과 공여국의 편익

수혜국	• 경제 성장 • 개선된 건강, 교육 서비스, 하부구조를 통한 더 나은 삶의 표준 • 민주주의, 자유, 인권을 통한 더 나은 정치적 안정성의 촉진 • 지속가능한 개발 • 향상된 사회정의와 공정성
공여국	• 국가 간 경제적, 정치적, 전략적, 문화적 결속 강화 • 경제적 이익: 구속성 원조의 경우 –수혜국은 원조의 일부를 공여국의 제품과 서비스를 구매하는 데 사용해야 함 –직업의 기회 제공, 수출 증가, 새로운 미래의 시장 개척 –수혜국의 석유와 광물 같은 자연자원의 접근에 대한 공여국 회사의 우선권 조약 [예를 들면, 오스트레일리아 회사인 BHP Billiton은 2002년까지 파푸아 뉴기니의 오케이 테디(Ok Tedi) 광산에서 구리 채굴에 대한 우선권을 가짐] • 지정학적, 전략적 이익 –정치적 안정성과 안보의 개선 –빈곤과 다른 개발 쟁점을 다룸으로써 국내 불안, 난민, 테러의 감소 –군사 기지에 대한 접근과 동맹 강화 (예를 들면, 미국은 요르단에 원조를 제공하고 군사기지로 활용) –외교적 결속 강화 (예를 들면, 오스트레일리아는 2005년에 태국과, 2003년에 싱가포르와 자유무역협정 체결)

수혜국과 원조 공여국 각각의 비용을 균형있게 다루고 있다(표 4-19). 따라서, 이러한 내용을 학습하는 학생들은 원조가 맹목적인 지원이 아니라 의도적이고 유목적적인 활동일 수 있다는 것을 알 게 될 것이며, 좀 더 바람직한 원조에 대해 가치 판단을 할 수 있도록 한다.

② 오스트레일리아와 세계의 원조 연계들과 사례

'오스트레일리아와 세계의 원조 연계들'에서는 오스트레일리아 정부의 원조를 관리하는 국제개발처(AusAID)에 대해 소개하고 있으며, 오스트레일리아의 원조를 받는 주요 수혜국들의 현황을 보여 준다. 먼저 오스트레일리아로부터 원조를 받는 주요 국가들을 표시한 세계지도, 오스트레일리아 정부의 원조를 받는 주요 지역들을 보여 주는 원그래프, 2006~2007년 사이에 오스트레일리아의 원조를 받은 상위 12개 수혜국을 보여 주는 도표, 아시아-태평양 지역을 비롯한 세계와 오스트레일리아의 원조 연계를 보여 주는 지도 등을 제시하여 보여 준다. 이

표 4-19. 수혜국과 공여국의 비용

구분	비용
수혜국	• 환경적 비용 –원조는 종종 광산과 플랜테이션 같은 대규모의 프로젝트 개발을 위해 사용 –직업 창출과 지역주민의 수입 증가를 가져오지만, 환경에 부정적인 영향 미침 • 사회적, 문화적 비용 –종종 지역 문화와 사회의 고려 없이 원조 사용에 대한 결정이 내려짐 –원조는 지역사회보다는 공여국의 경제적 이익을 더 촉진하며, 수혜국으로 하여금 원조에 더욱 의존하도록 함 • 경제적 비용 –공여국은 구속성 원조에 대한 대가로 수혜국에 자신의 상품과 서비스를 사용하도록 함으로써, 경쟁력이 떨어지고, 가격이 상승하며, 원조받은 돈을 낭비하게 됨 –수혜국은 원조에 더욱더 의존적이게 됨 • 지정학적 비용 –원조가 수혜국의 정부에 제공될 때, 때때로 진정으로 필요한 사람에게 도달하지 못함 –정부의 각 부서에 부패한 사람이 있는 경우, 그 돈이 잘못 사용되거나 권력을 가진 사람들에게 지불될 수 있음
공여국	• 개발도상국에 원조를 제공하는 것은 의존적인 문화를 초래할 수 있음 • 원조를 사용하는 수혜국은 프로그램과 정책을 실행함으로써 더 독립적이 되기보다는 원조에 더 의존하게 됨 • 파푸아 뉴기니의 경우 연간 예산의 80%를 오스트레일리아가 제공함

를 통해 오스트레일리아의 원조가 주로 아시아–태평양 지역 내에서 이루어지고 있고, 양자 간 원조를 실행하고 있음을 알 수 있다. 한편 케냐와 소말리아 같이 아프리카 대륙에서 기근으로 고통받고 있는 국가들에 대해서도 추가적인 인도주의적 원조(extra humanitarian aid)를 제공하고 있음을 알 수 있다.

다음으로 오스트레일리아가 원조를 제공함에 있어, 주로 정부의 원조기관인 국제개발처(AusAID)뿐만 아니라, 월드비전(World Vision), Oxfam과 같은 다양한 비정부기구(NGO)를 통해 개발도상국의 경제와 서비스, 건강, 교육, 도로, 하수, 교도소, 법과 정의, 경제정책 등을 개선하기 위해 원조가 제공된다는 것을 설명하고 있다. 그리고 오스트레일리아가 원조하는 주요 영역들의 비율(거버넌스, 교육, 인도주의적 긴급 구호/난민, 건강, 하부구조, 농촌 개발 등)을 막대그래프로 보여 준다.

마지막으로, '국제적인 원조 조약들과 협정들'에서는 조약과 협정에 대한 정의를 설명한 후, 조약의 유형에 대해서는 양자 간 조약과 다자간 조약을 구분하여 차이점을 설명하고 있다. 그리고 오스트레일리아가 비준한 원조와 관련해 몇몇 조약들을 표 4–20과 같이 제시하고 있다. 또한 솔로몬 제도에 대한 지역 원조 임무인 RAMSI(Regional Assitance Mission to Solomon Islands)에 대해 소개하고 있다. 이는 솔로몬 제도 정부와 2003년 7월에 배치된 태평양 지역의 15개국 정부 간의 협정이다. 이 조약을 통해 오스트레일리아의 방위군이 솔로몬 제도에 배치되었다.

한편, 오스트레일리아의 원조 연계 사례로 특히 오스트레일리아의 '파푸아 뉴기니' 원조에 대해서 별도의 소단원을 구성하여 자세하게 언급하고 있다. 먼저, 파푸아 뉴기니의 지리적 위치와 오스트레일리아와의 관계에 대해 언급한 후 파푸아 뉴기니와 오스트레일리아의 인간개발지표(human development indicators)[18]를 비교하고 있다. 그리고 파푸아 뉴기니가 직면하고 있는 개발문제를 제시하고, 이를 해결하기 위한 오스트레일리아와 CARE, 적십자 같은 비정부기구의 기부 필요성을 제기하고 있다. 다음으로 파푸아 뉴기니에 원조를 제공하는 주요 국가와 기구(일본, 유럽연합, 아시아개발은행, 국제통화기금, 국제연합, 아시아개발은행, 세계은행)에 대해 설명한 후, 오스트레일리아가 파푸아 뉴기니에 얼마나 많이 원조하며 이것이 어느 영역들(거버넌스, 교통과 하부구조, 의료,

표 4–20. 오스트레일리아가 체결한 원조와 관련한 몇몇 조약들

조약명과 비준 연도	유형	조약의 목적
개발협력에 관한 오스트레일리아 정부와 인도네시아 정부 간의 일반 협정(1999)	양자 간	인도네시아가 삶의 조건을 발전시키고 개선할 수 있도록 도와 주기 위한 협정
식품원조조약(1999)	다자간	개발도상국들이 자신의 인구를 부양할 수 있도록 충분한 식품 원조를 하기 위한 협정
솔로몬 제도 원조에 관한 다자간 협정	다자간	솔로몬 제도의 국내 불안 이후 법과 질서를 복구하기 위한 협정. 이것은 오스트레일리아와 뉴질랜드 같은 국가들이 경찰과 군대를 파견하는 것에 관한 협정이다.

(Zuylen, 2011b, 260)

교육, 강화된 협력 프로그램, 농촌 개발과 성장)에 사용되는지를 원그래프를 통해 보여 주고 있다.

한편, 원조에 있어서 비정부기구(NGOs)의 역할과 인도양 쓰나미에 대한 원조 대응은 각각 별도의 소단원으로 구성되어 있지만, 이 역시 오스트레일리아와 세계의 원조 연계에 대한 구체적인 사례이다. 먼저 비정부기구의 역할[19]을 설명한 후, 오스트레일리아에서 활동하는 80여 개 비정부기구의 다양한 사례[20]를 제시하고 있다(표 4-21).

비정부기구의 원조 사례로서 인도양 쓰나미에 대한 원조 대응을 제시하고 있다. 먼저 글로벌 원조 대응에서는 개인적인 기부를 포함하여 글로벌 공동체에 의한 대규모의 인도주의적 대응을 간단하게 소개하고 있다. 특히 가장 피해를 많이 입은 스리랑카와 아체(Aceh), 인도네시아의 피해 상황을 이야기하고 있다.

다음으로 오스트레일리아의 원조 대응을 매우 자세하게 다루고 있다. 즉, 오스트레일리아의 원조 대응을 정부 차원, 국민 차원, 비정부기구 차원으로 구분하여

표 4-21. 쓰나미 피해를 입은 국가들에 대한 오스트레일리아 비정부기구의 원조

비정부기구	구호 지역	제공된 원조의 사례	진행 중인 재건의 사례
Australian Red Cross	인도네시아, 말레이시아, 몰디브, 스리랑카	• 56명의 원조 노동자들 배치(물과 위생시설 전문가들) • 몰디브에서의 쓰나미 잔해와 쓰레기 관리	• 아체(Aceh)의 앰블런스 서비스의 개선 • 반다 아체(Banda Aceh) 난민 캠프 시설의 계속적인 개선
Care	인도네시아, 인도, 스리랑카, 태국	• 55,000명의 아체 사람들을 부양함 • 120,000개의 모기장, 텐트, 위생, 비상 장비 • 정수 장치	• 인도와 스리랑카에 1000여 채의 새 집 건설 • 인도네시아의 농업에 조언과 훈련
Oxfam Australia	스리랑카, 인도	• 스리랑카에서 어선을 분실한 가족들에게 어선을 제공하기 • 스리랑카에 1550개의 일시적인 거주지 건설	• 스리랑카에서 5000개의 새로운 영구적인 거주지의 건설 • 인도와 스리랑카 국민들에게 대부 제공하기
World Vision	인도네시아, 스리랑카, 인도, 태국	• 인도네시아에 식품 공급, 의료 기구 제공하기, 그리고 학교 건설 • 태국의 집 수리와 건설	• 인도네시아 아체에서의 장기간 의료 서비스 • 인도네시아에서의 농업과 수확 프로그램

(Zuylen, 2011b, 271)

자세하게 언급하고 있다. 또한 아체에서의 원조 노력에 대해서는 미국, 오스트레일리아, 일본, 국제연합, 비정부기구, 군대, 아시아개발은행, 개인적 기부 등에 대해 자세하게 언급하고 있다.

③ 원조에 있어서 사람들의 힘(행동과 실천)

'원조에 있어서 사람들의 힘'에서는 '단체(정부 또는 비정부기구)의 캠페인', '타자로서의 개인의 사례', '학생들 스스로 실천할 수 있는 사례' 등의 순서로 제시되어 있다. 먼저 앞의 세계 지리 교과서와 마찬가지로 '빈곤 퇴치(Make Poverty History)' 캠페인의 등장 배경과 Live 8 콘서트에 대해 자세하게 소개하고 있다(그림 4-10). 그리고 세계 지리 교과서와 달리 화이트 밴드에 대한 그림을 제시하고 있다.

'빈곤 퇴치(Make Poverty History)' 캠페인의 목적에 대해서는 선진국과 개발도상국 간 무역에서의 정의와 공정성, 가장 가난한 국가들의 빚을 변제하기, 더 많은 효과적인 원조의 양과 질 등 세 가지로 제시하고 있다. 더 나은 세계를 만들기 위해 세계의 모든 정부들이 동의한 국제연합(UN)의 '새천년개발목적' 8가지에 대해서도 서술하고 있다.

한편 '타자로서 개인의 실천 사례'를 제시하고 있다. '개인들은 차이를 만들 수 있다.'에서는 정부나 비정부기구가 아니라 개인적 차원에서 빈곤 타파를 위해 행

그림 4-10. 『Geography Focus 2』에서의 Live 8 콘서트와 빈곤 퇴치 손목용 화이트 밴드
(Zuylen, 2011b, 274)

동하고 있는 사례를 보여 준다. 예를 들면, '올해(2006년)의 젊은 오스트레일리아인'이라는 제목 아래 트리샤 브로드브리지(Trisha Broadbridge)라는 한 여성을 소개하고 있다. 그녀는 2004년 인도양 쓰나미로 멜버른 축구클럽의 선수였던 남편 트로이 브로드브리지(Troy Broadbridge)를 잃은 이후, 리치 브로드브리지 펀드(Reach Broadbridge Fund)를 설립하기 위해 도움을 주었으며, 현재는 이것을 그녀가 관리하고 있다. 그녀는 또한 멜버른 축구클럽의 도움으로, 태국의 피피섬(Phi Phi Island)에 브로드브리지 교육센터(The Broadbridge Education Center)를 설립했는데, 이것은 쓰나미의 영향을 받은 젊은이를 지원하기 위한 학습센터이다.

마지막으로, '당신은 어떻게 참여할 수 있을까?'에서는 학생들이 빈곤 타파를 위해 참여할 수 있는 구체적인 방법들을 소개할 뿐만 아니라, 이에 참여할 수 있도록 하고 있다. 제시된 구체적인 실천 방법은 다음과 같다. 첫째, 빈곤에 관한 글로벌 행동을 원한다는 것을 보여 주기 위해 간단한 흰색 손목밴드(white wristband)를 사서 착용한다. 둘째, 글로벌 화이트 밴드 데이(Global White Band Day) 또는 10월에 있는 국제 빈곤 퇴치의 날(International Day for the Eradication of Poverty)에 참가한다. 셋째, 지역구의 국회의원, 수상 또는 외무부장관에게 원조 예산을 늘려달라고 요청하는 이메일 또는 편지를 쓴다. 넷째, World Vision 또는 Plan과 같은 조직을 통해 어린이를 지원한다.

이상과 같이 개인, 록 그룹, 비정부기구 등 상이한 수준의 주체들(개인, 단체)이 글로벌 불평등을 줄이기 위해 실천한 구체적인 사례를 비롯하여, 실제로 학생들이 실천할 수 있는 사례를 제시하고 있다.

5. 학교 교육과 개발교육(3): 일본을 사례로

1) 일본의 개발교육 전개 양상

(1) 일본 개발교육협회의 개발교육 지원과 전개

개발교육은 1960년대에 남북문제가 부각되면서, 유럽의 일부 선진국에서 시작된 자발적인 민간 교육 활동이다. 이 시기에 아시아와 아프리카 등에서 다수 국가들이 식민지를 청산하고 신생 독립국으로 등장하게 된다. 또한 이 시기에 유럽의 비정부기구들[(NGOs), 예: 영국의 옥스팜(Oxfam)], 세이브더칠드런(Save the Children), 크리스천에이드(Christian Aid)]은 이들 국가에 원조 활동을 벌였다. 유럽의 비정부기구 관계자들은 귀국 후 자국의 국민들이 개발도상국의 현실과, 자국과 개발도상국의 극심한 경제 격차 등에 대해 너무나 무관심하고 무지함을 느끼게 되었다. 이에 따라 이들은 빈곤 및 기아에 직면한 개발도상국의 상황과 문화, 사회, 생활을 자국민에게 전하고, 해외 원조 활동에 필요한 모금을 시작했는데, 이것이 개발교육의 출발이라고 할 수 있다. 개발교육은 교육학 등의 학문 영역이나 공교육 현장에서 생겨난 것이 아니라, 교육 분야의 비전문가인 비정부기구가 '남북문제'에 대한 대응과 '국제개발협력'의 필요성을 인식하면서 전개한, 민간에 의한 교육 활동이라는 특징을 지닌다.

이러한 개발교육이 일본에 도입된 것은 1970년대 후반이다. 당시 베트남전쟁의 종결과 함께 캄보디아 내전이 일어나 많은 난민이 발생하였고, 이들을 돕기 위해 일본에서 국제 협력 비정부기구가 탄생하였다. 아시아 지역의 빈곤문제에 관심을 가지고 출발한 비정부기구들은 난민 구조 활동과 함께 농촌 개발, 교육, 보건 활동에 주력했다. 1979년 일본에서 처음으로 개발교육에 대한 심포지엄이 개최되었고 국제기구, 청소년 단체, 청년해외협력단원 및 비정부기구 관계자, 교사들을 중심으로 1980년, '개발교육연구회'가 발족되었다. 이어서 1982년에는 일본에서의 개발교육 보급을 목표로 하는 개발교육 전문 비정부기구인 개발교육협회(DEAR: Development Eduction Association and Resource Center)가 설립되었다(湯本浩之, 2003).

개발교육협회는 개발교육 활성화를 위한 국내외 네트워크의 결성, 정보 교환 및 조사 연구, 정보 제공의 역할을 담당하는 개발교육 전문 비정부기구이다. 개발교육협회는 1988년부터 개발교육정보센터를 운영하고 있으며, 매년 개발교육 전국연구대회를 개최하여 각 지역에서 진행되고 있는 개발교육과 관련된 연구 활동과 실천 사례를 공유하고 있다. 개발교육협회는 다른 어떤 활동보다도 교재 만들기에 주력하며, 교재의 제작 및 판매로 운영자금을 확보하고 있다. 개발교육협회 교재의 특징은 참가형 학습 방법을 중시하며, 학교 및 교육단체에서 바로 사용할 수 있도록 대부분 교육 참고형으로 제작되고 있다는 것이다.

1980년대 일본의 개발교육은 주로 유럽 개발교육의 경험을 참고하고 사례를 도입하여 적용하였으며, 담당자는 해외 경험이 있는 귀국 청년해외협력단원과 비정부기구 관계자들이었다. 이들은 자신들이 보고 온 아시아 및 아프리카의 현실을 강연이나 학습회를 개최하여 일반인에게 전달하면서 모금 활동도 전개하였다. 그러나 당시 공교육 현장인 학교에 개발교육이 도입되기는 어려웠다. 치열한 수험경쟁과 OX식 교육에 익숙한 학교에 교과와 직접 연관되지 않고, 정답이 있는 것도 아니며, 비판적인 시각을 요구하는 개발교육이 교과내용으로 채택되기는 어려웠다.

일본에서 개발교육의 첫 번째 전환점이 된 시기는 1989년이다. 냉전 구도의 붕괴와 함께 이전까지 가장 중요했던 최대의 지구적 과제인 동서문제가 축소되고, 이를 대신하여 남북문제가 부각되기 시작하였다. 이미 당시 일본의 공적개발원조(ODA)는 세계 제1의 규모에 이르렀고, 이에 따라 매스컴에서도 빈번하게 국제협력문제를 다룸으로써 제3세계 국가에 대한 원조 붐이 조성되었다. 1990년대가 되면서 일본의 개발교육은 국제 협력 비정부기구 관계자뿐만 아니라 여러 지역의 교사, 국제교류협회, 공민관 등에서도 실시되어 지역이 중심이 되는 시대에 접어들었다(홍인숙, 2005). 이러한 변화에 부응하여 1993년 개발교육협회는 주요 지역에 활동의 거점을 설치하고, 각 거점을 연결하는 네트워크 구축을 추진하였다(田中治彦, 2008).

일본 개발교육의 두 번째 전환점은 2002년이다. 기존 비정부기구의 국내 활동은 주로 성인 대상의 홍보 및 모금 활동에 중점을 두는 경우가 많았으며 학교를 대상으로 한 교육 활동은 거의 이루어지지 않았다. 하지만 2002년부터 문부과학성이 초중고교에 종합학습시간을 도입하여(村川雅弘·野口 徹, 2008), 각 학교별로 국제 이해, 정보, 환경, 복지, 건강 등 학생들의 흥미와 관심에 근거한 수업을 실시하도록 허용하자 국제 이해, 국제 협력을 위한 교육의 일환으로서 공교육에서도 개발교육의 중요성이 부각되었다. 이에 대해서는 다음 장에서 구체적으로 살펴본다.

(2) 일본 정부의 공교육을 통한 개발교육의 지원

최근 일본 정부는 공적 자금을 개발 NGO에 제공함으로써 개발교육에 간접적으로 기여하고 있다. 개발교육을 지원하는 가장 대표적인 일본 정부 조직은 외무성과 문부과학성이다. 최근 외무성 산하기구인 JICA(일본 국제협력기구: Japan International Cooperation Association)[21]가 가장 활발하게 개발교육 활동을 자체적으로 추진하고 있다. JICA는 일본 정부의 공적개발원조(ODA) 중에서 기술협력, 인력 파견 등 주로 무상원조를 담당하고 있다. JICA는 활동영역 확대에 따라 조직 개편을 통하여 2003년부터 JICA의 홍보사업과는 별도로 국내 사업부에 개발교육부서를 설치했다. JICA의 주요 개발교육 프로그램은 귀국 해외협력단원의 일선 학교 파견 수업, 초등학생과 중등학생 대상의 교재 제작, 학습 홈페이지 콘텐츠 제작, 중고생 대상 국제 협력 에세이 콘테스트 실시, 초중고교생 국제 협력 체험 워크숍 개최, 교사 해외 연수, 개발교육 지도자 연수 등이다. JICA는 2015년 현재 도쿄 본부를 포함하여, 전국에 19개의 활동거점이 있으며, 각 지부에 개발교육 담당자를 두고, 해당 지역 일선 학교 파견 수업 및 교사와 지도자 연수 등에 주력하고 있다.

2006년 6월부터 JICA는 도쿄에 '지구광장'이라는 시설을 새롭게 설치하여, 많은 시민들이 개발도상국을 접할 수 있도록 장소를 마련하고, 국제 협력을 추진하는 비정부기구의 정보 교류와 일반 시민에게 정보 제공을 도모하고 있다. JICA의 개발교육 부서를 '지구광장'으로 이전하여, 개발교육 교재 및 교육과정에 대한 상담도 기획하고 있다. 이와 함께 JICA에서는 비정부기구의 전문성을 인정하고, 개발교육을 전문으로 하는 비정부기구를 포함한 '개발교육소위원회'를 설치하여 연 4회 정례회의를 통해 상호 의견 교환 및 네트워크 강화에 힘쓰고 있다. 또한, 교사를 대상으로 하는 제3세계 현지 스터디투어를 여러 비정부기구가 JICA와 공동으로 기획하여 실시하고 있다.

한편, 문부과학성은 2002년부터 모든 초중고등학교에 종합학습시간이라는 프로그램을 도입하여 실시하도록 했다. 종합학습시간은 '학습능력과 함께 생각하는 능력을 익혀서 문제 해결 및 탐구 활동에 주체적, 창조적으로 참여하는 태도를 배양'함을 목적으로 도입된 것으로서, 학교별로 국제이해교육, 정보, 환경, 복지, 건강과 관련된 주제들을 자유롭게 구성하여 실시하도록 하고 있다(村川雅弘·野口 徹, 2008). 일본의 종합학습시간의 성격은 '종합적 학습(integrated studies)'이란 말이 의미하듯이 통합학습의 성격을 강하게 나타내고 있다. 즉, 국제 이해, 정보, 환경, 건강, 복지 등과 같이 범교과적 영역에서 교과의 횡단적, 종합적 학습을 시킨다는 것이다. 하지만 학습 방법에 있어서는 학생들이 살아가는 힘을 키워주는 데 주요하다고 생각되는 체험적·문제해결적 학습, 창의적이고 협동적인 태도를 강조한다. 이는 우리나라의 2007년 개정 교육과정 창의적 재량 활동의 범교과학습과 유사하다고 할 수 있지만, 교과와의 관련성을 더 강조한 것이 특징이라 할 수 있다.

소학교(초등학교)에서는 연간 105~110시간, 중학교에서는 연간 70~130시간, 고등학교에서는 졸업까지 3~6단위를 취득하게 되어 있다. 이에 따라 개발교육의 목표와 내용들이 공교육의 정규 교과과정 속에 자리 잡을 가능성이 크게 증가하였으며, 개발교육의 교재 개발 및 그 운영을 위해 교사들의 필요성도 급증하게 되었다. 개발교육협회의 '개발교육 실태 조사'에 의하면, 조사 대상 220개 단체 중 111개 단체가 종합학습시간 프로그램 실시 이후 일선 학교로부터 수업 지원 요청이 늘고 있다고 답했다(開發教育協會, 2004, 17-22). 종합학습시간 프로그램이 도입됨으로써, 개발교육 비정부기구들과 학교 현장, 특히 종합학습시간이 많이 배정된 소학교(초등학교)의 학생 및 교사와 네트워크가 새롭게 구축되는 연계 창출의 효과가 기대되고 있다.

2) 지리 교육과정에 나타난 개발교육의 특징

(1) 개발교육의 맹아기: 세계 속 일본인 육성

일본이 경제적으로 선진국에 돌입하게 된 시기는 1960년대 이후이다. 이에 따라 1960년대 이후 개정된 학습지도요령은 선진국의 지위에 맞는 교육으로 전환을 모색하였다. 일본의 지리 교육과정에서 세계적 차원이 강조되기 시작한 것은 4차 개정에 해당되는 1968년 학습지도요령부터이다. 1968년부터 1970년(소화 45)에 걸쳐 초중고 순으로 학습지도요령의 제4차 개정이 고시되었다. 이후 1978년에 학습지도요령 개정이 있었다. 1968년과 1978년 학습지도요령(文部省, 1968; 1978)에 따르면, 지리 교육과정에서 '세계 속의 일본'에 대한 인식을 엿볼 수 있다[22]. 이 시기 지리 교육과정에 처음으로 세계적인 인식이 드러나기 시작했다. 그러나 이는 세계 속에서 일본의 위상을 제고하는 데 초점을 두고 있어서, 지구적 시민 육성을 위한 지리교육과는 거리가 있었다[23].

이 당시 중학교 지리교육은 국토 인식에 초점을 두고 있고, 세계 속에서 일본을 이해하는 것에 필요한 몇몇 지역과 국가만을 다루었다. 이러한 특정 지역을 학습하는 전 단계로서 세계의 자연환경을 다루고 있고, 지구환경에 대한 이해와 관심은 결여되어 있다. 이문화(異文化)[24] 이해에 있어서도 일본과 관계가 깊은 특정 지역과 국가에 관해서만 학습하고, 세계적인 시야로부터 이문화와 그 가치를 이해하는 것으로는 나아가지 못하고 있다.

(2) 개발교육의 출현기: 지구적 시민 육성

1978년 학습지도요령이 개정된 이후, 거의 10년 만인 1989년에 학습지도요령이 또 다시 개정되었다. 1989년 학습지도요령은 이전의 학습지도요령과는 큰 차이점이 있다. 중학교 학습지도요령은 큰 차이점을 발견하기 어렵지만, 고등학교 학습지도요령에서는 이전과 많은 차이점을 보인다. 1980년대 이후 일본에서는 이전에 유럽이 경험했던 것처럼 외국인 노동자문제가 출현하기 시작했다. 그리고 국제사회는 일본으로 하여금 전 지구적인 문제 해결에 동참할 것을 요구하였다. 1990년대 들어오면서 일본은 미국에 버금가는 국민총생산을 올려, 1인당 국민소득은 세계 최고 수준에 이르게 되었다. 세계경제에 있어서 확고한 지위를 차지한 일본은 국제사회에서 책임있는 행동을 하지 않으면 안 되게 된 것이다. 따라서 글로벌 쟁점 및 문제에 대해서도 상응한 책임과 노력이 요구되었다.

1978년 학습지도요령 개정에서 지리는 계통지리에 초점을 두었기 때문에, 일부 세계 지리 학습에서 국제 이해와 이문화 이해 그리고 다문화 이해를 위한 학습을 해야 했다. 그러나 실제 내용이 지명, 산업 등을 무수히 나열하는 지식 나열형의 정태적 지지학습과 산업 중심의 계통지리 학습으로 이루어져 있어서, 글로벌 시민을 육성하기 위한 지리교육과는 거리가 멀었다. 이를 탈피하기 위해, 다양한 민족의 생활과 문화를 이해시키는 것에 주안점을 둔 이문화 이해의 필요성이 제기되었다.

1989년의 학습지도요령에서 고등학교 지리A에 이문화 이해가 주제학습으로 도입된 것은 지리교육에 있어서 국제 이해의 진전에 큰 공헌을 한 것이었다. 특히 제3세계와 이슬람세계에 대한 세계 지리의 학습을 통해 세계의 다양한 생활과 문화를 이해하고 다양한 세계관과 가치관에 접하도록 함으로써, 학생들이 타인과 이문화를 존중하도록 했다는 점에서 의의가 있다. 그러나 이 당시 이문화 이해에 기반한 문화상대주의에 주의를 기울일 필요가 있음이 제기되었다(泉 貴久, 2000). 왜냐하면, 문화의 차이점만 과도하게 강조하면 서로의 가치관의 차이에만 주의를 기울이게 되어 오히려 대립적으로 되기 때문이다. 따라서 문화 상호 간에 다른 점이 있다는 것을 인정하면서도, 인류의 보편적 또는 공통적 과제에도 주의를 기울여 이문화 이해를 촉진할 필요가 있었다. 한편 1989년 학습지도요령은 이문화 이해(다른 국가에 대한 이해)뿐만 아니라 자국 내의 다문화 이해, 즉 소수민족인 원주민과 재일 외국인에 대한 존중과 배려도 강조하였다.

1989년 학습지도요령은 글로벌 교육도 강조하고 있다. 글로벌 교육은 1960년대 미국의 교육학자 제임스 뱅크스(James Banks)에 의해 주창되어, 70년대 후반에서 80년대 초반에 교육개혁운동의 일환으로 미국에서 크게 발전하였다(泉 貴久, 2000). 일본은 1980년대 후반 이후 이러한 글로벌 교육에 주목하게 되었다. 글로벌 교육은 세계화된 세계에서 세계적인 안목과 의사결정, 행동할 수 있는 시민의 육성을 목표로 하며, 이문화 이해, 환경, 개발, 인권, 평화 등 지구적 쟁점을 포함하는 종합적인 교육이라고 할 수 있다. 글로벌 교육은 주요 내용으로 다양성의 이해, 상호 의존성에 대한 인식, 지구적 쟁점의 해결, 지속가능성 등을 강조하며, 방법으로는 지구적 시민으로서의 책임과 자각을 배양하기 위한 합리적 의사결정력, 협동학습을 통한 탐구학습을 강조한다.

예를 들면, 고등학교 지리A는 이문화 이해와 지구적 제 과제를 학습 주제로 하고 있다(표 4-22). 이러한 주제를 학습하는 데 있어 지리적 기능의 사용과 지역성의 고찰에 초점을 두어 현대세계에 대한 지리적 인식과 지리적 안목/사고력의 육성을 도모하고 있다. 이는 지리교육의 관점에서 세계화에 대응한 것이라고 할 수 있다. 즉, 지리교육에서 글로벌 교육의 이념을 도입한 것은 사실 인식 수준에

표 4-22. 1989년 학습지도요령의 지구적 시민성 단원

중학교 지리적 분야	고등학교	
	지리A	지리B
(3) 국제사회에 있어서 일본 ㄱ. 일본과 세계의 결합 ㄴ. 일본과 국제사회	(3) 현대세계의 과제와 국제 협력 ㄱ. 지구적 과제의 출현과 그 요인 ㄴ. 제 지역으로부터 본 지구적 과제 ㄷ. 지구적 과제 해결을 위한 국제 협력과 일본	(4) 세계와 일본 ㄱ. 세계의 지역 구분과 지역 ㄴ. 일본의 지역성과 그것의 변화 ㄷ. 국제화의 진전과 일본

머물러 있던 지리학습에서 탈피하여 글로벌 쟁점에 대한 탐구와 해결책의 모색, 이의 실천과 더불어, 지리교육의 사회적 효용성을 높이고자 한 것이라고 볼 수 있다. 이처럼 지리A는 환경문제 등 지구적 과제에 중점을 둠으로써 최근에 일본에서 부각되고 있는 글로벌 교육에서 지리의 역할을 좀 더 분명히 하려는 의도가 엿보인다.

1989년 고등학교 지리 교육과정의 가장 큰 특징은 종래의 학문적 내용 중심에서 사회적 요구에 부합하는 방향으로 내용 구성에 변화가 나타났다는 것이다. 즉, '변화하는 현대사회에서 요구되는 지식과 이해, 정보'와 관련한 내용 중심으로 전환이 일어났다. 이에 따라 급변하는 현대사회에 대한 적응과 미래에의 대비, 그리고 문제점의 파악과 해결 같은 사회적, 국가적 요구를 더 많이 수용하여 지리학의 내용을 선별적으로 채택하고 있다. 따라서 지금까지 지리학에서 가져온 학문적인 것보다 주로 현실세계와 밀접하게 관련되는 환경문제, 인류의 과제에 대한 지리적 탐구가 주된 내용이 되었다. 아무튼 이것은 내용의 선정에 있어서 사회의 요구를 더욱 적극적으로 수용하여 시사성과 응용성을 높이려는 새로운 시도임에는 틀림없다(서태열, 1992, 233).

이상과 같이 1989년 고등학교 학습지도요령은 이전의 학습지도요령과 달리 이문화 이해와 지구 환경문제를 주제로 학습 내용이 구성되어 있다. 이러한 점에서 이 시기가 지구적 시민으로서 자질 육성을 위한 개발교육의 출현기라고 할 수 있다. 그러나 西脇保幸(1993)은 이러한 내용 구성만으로는 지구적 시민성을 육성하는 데 한계가 있다고 지적한다. 예를 들면, '지리 A'의 2 단원 '세계의 사람들의 생활·문화와 교류'의 중단원 '제 민족의 생활·문화와 지역성'의 성취기준은 '세계의 여러 민족의 생활·문화를 지역의 자연환경 및 사회환경과 관련하여 이해시키고, 지역에 있어서 상이한 사람들의 생활·문화를 이해하는 것의 의의에 관해서 고찰시킨다.'라고 제시되어 있다. 그에 의하면, 이 성취기준은 이문화를 이해하는 것에 있는 것이 아니라 이문화의 의의에 관해서 고찰하는 데 있다는 것이다. 즉, 학생들에게 이문화 그 자체를 이해시키는 것이 어렵기 때문에 그 의의를 고찰하도록 한다는 것이다. 이문화의 의의를 고찰하는 것이 지구적 시민의 육성에 얼마나 기여할지 의심스럽다는 것이다(西脇保幸, 1993, 59). 왜냐하면, 학생들이 이문화를 우선적으로 이해하고, 그것에 대해 자신이 가지고 있는 기존 개념과 경합하여 가치의 다양성을 인식할 수 있는 것이 지구적 시민의 자질에 필요하기 때문이다. 즉 이문화의 의의를 고찰했다고 하더라도, 그것으로부터 가치의 다양성을 인식하고 자신의 태도 변화에 연결시키지 않는다면, 현재 긴요하게 요구되고 있는 지구적 시민성을 육성할 수 없기 때문이다.

3단원 '현대세계의 과제와 국제 협력' 역시 다분히 문제가 될 수 있음을 지적하고 있다. 지구적 과제를 단순히 학습 대상으로 탐구한다고 하여 지구적 시민성이 육성되는 것은 아니기 때문이다. 즉 현대세계의 과제를 학생들 자신의 문제로 인식할 수 있도록 하는 장치가 마련되지 않는 한 공염불에 불과하다는 것이다(西脇保幸, 1993, 60).

이와 같이 1989년 학습지도요령은 몇몇 한계점을 노정하고 있지만, 지리A와 지리B는 확실히 세계적인 지리적 쟁점에 대한 인식에 중점을 두고 있어 지구적 시민성을 육성할 기회가 된다. 즉 1989년 학습지도요령은 지구적 시민성 육성을 위한 타문화 이해, 다문화 이해, 글로벌 교육, 개발교육을 강조하고 있다고 할 수 있다. 1978년 학습지도요령이 '세계 속의 일본의 육성'에 초점을 두었다면, 1989년 학습지도요령은 '지구적 시민 육성'으로 전환되고 있는 것이다. 물론 공민과에 속한 '현대사회' 교과목에서도 지구적 시민성을 육성하는 내용(이문화 이해, 환경문제)을 포함하고 있다. 이 두 교과 사이에 차이가 있다면 지리가 지역의 구체적인 측면에서 지구적 시민성을 육성하는 것이라면, 현대사회는 이념적인 측면으로부터 지구적 시민성 육성에 초점을 둔다는 것이다.

(3) 개발교육의 확장기: 지구적 시민 육성+일본인으로서의 자각

1989년 학습지도요령 역시 거의 10년 만인 1999년에 개정된다. 1999년 학습지도요령의 가장 큰 특징은 '살아가는 힘', 즉 '스스로 과제를 설정하고, 그 해결책을 위해 주체적으로 배우고 생각하는 것으로, 일정의 결론을 도출해 가는 능력'을 학력의 지침으로 제시하고 있다는 것이다. 이러한 능력은 자주성, 주체성, 문제 해결이라는 관점에서 생각해 보면, 간접적으로 지구적 시민 육성과도 부합한다고 할 수 있다. 그렇다면, 1999년 고등학교 학습지도요령에 의한 지리A와 지리B는 구체적으로 지구적 시민 육성과 어떠한 관계를 가지고 있는 것일까? 이들 교과목과 지구적 시민 육성의 관련성, 그리고 지구적 시민 육성이라는 관점에서 학습지도요령의 특징과 문제점에 관해 살펴보자.

학습지도요령은 지리A의 목표를 '현대세계의 지리적인 여러 과제를 지역성의 입장에서 고찰하고, 현대세계의 지리적 인식을 배양하는 것과 함께, 지리적인 안목과 사고력을 배양하고, 국제사회에 주체적으로 살아갈 일본인으로서 자각과 자질을 배양한다.'라고 정의하고 있다(文部省, 1999). 또한, 학습 내용은 표 4-23에 제시되어 있는 것처럼 '현대세계의 특색과 지리적 기능' 및 '지역성의 입장에서 파악하는 현대세계의 과제'라는 2개의 주제로 구성되어 있다. 전자에서는 현대세계와 그 동향을 파악하기 위해 기초가 되는 지리적 기능의 습득이 강조되고 있고, 후자에서는 세계 각지의 생활·문화의 양상과 지구적 과제를 지역성의 입장에서 고찰하도록 하고 있다는 것을 알 수 있다.

지리A 교과목의 특징을 좀 더 자세히 살펴보면 다음과 같다. 즉, 사회가 급격하게 변화하는 현대세계의 동향을 글로벌 관점에서 분석하는 것과 함께, 세계 각 지역에서 일어나고 있는 여러 문제를 지구적 시야에서 분석·고찰하고, 현대세계의 인식을 심화시키는 것을 목표로 하고 있다. 그리고 이러한 분석·고찰을 통해 획득한 질적 안목·사고력을 살려 국제사회의 변화에 주체적이고 유연하게 대응할 수 있는 일본인으로서의 자각과 자질을 육성하는 것을 목적으로 하고 있다. 이러한 주체성을 촉진하기 위한 방법으로 작업적·체험적 학습이라 부르는 '주체적 학습'을 촉진하는 지리적 기능이 각 학습 내용에 포함되어 있다. 이와 같이 지리A는 학습 목표에 '일본인으로서의 자각'이라는 국가주의적 색채를 강하게 띠는 동시에 지구적 시민 육성에 초점을 두고 있다고 할 수 있다.

다음으로, 학습지도요령에 따른 지리B 교과목의 목표는 '현대세계의 지리적 사상을 계통적, 지지적으로 고찰하고, 현대세계의 지리적 인식을 배양하는 것과 함께, 지리적인 안목과 사고력을 배양하고, 국제사회에 주체적으로 살아갈 일본인으로서의 자각과 자질을 배양한다.'라고 정의하고 있다(文部省, 1999). 또한 학습 내용은 표 4-23과 같이 '현대세계의 계통지리적 고찰', '현대세계의 지지적 고찰', '현대세계의 제 과제에 대한 지리적 고찰' 등 3개의 주제로 구성되어 있다. 그리고 앞의 두 주제에서는 지리적 사상을 분석·고찰하는 데 필요한 계통지리와 지지라는 2개의 접근법에 대한 습득을 목표로 하고 있고, 마지막 주제에서는 2개의 접근법에 근거하여 현대적인 여러 과제에 대한 고찰방법을 습득하는 데 목적을 두고 있다.

이를 좀 더 구체적으로 살펴보면, 첫 번째 주제에서는 자연환경, 자원, 산업 등 적절한 지리적 제 사상을 다루고, 그것을 지도상에 표현하며 그 특징을 다면적으로 읽고 파악하여, 공간적 규칙성을 찾아낸다는 계통지리학의 방법론을 살린 프로세스의 습득을 목표로 하고 있다. 두 번째 주제에서는 로컬 수준, 국가 수준, 주·대륙 수준이라는 지리적 스케일에 대응하여, 그 지역에 존재하는 제 사상을 유기적으로 관련시키거나, 타 지역과 비교하여 지역 구조를 다면적으로 파악해 간다는 지지적 방법론에 토대를 둔 학습을 목표로 하고 있다. 더욱이, 세 번째 목표에서는 현대세계에서 발생하고 있는 에너지, 환경, 인구, 식료품 등과 같은 지

표 4-23. 1999년 학습지도요령에 의한 지리A 및 지리B 교과서의 지구적 시민성

지리A	지리B
(2) 지역성의 입장에서 파악하는 현대세계의 과제 ㄱ. 세계의 생활·문화에 대한 지리적 고찰 ㄴ. 지구적 과제의 지리적 고찰	(3) 현대세계의 제 과제에 대한 지리적 고찰 ㄱ. 지도화하여 파악하는 현대세계의 제 과제 ㄴ. 지역 구분하여 파악하는 현대세계의 제 과제 ㄷ. 국가 간의 연계 현상과 과제 ㄹ. 근린 제국 연구 ㅁ. 환경, 에너지의 문제와 지역성 ㅂ. 인구, 식료문제의 지역성 ㅅ. 주거, 도시문제의 지역성 ㅇ. 민족, 영토문제의 지역성

구적 제 문제를 지역성에 근거하여 공간적으로 추구·고찰하는 과정을 통해서 현대세계의 지리적 인식을 심화하는 것과 함께, 지리적 안목·사고력을 습득하는 것을 목적으로 하고 있다[25].

지리B 교과목의 특징은 계통지리와 지지라는 2개의 지리학적 방법의 습득을 목표로 하고 있다는 것이다. 그리고 이에 근거하여 현대적 제 과제를 탐구하고 현대세계의 인식 심화를 목표로 하고 있다. 그러한 탐구 과정을 통해서 획득한 지리적 안목·사고력을 신장시키면서 국제사회의 변화에 주체적으로 그리고 유연하게 대응할 수 있는 일본인으로서의 자각과 자질의 육성을 지향하고 있다. 이러한 점에서 지리A와 지리B는 동일하게, 학습 목표에 있어서 '일본인으로서의 자각'이라는 국가주의적 색채를 강하게 띠면서, 지구적 시민 육성을 강조하고 있다고 할 수 있다.

앞에서 논의한 지리A와 지리B의 특징을 근거로 지구적 시민 육성이라는 관점에서 고등학교 학습지도요령 지리의 특징을 살펴보면 다음과 같다. 첫째, 현대적 제 과제에 대한 대응을 강조하고 있다. 지리A와 지리B가 모두 '지역성의 입장에서 제 과제에 대한 고찰'을 학습 내용으로 하고 있는데, 이것은 글로벌 쟁점의 해결을 향한 지리교육의 관점을 시사한다. 이는 지리교육의 사회적 효용성을 높일 수 있는 것일 뿐만 아니라, 지리라는 교과목이 현실 사회에서 일어나고 있는 제 문제를 어떻게 대처할 것이며, 더 나은 지구사회의 형성을 위해 어떤 역할을 할 것인가 보여 주는 계기가 된다고 할 수 있다.

둘째, 지리적 제 과제의 해결에 대한 접근을 촉진하는 탐구 방법이 중시되고 있다는 점을 들 수 있다. 지구적 제 과제는 熊野敬子(2002)도 지적한 것처럼, 이에 대한 해결책은 일반적으로 모색, 정책 제언, 사회 참가라는 사회과학적인 사고 프로세스를 따라간다. 여기서 학생들에게 요구되는 능력은 사회 현상에 대한 가치판단력을 비롯하여 더 나은 사회를 만들기 위한 의사결정능력이다. 이것은 학생들의 탐구심을 자극하는 '주체적인 학습'을 촉진할 뿐만 아니라 시민성 육성에도 큰 기여를 하게 된다. 그리고 이러한 주체적인 학습을 촉진하기 위한 지리적 기능이 강조되고 있다.

이와 같이 학습지도요령에 의한 고등학교 지리는 현대적 제 과제, 학습 프로세서, 지리적 기능을 중시하고 있으며, 이를 통해 지구적 시민성 육성에 초점을 두고 있다. 이는 학습자뿐만 아니라 일반 시민에게 지리교육의 사회적 유용성을 높이려는 시도로 해석할 수 있다. 그러나 한편으로 학습지도요령에 의한 고등학교 지리는 지구적 시민 육성이라는 관점으로 볼 때, 다양한 문제점을 내포하고 있는 것으로 판단된다. 첫째, 森分孝治(1997)도 지적한 것처럼, 방법을 중요시하는 경향은 지나치게 활동을 강화시켜, 지구적 시민 육성에 기반이 되는 지리적 지식과 안목·사고력을 체득하지 못하게 할 수 있다. 둘째, 지리교육의 주요한 학습 대상인 지역이 특정 토픽의 사례로 제시됨으로써, 즉 지리적 현상을 고찰하기 위한 수단이 됨으로써 학생들이 세계를 전체적으로 바라보는 안목이 줄어들 가능성이 있다. 한편으로 吉田 剛(2003)이 지적한 것처럼, 학생들은 체계적이고 종합적으로 지역을 인식하는 것이 아니라, 지역에 대한 고정관념을 증가시킬 위험이 있다. 셋째, 학습 목표에 있어서 '일본인으로서의 자각과 자질'을 강조하는 것이 지구적 시민 육성을 방해할 수 있다는 것이다. 泉 貴久(2005)가 지적한 것처럼, 현대사회는 글로벌화가 진전되고, 국가 간 또는 지역 간의 연결이 한층 긴밀해지고 있으며, 일본 사회도 외국인이 증가하여 다문화사회로 향하고 있다. 이러한 세계화 속에서 사람들의 정체성이 반드시 국가에만 있다고 제한할 수는 없으며, 오히려 로컬에서 글로벌에 이르는 스케일에서 다층성, 중층성을 보이고 있다. 따라서 지나치게 일본인으로서의 자각과 자질을 강조할 경우 이문화 이해, 다문화 이해, 글로벌 교육, 개발교육 등의 관점에서 볼 때, 바람직한 지구적 시민 육성에 실패할 가능성을 내포하고 있다.

(4) 개발교육의 성숙기: 지구적 시민 육성의 정체

2009년 학습지도요령에 의한 고등학교 지리A와 지리B의 경우 이전보다 지구적 시민 육성을 위한 내용이 오히려 줄어들었다고 할 수 있다. 지리A의 경우

1999년 학습지도요령에 의한 고등학교 지리A와 별 차이가 없으나, 지리B의 경우 지구적 시민 육성을 위한 내용이 없어지고(즉, 현대세계의 제 과제에 대한 지리적 고찰), 지리적 기능, 계통지리, 지역지리 등으로 내용을 구성하고 있다(표 4–24). 이와 같은 원인은 2009년 학습지도요령의 개정 배경에서 다소 추론해 볼 수 있다. 앞에서도 살펴보았듯이, 1999년 학습지도요령이 추구한 것은 '여유(ゆとり)' 교육이었는데, 이것이 일본 학생들의 성취수준을 떨어뜨리는 요인으로 작용하였기 때문이다.

지리A의 경우 1999년 학습지도요령과 달리 첫 단원이 지구적 시민 육성을 위한 것이다. 첫 단원 '(1) 현대세계의 특색과 제 과제의 지리적 고찰'의 학습 목표는 '세계 제 지역의 생활·문화 및 지구적 과제에 관해서 지역성과 역사적 배경을 근거로 하여 고찰하고, 현대세계의 지리적 인식을 깊게 하는 것과 함께 지리적 기능 및 지리적인 안목과 사고방식을 몸에 익히도록 한다.'(文部科學省, 2009, 26)라고 제시돼 있다.

이는 다시 3개의 하위 단원으로 나뉘는데 첫 번째 하위 단원인 'ㄱ. 지구의와 지도로부터 파악한 현대세계'의 학습 목표는 '지구의와 세계지도의 비교, 다양한 세계지도의 독도 등을 통해서, 지리적 기능을 몸에 익히는 것과 함께, 방위와 시차, 일본의 위치와 영역, 국가 간의 연결 등에 관해서도 파악하도록 한다.'(文部科學省, 2009, 26)인데, 이는 지리적 기능에 해당되는 것으로서 지구적 시민 육성과 직접적인 관계는 적다. 두 번째 하위 단원인 'ㄴ. 세계의 생활·문화의 다양성'의 학습 목표는 '세계 제 지역의 생활·문화를 지리적 환경, 민족성과 관련시켜서 파악하고, 그 다양성에 관해서 이해시키는 것과 함께, 이문화를 이해하고 중시하는 것의 중요성에 관해서 고찰하도록 한다.'(文部科學省, 2009, 27)라고 제시하고 있다. 이는 지구적 시민 육성과 직접적으로 관계되는 것으로서 특히 이문화 학습에 초점을 두고 있다. 세 번째 하위 단원인 'ㄷ. 지구적 과제의 지리적 고찰'의 학습 목표는 '환경, 자원·에너지, 인구, 식료품 및 거주·도시문제를 지구적 및 지역적 시야로부터 파악하고, 지구적 과제는 지역을 초월한 과제인 것과 함께 지역에

표 4-24. 2008년(중학교)과 2009년(고등학교) 지리 교육과정의 내용

중학교 지리적 분야	고등학교	
	지리A	지리B
(1) 세계의 다양한 지역 ㄱ. 세계의 지역 구성 ㄴ. 세계 각 지역의 인간의 생활과 환경 ㄷ. 세계의 제 지역 ㄹ. 세계의 다양한 지역의 조사 (2) 일본의 다양한 지역 ㄱ. 일본의 지역 구성 ㄴ. 세계와 비교한 일본의 지역적 특색 ㄷ. 일본의 제 지역 ㄹ. 나와 가까운 지역의 조사	**(1) 현대세계의 특색과 제 과제의 지리적 고찰** **ㄱ. 지구의와 지도로부터 파악한 현대세계** **ㄴ. 세계의 생활·문화의 다양성** **ㄷ. 지구적 과제의 지리적 고찰** (2) 생활권의 제 과제의 지리적 고찰 ㄱ. 일상생활과 결부된 지도 ㄴ. 자연환경과 방재 ㄷ. 생활권의 지리적인 제 과제와 지역조사	(1) 다양한 지도와 지리적 기능 ㄱ. 지리정보와 지도 ㄴ. 지도의 활용과 지역조사 (2) 현대세계의 계통지리적 고찰 ㄱ. 자연환경 ㄴ. 자원, 산업 ㄷ. 인구, 도시·촌락 ㄹ. 생활문화, 민족·종교 (3) 현대세계의 지지적 고찰 ㄱ. 현대세계의 지역 구분 ㄴ. 현대세계의 제 지역 ㄷ. 현대세계와 일본

있어서 나타나는 것과 다르다는 것을 이해시키고, 그것들의 과제 해결에는 지속 가능한 사회의 실현을 지향한 각국의 대처와 국제 협력이 필요하다는 것에 관해서 고찰하도록 한다.'(文部科學省, 2009, 27)라고 제시하고 있다[26]. 이 역시 지구적 시민 육성과 직접적으로 관계되는 것으로서 특히 개발교육의 관점을 보여 주고 있다.

앞에서도 언급했듯이 지리B의 경우, 글로벌 쟁점에 해당되는 단원이 없어지고 지리적 기능, 계통지리, 지역지리 등 세 개의 단원으로 재편되었다. 따라서 단원의 내용만으로는 지구적 시민 육성의 관점을 읽을 수 없다. 다만 두 번째 단원인 계통지리와 세 번째 단원인 지역지리 단원의 학습 목표에서 이와 관련한 것을 언급하고 있다. 두 번째 단원인 '(2) 현대세계의 계통지리적 고찰'의 학습 목표는 '세계의 자연환경, 자원, 사업, 인구, 도시·촌락, 생활문화, 민족·종교에 관한 제 사상의 공간적 규칙성, 경향성과 그것들의 요인 등을 계통지리적으로 고찰하도록 하는 것과 함께, 현대세계의 제 과제에 관해서 지리적 시야로부터 이해시킨다.'(文部科學省, 2009, 28)라고 제시하고 있다. 여기에서 마지막 부분인 '현대세계의 제 과제에 관해서 지리적 시야로부터 이해시킨다.'라는 것은 지구적 시민 육

성과 직접적으로 관계되는 내용이라고 할 수 있다.

세 번째 단원인 '(3) 현대세계의 지지적 고찰'의 학습 목표는 '현대세계의 제 지역을 다면적·다각적으로 고찰하고, 각 지역의 다양한 특색과 과제를 이해시키는 것과 함께, 현대세계를 지지적으로 고찰하는 방법을 몸에 익히도록 한다.'(文部科學省, 2009, 29)라고 제시하고 있다. 여기에서는 지구적 시민 육성에 대한 직접적인 언급을 찾을 수 없다. 그러나 이 단원의 두 번째 하위 단원인 'ㄴ. 현대세계의 제 지역'의 학습 목표는 '현대세계의 제 지역을 채택하여, 역사적 배경을 근거로 하여 다면적·다각적으로 지역의 변화와 구조를 고찰하고, 그들의 지역에 보이는 지역적 특색과 지리적 문제에 관해서 이해시키는 것과 함께, 지지적으로 고찰하는 방법을 몸에 익히도록 한다."(文部科學省, 2009, 29)라고 제시하고 있다. 이 중에서 '그들의 지역에 보이는 지역적 특색과 지리적 문제에 관해서 이해시키는 것과 함께'라는 부분에 지구적 시민 육성을 위한 의도가 내포되어 있다고 할 수 있다.

전체적으로 2009년 학습지도요령에 의한 고등학교 지리A와 지리B의 경우 표면적으로 지구적 시민 육성을 위한 내용이 이전의 학습지도요령보다 줄어들었다고 할 수 있다. 이러한 경향은 1989년 학습지도요령에서 나타나기 시작한 지구적 시민 육성이, '살아가는 힘'과 '여유(ゆとり)' 교육을 강조한 1999년 학습지도요령에서 확장되는 동시에 내부적으로는 세계에서 일본인의 자각을 중요시하는 관점으로 변화된 것이라고 할 수 있다. 그리고 급기야 2009년 학습지도요령이 학력 향상을 위한 내용 중심의 교육과정으로 전환되면서 지리는 글로벌 쟁점 또는 이슈에서 탈피하여 학문 중심적인 계통지리로 전환되어 상대적으로 지구적 시민 육성의 관점이 줄어들게 된 것으로 보인다.

3) 개발교육의 의의와 과제

(1) 일본의 지리 교육과정과 개발교육의 의의

일본의 지리 교육과정 및 교과서에서는 개발교육을 직접적으로 언급하지 않는다. 영국이나 오스트레일리아에서는 교육과정과 교과서에서 개발을 직접적으로 언급하여 다루는 것과 대비된다고 할 수 있다. 개발교육의 관점에서 볼 때, 일본 지리 교육과정은 글로벌 쟁점(지구적 제 과제)에 대한 탐색을 통해 지구적 시민 육성을 강조한다(小林　汎, 1993). 여기에서 글로벌 쟁점 또는 지구적 제 과제란 우리 모두 동참하여 해결해야 할 다양한 차원의 글로벌 불평등을 의미한다.

일본 지리 학습지도요령을 통해 볼 때, 개발교육이 본격적으로 시작된 시기는 1989년 학습지도요령이 채택된 때이다. 이를 통해 볼 때 그 이전에는 세계 속에서의 일본인 육성에 초점을 두었다면, 그 이후에는 세계 속에서 일본인으로서의 자각이 강조되기는 하지만 무게 중심은 지구적 시민 육성으로 이동하게 된다. 그렇다면 1989년 지리 학습지도요령에서 왜 이러한 변화가 나타난 것일까? 여기에는 내적 요인과 외적 요인이 모두 작용하였다. 외적 요인은 앞에서도 언급했듯이 국제사회가 일본에 대한 책무성을 강조하였기 때문이다. 이러한 시대적 요구에 부합하기 위해 지리 교과의 내적 변화도 동시에 일어났다. 1989년 학습지도요령은 그동안 정태적인 지지학습과 학문 중심의 계통지리에 초점을 두어 온 것에 대한 비판으로 글로벌 쟁점에 대한 탐색을 강조하게 된 것이다. 이와 같은 대외적 여건과 내적 요인이 결합되면서, 지리는 특정 지역과 세계의 연결을 통해 주체적으로 행동할 지구적 시민 육성에 초점을 두게 된다. 지리 교육과정에서 제시된 학습 내용은 전 세계적으로 실제로 일어나고 있고 동시에 조속한 해결을 요하는 현대적 제 과제(글로벌 쟁점: 에너지, 환경문제, 남북문제, 민족문제, 이문화 이해, 지역 연구, 인권, 평화 등)(保科秀明, 2000)이다. 그리고 학생들의 자주적·주체적 학습을 존중하고, 학습 방법으로 가치판단, 의사결정, 사회 참가 등의 참가형 학습을 강조하게 된다. 이러한 내용과 방법을 통해 지리교육은 학생들이 공생, 공정, 공존, 정의 등의 덕목을 배양하고 함께 더 나은 세계를 만드는 데 기여할 수 있게 하는 데 목적을 두었다. 이러한 변화는 지리교육의 내적 변화인 동시에, 사회적 유용성을 높이기 위한 시도의 일환이기도 했다.

이러한 글로벌 쟁점과 불평등에 대한 학습은 개발교육과 밀접한 관련이 있다. 앞의 이론적 논의에서도 살펴보았듯이, 개발교육은 글로벌 교육의 한 영역으로서 선진국과 개발도상국 사이에 존재하는, 즉 남북 간에 존재하는 경제적 격차라는 글로벌 불평등을 인식하고 탐구, 해결하며, 공생·공존하기 위한 지구적 시민을 육성하는 것이다(魚住忠久, 1995; 魚住忠久, 2003). 물론 개발에 대한 의미는 여러 가지로 해석될 수 있다. 일본의 지리교육학자 泉 貴久(2000)은 '개발도상국에 있어서 저개발된 상태(빈곤)', '선진국에 있어서는 과잉 개발한 상태(대량생산, 소비, 오염)', '바람직한 생활스타일을 확립하기 위한 자기 개발(변혁)'이라는 3개의 관점에서 개발이라는 단어를 해석한다.

이러한 개발교육을 지리교육에 도입함으로써 개발과 관련한 제 문제를 실제 지역에 근거하여 좀 더 다면적인 시점에서 파악할 수 있고, 문제에 대한 구조적인 이해가 가능하다. 나아가 실제 지역이 직면한 문제에 대해 구체적인 해결책의 제시와 함께 더 나은 지역 만들기를 모색할 수 있다. 이는 지리교육이 지식을 주입하는 교육으로부터 문제 제기, 문제 해결, 의식계발교육으로 전환하는 계기가 될 수 있다.

(2) 개발교육을 위한 지리교육의 과제

일본의 지리 교육과정 및 지리 교과서는 1989년 학습지도요령을 기점으로 지구적 시민 육성을 위한 개발교육을 내용과 방법적인 측면에서 매우 강조해 오고 있다. 물론 최근 개정된 2009 학습지도요령에서는 다시 계통지리로의 전환을 모색하면서, 글로벌 쟁점에 대한 교육이 다소 주춤하는 분위기이기도 하다. 그렇지만 2009 학습지도요령은 여전히 지구적 시민 육성을 강조하고 있다. 이러한 지구적 시민 육성을 위한 개발교육이 지리교육에 잘 정착되기 위해서는 해결되어야 할 여러 과제들이 있다.

먼저, 글로벌 쟁점과 불평등을 대상으로 하여 이루어지는 개발교육이 지식 교육에 머물러서는 안 된다는 것이다. 즉 개발교육은 지식을 전달하는 것을 넘어 행동으로 실천할 수 있는 교육이 되어야 한다. 예를 들어, 지리를 통한 개발교육은 개발도상국의 저개발이 아닌 남북 격차의 실제적인 모습과 그 원인에 대한 학습을 통해 이를 극복하는 데 참여하는 태도를 육성하고 행동으로 실천하는 데 초점을 두어야 한다. 또한 개발도상국의 생활문화의 이해, 개발도상국과 선진국의 인적·물적인 결합의 이해, 남북문제에 학생들 자신이 어떻게 관계할지 등에 대해 탐구하는 것이다.

둘째, 사실 세계 지리 학습에 있어서 개발도상국에 대한 학습 내용은 서구 국가들에 대한 학습 내용에 비해 매우 적다. 개발도상국에 대한 학습 내용을 더 이상 줄이지 않은 것이 개발교육을 위한 기본적인 배려일 것이다. 또한 개발도상국에 대한 편견이 더 이상 다루어져서는 안 된다. 이것은 학습 방법과도 매우 관련이 되는데, 교사는 학생들로 하여금 개발도상국이 경제적으로 생활수준이 낮다고 이를 경시하도록 해서는 안 된다. 경제적 수준은 낮을지 모르지만, 그들의 행복지수는 어느 선진국보다도 높을 수 있다. 따라서 개발도상국과 선진국의 생활문화의 차이점보다 유사점에 초점을 둘 필요가 있으며, 생활문화의 이해에 있어서는 더 넓은 스케일에서 사회경제적인 측면도 고려되어야 한다. 또한 개발도상국의 사회적 문제가 지금까지 번영을 누려 온 선진국의 식민지에 의한 결과이며, 개발도상국에서 자원을 공급받고 있는 선진국에도 개발도상국과 같은 문제가 있다는 것을 학생들에게 인식시켜야 한다. 결론적으로 학생들이 개발도상국이 아닌 선진국에 태어난 것을 다행으로 여기는 학습이 되어서는 안 된다.

셋째, 개발교육은 학생들의 일상생활과 연관지어 이루어지도록 할 필요가 있다. 예를 들어, 개발도상국과 선진국의 관계는 실제적인 자원 또는 상품을 사례로 하여 공정무역과 윤리적 소비의 관점에서 학습하도록 할 수 있다. 이를 통해 개발도상국의 문제가 어떻게 하여 선진국과의 관계 속에서 나타나는지를 이해하고 공감하도록 할 수 있다. 또 다른 사례로, 선진국으로 유입되고 있는 개발도상국의 외국인 노동자를 예로 들어 이러한 현상이 발생하는 메커니즘을 학습하도록 할 수도 있다. 이와 같은 타문화 이해를 바탕으로 개발도상국의 문제를 자신의 문제로 파악할 수 있게 된다면, 적어도 개발도상국(또는 외국인 노동자)에 대한 차별과 편견은 가지지 않을 것으로 기대할 수 있다. 게다가 해당 선진국이 개발도상국에 어느 정도의 원조를 하는지 학습의 기회를 제공할 수 있다(全國地理教育研究會, 2005).

넷째, 공간적 스케일의 관계적 측면을 강조할 필요가 있다. 그동안 지리교육에서는 지역, 국가, 글로벌이라는 공간 스케일이 파편적으로 다루어지는 경향이 있었다. 글로벌 스케일에서 나타나는 문제에 대한 단순한 학습은 자칫 지식 차원에 머물 수 있다. 따라서 글로벌 스케일에서 나타나는 쟁점들을 자신이 살고 있는 지역과 관련지어 다면적으로 학습하도록 할 필요가 있다. 즉 학생들이 글로벌 쟁점을 자신의 생활과 관련한 과제로 인식하고, 이를 해결하기 위한 방안을 찾도록 하는 것이다. 반대로, 학생들 자신과 가까운 지역에서 나타나는 문제(로컬 쟁점)를 글로벌 스케일(글로벌 쟁점)로 인식하도록 할 필요가 있다. 日原高志(2002)는 다중스케일의 관점에서 지리적 쟁점을 고찰하는 것의 중요성을 강조하고 있다. 즉, 학생들 자신과 가까운 지역에서 일어나고 있는 지리적 쟁점을 국가 스케일과 글로벌 스케일이라고 하는 더 큰 스케일에서 고찰하도록 하고, 반대로 글로벌 스케일에서 일어나는 쟁점을 자신들의 생활영역으로 끌어들여 생각하도록 하는 것이다.

다섯째, 현대세계의 지리적 쟁점을 해결하기 위해서는 다면적 접근(지식, 기능, 가치·태도)이 요구된다. 日原高志(2002)는 이를 위해 '지리적 쟁점을 다면적으로 분석하고(객관적 지식), 쟁점을 초래하는 배경·요인을 다양한 각도로 분석하고(논리적 사고력), 바람직한 여러 해결책을 고려하여 선택하며(가치판단능력과 의사결정능력), 더 나은 사회를 만들기 위한 계획을 구체적으로 그려 보고(창조적 표현력), 계획에 기초하여 실제 행동으로 실천해 나가야 한다(사회참가능력).'라고 주장한다.

여섯째, 일본 지리 학습지도요령에서는 지구적 시민 육성을 위해 교사 주도의 지식 중심 교육에서 벗어날 것과 학습자의 주체적인 학습과 참여적 학습을 강조하고 있다(泉 貴久, 2005). 일본 개발교육협회(開發教育協會, 2003, 2004)에 의하면, 참여적 학습은 학습자가 학습 과정에 주체적이고 협력적으로 참가하는 것을 지향하는 학습 방법이다. 또한 이 학습 방법은 학습자의 긴장을 해소하고, 그 장소의 분위기를 온화하게 함으로써 학습자가 가지고 있는 지식과 경험 그리고 개성과 능력을 끌어내고, 상호 의견 교류와 상호 이해를 촉진하며, 그 과정에서 학습자가 새로운 발견을 해 나가는 것을 중시한다. 참여적 학습은 교사에 의한 일방적인 지식의 전달이 아니라, 학습자 상호 간의 학습 중에 교사의 지원을 받아가면서도 스스로 해답을 찾아가는 학습이라고 할 수 있다. 이때 교사에게는 학습자의 능력을 끌어올리는 촉진자로서의 역할이 요구된다.

이와 같이 개발교육의 궁극적인 목표는 글로벌 시민으로서 주체적인 태도로 사회에 참여하는 데 있다. 교실 수업을 통해서 학생들이 지구적 시민으로서의 자질을 함양했다고 하더라도, 이를 일상생활에서 실천하지 않으면 아무 의미가 없다. 개발교육이 범교육과정 주제인만큼 이를 위해서는 지리 교과뿐만 아니라 다른 교과 영역을 비롯하여 재량 활동(일본의 경우, 총합학습시간), 학교 행사, 특별 활동 등과 연계가 중요하다. 또한 지역과 학교의 연계 역시 중요하며, 비정부기구(NGO) 활동에 참여하는 것도 역시 중요하다. 그렇게 될 때, 학생들은 더 나은 세계를 만드는 데 능동적으로 참여하는 행위자로서, 지구적 시민으로서 역할을 할 수 있을 것이다.

6. 개발교육과 지리교육의 관계 탐색

1) 지리를 통한 개발교육의 정당성

> 우리는 글로벌 사회에 살고 있으며, 나는 청소년들이 세계 어느 곳에 있든지 간에 그들의 행동의 선택이 다른 국가뿐만 아니라 다른 대륙에 있는 다른 사람들의 삶에 어떤 영향을 미치는지에 대해 이해하는 것이 중요하다고 믿고 있다. 우리가 구매하는 음식에서부터 우리가 직장에 도착하는 방법에 이르기까지, 우리의 일상적인 결정들은 우리 주위 세계를 위한 결과들을 가져온다. 만약 우리가 더 공정하고 더 지속가능한 사회를 만들려고 한다면 그러한 결과들을 이해할 필요가 있다 (Gordon Brown, UK Prime Minister, in DEA, 2008b).

지리는 세계에 관해 학습하고 이해하는 데 초점을 둔다. 그렇다면 지리를 통해 세계에 관해 학습하는 것은 왜 중요할까? 오늘날 전 세계의 다양한 국가와 장소를 탐색하는 인문지리는 '글로벌 장소감(global sense of place)'이라는 맥락 내에 학습을 위치시킬 필요가 있다. 글로벌 사회에서, 더 넓은 세계에 관해 이해하려면 인간과 장소의 상호 연결성을 고려해야 한다.

장소에 관한 학습은 지리교육의 중요한 부분이다. Robinson(1998a, b)에 의하면, 지리의 가장 흥미로운 양상 중의 하나는 우리 주위의 것들과 매우 상이한, 멀리 떨어진 사람과 장소에 관해 발견하는 것이다. 지난 30년 이상, 학교 지리의 이러한 양상은 대개 개발도상국에 대한 학습 내에 포함되었다. 이러한 프레임워크 내에서, 세계는 거의 배타적인 문제로 나타나게 된다. 대부분의 학교 지리로부터, 우리는 세계가 흥미롭고 행복한 사람, 훌륭한 자연환경, 끝없는 가능성과 잠재력으로 가득 차 있다고 거의 믿지 못한다.

영국의 경우 개발교육은 지리수업을 통해 이루어졌다. 개발도상국에 관한 학습은 지리 교육과정과 지리 교과서에서 매우 우세하게 다루어졌다. 특히 1970

년대 이후 복지지리학과 인간주의 지리학이 지리교육에 도입되면서 개발과 공간 패턴 분석에서 사람들의 태도의 역할을 강조했고, 학생들 자신의 가치와 신념을 끌어왔으며, 세계를 발견하는 데 비판적 탐구의 중요성에 초점을 두었다(Hopkin, 1998).

지리에 대한 이러한 접근은 소위 개발교육 또는 글로벌 교육이라 불린다. 앞에서 살펴보았듯이 이러한 개발교육은 Oxfarm, Christian Aid, UNICEF, ActionAid, Save the Children 등과 같은 비정부기구(NGOs)에 의해 주도적으로 전개되어 왔다(Blum et al., 2010).

지리에 '글로벌 차원(global dimension)'을 포섭하는 것은 세계화와 상호 의존적인 세계에서 삶에 대한 인식만을 초래한 것이 아니다. 그것은 글로벌 빈곤, 사회적 불평등과 사회정의 같은 쟁점을 검토하기 때문에, 수업에서 이러한 영역들에 관한 교수의 핵심적인 구성요소는 다양한 범주의 사회적, 문화적, 이데올로기적 영향에 대한 이해와 인식을 요구한다. Andreotti(2006)는 포스트식민주의 관점으로부터 글로벌 차원은 문화적 패권과 남북 권력관계에 대한 가정들이 어떻게 검토되고 있는지에 대한 참조를 포함할 필요가 있다고 제안한다[27]. 예를 들면, 수업에서 빈곤에 대한 논의들은 종종 글로벌 빈곤과 불평등이 나타나는 이유에 대한 비판적 분석을 격려하기보다는 무력함(helplessness)과 시혜적인 자비심(charitable benevolence)에 대한 지각을 불어넣을 수 있다(Blum et al., 2010).

Serf and Sinclair(1992)에 의하면, 개발교육은 세계에 효과적으로 참여하는 데 필요한 기능을 발전시키는 것에 관한 것이다. 또한 상호 의존적인 세계에 사는 데 필요한 태도를 발전시키는 것에 관한 것이다. 상호 의존성이라는 개념은 개발 및 개발교육과 매우 밀접한 관련이 있다(Bourn, 2008). 지리는 우리가 상호 의존적 세계에 관해 비판적이고 창의적으로 생각하도록 돕는 데 기여한다. 중요한 것은 지리는 단지 개발을 위한 중립적인 맥락이 아니라는 것이다. 영국의 DEA(2006)는 개발교육을 다음과 같이 선언했다. 이들은 지리교육의 목적과 밀접한 관련을 지닌다(Lambert and Morgan, 2010).

- 청소년들로 하여금 자신의 삶과 전 세계 사람들의 삶 사이의 연계를 이해할 수 있도록 하는 것
- 우리의 삶을 형성하는 글로벌 경제적, 사회적, 정치적 힘에 대한 이해를 증가시키는 것
- 사람들이 함께 일할 수 있는 기능, 가치와 태도를 발달시켜 변화를 초래하고 자신의 삶을 통제하도록 하는 것
- 권력과 자원이 균등하게 공유되는 더 정당하고 지속가능한 세계를 성취하기 위해 일하는 것(DEA, 2006, Bourn, 2008, 3에서 인용)

한편, Standish(2009)가 제안한 것처럼, 글로벌 차원은 또한 Oxfam과 같은 비정부기구의 특정한 윤리적, 도덕적 입장들을 위한 지원을 촉진하는 것으로 인식될 수 있다. 따라서 글로벌 쟁점과 영향력에 관한 학습은 '빈곤 퇴치운동(make poverty history)' 또는 '글로벌 시민 되기(being a global citizen)'와 같은 도덕적 관점을 지지할 뿐만 아니라, 비판적 사고, 상이한 관점에 대한 이해를 격려하고 학습자에게 글로벌 영향력과 그것들의 관계를 이해하도록 할 수 있다.

오늘날 세계에서는 개발, 세계화, 불평등 간의 연계에 관한 학습이 중요해지고 있다. Binns(2000)은 개발교육이 지리의 중요한 요소라고 주장한다. 왜냐하면 학생들은 특히 영국 내에서 글로벌 불평등의 원인에 관해 알고, 오늘날과 과거의 세계에서 영국의 경제적, 사회적, 문화적 역할을 이해할 필요가 있기 때문이다.

개발은 본질적으로 인간의 삶의 질 개선과 관련된다. 특히 지리교육은 이러한 개발에 대한 관심, 이해, 논쟁을 촉진하는 데 중요한 역할을 해 오고 있다. 개발교육은 범교육과정 주제이지만 시민성과 지속가능한 발전이 강조되고 있는 현시점에서 지리교육과 더욱 밀접한 관련을 가진다(Binns, 2000; Binns, 2002).

개발교육의 형식적 교육에 대한 또 다른 기여는 세계화(globalization), 글로벌 시민성(global citizenship), 글로벌 차원(global dimension)에 대한 주목이다. 글로벌 사회와 글로벌 경제를 고려하는 교육 전략을 촉진하는 것은 영국에

서 점점 더 우세하며(DfES, 2004), 다른 산업화된 선진국에서도 마찬가지이다(Hertmeyer, 2008; Rasaren, 2009). 또한 교육과정 정책 문서(예, QCA, 2007a, b)와 비정부기구(예, Oxfam, 2006)의 자료는 청소년들을 글로벌 시민으로 육성하는 데 초점을 두고 있다. 그러나 이들은 학습자들로 하여금 더 넓은 세계를 이해하도록 하는 관점에서 보면 세계화와 상호 연결된 세계에서 삶의 부정적 결과에 치중하는 한계를 지닌다고 할 수 있다. 그러므로 QCA의 『Global Dimension in Action』 출판물은 중요하다. 왜냐하면 그것은 다음과 같이 진술하고 있기 때문이다.

> 글로벌 차원을 위한 교육은 학습자들에게 일련의 관점으로부터 정보와 사건을 평가하고, 이주, 정체성과 다양성, 기회의 공정성과 지속가능성 같은 글로벌 공동체가 직면한 도전들에 관해 비판적으로 사고하며, 이러한 쟁점들에 대한 해결책의 일부를 탐색하도록 격려한다(QCA, 2007b, 2).

영국 지리교육학회가 개발교육협회(DEA, 2004)와 공동으로 개발한 'Geography: the Global Dimension'은 '장소들과 스케일 간의 상호 연결성'에 대한 이해와 '지리적 상상력'을 격려함으로써 '개발 지표'와 '사례 연구'를 넘어 이동하는 접근을 취하고 있다. 글로벌 쟁점과 관점을 이해하기 위해, 개인들은 자신의 삶과 세계의 다른 곳에 있는 사람들을 연결하는 기능을 발달시켜야 하며, 다른 사람의 관점에 입각하여 그들 자신의 편견과 관점을 비판적으로 평가할 수 있는 기능을 발달시켜야 한다. 지리 교수에서 글로벌 차원의 핵심은 객관적이고 규범적인 형식으로 개발에 관한 학습(learning about development)의 개념을 넘어 이동하는 것이다. 즉, 결코 쉬운 해결책을 가지지 않은 복잡한 질문과 쟁점에 관한 논쟁을 격려하는 것이다. 그것은 또한 기존의 편견과 관점을 인식하고, 학습으로부터 잊는 것으로, 듣기 위한 학습으로, 학습을 위한 학습으로, 도달을 위한 학습으로 이동하는 학습의 과정을 격려하는 것을 의미한다(Andreotti and de Souza,

2008a, b).

지리가 사회에 대해 유용한 지식을 제공할 수 있는 몇몇 비판적인 문제가 있다. 이들 중에는 경제적 건전성, 환경 파괴, 민족적 갈등, 보건, 글로벌 기후 변화 등이 있다(Morgan and Lambert, 2005). 지리학습이 '세계를 비추는 거울'로서가 아니라 세계를 구성하는 것이 되려면, 지리교사들은 학생들에게 저기에 있는 세계에 대한 권위적인 유일한 설명에 대한 한계를 인식하고, 의미 만들기에 비판적으로 참여하도록 격려할 필요가 있다. 이것이 지리교육과 개발교육의 접점이다.

학생들이 지리 텍스트 배후에 놓여 있는 가정을 검토할 기회를 제공받지 못한다면, 학생들은 '개발'에 대해 단순하고 유럽 중심적인 관점에 빠지게 될 것이다. 지리 교과서가 교사와 학생들에게 개발에 대한 부분적인 설명만을 제공하는 경향이 있다는 자각에 의해 중요한 질문이 제기된다. 예를 들면, 어떤 재현이 어떻게 규준으로서 받아들여지게 되는가? 무엇이 더 비판적인 관점에 대한 토론을 방해하는가? 그러한 재현은 누구의 관심을 반영하고 있는가? 분명하게, 지리교사가 '개발이란 무엇인가?'라는 질문에 어떻게 답하는가 하는 것은 그들이 토픽을 학생들에게 어떻게 재현하는가에 대한 중요한 함의를 지닌다(Morgan and Lambert, 2005).

2) 글로벌 및 개발 관점이 지리교육에 주는 함의

영국의 지리교육에서는 특히 장소 학습과 스케일을 강조하고 있는데, 글로벌 및 개발 관점은 학생들로 하여금 지리적 사고력 발달은 물론 장소 간의 상호작용에 대한 이해를 발전시킬 수 있다. 지리를 통한 글로벌 장소감에 대한 이해는 단지 세계를 있는 그대로 기술하는 것이 아니라, 인간과 장소, 장소와 장소 사이의 상호 관련성을 탐구하여 유사성과 차이점을 밝혀 바로 우리 자신의 삶과 관련시키도록 하는 것이다. 따라서 지리의 글로벌 접근은 학생들로 하여금 서로 연결되어 있는 세계에 대한 이해뿐만 아니라 그 세계가 어떻게 작용하는지에 대한 이해를 제공할 수 있다. 좋은 지리(good geography)는 특정 장소가 어떻게 더 넓은 글로벌 시스템과 연계되고 있는지 탐구하도록 하는 것으로서, 학생들로 하여금 그들 자신의 지리적 상상력을 자극하도록 한다[28]. 따라서 지리에 글로벌 관점을 끌어오는 것은 학생들로 하여금 다른 장소와 관련하여 그들의 장소를 이해하도록 하고 그들 자신의 세계관 또는 글로벌 장소감을 형성하는 데 중요한 역할을 할 수 있다.

장소는 보편성을 가질 뿐만 아니라 특정한 장소는 특수성을 가진다. 전통적인 지역지리가 장소의 특수성을 기술하는 데 관심을 가졌다면, 최근에 논의되고 있는 장소에 대한 연구는 특별한 장소에서 나타난 특별한 결과와 보편적으로 영향을 주는 프로세서 사이의 관련성을 추적하는 데 관심을 두기 때문에 상이한 스케일에 관한 탐구를 수반한다. 만약 지리를 통한 학습이 분절적 혹은 파편적 스케일, 즉 로컬 스케일만을 대상으로 하거나 글로벌만을 대상으로 한다면, 학생들로 하여금 장소 사이의 상호 연결, 상호 의존성, 상호작용을 인식하도록 하는 데 실패할 것이다. 좋은 지리는 바로 이러한 상이한 스케일의 관련성을 인식하는 것이며, 이에 기반한 장소 학습은 학생들로 하여금 다양한 관점에 대한 이해와 함께 비판적 사고를 함양할 수 있도록 한다[29]. 지리적으로 사고하는 것은 연결 관계와 상호 연결의 공간적인 결과를 탐구하는 것을 의미한다. 즉, 학생들로 하여금 장소는 파편화되어 있는 것이 아니라 다양한 스케일의 차원에서 경제, 사회, 정치, 자연적 프로세서에 의해 상호 연결된 결절로 생각할 수 있도록 한다. 지리적으로 사고하는 것은 나와 나의 장소, 그리고 나의 장소가 다른 사람들의 장소와 어떻게 연결되어 있는지에 관해 사고하는 것으로, 이를 통해 학생들은 복잡한 세계를 더 잘 이해할 수 있고, 글로벌 관점에서 그들이 살고 있는 장소를 긍정적으로 이해할 수 있고 책임감을 가질 수 있다. 지리수업에 글로벌 관점을 끌어오는 것은 오염되고, 불공정하며, 불평등한 세계를 위해 지리를 가르치는 것이 아니라 (Hicks, 2002), 더 나은 세계를 위해 지리를 가르치는 것을 의미한다. 즉, 학생들에게 긍정적인 미래 사고를 요구하는 것으로서 이는 능동적인 글로벌 시민성을 위한 중요한 기초가 된다.

지리수업에 글로벌 차원을 끌어오는 것은 지리교사와 학생들로 하여금 지식은 사회적으로 구성된 것이라는 인식을 가능하게 한다. 이와 같은 관점에서 지리수업은 더 이상 교사들이 교육과정과 교과서에 제시된 내용 그 자체를 전달하는 것이 아니라, 학생들로 하여금 복잡한 세계에 대한 열린 탐구를 통해 지식을 구성할 수 있도록 한다. 따라서 지리수업을 위한 적절한 메타포는 교사가 학생들에게 명백한 정답을 제공하거나 찾도록 하는 것이 아니라, 교사와 학생, 학생과 학생의 '대화(conversation)'의 과정이라고 할 수 있다.

이상과 같이, 지리는 글로벌 이해를 가능하게 하는 개념으로서 장소, 스케일(로컬, 국가, 글로벌), 상호 의존성과 상호 연결(인간과 장소, 장소와 장소, 장소 내의 자연적·경제적·정치적·사회적 맥락들), 특수성(로컬에 일어난 결과)과 보편성(글로벌 시스템에서의 프로세서) 등을 제공해 준다. 따라서 지리는 이러한 개념적 구조를 통해 학생들의 '지리적 상상력'과 '글로벌 장소감'을 확장시켜 줄 수 있는 최적의 교과로 자리매김할 수 있다. DEA(2004)에 의하면, 지리를 통한 글로벌 접근은 교사들에게는 새로운 도전과 기회를, 학생들에게는 여러 이점을 제공해 줄 수 있다(표 4-25).

21세기를 살아가고 있는 우리의 삶에 대한 진정한 이해를 위해서는 글로벌 관점을 고려하지 않을 수 없다. 학교 교육에서 글로벌 관점을 강조하는 궁극적인 목적은 학생들로 하여금 글로벌 쟁점에 직면하고 있는 세계에서 살아남을 수 있도록 하는 데 있다. 지리는 글로벌 이해를 위한 개념적 구조로서 장소, 스케일, 상호 의존성과 상호 연결, 특수성, 보편성 등을 제공해 주는데, 이를 통해 학생들의 지리적 상상력과 '글로벌 장소감'을 확장시켜 줄 수 있다. 빠르게 변화하는 복잡한 글로벌 세계에서 지리교육은 학생들로 하여금 글로벌 사회와 경제에서 살아갈 수 있도록 해야 하며, 그들로 하여금 더 나은 세계를 만드는 데 기여하도록 해야 한다.

표 4-25. 지리 교과에 있어서 글로벌 관점의 기회와 이점

교사들을 위한 기회	• 교사들은 빈곤 감소, 식량 안보, 인구 이동, 지속가능한 개발 등과 같은 현재의 쟁점을 도입하기 위한 교육과정의 개정에 참여할 수 있다. • 교사들은 학생들의 삶과 상상력에 연계된 수업을 계획할 수 있다. 그것은 지리를 살아 있게 하고, 새로운 적실성을 제공할 것이다. • 교사들은 닫힌 '용기'로서 좀 더 동적인 글로벌 '연결점'으로서 장소에 대한 학습을 위한 새로운 초점을 제공할 것이다. • 교사들은 지리의 기본 개념인 장소와 스케일을 자연적·인문적 프로세서의 보편성과 함께 결과의 독특성을 분석하기 위한 강력한 도구로서 다시 활기를 띠게 할 수 있다. • 교사는 지리를 통하여 개발 관점과 글로벌 시민성의 발달을 가르치는 데 기여할 수 있다.
학생들의 이점	• 지리는 학생들로 하여금 세계의 빈부 격차, 글로벌 커뮤니케이션, 불균등한 소비, 문화와 생활 스타일, 환경 파괴와 위험 등과 같은 쟁점을 더 잘 이해하도록 한다. • 지리수업은 학생들로 하여금 장소의 문화적 다양성, 장소와 장소 내에서의 상호 연결성에 대해 좀 더 깊이 이해할 수 있도록 한다. • 지리수업은 학생들로 하여금 일상적 사건들('뉴스에서의 지리')을 해체할 수 있게 하며, 사건, 쟁점, 글로벌 논쟁에 대한 다양한 관점을 이해할 수 있게 한다. • 좋은 지리수업은 학생들이 지속가능한 개발을 향한 긍정적인 변화의 맥락 내에서 가능한 대안적인 미래를 상상할 수 있는 기회를 제공한다. • 토론을 이끌어내고 깊이 생각하고 의사소통 기능을 개발하는 개방적이고 흥미있는 지리수업은 비판적 사고, 효과적 논쟁, 정설에 대한 도전, 협상과 중재 능력 등을 배경으로 한 민주적 과정에 참여하려고 하는 학생들의 욕구와 확신에 기여할 것이다. 이러한 방법으로 지리는 학생들로 하여금 지식뿐만 아니라 핵심인 지적 기능들을 갖춘 책임있는 글로벌 시민이 되도록 돕는다. • 인간의 권리(그리고 책임성)가 보편적이라는 이해는 학생들로 하여금 다른 사람들의 삶을 공감하도록 돕는다.

(DEA, 2004 내용 일부 수정)

7. 지리 교육과정 및 교과서에 나타난 개발 담론 분석

1) 지리 교과서에 재현된 개발 담론 분석의 역사

영국의 지리교육학자들은 1970년대 후반 이후 지리 교과서에 재현된 개발도상국에 대한 고정관념과 편견을 비판적으로 분석하기 시작했다. 특히 David Hicks와 David Wright의 연구는 영국의 중등학교 지리 교과서가 빈번하게 개발도상국 국민과 국가에 관한 고정관념과 편견 속에서 이미지와 정보를 제공한다는 증거를 발견했다. 사실 많은 수업자료들이 세계에 대한 유럽 중심적 관점을

보여 주었다. 개발도상국을 비하하고 영국 내에 살고 있는 소수민족을 비하했다.

> 영국에 소수자 집단이 존재하는 것은 우리의 식민주의 과거와 직접적으로 연결된다. 그러한 소수자 집단에 대한 태도는 제3세계 사람들에 대한 영국 사람들의 지각과 밀접하게 관련된다. 인종차별적 태도는 영국에서 규범이 되는 경향이 있다. 만약 지리학자들이 국제적 이해와 관용적 태도를 촉진하는 데 관심을 가진다면, 영국에서 소수자들에 대한 묘사가 흑인의 자아상 또는 백인의 편견에 어떻게 영향을 줄 수 있는가를 고찰하는 것이 중요하다(Hicks, 1981b).

교과서에 나타난 아프리카의 비주얼 이미지를 검토한 Wright(1979)는 교과서가 제조업 또는 3차 산업 활동을 평가절하하고 전통적인 농업 활동을 매우 강조하고 있다고 결론지었다. 그리고 어떤 종류의 개발도 고찰할 수 없는 아프리카 대륙의 고정관념화된 '후진적(backward)' 이미지를 찾아냈다. 그는 1950년대 교과서와 1970년대 교과서에서 아프리카에 대한 이미지에 거의 차이가 없음을 발견했다.

Wright(1983; 1985)는 이후 더 세부적인 검토를 수행했다. 3종의 교과서에서 오스트레일리아, 서구, 남아프리카공화국에 대한 언급에서 보여지는 인종에 대한 외연적·내면적 태도를 더 상세히 검토했다. 그리고 영국의 다인종 교실에서 어린이들의 태도에 대한 그것들의 영향을 논의했다. 그는 사진, 텍스트, 활동을 통해 아프리카에 대한 매우 부정적인 인상을 전달하는 교과서들을 발견했고, 오스트레일리아에서 애버리지의 경험을 무시하는 것을 발견했다. 지리 교과서들이 인종차별적인지 어떤지를 질문하면서, Wight는 그 문제는 현재의 더 넓은 가치로부터 초래된 무의식적 민족중심주의라고 결론지었다. 특히 이는 교사 자신의 교육을 통해 실현된다.

> 기본적인 문제는 '이 책'이 아니다. 그것은 확실히 이 출판사도 아니다. 문제는 지

리교사인 우리가 자신의 가치와 가정을 적절하게 검토하지 않는 사회의 산물이며, 우리는 아직 인종차별주의와 편견을 발견하는 데 익숙하지 않다는 것이다 (Wright, 1983, 14).

Hicks(1981a, b, c)는 지리 교과서들이 제3세계에 관한 빈곤과 저개발에 대해 제공한 설명, 그리고 인구, 음식, 농업, 상호 의존성, 식민주의, 소수자 권리를 포함하여 일련의 핵심적인 쟁점들을 어떻게 다루는지 분석했다. 그는 또한 영국의 교과서들 속에서 영국에 있는 소수자 집단에 대한 묘사를 분석했다. Hicks는 제3세계에 초점을 둔 대다수의 텍스트들이 접근에 있어서 민족 중심적이라는 것을 고찰했다. 반면 영국에 초점을 둔 텍스트들은 다문화적 이해에 거의 기여를 하지 않았다. 또한 교과서들이 저개발의 원인을 분석하지 못했다. 교과서들은 제3세계 국가들과 그들의 장소가 문제를 갖고 있는 것으로 보여 주었으며, 제3세계 사람들의 이미지를 희생자로, 그리고 후진적이고 무지한 것으로 보여 주었다.

Hicks는 이들 교과서를 세계관에 따라 '보수적', '자유주의적', '급진적'으로 분류했고, 이를 인지된 편견의 정도에 따라 인종차별적(racist), 비인종차별적(non-racist), 반인종차별적(anti-racist)으로 나누었다. 그는 문제에 초점을 둔 보수적 관점을 가진 교과서들이 가장 편견적이며, 개발 쟁점에 초점을 둔 교과서들이 가장 덜 편견적이라는 경향성을 발견했다.

남(南)의 교수와 학습에 대한 Robinson(1987b)의 연구는, 남(南)에서의 개발에 대한 학생들의 개념화와 이해는 자신의 개인지리, 즉 그들이 무의식적으로 가족과 친구, 학교 교과서와 교사들 같은 다양한 출처로부터 이미지와 정보를 해석하고 동화하는 프레임워크와 밀접하게 연관되어 있다는 것을 제안한다. 그는 많은 지리수업에서 학습은 부적절한 교수법 때문에 이러한 개인지리에 거의 영향을 주지 않는다고 말한다. 그리고 종종 학생들의 폭넓고 부정확한 실재에 대한 버전을 재구조화하기 위해, 지리수업은 학생들이 교실로 가져오는 지식과 경험을 인식해야 하고, 능동적인 학습 방법을 통해 학생들의 학습에 관여하고 발전시켜야 한다고 주장한다(Robinson, 1987a, 48).

Robinson은 교사가 학생들의 개인지리를 발전시키고 변화시키기 위해, 그들의 사고기능, 가치화와 의사결정을 발전시키는 데 주의를 기울일 필요가 있다고 주장한다. 특히 학생 중심의 경험적 방법을 통해. 개별 교사들이 소유한 특성과 가치는 학생들의 개발에 대한 이해를 변화시키는 데 가장 영향력을 발휘할 수 있다고 결론짓는다.

> 첫째, 그들이 무엇을 또는 어떻게 가르치는가보다 오히려 누가 여러분을 가르치는가 하는 것이 식별할 수 있는 차이를 만든다. 둘째, 교사와 학생 둘 다 높은 질에도 불구하고, 개발도상국에서의 개발에 대한 이해는 제대로 발휘되지 못한다(Robinson, 1987b, 368).

2) 중등 지리 교과서에 재현된 개발 담론 분석

이 절 이후는 지금까지 전개되어 온 개발 담론의 변화에 대한 고찰을 통해 지리 교육과정 및 중학교 지리 교과서에 재현된 개발 담론의 특징을 분석한 것이다. 중학교 지리 교과서를 분석 대상으로 선정한 이유는 여기에서 다루어지는 공간 스케일이 다중적이기 때문이다. 즉 고등학교 지리 교과서가 '한국 지리'와 '세계 지리'로 공간 스케일을 구분하고 있는 반면, 중학교 지리 교과서는 특정 주제를 중심으로 다양한 공간 스케일(로컬, 국가, 글로벌)이 함께 작동할 수 있는 구조를 띠고 있다.

(1) 개발 담론 분석을 위한 단원 설정

중학교 지리 교과서에 재현된 개발 담론을 분석하기 위해서는 먼저 사회과 교육과정이 이를 어떻게 반영하고 있는지 고찰해야 한다. 영국이나 오스트레일리아와 같은 일부 국가에서는 국가 지리 교육과정에 '개발'교육을 구체적으로 명시

표 4-26. 중학교 지리 교육과정과 개발교육 관련 단원 및 성취기준

단원	성취기준	비고
(7) 도시 발달과 도시문제	④ 우리나라 혹은 세계 여러 도시를 대상으로 삶의 질을 분석한 후 살기 좋은 도시가 갖추어야 할 조건을 제안할 수 있다.	• 교과서 분석 단계에서 제외함
(9) 글로벌 경제와 지역 변화	③ 세계화에 따른 경제 공간의 불평등 사례를 조사하고, 이를 해결하기 위한 방안(예, 공정무역) 및 참여 방법을 알아본다.	
(12) 환경문제와 지속가능한 환경	① 전 지구적인 차원에서 발생하는 환경문제(예, 지구온난화 등)의 원인을 알고, 지속가능성의 측면에서 이를 해결하기 위한 개인적·국제적·국가적 노력을 조사할 수 있다. ② 이웃 국가에서 발원한 환경문제(예, 황사 등)의 사례를 조사하고, 이를 해결하기 위한 국가 간 협력 방안을 제안할 수 있다.	
(14) 통일 한국과 세계시민의 역할	③ 지구상의 다양한 지리적 문제(예, 국제 이주, 기아, 난민, 분쟁 등)를 해결하기 위한 국제기구 및 국제 협력 사례를 찾고 공존의 의미를 파악한다.	

하고 있지만(특히 오스트레일리아의 경우 고등학교 심화과정으로 '개발지리'를 선택하여 학습하도록 하고 있음), 우리나라의 경우 개발교육에 대한 구체적인 언급은 없다. 다만, 개발이라는 측면에서 '지역 개발'이 단원으로 설정된 사례는 있으나, 이는 개발교육과는 다소 거리가 있다. 따라서 현행 2009 개정 사회과 교육과정에 대한 내용 분석을 통해 개발교육과 밀접한 단원을 선정할 수밖에 없었다. 중학교 사회과 교육과정을 대상으로 하여, 개발교육과 밀접한 관련이 있을 것으로 판단되는 단원을 표 4-26과 같이 4개 단원에 총 5개의 성취기준을 설정했다.

(2) 개발 담론 분석을 위한 준거

이와 같은 지리 교육과정 성취기준에 근거하여 개발된 지리 교과서는 과연 개발 담론을 어떻게 재현하고 있는지 분석할 필요가 있다. 지리 교과서에 재현된 개발 담론은 지리교사와 학생들에게 특정 이데올로기와 관점을 심화시켜 줄 수 있다는 점에서 중요하다. 따라서 지리교사는 지리 교과서에 재현된 개발 담론을 철저하게 해체할 필요가 있다. 이를 위해 지리교사들은 개발 담론에 대한 전문적 지식을 가져야 한다. 그리고 지리교사들은 교육과정 및 교과서에 제시된 재현을 액면 그대로 받아들이기보다 오히려 자신이 지식 생산에 참여하는 자세를 가져

야 한다. 개발에 대한 단순 명료한 정의는 자칫 고정관념과 편견을 심어줄 수 있다. 이 연구는 이에 대한 선행 연구의 성격을 지닌다. 그렇다면 지리 교과서에 재현된 개발 담론은 어떻게 해체될 수 있을까?

먼저 지리 교육과정 및 교과서는 개발 담론을 재현하는 텍스트로 간주될 필요가 있다. 이러한 재현적 텍스트를 분석하기 위해서는 다음과 같은 질문이 동반된다(Morgan, 2001).

- 상이한 집단은 텍스트에 어떻게 재현되어 있을까?
- '개발'에 관한 어떤 메시지가 제공되어 있을까?
- 지리적 현상은 어떤 스케일에서 학습되어야 할까? 로컬 사례 학습이 어떻게 글로벌 스케일과 연결될 수 있을까?
- 교육과정은 사람들 자신의 목소리가 들리도록 허용할까?
- '개발'을 설명하기 위해 어떤 이론이 사용되었나? 누가 어떤 상황에서 이러한 이론을 생산했는가?
- 이러한 토픽을 재현하는 대안적인 방법이 있는가?
- 세계에 대한 텍스트로서 교육과정과 행동으로서 교육과정 사이의 관계는 무엇일까? 교육과정은 행위와 변혁을 위한 공간을 만들고 있는가? 혹은 교육과정은 사람들이 자신의 상황을 거의 변화시킬 수 없다는 메시지를 담고 있는가?

영국의 지리연구그룹(geography study group)은 교육과정 및 교과서에서 선진국과 개발도상국의 관계가 어떻게 다루어지고 있는지 분석할 수 있는 유용한 체크리스트를 다음과 같이 제시한다(Hicks, 1983, 92 재인용).

- 다양한 지표로 측정되는 인간 복지 수준의 공간적 차이를 다루는가? 인간 복지의 지표들, 예를 들면 GNP의 타당성을 고찰하는가?

- 민족적·문화적 다양성과 사회의 다원적인 본질을 나타내는가?
- 개발도상국들의 문화적 성취와, 산업화된 국가들(선진국)이 개발도상국에 지고 있는 문화적 채무에 대한 인식을 보여 주는가?
- 개발에 관한 제한과 개발을 위한 기회의 관점에서 자연환경을 논의하는가?
- 개발도상국의 식민지적 배경과 관련하여 개발도상국의 역사를 다루는가?
- 자원과 생산의 세계적 분포를 다루는가?
- 국제무역의 내용과 방향, 변화하는 패턴, 그것이 개발도상국의 내부 구조에 영향을 주는 방법을 다루는가?
- 직업 구조와 노동의 종류에 대해 논의하는가?
- 개발도상국의 농업 상황을 보여 주고, 토지 소유와 토지 개혁에 대한 질문을 논의하는가?
- 인구증가율, 연령 구조, 인구밀도를 다루는가? 그것은 변화의 원인을 설명하는가?
- 과거와 현재의 개발도상국 내에서 이주의 흐름(예를 들면, 도시화)과 국제적 이주를 검토하는가?
- 다양한 유형의 인간 주거와 그것들의 특성과 기능을 논의하는가?
- 원조 관계의 본질을 논의하는가?
- 개발을 위한 대안적인 전략을 검토하는가?
- 관광의 경제적, 사회적, 문화적 영향을 검토하는가?
- 거대한 다국적기업의 역할에 대한 논의를 포함하는가?

이러한 질문들은 지리 교육과정 및 교과서에 재현된 개발 담론을 분석하기 위한 준거를 제공한다. 본 연구는 이와 같은 준거를 토대로 교과서에 재현된 개발 담론을 다음과 같은 점에서 분석하고자 한다. 먼저 개발의 의미를 균형있게 제시하고 있는지 살펴보아야 한다. 즉 지리 교과서가 개발에 관해 어떤 메시지를 제공하고 있는지 살펴볼 필요가 있다. 둘째, 개발을 측정하기 위한 지표로 무엇이 사용되고 있으며, 그것은 과연 문제가 없는지, 그리고 다양한 대안적 개발 지표를 제시하고 있는지 분석해 볼 필요가 있다. 공간적 불평등을 구분하는 지표가 인간 복지의 지표로서 기능하는지 살펴볼 필요가 있다. 그리고 다양한 집단의 관점에서 개발 지표를 제시하고 있는지도 중요한 분석의 대상이 된다. 셋째, 개발의 상태와 관련하여 사용되는 용어를 살펴볼 필요가 있다. 이는 개발을 설명하기 위해 어떤 관점 또는 이론이 사용되는지와 밀접한 관련을 가질 수 있다. 넷째, 글로벌 불평등과 지리적 문제를 해결하기 위해 다양한 주체들의 역할이 강조되는지 살펴보아야 한다. 단지 국가나 국제기구에만 의존하는지 아니면 다양한 비정부기구나 개인적 차원에서 실현 가능한 방안을 검토하는지 살펴보아야 한다. 다섯째, 개발에 관한 제한과 개발을 위한 기회의 관점에서 자연환경을 논의하고 있는지 살펴보아야 한다. 즉 개발을 단지 인간 중심적 관점에서만 접근하고 있는지 아니면, 생태적 측면에서 접근하고 있는지 살펴보아야 한다. 이외에도 원조관계의 본질을 논의하고 있는지, 그리고 개발을 위한 대안적인 전략들을 검토하고 있는지 살펴보아야 한다. 또한 산업화된 국가들(선진국)이 개발도상국에 지우고 있는 채무에 대해 어떤 인식을 보여 주는지 살펴볼 필요가 있다.

3) 지리 교과서에 재현된 개발 담론의 양상

(1) 개발의 의미

앞에서도 언급했듯이, 개발의 의미는 고정적인 것이 아니라 사회적으로 구성된 것이다. 개발은 사람과 집단에 따라 다양하게 정의되고 규정된다. 우리나라 지리 교과서를 분석하기 전에 외국의 지리 교과서는 과연 개발의 의미를 어떻게 기술하고 있는지 살펴보자. 영국의 지리 교과서 『geog.3』(Gallagher and Parish, 2005, 10)은 '개발이란 무엇인가?'라는 질문을 통해 개발의 의미를 학습하도록 하고 있다. 이 교과서는 개발에 매우 다양한 것들이 있다고 기술하고 있다. 개발은 사람들의 삶을 개선하는 것으로, 단지 부자가 되거나 더 많은 물건을 사는 것에만 해당되는 것이 아니라, 많은 다양한 양상들이 있다는 것을 보여 준다. 그림 4-11은 사람마다 개발을 얼마나 다양하게 정의내릴 수 있는지 보여 준다.

한편, 영국의 지리 교과서 『New Key Geography』의 'Interaction'에서는 개발의 의미를 다음과 같이 정의하고 있다(Waugh and Bushell, 2006, 128).

> 개발은 사람들을 위해 더 나은 삶을 만드는 것에 관한 것이다. 개발은 건강, 식품, 주거, 교육과 같은 사람들의 삶에서 중요한 것들을 개선시키는 것에 관한 것이다. 이러한 것들을 개선하는 것은 사람들에게 더 높은 삶의 표준(living standards)과 더 나은 삶의 질(quality of life)을 갖도록 도와 준다.

그림 4-11. 개발의 의미에 대한 다양한 관점

(Gallagher and Parish, 2005, 10)

오스트레일리아 NSW주의 지리 교육과정에 근거하여 출판된 『Geography Focus 1』(Zuylen et al., 2011) 역시 삶의 표준과 삶의 질의 관점에서 개발을 정의하고 있다. 이와 같이 외국의 지리 교과서의 경우 개발에 대한 정의는 필수적이며, 가장 먼저 제시된다. 그리고 이러한 개발의 정의는 삶의 질의 향상과 밀접한 관련이 있는 것으로, 여기에는 물질적인 것 이외에 다양한 것들이 있음을 지적한다. 그리고 개발에 대한 관점은 사람마다 매우 다양하다는 것을 보여 준다.

그렇다면 우리나라 지리 교과서에서는 개발을 어떻게 정의 내리고 있을까? 중학교 지리 교과서 6종을 모두 분석해 보았지만, '개발'에 대한 구체적인 정의를 언급하고 있는 교과서는 하나도 없었다. 이러한 이유 중의 하나는 우리나라 사회과 교육과정에서 개발을 가르치도록 직접적으로 명시하지 않았기 때문이라고 할 수 있다[30]. 개발교육의 출발점이 개발이 무엇인지를 아는 것이라고 한다면, 우리나라 지리 교과서를 통해 학습하는 학생들은 개발의 진정한 의미가 무엇인지 고민해 보지 않고 개발, 지역 개발, 지속가능한 개발을 공부할 수밖에 없는 것이다. 그러한 학습은 자칫 개발에 대한 오개념을 심어줄 가능성이 매우 높다는 점에서 우려하지 않을 수 없다. 특히 개발에 대한 다양한 관점을 보여 주지 못한다면, 마치 개발이 경제적 개발 또는 양적 개발에 한정된 것으로 받아들여질 수 있다.

(2) 개발의 측정과 지표

개발과 같은 복잡한 과정이 어떻게 측정될 수 있는지 고찰하는 것은 중요하다. 이 질문에 대한 쉬운 답변은 없다. 사실, 지리학자들은 개발을 측정하는 방법을 고민하는 데 많은 시간과 에너지를 사용했다. 자원을 할당하고 활용을 위한 우선순위를 결정하기 위해서는 정확한 최신의 정보를 가지는 것이 중요하다. 그러나 보편적으로 합의되는 개발 지표는 없다.

개발에 대한 일반적인 지표로 사용되는 것이 국민총생산(GNP)이다. 이것은 한 국가의 경계 내에서뿐만 아니라 해외에서 그 국가의 인구에 의해 생산된 모든 재화와 서비스에 대한 지표이다. 총 수치는 보통 그 국가의 인구에 의해 나누어지고 1인당 가치로 환산된다. 이것은 다양한 국가들의 평균 수입을 비교할 수 있게 한다. 그러나 국민총생산(GNP)은 개발에 대한 터무니없는 지표로 간주된다. 왜냐하면 이것은 1인당 지표로 표현되는 경향이 있어서 어떤 인구 내에서 부의 분배를 고려하지 않기 때문이다. 또한 국민총생산은 사회적 불행으로 인식되는 것을 포함하는 경향이 있다. 예를 들면, 석유 유출 후 환경을 정화하는 것이 GNP로 계산된다.

지리 교과서는 현재 국민총생산(GNP)보다 1인당 국내총생산(GDP) 또는 1인당 국민총소득(GNI)을 가장 많이 활용하고 있다. 표 4-27에서처럼, 두 교과서(좋은책신사고, 미래엔)를 제외하면 나머지는 1인당 국내총생산 또는 1인당 국민총소득을 지표로 사용하고 있다. 그리고 최근에는 이러한 지표가 경제적 측면만을 강조하는 경향으로 인해, 인간개발지수(HDI: 1인당 국내총생산, 교육 수준, 평균수명)를 지표로 사용한다(지학사, 천재교육, 미래엔). 이를 교과서별로 좀 더 자세하게 살펴보자.

먼저, 동아출판(김영순 외, 2013)의 경우 개발 지표를 1인당 국내총생산(GDP)

표 4-27. 교과서별 개발 지표

지표 \ 출판사	동아출판	지학사	천재교육	좋은책 신사고	비상교육	미래엔
1인당 국내총생산 (GDP)	○	○				
1인당 국민총소득 (GNI)			○		○	
인간개발지수 (HDI)		○	○			○
디지털 정보 격차				○		
소득 수준에 따른 에너지 소비				○		
빅맥지수						○
1달러의 가치						○

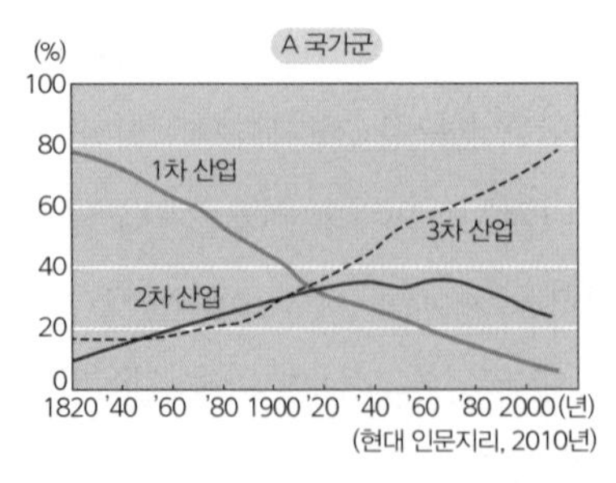

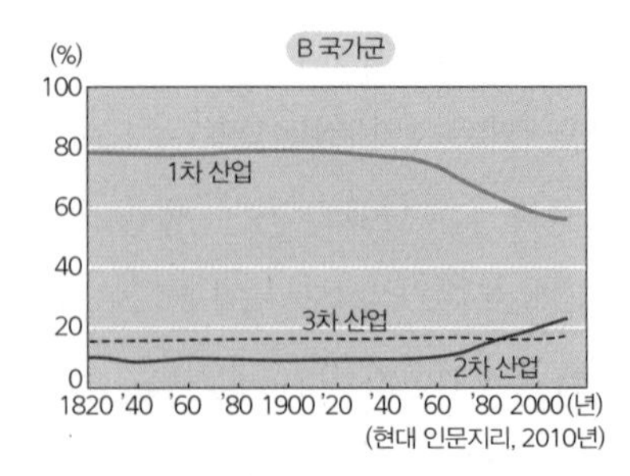

그림 4-12. A 국가군(선진국)과 B 국가군(개발도상국)의 산업 비중

(지학사, 2013, 45)

에 한정하지만, 지학사의 경우 1인당 국내총생산뿐만 아니라, 인간개발지수를 사용한다. 그런데 지학사의 경우 인간개발지수를 산정하는 지표 중의 하나로 1인당 국내총생산을 제시하고 있는데, 1인당 실질국민소득이어야 한다. 그러한 면에서 천재교육이 좀 더 정확하다고 할 수 있다. 천재교육의 경우 1인당 국내총생산이 아니라 1인당 국민총소득을 제시하고 있고, 인간개발지수에서도 실질국민소득을 제시하고 있다. 최근 개발 지표는 천재교육에서 제시하고 있는 것이 더 정확한 것으로 사용되고 있다.

둘째, 지학사(이진석 외, 2013, 45)의 경우, '선진국은 1차 산업의 비중이 작고 2·3차 산업의 비중이 큰 반면, 개발도상국은 1차 산업의 비중이 크고 2·3차 산업의 비중이 작다.'라고 기술하고 있는데, 여기에는 개발과 관련한 고정관념 또는 오개념이 내포되어 있다. 물론 여기서 '비중'이 종사자 비율인지 생산액인지 아니면 다른 무엇인지 구체적으로 언급하고 있지는 않다. 따라서 산업의 비중이 구체적으로 무엇을 이야기하는지는 알 수 없지만, 종사자 수의 관점에서 본다면 개발도상국의 일부 국가를 제외하면 대부분 3차 산업에 종사하는 사람의 비율이 1차 산업에 종사하는 사람의 비율보다 높다. 또한 이 교과서의 탐구 활동에 제시돼 있는 그래프에서 세로축의 비율이 무엇을 뜻하는지 언급하고 있지 않다(그림 4-12). 이를 학습한 학생들은 개발도상국은 3차 산업의 비율이 매우 낮다는 오개념을 가질 가능성이 많다. 이와 관련하여 동아출판(김영순 외, 2013, 41)은 '선진국과 저개발국의 무역 구조를 보면 선진국은 부가가치가 높은 공업제품의 수출 비중이 높고, 저개발국은 농산품 등 1차 상품의 수출 비중이 높은 것을 알 수 있다.'라고 명시하고 있는데, 이는 지학사 교과서와 서술 관점에서 큰 차이를 보이는 것이다.

셋째, 동아출판(김영순 외, 2012, 44-45)의 경우, '세계 여러 나라 학생들의 삶의 질의 차이'라는 제목으로 스웨덴, 캐나다, 케냐, 페루, 인도, 뉴질랜드 어린이의 일상적인 삶을 보여 준다. 그런데 여기에서 문제가 되는 것은 소위 선진국인 스웨덴, 캐나다, 뉴질랜드와 개발도상국인 케냐, 페루, 인도 어린이의 삶을 매주 대조적으로 조명함으로써 긍정적 이미지와 부정적 이미지를 대비시키고 있다는 것이다. 특히 선진국 어린이들은 학교와 놀이에 초점을 두는 반면, 개발도상국 어린이들은 노동, 특히 여자어린이 노동에만 초점을 두고 있다. 과연 이러한 대조가 삶의 질의 차이를 제대로 보여 주는 것인지 의심스럽다. 왜냐하면 선진국과 개발도상국 내에서도 엄연히 학생들의 삶의 질의 차이는 존재할 것이기 때문이다.

넷째, 좋은책신사고(김창환 외, 2012)는 일반적으로 사용되는 개발 지표에 대한 언급은 없고, 소득 수준에 따른 에너지 소비, 디지털 정보 격차를 선진국과 개발도상국을 구분하는 지표로 사용하고 있다. 그리고 이 교과서의 경우도 '선진국의 산업 구조는 높은 부가가치를 창출하는 3차 산업의 비중이 높으며, 개발도상국의 산업 구조는 부가가치가 낮은 1차 산업의 비중이 높다.'라고 기술하고 있다. 이 역시 '비중'을 구체적으로 언급하지는 않았지만, 고정관념 또는 오개념을 불러일으킬 수 있다. 학생들은 이러한 자아와 타자의 이분법적 구분을 사실로 받아들이게 되고, 대안적인 관점에 대해서는 전혀 고려하지 않게 된다.

다섯째, 앞에서 살펴보았듯이 개발 담론 및 개발교육에서는 '경제적 개발'에 대한 강조에서 사회적 개발로 그리고 최근에는 '인간 개발'과 '지속가능한 개발'로 그 중요성이 이동하고 있다(Willis, 2009). 그러나 분석 대상 교과서에서는 경제적 개발 단원, 지속가능한 개발 단원이 구분되어 있어 그러한 스펙트럼을 읽을 수 없다. 그리고 선진국을 중심으로 강조되고 있는 인간 개발과 관련하여서, 지학사와 천재교육 교과서만 인간개발지수(HDI)를 소개하고 있는 정도이다. 이러한 경향이 나타나는 이유는 '개발'이라는 단원이 별도로 구성되어 있지 않고, 개발과 관련한 학문적 논의를 충분히 수렴하지 못했기 때문이라고 할 수 있다. 전체적으로 분석 대상 교과서들은 개발 지표를 경제적 지표의 관점에서 제공하고 있다. 영국이나 오스트레일리아 지리 교과서에서는 경제적 지표의 문제점을 지적하고 다양한 개발 지표를 제시하려고 노력하고 있다는 점에서 차이가 있다. 이러한 개발의 합계적인 통계와 지표는 '개발'과 '저개발' 같은 개념이 실제로 무엇을 의미하는지 불명료하게 만들 수 있다.

마지막으로, 분석 대상 교과서에서 제시하고 있는 지표 이외에, 유엔개발계획(UNDP)은 여성의 지위를 측정하기 위한 개발 지표를 설정해 왔다. 이것은 고용 수준, 임금 비율, 성인 문명률, 학교 교육의 연수, 기대수명에 근거한다. 젠더지수(gender index)는 몇몇 중요한 쟁점을 제기한다. 젠더지수에 따르면, 거의 모든 국가는 남성이 여성보다 나은 집단으로 간주된다. 선진국 역시 여성은 남성의 85~95%에 머물고 있다. 포스트모더니즘 및 페미니즘의 경향과 더불어 개발 지표로서 젠더지수는 중요하다고 할 수 있다. 영국 및 오스트레일리아 지리 교과서에서는 이러한 젠더지수에 따른 개발의 차이를 조명하고 있지만, 분석 대상인 우리나라 지리 교과서에서는 모두 이 지수를 지표로 사용하고 있지 않다.

한편, 지금까지 논의된 모든 개발 지표는 평균적인 데이터를 다루는 일반화된 측정값이라는 한계를 지닌다. 비록 그것들이 개발 수준의 일반화된 지표를 제공하지만, 개발의 본질과 원인을 불명료하게 하는 결과를 가져올 수 있다. 그것들은 또한 질적인 사회적 변수와 불평등을 숨기는 경향이 있다. 어떤 지리적 토픽에 개발 지표를 사용하는 데 있어서 발생하는 명백한 문제점은 인간의 삶의 현실을 얼버무리고 넘어가거나 단순화시키려는 경향이 있다는 것이다. 그것은 다만 평균적인 통계를 제공할 뿐이다.

(3) 개발의 상태와 관련한 용어의 사용

지리적 용어는 결코 중립적이지 않다. 그것에는 이데올로기가 내재되어 있다. 따라서 지리 교과서에서 개발의 상태와 관련하여 어떤 용어를 선택하여 사용하느냐는 학생들의 사고와 가치관 형성에 중요한 영향을 끼칠 수 있다. 즉 학생들은 그 용어가 가지는 의미로 그러한 상태를 인식할 가능성이 높다. 예를 들면, 영국의 경우 1970년대 지리 교과서에 아프리카와 아시아에 있는 몇몇 국가들을 기술하기 위해 '낙후된(backward)'이라는 용어를 사용했다. 그러나 오늘날 이러한 용어는 받아들여지지 않는다(Morgan, 2001).

분석 대상 교과서에서는 개발의 상태와 관련한 용어를 모두 경제 수준에 따라 선진국(developed countries)과 개발도상국(developing countries)으로 구분하여 사용하고 있다(표 4-28). 이러한 구분은 세계적으로 통용되며, 개발도상국과 선진국을 남북으로 구분하여 사용하기도 한다. 개발도상국은 천재교육처럼 제3세계로 사용되기도 한다. 이러한 점에서 대부분의 교과서는 그렇게 문제가 되지 않는다.

다만 동아출판(김영순 외, 2013)의 경우 한 교과서 내에서 선진국/개발도상국, 선진국/저개발국/최저개발국을 혼용하여 사용하고 있다. 여기에서 문제가 되는 것은 개발도상국을 저개발국과 최저개발국이라는 용어와 혼용하여 사용하고 있는 점이다. 경제 수준이 상대적으로 낮은 국가들을 저개발국(under-developed countries)으로 지칭하고 있는데, 이는 개발교육의 관점에서 문제

표 4-28. 교과서별 경제적 개발과 관련한 국가 분류 용어

출판사 국가 분류	동아출판	지학사	천재교육	좋은책 신사고	비상교육	미래엔
선진국/개발도상국	○	○	○	○	○	○
선진국/저개발국/최저개발국	○					
선진 공업국/제3세계[31]			○			
남북[32]			○	○		

점으로 지적될 수 있는 소지가 크다. 최근에는 저개발국이라는 용어보다 개발도상국(developing countries)이 더욱 선호되기 때문이다. '저개발된(under-developed)'이라는 용어의 사용에 대해서는 많은 논쟁이 있어 왔다. 일부 사람들은 개발이란 고정된 상태라기보다는 하나의 과정이라는 사실을 강조하기 위해 'developing'이라는 용어를 찬성한다. 반면 어떤 사람들은 '더(more) 개발된(developed)'이나 '덜(less) 개발된(developed)'이라는 단어를 선호한다. 사실, 영국의 국가 교육과정의 경우 '경제적으로 더 발전된 국가[More Economically Developed Countries(MEDCs)]'와 '경제적으로 덜 발전된 국가[Less Economically Developed Countries(LEDCs)]'를 선호하여 사용한다. 이는 일부 국가들이 1인당 국민총생산(GNP)은 매우 높지 않을지라도, 사회적으로나 문화적으로, 정치적으로는 열등하지 않다는 것을 암시한다(Morgan, 2001).

또한 동아출판(김영순 외, 2013)의 경우 본문에서 계속 '선진국/저개발국'의 구분을 사용하고 있지만, 그림 4-13과 같이 독일의 수출 상품 구성과 에티오피아의 수출 상품 구성을 나타낸 다이어그램에서는 독일을 선진국, 에티오피아를 개발도상국으로 지칭하고 있다. 이와 같이 한 교과서의 한 단원 내에서 저개발국과 개발도상국을 혼용함으로써 학습자에게 혼돈을 심어줄 수 있을 뿐만 아니라,

선진국과 저개발국의 무역 구조를 보면 선진국은 부가가치가 높은 **공업 제품**의 수출 비중이 높고, 저개발국은 농산품 등 **1차 상품**의 수출 비중이 높은 것을 알 수 있다. 이 같은 선진국과 저개발국의 무역 구조 차이는 세계의 **경제적 격차**를 낳는 원인이 되고 있다.
예를 들어, 에티오피아의 경제는 커피를 비롯한 1차 상품에 대한 의존도가 높은 반면, 독일은 부가가치가 높은 공업 제품에 대한 의존도가 높다. 두 나라의 인구는 비슷하나, 독일의 총 수출액은 에티오피아의 수출액에 비해 훨씬 많다.

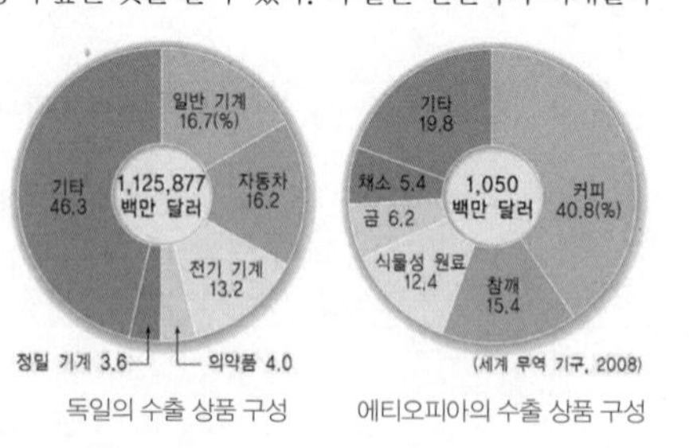

그림 4-13. 경제적 개발과 관련한 국가 분류 용어의 혼재
(동아출판, 2013, 41)

용어의 선정에 있어서 배려가 부족하다는 것을 보여 준다. 또한 개발도상국 대신 저개발국과 최저개발국 같은 용어를 사용함으로써 학생들에게 부정적 이미지를 고착화시킬 수 있다.

더욱이 동아출판(김영순 외, 2013)은 단원 간에도 개발과 관련된 용어를 혼용하고 있다. 앞에서 지적한 경제 공간의 불평등과 관련한 단원에서는 주로 '선진국/저개발국'으로 구분하여 사용하는 반면, '공존을 위한 국제 협력' 단원에서는 '선진국/개발도상국'으로 구분하여 사용하고 있다. 이는 두 단원의 집필자가 각각 다르고, 그로 인하여 용어 선택에 있어서 차이가 드러난 것으로 짐작할 수 있다. 따라서 집필 과정에서 용어 선택에 유의해야 할 뿐만 아니라, 최근에는 단원마다 집필하는 저자가 다른 경우가 많으므로 긴밀한 협력을 유지해야 할 필요가 있을 것으로 본다.

이상과 같이, 특히 개발도상국을 어떤 용어로 사용하는가는 중요한 문제가 된다. 개발도상국을 지칭할 때 사용되거나 사용되기도 했던 'developing', 'less-developed', 'low-income', 'undeveloped'와 같은 용어들은 그러한 국가들이 무언가가 부족하다는 것을 강조한다(Morgan, 2001). 따라서 개발의 상태를 기술할 때 용어의 선택에 신중을 기해야 한다. 왜냐하면 언어는 이데올로기를 내재하고 있기 때문이다. 집필자들은 지리 교과서에 지리적 설명을 할 때 중립적이거나 과학적이려고 노력하지만, 그러한 용어들은 항상 세계의 본질에 관한 가치와 신념을 반영한다.

(4) 글로벌 불평등 및 지리적 문제 해결방안에 대한 관점

개발교육에서 관심을 가지는 것은 선진국과 개발도상국 간의 불평등한 구조이다. 그리고 개발교육의 궁극적 목적은 이러한 불평등한 구조를 타파하여 사회정의와 글로벌 시민성을 실현하는 것이다. 그렇다면 글로벌 불평등 해소를 위해 개발도상국의 경제 성장에 초점을 두어야 하는가, 아니면 빈곤 감소에 초점을 두어야 하는가?

분석 대상 교과서에서 선진국과 개발도상국 간의 경제적 불평등을 해소하기 위해 제시된 방안은 대체로 공정무역으로 수렴된다(표 4-29). 이는 사회과 교육과정의 내용 성취기준 '세계화에 따른 경제 공간의 불평등 사례를 조사하고, 이를 해결하기 위한 방안(예, 공정무역) 및 참여 방법을 알아본다.'에서 공정무역이 사례로 제시되어 있기 때문일 것으로 판단된다. 그러나 이는 하나의 사례일 뿐, 불평등을 해결하기 위한 다양한 참여 방법을 알아보도록 해야 한다. 그런데 좋은책신사고(김창환 외, 2013)를 제외하면 경제적 불평등을 해결하기 위한 참여 방법을 개인과 단체(비정부기구), 국가, 국제적 차원에서 다루고 있는 교과서는 거의 없으며, 실천 사례 역시 공정무역과 관련하여 일반적인 수준에 머물고 있다. 좋은책신사고(김창환 외, 2013)의 경우, 다른 교과서와 달리 국제기구, 정부 차원, 비정부기구, 개인 차원에서 불평등 해소를 위한 실천 사례를 제시하고 있다. 특히 국제연합의 새천년개발목표(MDGs)를 제시하고 있는데, 이는 개발교육의 관점에서 매우 중요한 위치를 차지한다.

앞에서 살펴보았듯이, 1980년대 이후 신자유주의의 하향식 개발에 대한 반작용으로 상향식 개발이 표면화되면서, 개발을 위한 행위자로서 비정부기구의 역할이 강조되었다. 그리고 1990년대에 접어들면서, 신자유주의에 대한 반작용으로 개발과 관련된 비정부기구의 수는 매우 증가했다. 이러한 경향을 반영하듯 분석 대상의 교과서는 전체적으로 국제기구, 비정부기구, 국가가 추구하는 국제개발협력 사례에 대해서는 충실하게 반영하고 있다. 그러나 동아출판(김영순 외, 2013)을 제외하면 개인적 차원에서 실천할 수 있는 사례는 매우 부족하다(표 4-30). 개인적 차원의 사례들은 학생들에게 공감 또는 감정이입을 불러일으키기 때문에, 오히려 비정부기구, 국가, 국제기구의 사례보다 더 효과적이고 실천적일 수 있다. 영국과 오스트레일리아의 경우 공인들의 개인적 실천 사례와 더불어 개인이 실천할 수 있는 사례에 주안점을 두는 반면, 우리나라 교과서의 경우 공정무역과 기부에만 거의 초점을 두고 있는 한계를 지닌다. 전체적으로 6종의 교과서는 개발을 다양성의 관점에서 인식하지 못하는 한계를 지닌다고 할 수 있다.

표 4-29. 경제적 불평등 해결방안

국가 분류 \ 출판사	동아출판	지학사	천재교육	좋은책 신사고	비상교육	미래엔
공정무역	○	○	○	○	○	○
공정 여행 (착한 여행, 대안 여행)			○	○		
국제연합(UN)의 새천년개발목표(MDGs)				○		
정부 차원의 국제협력단 (KOICA) 활동(원조 등)				○		
비정부기구와 개인 차원 (공정무역, 공정 여행, 기부)				○		

표 4-30. 지리적 문제와 국제 협력 사례

출판사	국제 협력 사례
동아출판	• 국제기구: 국제연합, 세계식량계획(WFP), 유엔인구기금(UNFPA), 세계보건기구(WTO), 유엔 난민기구(UNHCR), 유니세프(UNICEF), 국경없는의사회, 액션에이드(Action Aid) • 국제 비정부기구: 그린피스, 국경없는의사회, 월드비전, 세이브더칠드런, 굿네이버스 • 국가: 개발원조위원회의 공적개발원조, 한국 국제협력단(KOICA) • 개인: U2의 보노, 구세군 자선냄비, 적십자 회비, 난민 돕기 성금, 지역의 환경운동단체나 인권운동단체에서 활동, 사랑의 열매, 프리라이스 홈페이지 방문하여 퀴즈 풀기
㈜ 지학사	• 국제기구: 유엔 평화유지군, 세계식량계획 • 국제 비정부기구: 국경없는의사회, 월드비전 • 국가: 한국 국제협력단(KOICA)의 공적개발원조 • 개인: 탐구 활동
천재교육	• 국제기구: 국제연합(UN), 유엔 식량농업기구(FAO), 세계식량계획(WFP), 유엔 아동기금(UNICEF), 유엔 난민고등판무관 사무소(UNHCR), 유엔 환경계획(UNEP) • 국제 비정부기구: 그린피스, 국경없는의사회(MSF) • 국가: 한국 국제협력단(KOICA)
좋은책 신사고	• 국제기구: 국제연합(UN), 유엔 난민기구, 세계식량계획(WFP), 유엔 평화유지군(PKO) • 국제 비정부기구: 국경없는의사회, 세이브더칠드런(Save the Children) • 개인: 기부
비상교육	• 국제기구, 지역 경제 협력체: 구체적인 국제기구는 언급하지 않음 • 국가: 선진국과 개발도상국의 보완 • 개인: 공정무역
미래엔	• 국제협력기구: 국제통화기금(IMF), 국제부흥개발은행(IBRD), 경제협력개발기구(OECD) • 국가: 선진국의 개발도상국에 대한 지원과 협력 • 개인: 공정무역

(5) 환경문제와 지속가능한 발전의 관점

앞에서도 언급했듯이, 개발에 대한 강조는 일찍이 '경제적 개발'에서 '인간 개발'로, 다시 '지속가능한 개발'로 이동하고 있다. 1990년대에 들어오면 환경의 변화와 지속가능한 개발에 관한 이해, 삶의 질, 불평등한 삶의 질을 강조한다. 그렇다면, 분석 대상 교과서에서는 환경문제와 지속가능한 개발에 대해 어떤 관점을 견지하고 있을까?

첫째, 지속가능성 또는 지속가능한 개발에 대한 정의를 아예 제시하지 않거나(동아출판, 천재교과서, 좋은책신사고), 제시한 교과서들(비상교육, 미래엔)이 있다. 지학사는 브룬트란트위원회(Brundtland Commission)로 알려진 '경제와 개발에 관한 세계위원회(WCED)'의 정의를 사용하고 있다. 앞에서도 살펴보았듯이 WCED(1987, 33)는 지속가능한 개발을 '미래 세대가 그들의 필요를 충족시킬 수 있는 가능성을 손상시키지 않는 범위에서 현재 세대의 필요를 충족시키는 개발'로 정의한다. 이 정의는 현세대와 미래 세대 간의 공정을 강조하고 있지만, 세대 내 공정(또는 사회적 공정)에 대해서는 언급하고 있지 않다. 앞에서 이야기했듯이 지속가능한 개발은 사회적 공정, 환경적 질, 경제적 번영이라는 3가지의 축으로 구성된다. 특히 사회적 공정은 사회정의와 밀접한 관련을 가진다. 현세대에서 선진국과 개발도상국 간, 즉 세대 내 공정이 환경정의와 관련하여 중요하다.

한편, 지속가능한 개발 및 지속가능성의 개념은 매우 추상적이기 때문에 학생들의 수준에 맞춰 쉽게 정의를 내릴 필요가 있다. 오스트레일리아 지리 교과서는 중학생을 대상으로 하는 경우에도 지속가능성과 지속가능한 개발의 개념을 학생들의 삶과 결부하여 구체적이면서도 쉽게 정의 내리고 있다. 따라서 지속가능성 또는 지속가능한 개발에 대한 정의를 학생들이 더 쉽게 이해할 수 있고, 세대 내 공정이 포함될 수 있도록 유의할 필요가 있다.

둘째, 6종의 교과서는 지속가능한 개발에 대한 접근에서 생태 중심적 접근보다 주로 기술 중심적 접근에 토대하고 있다. 앞에서도 살펴보았듯이 생태 중심 접근은 생태계에 근거하고, 인간과 자연환경 간의 관계에 대한 로컬적 이해를 중시한다. 반면에 기술 중심적 접근은 오염을 감소시킬 수 있는 산업 기술 또는 에너지 효율적인 하부구조와 같은 혁신을 비롯한 기술적 해결을 추구한다. 환경 보존보다는 새로운, 친환경적인 기술 개발을 통해 지속가능한 개발을 이루겠다는 것이다. 지속가능한 개발과 관련하여 '녹색 성장'의 개념(물론 정부의 의도가 반영된 것이지만)이 제시되고 있는데(지학사, 2013, 98), 이 역시 다분히 기술 중심적 접근이라고 할 수 있다. 왜냐하면, 녹색 성장은 환경친화적 기술을 개발하고 이용하여 환경 보존과 지속가능한 발전을 이루려는 경제 성장 방식으로 정의되기 때문이다.

> 국가나 기업은 환경친화적인 정책이나 제도 정비, 기술 개발에 힘써 생산 과정에서 실질적인 자원 이용의 효율성을 높이도록 해야 한다(좋은책신사고, 100).

> 국가적 차원에서는 정책 마련과 지원 노력 등이 필요하다. 우리나라에서는 지속가능한 발전의 실천 전략으로 녹색 기술 개발을 통해 온실가스와 환경 오염을 줄이는 저탄소 녹색 성장 정책을 추진하고 있다(비상교육, 2013, 97).

> 세계적인 기술 발전, 빈곤 퇴치 등과 함께 세계가 하나로 연결되어 있다는 의식 확산에 동참하지 않는다면 인류의 지속가능한 발전은 위태로워질 수도 있다(좋은책신사고, 2013, 100).

> 국내에서는 환경을 보전하는 동시에 국가의 경제를 발전시키는 녹색 성장(환경친화적 기술을 개발하고 이용하여 환경 보전과 지속가능한 발전을 이루려는 경제 성장 방식이다)을 이루고자 관련 법령을 제정하고 제도를 정비하는 등 구체적인 노력을 하고 있다(지학사, 2013, 98).

> 녹색 산업이란 에너지와 자원을 덜 쓰면서 환경을 개선할 수 있는 상품을 생산하

고 서비스를 제공하는 것으로, 저탄소 녹색 성장을 하기 위한 모든 산업을 말한다(동아출판, 2013, 93).

셋째, '환경문제 해결을 위한 국가 간 협력'에서, 개발교육에서 강조하는 선진국과 개발도상국의 관계적 측면을 고찰한 교과서는 좋은책신사고, 지학사(탐구 활동, 99)뿐이다. 그리고 환경문제 해결을 위한 실천적 노력은 대부분 국제기구의 활동, 국가 간 협약, 비정부기구의 활동을 소개하는 정도에 머물고 있을 뿐, 개인적·로컬적 차원은 거의 다루고 있지 않다. 특히 로컬 단위에서의 풀뿌리 개발에 대한 사례는 거의 없으며, 개인적 차원은 탐구 활동 등에서 가능한 방안을 제시해 보라는 수준에 머물고 있다.

8. 개발교육 교수·학습 방법으로서 OSDE 탐색

1) 글로벌 관점에 기반한 개발교육과 지리교육

(1) 글로벌 관점과 지리교육

우리는 글로벌 사회에 살고 있다. 개인의 행동은 한 국가를 넘어 다른 지역에 살고 있는 사람들에게 영향을 미친다. 세계를 더 공정하고 지속가능한 사회로 만들고자 한다면 이러한 글로벌 관점에 대한 이해는 매우 중요하다(DEA, 2008a). 학교 교육을 통해 더 넓은 세계에 관해 학습하고 이해하는 것은 더욱 중요하다. 지리 교과는 더욱 그렇다. 지리 교과는 전 세계의 다양한 지역과 장소의 자연현상과 인문현상을 탐색하는 교과로서, 최근 글로벌 장소감 학습이 중요한 부분으로 떠오르고 있다(Blum et al., 2010). 글로벌 사회에서 더 넓은 세계에 관해 이해하기 위해서는 사람들과 장소들의 상호 연결성을 고려해야만 하기 때문이다.

학생들은 빈곤, 자연재해, 기후 변화, 인권 침해, 비민주적 운동, 전쟁과 갈등

등 글로벌 쟁점에 대한 정보를 매일 접한다. 지리 교과는 글로벌 관점을 도입함으로써 세계화와 상호 의존적인 세계에서의 삶에 대한 인식뿐만 아니라, 공간적 불평등과 사회정의 같은 글로벌 쟁점을 검토할 수 있다. 지리교육은 글로벌 및 개발 쟁점을 끌어와 학생들에게 다양한 관점을 격려하며, 글로벌 영향력을 이해하고 글로벌 시민이 되도록 한다(Standish, 2009). 글로벌 관점에 근거한 지리교육은 사회적, 문화적, 이데올로기적 영향에 대한 인식과 이해를 요구한다. Andreotti(2006)는 포스트식민주의로부터 문화적 패권과 남북 간의 권력관계를 검토할 필요가 있다고 주장한다. 지리수업에서 빈곤에 대한 논의는 자칫 글로벌 빈곤과 불평등의 이유에 대한 비판적 분석보다는 개발도상국의 무력함과 선진국의 자선 행위에 초점을 둘 수 있기 때문이다.

학생들이 글로벌 쟁점과 관점을 이해하기 위해서는 자신의 삶과 세계의 다른 곳에 있는 사람들 간에 연결고리를 만들 수 있는 기능을 발달시켜야 한다. 뿐만 아니라 학생들은 다른 사람의 관점에 입각하여 자신의 편견과 관점을 비판적으로 평가할 수 있는 기능을 발달시켜야 한다. 이를 위한 지리수업은 개발에 관한 학습을 넘어서서 쉬운 해결책을 가지지 않은 복잡한 질문과 쟁점에 관한 논쟁을 격려하는 것이다(Andreotti and de Souza, 2008a, b; Blum et al., 2010).

(2) 개발교육과 지리교육

앞에서도 언급했듯이 빈곤과 불평등, 환경문제 등은 개발도상국뿐만 아니라 선진국을 횡단하여 글로벌 수준에서 일어나고 있다. 지리에서 이러한 글로벌 관점에 대한 접근은 개발교육(development education) 또는 글로벌 교육(global education)이라 불린다. 개발교육이라는 용어는 1970년대에 영국에서 처음으로 등장했다. 개발교육은 저개발의 원인을 이해하고 저개발된 국가의 개발을 촉진하기 위한 것으로, 인권과 사회정의를 강조한 유네스코(UNESCO)의 영향을 받았다(Osler, 1994a, b). 개발교육은 제3세계의 개발을 위해 국제원조와 참여를 촉구한 옥스팜, 크리스천에이드, 액션에이드, 세이브더칠드런 등과 같은 비정부기구(NGOs)와 유럽의 선진국 정부에 의해 추진되었다.

개발교육은 1980년대에 들어오면서 두 가지 학습 분야의 영향을 받았다(Blum et al., 2010). 하나는 브라질 교육학자 파울로 프레리(Paulo Freire)가 주창한 비판교육학이다. 프레리는 참여적 학습 및 지식과 사회 변화 간의 연계를 강조했다. 다른 하나는 로빈 리처드슨(Robin Richardson), 데이비드 힉스(David Hicks), 그레이엄 파이크(Graham Pike), 데이비드 셀비(David Selby) 등에 의해 영국에서 출현한 글로벌 교육이다(Harrison, 2005). 이들에 의해 주도된 'World Studies Project'는 빈곤과 개발에 관한 강조보다 세계에 관해 학습하는 것에 강조점을 두었다(Richardson, 1976; Pike and Selby, 1988; Hicks, 1990, 2003). 이러한 글로벌 교육은 영국뿐만 아니라 다른 서구의 선진국에서도 나타나기 시작했다.

1980년대와 1990년대에 서구 선진국의 개발교육은 글로벌 및 개발 쟁점에 관한 참여적 학습과 이것이 어떻게 현명한 사회적 행동으로 이어질 것인가에 초점을 두었다. 특히 영국에서는 로컬 개발교육센터(DEC: Development Education Centers)가 주축이 되어 교사들과의 파트너십을 통해 다양한 교수·학습 자료와 학습 모형을 개발하여 제공하였다. 오늘날 영국의 개발교육센터들은 1970년대에 유네스코가 제안한 것과는 다른 글로벌 및 개발 쟁점에 관한 학습을 촉진하고 있다. 예를 들면, 버밍엄에 기반을 둔 TIDE(Teachers for Development Education)는 글로벌 교육을 위한 개발나침반을 고안하여 제공했다. 이는 학생들로 하여금 글로벌 시민성 함양과 지속가능한 개발을 촉진하기 위한 반성적이고, 창의적이며, 혁신적인 활동을 위한 기회를 제공하고 있다. 한편, 노팅엄에 기반한 개발교육센터 MUNDI는 더 공정하고 지속가능한 세계를 향한 변화를 실현하기 위해 교육을 통해 비판적 인식, 글로벌 개발에 대한 이해와 지식, 시민성과 지속가능성의 쟁점을 촉진하고 있다. 한편 영국의 개발교육센터들은 특히 지리교육과 관련하여 많은 교수 자료를 만들어 제공하고 있다[33]. 이들 개발교육센터는 이를 달성하기 위해 개발교육의 개발, 세계화, 불평등에 대한 비판적 사고와 학습자 중심 접근의 중요성을 강조하고 있다.

개발교육이 공교육에 미친 또 다른 기여는 세계화, 글로벌 시민성, 글로벌 차원(global dimension)에 대한 주목이다. 선진국에서 글로벌 사회와 글로벌 경제를 고려한 지리교육은 점점 중요한 부분으로 자리 잡고 있다(Hertmeyer, 2008; Rasaren, 2009). 지리교육은 세계화 등으로 상호 연결된 세계에서 이제 시야를 넓혀 청소년들에게 글로벌 시민으로서 자질을 갖게 하는 데 관심을 기울이고 있다. 글로벌 관점을 위한 지리교육은 학생들에게 일련의 관점으로부터 정보와 사건을 평가하고, 이주, 정체성과 다양성, 기회의 공정성과 지속가능성 같은 글로벌 공동체가 직면한 도전들에 관해 비판적으로 사고하며, 이러한 쟁점들에 대한 해결책의 일부를 탐색하도록 한다(QCA, 2007b, 2). 그러한 측면에서 Binns (2000)은 개발교육은 지리 교과의 중요한 부분이라고 주장한다.

영국의 개발교육협회(DEA)에 따르면, 개발교육은 다음과 같은 목표를 가진다. 첫째, 사람들에게 자신의 삶과 전 세계 사람들의 삶 간의 연계를 이해할 수 있도록 하기 위해, 선진국에 살고 있는 사람과 개발도상국에 살고 있는 사람들 간의 연계를 탐색한다. 둘째, 우리의 삶을 형성하는 경제적, 사회적, 정치적, 환경적 영향에 대한 이해를 증가시킨다. 셋째, 사람들에게 자신의 삶을 변화시키고 통제할 수 있도록 행동하기 위해 함께 일할 수 있는 기능, 태도와 가치를 발달시킨다. 넷째, 권력과 자원이 더 공정하게 공유되는 더 정당하고 더 지속가능한 세계를 만들기 위해 일한다(Andreotti, 2008).

이러한 개발교육은 지속가능한 개발과 글로벌 시민성 함양을 위해 글로벌 쟁점 등 글로벌 차원을 다룬다(조철기 2013b; 김갑철, 2016). 개발교육은 국제 개발과 원조뿐만 아니라 교육적 접근을 중요시한다. 개발교육은 공간 불평등의 원인을 이해하고 빈곤과 같은 글로벌 쟁점을 어떻게 탐구할 것인지에 초점을 둔다. 개발교육은 학생들에게 글로벌 사회에서 자신이 살고 있는 장소가 더 넓은 지리적 맥락에서 어떻게 상호 의존적인지 인식하도록 하여, 능동적인 글로벌 시민성을 함양하도록 한다. 개발교육은 고정관념과 편견에 도전하고 세계를 비판적으로 분석할 수 있는 비판적 사고를 매우 중요시한다(Bourn, 2015). 따라서 지리 교수에서 글로벌 차원을 포함함으로써 학생들로 하여금 자신의 가치와 태도를 검토하도록 하고, 자신의 로컬적 삶의 글로벌 맥락을 이해할 수 있는 기회를 갖도록 하고, 편견 및 차별과 싸울 수 있는 기능을 발달시키도록 한다.

이상과 같은 개발교육을 위한 교수·학습 방법으로 주목받는 것이 OSDE이다. 개발교육은 글로벌 시민성 함양과 관련이 있는데, 글로벌 시민성교육은 소프트 글로벌 시민성교육(soft global citizenship education)과 비판적 글로벌 시민성교육(critical global citizenship education)으로 나눌 수 있다(Andreotti, 2008)(표 4-31). OSDE 방법론은 글로벌 시민성교육에 대한 접근 1(소프트 글로벌 시민성교육)과 반대로, 접근 2(비판적 글로벌 시민성교육)를 채택하며, 대화와 탐구를 위한 안전한 공간을 창출함으로써 변화를 촉진하려고 한다(Andreotti, 2008). 다음 장에서 개발교육을 위한 교수·학습 방법론으로서 OSDE에 대해 자세하게 살펴본다.

표 4-31. 글로벌 시민성교육에 대한 두 접근의 대조

	접근 1 (soft global citizenship education)	접근 2 (critical global citizenship education)
문제의 본질	빈곤/도움이 없음. '개발'/교육/자원/기술/문화/기술 등의 부족	착취를 창출하고 유지하며, 권한 박탈을 강화하고 차이를 제거하는 경향이 있는 복잡한 구조, 시스템, 가정, 권력관계 및 태도
특권에 대한 북(선진국)의 입장 정당화	'개발'/'역사'/교육/더 고된 노동/더 나은 조직/자원, 기술의 더 나은 이용	불공정과 폭력 시스템 및 구조로부터의 이점과 이에 대한 통제
돌봄을 위한 기초	공통의 휴머니티/선하게 되기/공유와 돌봄. 타자를 **위한** 책임성(또는 타자를 가르치기)	정의/손상의 공모 타자를 **향한** 책임성(또는 타자와 함께 배우기)/책임성
행동을 위한 근거	인도주의의/도덕적(사고와 행동을 위한 규범적 원칙에 근거한)	정치적/윤리적(관계성을 위한 규범적 원칙에 근거한)
상호 의존성에 대한 이해	우리는 모두 동등하게 상호 연결되어 있다/우리는 모두 동일하다는 것을 원한다/우리는 모두 동일한 것을 할 수 있다.	비대칭적 세계화/불평등한 권력관계/자신의 가정들을 보편적인 것으로 부가하는 북(선진국)과 남(개발도상국)의 엘리트

변화를 위한 어떤 필요들	개발에 장벽인 구조들, 제도들, 개인들	구조, (신념) 체계/제도/가정/문화/개인/관계성
왜	모든 사람들이 개발, 조화, 관용과 동등성을 성취하기 위해	부정의가 검토되고, 대화를 위한 더 공정한 근거가 창출되며, 사람들이 자신의 발달에 대한 더 많은 자율성을 가질 수 있도록 하기 위해
'평범한' 개인의 역할	일부 개인들은 문제의 일부분이지만, 평범한 사람들은 그들이 구조를 변화시키기 위해 압력을 창출할 수 있는 것처럼 해결의 일부분이다.	우리는 모두 문제의 일부이며, 해결의 일부이다.
개인들이 할 수 있는 것	구조를 변화시키기 위한 캠페인을 지지하라. 시간, 전문지식, 자원을 기부하라.	자신의 입장/맥락을 분석하라. 구조, 가정, 정체성, 태도, 권력관계를 그들의 맥락에서 변화시키는 데 참여하라.
글로벌 시민성 교육의 목적들	그들을 위해 좋은 삶/이상적인 세계로 정의되어 온 것에 따라 행동하도록(또는 능동적 시민이 되도록) 개인들에게 권한을 부여하라.	상이한 미래를 상상하도록 하고, 그들의 결정과 행동을 위한 책임성을 갖도록 하기 위해, 그들의 문화와 맥락의 유산과 과정에 관해 비판적으로 성찰하도록 하기 위해, 개인들에게 권한을 부여하라.
글로벌 시민성교육을 위한 전략들	글로벌 쟁점에 대한 인식을 끌어올리고 캠페인을 촉진하기	글로벌 쟁점들과 관점들과 관계, 차이에 대한 윤리적 관계를 촉진하기 그리고 복잡성과 권력관계를 검토하기
글로벌 시민성교육의 잠재적 이점	문제들에 대한 더 큰 인식/캠페인에 대한 지원/무언가를 돕거나 하도록 하는 더 큰 동기/행복감	독립적이고 비판적 사고 그리고 더 현명하고, 책임성 있는 그리고 윤리적인 행동
잠재적 문제들	자존감 또는 스스로 옳다는 느낌/문화 지상주의/식민주의적 가정과 관계들의 강화/특권의 강화/부분적인 소외/무비판적 행동	죄책감/내부적인 갈등과 마비/비판적 해방/무력감

(Andreotti, 2008)

2) 개발교육을 위한 교수·학습 방법, OSDE

(1) OSDE 프로그램의 등장 배경과 목적

지리 교육과정 내에서 공정무역, 기후 변화, 빈곤 등 글로벌 및 개발 쟁점은 매우 중요한 위치를 차지하며, 이에 대한 비판적 접근을 위한 필요성이 제기되어 왔다(Scheunpflung and Asbrand, 2006; Vare and Scott, 2008). 예를 들면, 교사들은 학생들에게 공정무역에 대한 무비판적인 지지를 초래할 수 있고, 결과적으로 학생들은 비판적 토론과 논쟁에 대한 기회를 제공받지 못할 수 있다. 그리하여 글로벌 및 개발 쟁점에 관한 비판적 학습이 '대화와 탐구를 위한 열린 공간'(OSDE: Open Space for Dialogue and Enquiry)이라는 프로그램을 통해 구체화되었다. 이 두 프로그램은 노팅엄대학과 파트너십으로 잉글랜드의 이스트 미들랜드(East Midlands of England)에 있는 개발교육센터(Development Education Centers)에 의해 발전된 활동 결과이다.

OSDE 방법론은 비판적 시민성교육에 대한 관심을 공유한 8개 국가(영국, 브라질, 캐나다, 인도, 페루, 싱가포르, 뉴질랜드, 아일랜드)의 교육자, 대학교수, 그리고 시민사회 부문의 공동 작업으로 4년에 걸쳐 개발된 국제교육프로젝트이다. 이 프로젝트는 개발교육을 지원하는 영국 정부의 국제개발부(DFID: Department for International Development)에 의해 기금을 제공받았으며, 영국 노팅엄대학교의 CSSGJ[34]에 의해 관리되고 있다.

OSDE는 이론적으로 개발교육, 포스트식민주의이론(post-colonial theory)과 포스트구조주의(post-structuralism)에 기반하고 있다. 그리고 비판이론, 문화연구, 철학, 정치학, 사회학 같은 학문뿐만 아니라 갈등 해결, 상호 문화적 인식(intercultural awareness) 그리고 참여적·비판적 교육과 같은 영역으로부터 상이한 접근들을 끌어온다(Andreotti, 2008). 이러한 이론적 배경에 토대하여, OSDE는 상호 의존성[35]에 초점을 둔 글로벌 쟁점과 관점에 대한 비판적 사고와 토론을 위한 열린 공간을 제공한다. OSDE는 학생들에게 글로벌 및 개발 주제에 관한 대화와 학습 과정에 참여할 수 있는 도구를 제공하는 웹 기반 교육 프로그램이다. 여기에서 학생들은 상이한 관점에 비판적으로 관여하고, 독립적으로 사고하며, 현명하고 책임있는 의사결정을 하도록 허용된다. OSDE의 핵심은 학생들이 함께 학습하고 서로의 관점에 귀 기울이며 스스로를 변혁시키기 위해 함께 모이는 공간을 창출하는 것이다(OSDE, 2008). 따라서 OSDE는 학생들에게 독립적이고 현명한 사고, 탐구 기능과 시스템 사고, 비판적·정치적·초국적 문해력, 책임있는 추론과 행동 등의 개발을 촉진하는 데 목적을 둔다.

OSDE 웹사이트에서 제공하고 있는 자료와 활동은 물, 음식, 젠더, 정의, 지속가능성, 테러리즘, 남북에 대한 지각, 억압과 지배 등이다. 이를 통해 권력, 언어, 사회적 불평등의 관계를 분석할 수 있다. 교실 내에서 OSDE는 영상, 영화 등을 통해 다른 관점으로 바라보고, 하나의 주제에 대해 다른 방법으로 이해하는 것을 기반으로 하는 활동을 한다. 학생들은 짝을 이루어 토론을 하고 아이디어를 공유하며 비판적 의사결정을 하게 된다. 그들은 불평등, 편견, 권력관계 같은 이슈에 관해서 논의한다.

이상과 같이 OSDE 방법론은 학습을 위한 열린 공간을 제공하고, 대화를 통해 자신의 관점뿐만 아니라 다른 사람들의 관점에 대해 비판적으로 검토하도록 허용한다. OSDE의 주요 목표는 비판적 문해력과 독립적 사고의 발달에 있다. 왜냐하면 비판적 문해력과 독립적 사고는 학생들에게 그들이 참여하는 맥락의 복잡성, 변화, 불확실성을 다루는 방법을 알게 하고, 다양하고 불평등한 글로벌 사회에서 살아가는 데 필요한 역량을 가진 비판적 시민이 될 수 있도록 하기 때문이다(OSDE, 2005; Sterling, 2001 참조).

(2) OSDE의 개념적 프레임워크

대화와 탐구를 위한 안전한 공간은 학생들이 안락하게 느끼고 스스로 표현할 수 있고, 당황스럽거나 영리하지 못하다는 느낌 없이 질문을 할 수 있는 존재론적/인식론적 성찰을 위한 공간이다. 그러한 공간을 만들기 위해, 3가지의 전제를 제안하고 있다(Andreotti, 2008). 먼저 기본 원칙에 대해 토론하고 이를 선정하는 것이다. 기본 원칙은 중등학교와 성인교육, 교사교육과 구별하여 제시하고 있다. 표 4-32는 중등학교 학생들을 위한 기본 원칙이다. 대화와 탐구를 위한 열린 공간의 원칙은 '모든 개인은 자신의 맥락에서 구성된 타당하고 합법적인 지식을 이 공간으로 가져온다. 모든 지식은 부분적이고 불완전하다. 모든 지식은 의문시될 수 있다.'라는 세 가지로 요약된다(OSDE, 2005, 4).

둘째, 구조화와 탐구를 위한 일련의 절차를 제공하고 있다. 탐구를 위한 절차

표 4-32. OSDE의 중등학교를 위한 기본 원칙과 탐구 절차

기본 원칙	탐구 절차
• 어떤 학생도 배제되어서는 안 된다. • 좋은 분위기를 유지해야 한다. • 모든 학생들이 3가지 도전-집중하기(staying focused), 골똘히 생각하기(thinking hard), 팀으로 일하기(working as a team)-과 관련하여 최선을 다 해야 한다.	• 관점을 관찰하기: 이미지, 영화, 만화, 노래, 이야기 • 자신의 처음 생각을 그리거나 쓰기 그리고 그것들을 공유하기 • 짝으로 질문 만들기 • 질문에 투표하기 • 질문에 관해 이야기하기 • 배운 것을 공유하기

(Andreotti, 2008)

또한 중등학교와 성인교육, 교사교육에 따라 다르다. 표 4-32는 중등학교 학생들을 위한 탐구 절차를 보여 준다. OSDE는 로컬 및 글로벌 쟁점을 다루기 위한 필수적인 능력의 발달을 위하여 학생들이 상이한 관점에 노출되어야 한다는 것을 제안하면서, 다음과 같은 일련의 절차를 제안한다(Martins, 2011). 첫 번째 단계는 자극(stimulus)으로, 이는 의견 충돌을 야기하고 쟁점의 복잡성을 인식하도록 하는 데 목적이 있다. 두 번째 단계는 현명한 사고(informed thinking)로, 학생들이 그 토픽과 관련하여 더 현명한 결정을 할 수 있도록 합법적인 관점과 비합법적인 관점을 통해 학생들에게 정보를 제공하는 데 목적이 있다. 세 번째 단계는 반성적 질문(reflexive questions)으로, 쟁점에 대한 학생들의 인지를 촉진하며 학생들에게 그들의 개인적 가정, 모순과 책임성에 대해 질문하도록 할 수 있다. 네 번째 단계는 그룹 대화 질문(group dialogue questions)으로, 학생들에게 그룹과 함께 대화를 통해 자신과 다른 사람들에 대한 그들의 지각을 명료화하도록 돕는다. 다섯 번째 단계는 책임있는 선택(responsible choices)으로, 학생들에게 실생활의 문제에 대한 자극을 통해 그들의 자기반성적 과정을 검토하도록 하는 것이다. 마지막 단계는 결과 보고(debriefing)로, 학생들이 그들의 학습과 자기반성적 과정을 평가하는 순간이다(http://www.osdemethodology.org.uk).

셋째, 집단 내에서 관계와 대화를 위한 적절한 분위기를 창출하기 위해 촉진 가

표 4-33. 전통적인 교수와 OSDE의 역할 대조

전통적인 교수의 역할	OSDE 촉진의 역할
교사 또는 교육과정에 의해 이미 규정된 내용/지식의 전수 또는 구성에 초점을 둔다.	그룹 내에서 비판적 기능과 윤리적 관계를 구축하는 데 초점을 둔다.
교사는 종종 '보편적'으로 간주되는 지식의 소유자이다.	촉진자로서 교사는 항상 모둠의 모든 다른 사람들처럼 문화적으로 이미 편견의 부분적 지식을 가지고 있다.
교사는 옳고 그름을 결정한다.	촉진자로서 교사는 학생들에게 그들이 말한 것과 다른 사람들이 말한 것을 비판적으로 말하고 관계하도록 격려한다.
교사는 사람들에게 어떤 관점들을 사실로서 받아들이도록 시도한다.	촉진자로서 교사는 사람들에게 어떤 관점의 가정과 함의에 대해 질문/검토하도록 시도한다.
갈등과 모순은 '해결'될 필요가 있다.	불화, 갈등, 모순은 이 방법론의 필수적인 구성요소들이다.
교사는 합의와 동의를 촉진한다. 즉, 학생들은 갈등을 피하거나 해결하기 위해 배운다.	촉진자는 그룹에게 합의를 피하도록 한다. 학생들은 독립적으로 사고하도록 배운다. 학생들은 의견이 다르고 서로를 존중하도록 배운다. 학생들은 차이와 불활실성과 살도록 배운다.
환경의 안전성은 교사의 권위에 근거한다.	환경의 안정성은 차이에 대한 신뢰와 존중에 근거한다.

(Andreotti, 2008)

이드라인(facilitation guideline)을 제시하고 있다(표 4-33). 교사는 학생들이 스스로 질문하고 질문받는 개방성 외에 열린 공간의 효과적인 구성을 확신하기 위해 지식의 전달자가 아니라 중재자의 역할을 해야 한다. 교사는 열린 공간에서 행동을 모델링하고, 시간/공간을 개방적으로 유지하고, 학생들을 일련의 단계에 안내하며, 토론 동안에는 악마의 지원자 역할을 하며, 상이한 각도를 탐색하도록 할 책임이 있다(OSDE, 2005, 5). 열린 공간에서 교사는 중재자로서 중립성을 추구하지 않는다는 것을 강조하는 것이 중요하다. 이러한 점에서, OSDE 방법론은 프레리의 페다고지와 매우 밀접하다. 즉 교사는 중재자의 역할을 취함으로써 그의 지식이 학생들의 지식보다 낫지 않다는 자세를 취한다. 따라서 교사, 학생 그리고 지식 간의 계속적인 대화가 성립되고 지식 구성의 협동적 과정을 만든다. OSDE 방법론은 지식이 단순히 교사로부터 학생에게 단선적으로 전수되는 것이 아니라 지식이 구성되는 공간을 창출하는 데 목적을 둔 것처럼, 이 방법론은 구성주의 및 참여적 교육에서 목적으로 하는 변혁적 방법론의 모델로 간주된다(Sterling, 2001; Martins, 2011).

대화와 탐구를 위한 안전한 공간을 창출하기 위해서 가장 중요한 것 중 하나가 효과적인 촉진(facilitation)이다. 왜냐하면 촉진자로서의 교사는 학생들을 상이한 방식으로 관련짓고, 구체적인 행동을 모델링하도록 하고, 신뢰의 분위기를 형성하며, 차이와 비판적 참여를 창출할 필요가 있기 때문이다.

공간의 효과성과 안전성은 많은 요인들에 달려 있다. 대화에 참여하기 위해 학생들은 주의 깊게 들어야 하고, 자신의 불완전성을 알아야 하며, 다른 사람에게 개방적이어야 한다. 탐구가 일어나도록 하기 위해, 자유롭게 질문을 하고 가정과 함의를 분석할 필요가 있다. 이 방법론이 작동하도록 하기 위해 반성을 강조하는 분위기가 있어야 한다. 촉진자로서 교사는 행동을 모델링하고, 시간과 공간을 개방하고, 참가자들을 안내할 책임이 있다. 표 4-33은 전통적인 교수와 OSDE 촉진의 차이를 보여 준다.

(3) OSDE의 교육 어젠다 탐색

OSDE는 여러 측면에서 교육 어젠다를 설정하고 있다. 먼저, 더 책임성 있는 추론(responsible reasoning)이, 더 책임성 있는 행동(responsible action)으로 이어진다고 본다. 예를 들면, 선진국 사람들은 자신들이 개발도상국에 개입함으로써 나타나는 로컬 및 글로벌 함의 또는 맥락을 이해한 후, 개발도상국의 문제 해결에 참여해야 한다.

둘째, 배운 것을 고의적으로 잊는 것을 학습하는 것이 상상력의 탈식민지화라 본다. 우리가 가지고 있는 렌즈를 이해하는 것이 우리로 하여금 그 렌즈를 해체할 수 있도록 한다. 이는 기존의 틀을 벗어나 생각하는 것을 가능하게 만들며, 다른 존재 및 보는 방식(ways of being and seeing)을 상상하도록 만든다. 그리고 그것은 타자를 관련시키고 우리의 미래를 다양한 방법으로 상상하도록 한다.

셋째, 상이한 문화적 논리를 통해 세계를 읽는 것을 배우는 것은 감정이입(공감)과 연대를 불러일으킨다. OSDE는 사람들이 차이에 열려 있는 것을 안전하게 느끼는 공간을 창출하는 데 목적이 있다. 이러한 공간 내에서 합법성을 위한 어떤 의지의 투쟁 또는 경쟁도 없다. 즉 모든 사람들은 그들이 무엇을 생각하고 무엇을 말하든지 상관없이 전체 사람으로 인식된다.

넷째, 복잡성과 불확실성에 대처하기 위해 학습하는 것은 함께 살고, 존재하고, 일하기 위해 학습하는 첫 번째 단계이다. 우리는 갈등이 부정적이고 파괴적이며, 갈등은 통제되고 회피할 필요가 있다고 믿는다. 그러나 차이는 갈등을 창출하고, 갈등이 없다면 단지 동일하다는 것이다. 갈등이 없다면 새로운 것도 없고, 성장도 없으며, 변화도 없다.

마지막으로, OSDE는 글로벌 시민성의 발달을 지향하며, 이를 위해서는 개인주의와 자민족중심주의를 넘어서야 한다. 즉, 이기적이고 자민족 중심적인 사고를 넘어, 세계 중심적이고 통합된 사고로 나아가야 한다. 이를 위해서는 정의, 사랑, 돌봄, 책임성, 관계적 사고가 중요하다.

OSDE는 선진국과 개발도상국 간의 세계적, 국가적 부의 불평등한 분배의 복잡성을 탐구하는 데 유용하다. 그것을 통해 선진국과 개발도상국 사람들의 상호연결성과 상호 의존성에 대해 인정하고 정의, 공정성, 자원 할당 등에 대한 개념을 탐구할 수 있다. OSDE는 학생들로 하여금 지리적 사고, 정신적이고 도덕적인 발전, 동기 부여, 차이에 대한 생각을 개발시킬 수 있으며, 글로벌 시민성이 현대의 중대한 사회문제와 관련이 있다는 것을 알게 한다. 학생들은 서로의 차이와 유사성을 존중할 수 있으며, 의사소통(특히 듣는 기술) 기술을 발전시킬 수 있다.

(4) OSDE와 비판적 문해력 및 비판적 참여

앞에서도 언급했듯이, OSDE는 대화와 탐구를 위한 '열린 공간'으로, 참여하는 모든 학생들이 환영받고 다양한 관점이 탐색될 수 있는 안전한 공간을 의미한다. 어떤 학생도 무엇을 생각해야 하고 그들의 삶에서 무엇을 해야 하는지에 대한 경계를 설정하지 않는다. 대화와 탐구를 위한 열린 공간에서, 학생들은 정체성, 이데올로기, 합의에 매몰되지 않고 차이와의 만남을 통한 자기변혁(self-transformation)의 과정에 전념하게 된다. '대화'는 세계에 대한 우리 자신의 관점과 다른 사람들이 가지고 있는 관점의 만남이다. 이러한 개방된 대화를 통해 학생들은 서로 실재에 대한 새로운 통찰을 얻는다. 그러한 대화의 만남은 우리 각자에게 자신, 타자, 세계를 볼 수 있게 하고, 우리가 세계에 대해 이해하고 있는 것은 타자의 눈을 통해 더욱 풍부하게 된다. '탐구'는 학생들에게 어디 출신인지, 가정이 무엇인지, 그것들이 어떻게 구성되는지, 자신들이 보는 방식과 존재의 방식의 함의는 무엇인지에 대한 질문하기 과정이다. 이는 모든 관점(지식)은 부분적이며 불안정하다는 전제에서 출발한다.

상호 의존적이며 다양하고 불균등한 글로벌 사회에서 함께 살아가기 위해서는 다양한 맥락에서 변화, 복잡성, 불확실성, 불안정 등에 대해 협상하고 대처할 수 있는 기능의 발달이 필요하다. 그리하여 OSDE는 글로벌 쟁점과 관점에 관한 비판적 문해력(critical literacy), 비판적 참여(critical engagement), 자기반성(self-reflexivity) 등을 촉진하는 데 주안점을 둔다. OSDE는 이 중에서도 비판적 문해력을 가장 강조한다. 그러면 비판적 문해력에 대해 좀 더 자세히 알아보자.

비판적 문해력에 대한 강조는 일찍이 브라질의 비판교육학자 프레리(Friere)에 의해 이루어졌다. 비판적 문해력은 가정과 함의를 추적할 수 있는 역량이다. 비판적 문해력은 학생들에게 언어, 권력, 사회적 실천, 정체성과 불평등 간의 관계를 분석할 수 있게 하고, 다르게 상상하도록 하며, 차이에 대해 윤리적으로 관계하도록 할 뿐만 아니라, 자신의 사고와 행동의 잠재적 함의를 이해하도록 한다. 비판적 문해력은 근본주의(fundamentalism, 기초주의)와 독단주의(dogma-tisms)에 대항할 수 있는 필수적인 보호장치이다. 왜냐하면 비판적 문해력은 학생들에게 그들의 정체성, 문화, 역사를 쓰는 데 있어서 더 많은 자율성을 가지도록 권한을 부여하기 때문이다. 비판적 문해력과 독립적 사고는 학생들에게 그들의 맥락을 배우고 분석할 수 있는 역량을 발달시키며, OSDE 공간을 넘어 더 현명하고 책임있는 결정을 할 수 있는 역량을 발달시킨다(Andreotti, 2008).

Cervetti et al.(2001)는 비판적 문해력의 중요성을 강조하면서, 표 4-34와 같이 3가지 유형의 읽기, 즉 전통적 읽기, 비판적 읽기, 비판적 문해력 간의 차이를 비교하여 보여 준다. 이는 언어에 관한 관점의 차이로, 언어는 실재를 묘사한다는 관점(실증주의)과 언어는 실재를 창조한다는 관점(탈실증주의)으로 대별된다. OSDE 방법론은 실증주의적 관점을 취하는 전통적 읽기의 대안으로 제시된 탈실증주의에 근거한 비판적 읽기에 대한 보완으로서 비판적 문해력에 초점을 둔

표 4-34. 3가지 읽기 유형 간의 차이

	전통적 읽기	비판적 읽기	비판적 문해력
질문의 유형	그 텍스트는 진리를 재현하고 있는가? 그것은 사실인가 의견인가? 그것은 편견인가 중립적인가? 그것은 잘 쓰여졌는가/명확한가? 저자는 누구이며, 그는 어느 정도의 권위/타당성을 재현하고 있는가? 저자는 무엇을 말하는가?	맥락은 무엇인가? 그 텍스트는 누구에게 말을 걸고 있는가? 저자의 의도는 무엇인가? 저자의 입장은 무엇인가? (그의 정치적 어젠다) 저는 무엇을 말하려고 하는가? 그리고 그는 독자에게 어떻게 확신하려 하는가? 어떤 주장들이 입증되지 않는가? 왜 그 텍스트는 이러한 방식으로 쓰여졌는가?	이 단어들이 어떻게 상이한 맥락으로 해석될 수 있는가? 이 진술문들 배후에 있는 가정들은 무엇인가? 이러한 가정들은 어디에서 오는가? 그들은 어떤/누구의 실재에 대한 이해를 재현하는가? 이러한 이해는 어떻게 구성되었는가? 누가 이러한 맥락에서 결정하는가? 누구의 이름으로 누구의 이익을 위해? 이러한 주장의 함의는 무엇인가? 이 관점의 맹점과 모순은 무엇인가?
초점	화자와 텍스트의 내용, 권위, 타당성(탈코드화/메시지).	내용, 의도, 의사소통 스타일(해석하기/글쓰기)	가정들, 지식 생산, 권력, 재현과 함의(그 텍스트에 대한 비판/효과)
목적	내용에 대한 이해를 발달시키기. 그리고 그 텍스트에 대한 진리치(truth-value) 설정하기	비판적 성찰 발달시키기(의도와 이유를 인식하는 능력)	내용에 대한 이해를 발달시키기. 그리고 그 텍스트의 진리치를 설정하기
언어	언어는 고정되고, 투명하며 우리에게 실재에 대한 접근을 제공한다.	언어는 고정되고 실재를 재현한다.	언어는 이데올로기적이고 실재를 구성한다.
실재	실재는 존재하고 감각적인 지각과 객관적인 사고를 통해 쉽게 접근된다.	실재는 존재하고 접근 가능하지만, 실재는 종종 거짓으로 재현된다.	실재는 존재하지만, 접근 불가능하다(완벽한 관점에서). 우리는 단지 언어로 구성된 부분적인 해석만을 가진다.
지식	보편적이고, 누적적이며, 단선적이고, 옳음 대 그름, 사실 대 의견, 중립적인 것 대 편견적인 것	실재에 대한 거짓 대 진실 해석	항상 부분적이고, 맥락 의존적(우연적)이며, 복잡하고, 역동적이다.

(Cervetti et al., 2001; Andreotti, 2008 재인용)

다. 비판적 읽기는 타당성과 의도성의 관점에서 텍스트 또는 관점을 평가하는 데 요구되는 기능인 반면, 비판적 문해력은 평가에 대한 우리의 매개변수가 어떻게 사회문화적으로 구성되고 이러한 사회문화적 구성이 갖는 함의를 이해하는 데 요구되는 기능이다.

비판적 문해력은 '누가 텍스트(또는 관점/담론/이데올로기)를 구성하는가? 누구의 재현이 특정한 시대의 특정한 문화에서 우세한가? 독자들은 텍스트의 설득적인 이데올로기와 어떻게 연류되었는가? 누구의 이익이 그러한 재현과 그러한 읽기에 의해 대변되는가? 그러한 텍스트와 읽기가 그것들의 효과 면에서 불균등할 때, 이것들은 어떻게 다르게 구성될 수 있는가?'라는 질문에 답변을 찾아가는 과정이다(Morgan, 1997). 텍스트/담론/이데올로기에 접근할 때, 이러한 관점에 의해 누구의 이익이 대변되고, 누구의 이익이 대변되지 못하는지 파악하는 행위는 비판적 참여(critical engagement)의 초점이 된다. 따라서, OSDE에서 비판적 참여는 관점과 가정들의 기원과 함의를 추적할 수 있는 능력으로 이해된다. 비판적 참여가 교육적 실천을 위해 가지는 함의 중 하나는 교사의 역할을 변화시킨다는 것이다. Scholes(1985)는 이에 대해 다음과 같이 지적한다.

> 교사의 임무는 학생들을 위해 '읽기(readings)'를 생산하는 것이 아니라, 학생들에게 그들 자신의 읽기를 생산할 수 있는 도구를 제공하는 것이다. (중략) 교사의 임무는 학생들에게 자신의 우세한 텍스트 생산을 강요하는 것이 아니다. 모든 텍스트 생산은 의존하는 코드들을 그들에게 보여 주는 것이며, 그들 자신의 텍스트 실천을 격려하도록 하는 것이다(Scholes, 1985).

이러한 맥락에서, 읽기는 세계를 읽는 것으로 간주되며, 텍스트적 실천은 지식/의미를 생산하는 것으로 간주된다. Freire(1985)는 또한 유사하게 교사가 중립적이려고 할 때, 우세한 이데올로기를 지지한다고 비판한다. 교육은 중립적이 되도록 하는 것이 아니라 자유롭게 하는 것이라는 점을 강조한다. 그리하여 교사는 자신을 정치가로 인식해야 함을 강조한다. 이는 교사가 학생들에게 그들의 정치적 선택을 부과할 수 있는 권리를 가진다는 것을 의미하는 것은 아니다. 교사의 임무는 자신들의 꿈을 학생들에게 부과하는 것이 아니라 학생들에게 자신들의 꿈을 가지도록, 무비판적으로 받아들이는 것이 아니라 자신의 선택을 분명히 하도록 하는 것이라고 지적한다.

이상과 같은 비판적 문해력과 비판적 사고능력을 익히는 데 도움을 주는 유용한 방법 중 하나가 OSDE 방법론이다. 그리고 비판적 사고 기능을 개발하는 것은 지리에서 세계적 관점을 가르치고 배우는 데 있어 매우 중요하다(DEA, 2004; Bourn and Leonard, 2009). 학생들은 세계적으로 많은 양의 정보를 접하게 된다. 세계화, 빈곤, 불평등, 차별, 사회적 배제 등의 문제들은 절대로 흑백논리로 구분해서는 안 되는 복잡하고 논쟁적인 것들이다. 이들에 대한 진정한 이해를 위해서는 비판적 사고와 비판적 문해력이 요구된다. OSDE는 앞에서도 언급했듯이 권력, 언어, 사회적 활동, 불평등의 관계를 분석하는 데 초점을 두며, 이 방법론의 핵심은 세계적이고, 독립적이며, 다양한 세계에서 살아가는 것을 요구하며, 다른 내용에 대한 변화, 복합성, 불확실성, 불안정 등에 대처하고 협상하는 것을 필요로 한다(OSDE, 2008).

OSDE는 교실 내에서 영상, 영화 등을 통해 다른 관점으로 바라보고, 하나의 주제에 대해서 다른 방법으로 이해하는 것을 기반으로 하는 활동을 한다. 학생들은 짝 또는 모둠 활동에 기반을 둔 토론을 통해서 아이디어를 공유하고 비판적 의사결정을 반영하게 된다. 불평등, 편견, 권력관계 같은 쟁점에 관해서 논의하면서, 동시대의 사회적 쟁점에 관해 상호 연결성을 만든다. OSDE는 '이 내용은 출처가 어디인가? 이 내용은 어디로 이끄는가? 이 내용은 어떤 다른 내용으로 다시 해석될 수 있는가? 이 관점은 어떻게 생겼나? 누구의 이름인가? 누가 이익을 보는가? 이것이 사실이라면 사회적, 경제적, 환경적 영향은 무엇인가? 이 내용에 대해서 생각할 수 있는 다른 어떤 가능성이 있는가? 다른 관점의 한계는 무엇인가?'라는 질문에 답변을 찾아가는 과정을 통해 비판적 문해력을 향상하게 된다

(Bourn and Leonard, 2009).

지리적으로 사고한다는 것은 연결과 상호 연결의 공간적 결과를 탐색하는 것을 포함한다(DEA, 2004). 글로벌 차원은 학생들에게 글로벌 경제에서의 무역 시스템, 빈곤과 불평등, 차별과 사회적 배제, 로컬 스케일과 글로벌 스케일에서의 환경 보호 같은 복잡한 쟁점들에 관계하도록 함으로써 비판적 사고를 격려한다. 비판적으로 사고할 능력은 많은 이유로 능동적 시민성(active citizenship)을 위한 필수적인 기능이다. 비판적 사고는 청소년들에게 그들 자신과 다른 사람들의 가정을 특히 권력, 의사결정 및 차별의 쟁점과 관련하여 질문하도록 준비시킨다. 자율적인 시민이 된다는 것은 맹목적으로 다른 사람들을 따르는 것이 아니라, 행동에 관해 비판적으로 반성하고 행동에 대한 책임을 지는 것을 의미한다. 비판적 사고는 또한 처음에는 불가피한 것으로 보였던 어떤 것이 반드시 그렇지는 않으며, 우리는 모두 그것들에 도전하기 위해 행동할 수 있다는 자각으로 이어진다(DEA, 2004).

OSDE 내에서, 비판적 문해력은 비판적 참여와 반성의 기능을 발달시켜 단어와 세계를 읽는 것이다. 비판적 문해력은 학습자들에게 진리를 드러내도록 하는 것이 아니라, 학습자들에게 그들의 맥락과 자신과 다른 사람들의 인식론적이고 존재론적인 가정을 성찰할 공간을 제공하는 것이다[36]. 비판적 문해력은 모든 지식은 부분적이고 불완전하며, 우리의 맥락, 문화와 경험 내에서 구성된다는 전략적 가정에 근거한다. 그러므로 우리는 다른 맥락/문화/경험에서 구성된 지식이 부족하다. 따라서 우리는 우리의 관점/정체성/관계를 학습하고 변형하기 위해, 즉 다르게 생각하기 위해 우리 자신과 다른 관점과 관계할 필요가 있다(Andreotti, 2008).

:: 주

1. 글로벌 빈곤 쟁점에 관심을 둔 Oxfam과 Christian Aid와 같은 많은 개발 NGO는 그들의 주요한 기금 모금 활동 역할에 더해 개발교육 프로그램을 발달시킬 필요성을 인식하였다.
2. 스웨덴은 1969년 공교육의 개정을 단행했으며, 1970년 스웨덴 국제개발협회(Swedish International Development Authority, SIDA)와 교육부(National Board of Education)는 세계식량기구(FAO) 및 유네스코(UNESCO)와 함께 유럽 개발교육 워크숍을 개최했다. 이 워크숍에서 공식적인 문서에 개발교육이라는 용어가 처음 등장하였을 뿐만 아니라, 학교 교육의 한 형식으로 개발교육이 사용되었다(Hicks, 1983).
3. 1980년대에 개발교육은 크게 두 개 학습 분야의 영향을 받았다. 첫째는 브라질 교육학자 파울로 프레리(Paulo Freire)의 사고였다. 그의 연구는 참여적 학습 그리고 지식과 사회 변화 간의 연계를 강조했다. 둘째, Harrison(2005)이 영국에서 '글로벌리스트(globalist)' 접근, 즉 글로벌 교육이라 부른 것의 출현이었다. 이는 Robin Richardson과 이후에 Dave Hicks, Graham Pike, David Selby에 의해 주도된 World Studies Project의 연구를 포함했다. 그들 연구는 빈곤과 개발에 관해 특별히 강조하는 것보다 오히려 세계(world)에 관한 학습에 강조점을 두었다(Richardson, 1976; Pike and Selby, 1988; Hicks, 1990, 2003).
4. 영국의 교육가로 스코틀랜드의 그레트나그린학교의 교장을 지냈고, 영국에 서머힐을 창립하여 아동의 요구를 존중하는 자유주의 교육을 실천하였다.
5. 개발교육은 다소 차이가 있음에도 불구하고 국제이해교육이나 세계시민교육 등 여러 용어와 혼용되기도 한다. 개발교육은 초기에 개발원조, 해외 봉사, ODA에 관한 교육 및 지식 전달이 중심이 되었으나, 최근에는 관련 분야에 대한 인식의 전환과 더불어 세계시민의식의 중요성이 부각됨에 따라 국제개발협력 이슈를 통해 글로벌 시민으로서의 주체성을 가지고 그 역할을 적절히 수행하기 위한 실질적 교육으로 변화하고 있다.
6. 교사들과 파트너십을 맺고 있는 개발교육 활동가들은 특히 영향력있는 브라질 교육자 파울로 프레리의 아이디어와 실천을 끌어와 학생 중심 교수법과 학습자의 능동적 참여(active participation)를 강조하는 교수법을 발전시켜 왔다. 이러한 페다고지는 능동적 시민성(active citizenship)을 위한 교육에 중요한 기여를 해 왔다. 왜냐하면 그것은 학생들에게 그들의 공동체에 참여하는 데 필요할 것 같은 기능을 제공하는 데 맞추어져 있기 때문이다. 즉, 이들은 탐구기능 그리고 프린터된 것이나 오디오-비주얼 소스를 포함한 다양한 소스로부터 정보를 해석하고 평가할 수 있는 능력, 세계 사회와 관련한 개념들을 이해하고 검증할 수 있는 능력, 그리고 특히 학생들에게 로컬, 국가, 국제적 수준에서 의사결정에 영향을 주고 참여할 수 있도록 하는 정치적 문해력을 포함한다(Olser, 1994).
7. 영국문화협회는 교육과 훈련 그룹(Education and Training Group)을 통해 국제 프로그램과 전문적인 개발 활동을 관리하고 있다. 또한 영국문화협회는 교육 교환, 교사모임, 방문학습, 학교 연계와 공동 교육과정 프로젝트 등에 관한 정보와 조언을 제공하고 있다. 영국문화협회는 국제개발부(DFID)의 글로벌 스쿨 파트너십(Global School Partnerships)과 Global Gateway라는 웹사이

트를 지원하고 있다. Global Gateway는 학교에서 글로벌 차원을 발전시키는 데 도움을 주기 위한 많은 정보와 조언을 제공하고 있는 국제적 웹사이트이다.

8. 개발교육의 발원지라고 할 수 있는 영국의 경우 1970년대 중반부터 버밍엄, 리즈, 맨체스터, 에딘버러 등에 개발교육센터가 설치되었다. 이곳은 개발교육과 관련된 자료센터이면서 교사들의 연수, 개발교육을 위한 교육과정을 지원하고 있다. 이러한 개발교육센터는 정부뿐만 아니라, 옥스팜(Oxfam)과 크리스찬 에이드(Christian Aid)와 같은 대규모 국제협력 NGO, 대학, 교회 등의 지원을 받는다. 즉, 개발교육센터(DECs)는 학교 교육과정에 글로벌 차원(global dimension)과 개발관점(development perspective)을 끌어오기 위한 교사들과 협력하여 일하는 작은 독립된 조직체들로서, 가장 활발하게 활동을 하고 있는 로컬 개발교육센터(DECs) 중 하나는 버밍엄 소재의 개발교육센터로서 후술하게 될 개발나침반(DCR) 프로그램을 제공하고 있다.

9. 이태주·김다원(2010)에 의하면, 지구촌의 빈곤문제, 개발도상국의 발전문제를 다루는 국제개발협력교육(개발교육)은 국제사회에서 글로벌 학습(global learning), 개발교육(development education), 글로벌 교육(global education), 글로벌 시민성교육(education for global citizenship) 등의 이름으로 사용되고 있다. 특히 개발교육협회(DEA)는 개발교육을 지원하기 위한 연합 조직체의 의미를 지니고 있지만, 현재는 글로벌 학습이라는 용어로 대체하고 있기 때문에, 개발교육과 글로벌 학습은 동일한 의미를 지닌다고 할 수 있다.

10. 영국의 개발교육센터(DECs)는 학교 교육과정에 글로벌 차원과 개발 관점을 가져오기 위해 교사들과 파트너십으로 일하는 소규모의 독립적인 조직들이다. 각 개발교육센터(DECs)는 그것의 활동과 관리의 모든 양상에 교사의 참여라는 정책을 가지고 있다.

11. NSW주 교육연구위원회(the Board of Studies)는 1990년 교육법(Education Act)에 의해 설립된 일종의 연구개발(R&D)기구이다. 이 위원회는 원칙적으로 교육부와는 독립적인 지위를 가지고 운영되어 독자적인 기능을 담당하지만 다른 한편으로는 긴밀한 관계를 가지고 운영된다. 전문연구개발기관으로서 교육연구위원회는 주 교육부장관의 발의에 따라서 교육과정 개정 작업에 착수한다. 교육연구위원회는 특별히 교육과정 개발 및 개정을 위해 교육과정 분과위원회(Board Curriculum Committees)를 두고 그 안에 교육과정 개발진을 구성하여 교육과정 개정 작업을 관리·감독한다(손민호, 2004).

12. 오스트레일리아 NSW주의 교육과정은 영어로 Curriculum이 아니라 Syllabus로 명명된다.

13. 교육과정상에서 각각의 초점 영역은 관련되는 '학업 성취결과', '이 초점 영역에서의 지리적 도구(지도, 야외조사, 사진)'를 제시한 후, '무엇에 대한 학습(learn about)'과 '무엇을 위한 학습(learn to)'을 제시하고 있다. 여기에서는 '무엇에 대한 학습(learn about)'과 '무엇을 위한 학습(learn to)' 만을 제시한다.

14. 『Geography Focus 1』의 중단원 '글로벌 불평등'에 제시된 용어 일람은 민주주의, 인구학, 설사, 생태발자국, 생태적 지속가능성, 화석연료, 국내총생산(GDP), 국민총소득(GNI), 1인당 국내총생산, 인간개발지수(HDI), 유아사망률, 로비 활동, 영양실조, 자연자원, 재생불가능한 자원, 재생가능한 자원, 공중위생, 무허가 거주지 등이다. 한편, 『Geography Focus 2』의 중단원 '오스트레일리아의 원조 연계들'에 제시된 용어 일람은 오스트레일리아 국제개발처(AusAID), 양자 간 원조, 긴급 원조, 해외 원조, 거버넌스, 국민총소득(GNI), 1인당 국민총소득, G8, 인도주의, 비정부기구(NGOs), 해외개발원조(ODA), 지속가능한 개발, 기술원조, 구속성 원조, 조약, 비구속성 원조 등이다.

15. 영국의 지리 교과서에서는 이러한 개념이 가져올 수 있는 편견을 지양하기 위해 '경제적으로 더 발전된 국가(MEDCs)', '경제적으로 덜 발전된 국가(LEDCs)'라는 용어를 사용한다. 한편, 개발도상국과 선진국은 제1세계, 제2세계, 제3세계라는 구분을 통해 분류되기도 하며, 남(南, Global South)과 북(北, Global North)이라는 개념으로 사용되기도 한다.

16. 왜냐하면, 부가가치가 높은 생산품을 생산하는 국가들보다 농산물을 생산하는 국가들은 상대적으로 국내총생산(GDP)이 낮게 평가되기 때문이다. 그리고 1인당 국내총생산(GDP per capita)은 국가 내에서 소득이 어떻게 분배되는지 보여 주지 못한다(예를 들면, 일부 사람들은 매우 부유할 수 있지만, 나머지는 매우 가난할 수 있다). 그리고 국내총생산은 자급자족하는 농부들을 포함하지 못한다.

17. 인간개발지수는 삶의 질이 가장 낮은 0에서 삶의 질이 가장 높은 1 사이로 계산된다. 인간개발지수는 사람들과 그들의 삶이 한 국가의 개발을 위해 중요한 지표여야 하기 때문에 만들어진 지수이다.

18. 여기에 사용된 지표는 수도, 도시인구, 출생률(여성당 어린이의 평균 수), 기대수명(년), 1인당 총국내소득(GNI, 인구로 나눈 총국내소득), 성인문맹률, 개선된 물 자원에 접근하지 못하는 인구, 10만 명당 의사 수, 1000명 출생당 유아사망률 등이다.

19. 비정부기구는 오스트레일리아 정부가 해외 원조를 전달하는 데 도움을 줄 뿐만 아니라, 오스트레일리아 국민들에게 지원과 기부를 독려하고, 긴급 시에 긴급 원조와 인도주의적 원조를 제공한다. 그리고 비정부기구는 종종 개발도상국의 공동체 집단들과 연계를 가지며, 정부 원조를 받지 못하는 지역에서 일을 할 수 있다고 제시하고 있다.

20. 이 중에서 오스트레일리아 적십자, CARE Australia, The Fred Hollows Foundation, Oxfam, Community Aid Abroad, Salvation Army, Save the Children Fund, TEAR Australia, World Vision 등을 제시하고 있다. Save the Children Australia, TEAR Australia, African Enterprise, Action Aid Australia 등은 로고와 함께 제시되어 있다. 특히 CARE Australia의 역사, 목적을 비롯하여 무엇을 하며, 어디에서 일하는지, 그리고 어떻게 기금을 조성하는지 등에 대해 자세하게 설명하고 있으며, CARE Australia가 해외 원조를 하는 대륙별(아프리카, 아시아-태평양, 중동/서아시아) 비율을 원그래프를 통해 보여 주고 있다.

21. 일본 국제협력기구(JICA)는 우리나라의 한국국제협력단(KOICA)과 유사한 기능을 수행한다.

22. 1968년 학습지도요령에 의하면, 중학교 지리적 분야의 4단원은 '세계 속의 일본', 고등학교 지리A의 4단원은 '국가와 세계', 지리B의 3단원은 '세계의 결합'으로 돼 있다. 그리고 1978년 학습지도요령에 의하면, 중학교 지리적 분야의 3단원은 '세계 속의 일본-세계와의 결합', 고등학교 지리의 4단원은 '세계와 일본-세계의 결합, 세계에서의 일본'으로 돼 있다.

23. 일반적으로 global citizenship은 우리나라의 경우 글로벌 시민성, 세계시민성 등으로 번역되어 사용되나, 일본에서는 지구적 시민성으로 사용된다(西脇保幸, 1993). 이 장이 일본의 지리 교육과정을 대상으로 하고 있기 때문에 일본에서 통상적으로 사용하는 지구적 시민성을 그대로 사용하였다.

24. 일본에서는 이문화교육(異文化教育)과 다문화교육(多文化教育)이라는 용어를 사용한다. 여기서 '이문화(異文化)'란 전 세계의 다른 문화를 의미하며, 다문화(多文化)란 한 국가 내에서 다양한 문화의 존재를 지칭하는 의미로 사용된다(日本地理教育學會編, 2006). 따라서 이 글에서는 다른 문화를 의미하는 '이문화'라는 용어를 그대로 사용한다.

25. 학습지도요령에 의해 출판된 지리 교과서를 보면 지구적 과제로서 인구문제, 식료문제, 거주·도시문제, 인권문제, 자원·에너지문제, 지구 환경문제(산성비, 지구온난화, 삼림파괴, 사막화, 습지 보호), 민족·영토문제(난민문제 포함)를 제시하고 있다. 특히 이 중에서도 지구 환경문제를 사례 학습으로 하여 지속가능한 개발과 관련해 강조하고 있다. 동아시아의 대기오염(특히 산성비)과 일본의 대처, 동아시아의 삼림파괴(특히 열대림 감소, 맹그로브 감소)와 녹색 회복, 동아시아의 사막화, 습지 보존 등이 그렇다. 특히 이들 자연환경문제는 일본과 직접적으로 관계되는 동아시아 및 동남아시아의 국가들을 사례 지역으로 하고 있다.

26. 지리A 교과서에 제시된 국제 협력 사례는 주로 국제 수준과 국가 수준에서 접근하고 있다. 즉 국제 수준(NGO, 국경없는 의사단, NPO, FAO, 세계은행, IMF, 아시아개발은행, UNICEF, JOCA, OECD, PKO, WHO, UNESCO, UNDP, WFP, 국제긴급원조대, UNCTAD, UNEP, 국제연합 인간환경회의, UNCED, UN-HABITAT) 및 국가 수준(ODA, JICA)에서 경제적 원조(정부개발원조, ODA), 무상기술협력(중국과 일본), 인적 공헌(JOCA, 청년해외협력단), 평화유지 활동(PKO)-자위대 파견 등을 다루고 있다. 비정부기구(NGO), 비영리조직(NPO)의 접근도 있다.

27. Hicks(1983)에 의하면, 지리교육은 식민주의와 인종차별주의의 문제점을 가르칠 필요가 있다. 서구는 제3세계를 자민족 중심적인 방법과 인종차별주의 방법으로 바라보았다. 인종차별주의는 개인의 인격적 결함으로 나타나기보다는 오히려 서구의 문화유산과 학생들의 사회화의 일부분이다. 지리는 우리 자신의 자민족 중심주의와 인종차별주의에 대처하고 제3세계 사람들과 소수민족들의 목소리에 진정으로 경청해야 한다는 것을 가르친다.

28. 지리수업은 흥미로워야 하지만, 더 중요한 것은 학생들에게 지리적 상상력을 제공하는 것이다. 그것은 본질적으로 창의적으로 사고하고 행동하는 것이다. 지리수업은 학생들에게 세계에 대한 진리를 전달하는 것이 아니라 다른 목소리, 다른 관점, 다른 세계관을 상상하도록 자극해야 하는데 이것이 바로 창의적 사고이다. 그것은 다양한 관점들에 대한 공감과 이해를 위해 필수적이다. 지리수업에 글로벌 관점을 끌어옴으로써 학생들에게 글로벌 맥락에서 지리적으로 사고할 수 있는 안목뿐만 아니라 감성적 능력의 발달을 촉진할 수 있다.

29. 지리에서 글로벌 관점은 로컬과 글로벌 스케일에서 불균등한 무역체제, 빈곤과 불평등, 차별과 사회적 배제, 환경문제 등과 같은 복잡한 쟁점에 참여함으로써 비판적으로 사고하도록 한다. 비판적으로 사고하는 능력은 학생들로 하여금 권력, 의사결정, 배제 등의 쟁점과 관련하여 자신 및 다른 사람들의 가정에 관해 질문하도록 하여 능동적 시민성에 기여할 수 있다. 자율적인 시민이 된다는 것은 맹목적으로 다른 사람들을 따르는 것이 아니라, 행동에 관해 비판적으로 성찰하고 책임을 지는 것을 의미한다. 또한 비판적인 사고는 당연하게 받아들여지고 있는 것일지라도 우리의 실천을 통해 변화시킬 수 있다는 것을 깨닫게 한다.

30. 2015 개정 사회과 교육과정에 의한 중학교 사회-지리 영역에는 '개발(발전)지리'에 관한 성취기준이 포함되어 있다. 해당 성취기준은 "[9사(지리) 12-02] 다양한 지표를 통해 지역별로 발전 수준이 어떻게 다른지 파악하고, 저개발 지역의 빈곤문제를 해결하기 위한 노력을 조사한다."라는 것이다(교육부, 2015).

31. '제3세계(Third World)'는 종종 빈곤을 위한 약칭으로 사용되지만, 그것의 기원은 정치적이다. 즉, 그것은 1930년대 유럽의 정치학을 지배했던 공산당 또는 파시스트 레짐에 대한 대안을 찾는 국가들을 대표한다. 사회학자 Peter Worsley는 그의 책 『제3세계(Third World)』에서 이 용어를 '최근에 독립한, 식민지 과거를 가진 국가들의 그룹'으로 기술했다. 더 일반적으로, 이 용어는 개발도상국(developing world)을 언급하기 위한 약어로 사용된다.

32. 1981년 『브란트 보고서(Brandt Report)』는 남(南)과 북(北)이라는 용어의 사용을 통해 부유한 세계(rich worlds)와 빈곤한 세계(poor worlds), 즉 개발된 세계(developed worlds)와 저개발된 세계(underdeveloped worlds)를 설정했다. 엄격한 지리적 관점으로 볼 때, 브란트(Brandt)에 의해 제안된 선은 부정확하다. 남(南)은 중국과 같은 북반구의 많은 국가들을 포함한다. 반면 오스트랄라시아(Australasia)는 북(北)의 일부를 구성한다.

33. 개발교육센터와 옥스팜, 액션에이드 같은 비정부기구들은 지리교사들에게 인기 있는 교수 자료를 제공해 오고 있다. 잘 알려진 사례로는 옥스팜의 글로벌 시민성을 위한 교육(Education for Global Citizenship) 관련 자료, TIDE의 개발나침반(Development Compass Rose)을 사용한 다양한 자료 등이 있다.

34. CSSGJ(Centre for the Study of Social and Global Justice)는 노팅엄대학교의 정치학 및 국제관계대학(School of Politics and International Relations)에서 사회정의와 글로벌 정의에 관심을 가진 연구자들에 의해 2005년 11월에 발족되었다. 이 센터의 주요 임무 중 하나는 빈곤과 개발에 대한 대규모 연구를 실시하는 것이다. 이와 관련하여 이 센터는 OSDE의 일부분을 차지하는 ESRC/DFID 연구 프로포절 '자선에서 상호 의존성으로: 빈곤의 경감을 위한 빈곤과 책임성에 대한 인식(From charity to interdependence: Perceptions of poverty and responsibility for its alleviation)'을 위한 기초를 수립했다. OSDE는 영국 국제개발부(DFID)가 교육 프로젝트에 기금을 제공한 'Other Worlds'와 'Learning about Others'를 통해 원래 MUNDI(노팅엄의 교육NGO)와 함께 개발교육 프로젝트로서 시작한 독립적인 집합적 이니셔티브이다. 2005년 11월 이후 CSSGJ는 OSDE의 제도적 관리자가 되었다.

35. 상호 의존성 개념은 개발교육의 중심에 있다. OSDE 프로젝트에서, 상호 의존성은 두 가지 차원을 가진다. 하나는 상호 의존성이 선진국과 개발도상국에서의 상이한 결정으로 권력, 자원, 부, 노동이 세계에서 어떻게 사용되고 분배되는지에 영향을 주는 방식과 관련된다. 다른 하나는 보는 방식(way of seeing)과 상이한 집단들의 존재(문화)가 사람들이 자신을 보고 다른 사람들과 관련시키는 데 상호 의존성이 어떻게 영향을 주는지, 그리고 이것이 불평등의 재생산에 어떻게 영향을 주는지와 관련된다. 이러한 연결의 복잡한 과정과 상이한 논리를 이해하는 것은 '책임있고 현명한 글로벌적인 능동적 시민성(responsible and informed global active citizenship)'을 위한 그리고 교육에서 비판적 사고와 독립적 사고, 행동을 촉진하기 위한 기능을 발달시키는 데 중요하다.

36. 비판적 문해력은 존재론적으로, 실재에 대한 관점을 구체적으로 포착할 수 없고 명백하게 알려질 수 없는 어떤 것으로 제공된다. 실재는 주체 밖에 존재하지 않는다. 즉 실재는 내재적으로 개인과 연결되어 있으며, 언어로 구성되고 관찰자의 눈에 의해 구성된다. 그리고 역사적, 사회적, 정치적, 이데올로기적으로 그리고 산만하게 결정된다. 실재가 관찰하는 사람과 독립적이지 않기 때문에, 관찰자가 직접 접근하는 단지 하나의 실재가 아니다. 즉 상이한, 가능한 실재들이 있으며, 모두 동등하게 타당하고 합법적이다. 왜냐하면 실재들은 관찰자의 경험과 논리정연하기 때문이다. 인식론적으로, 비판적 문해력은 지식은 중립적이지 않다는 것을 제안한다. 즉 지식은 이데올로기적이고 항상 산만한 규칙에 의해 지배되고, 지식이 존재하는 맥락을 결정하는 권력관계에 의해 지배된다(Maturana, 2001; Martins, 2011 재인용).

:: 참고문헌

〈국문〉

고미나·조철기, 2010, 영국에서 글로벌 학습을 위한 개발교육의 지원과 지리교육, 한국지리환경교육학회지, 18(2), 155-171.

고영복, 2000, 사회학사전, 사회문화연구소.

교육과학기술부, 2011, 사회과 교육과정, 교육과학기술부.

교육부, 2015, 교육부 고시 제2015-74호[별책 7] 사회과 교육과정, 교육부.

글린 윌리엄스·폴라 메스·케이티 윌리스 지음, 손혁상·엄은희·이영민·허남혁 옮김, 2016, 개발도상국과 국제개발, 푸른길.

김갑철, 2016, 정의를 향한 글로벌 시민성 담론과 학교 지리, 한국지리환경교육학회지, 24(2), 17-31.

김경일, 2008, 개발과 발전의 재정의와 NGO, 사회과학연구, 14(1), 1-19.

김영순·김진수·박선미·강문근·전종호·황규덕·김지현·김부헌·김웅·박인옥·박홍인·이용희·박한철·조수진·이수진·성경희·황미영·박서현·이병인, 2013, 중학교 사회, 두산동아.

김창환·정성훈·이재웅·김민숙·강정구·송훈섭·정홍권·박성혁·김해성·송경환·송성민·박현화·김세연·박선운·배화순·이수연, 2013, 중학교 사회, 좋은책신사고.

김태형, 2015, 유엔에서 바라본 개발협력, W미디어.

김혜경, 1997, OECD회원국 개발 NGO의 활동유형과 과제, 동서연구, 9(2), 101-137.

노재은, 2016, 인권으로 다시 쓰는 개발이야기, 열린길.

동북아공동체연구재단, 2014, 동아시아 영토분쟁과 국제협력, 동북아공동체연구재단 연구총서 2, 디딤터.

라미경, 2000, 국제관계에 있어서 개발 NGO의 역할에 관한 연구, 충남대학교 대학원 박사학위논문.

류재명·구정화·한진수·박영석·곽한영·설규주·장준현·정진권·임정순·박정애·엄정훈·송형준·장규진·이의동·박철용, 2013, 중학교 사회, 천재교과서.

모리 아키히사 지음, 한국국제협력단(KOICA) 기후변화대응실 옮김, 2013, 환경원조론-지속가능한 발전목표 실현 논리, 전략, 평가, 환경과 문명.

민주화운동기념사업회, 2010, 민주주의 국제협력기관-지구민주화와 공공외교의 지형도, 리북.
박선미 · 김희순, 2015, 빈곤의 연대기-제국주의, 세계화 그리고 불평등한 세계, 갈라파고스.
박선영, 2009, 세계화를 대비하는 지구시민교육의 필요성: 영국 사례를 중심으로, 청소년시설환경, 7(3), 13-24.
박애경, 2014, 초등학교 수업에서 국제개발협력 교육의 적용 방안 모색, 국제이해교육연구, 9(2), 59-85.
박에스더, 2011, 지리교사의 국제개발 사례, 한국지리환경교육학회 동계학술대회 발표집, 5-9.
서태열, 1992, 지리 교육과정의 내용구성에 대한 연구, 서울대학교 박사학위논문.
손민호, 2004, 호주의 교육과정 개정정책에 대한 일 고찰-뉴사우스웨일즈주의 교육과정 개정방식을 중심으로-, 비교교육연구, 14(1), 245-267.
손용택, 2000, 영국 지리 교과서 문화 · 개발 · 환경 내용 분석, 초등사회과교육, 12, 495-507.
손혁상, 2015, 시민사회와 국제개발협력-한국 개발 NGO의 현황과 과제, 집문당.
신상협 · 박수연 · 이지연, 2013, 개발교육의 현황분석 및 선진화 방안 연구: 한국과 영국의 개발교육 현황 · 정책과의 비교분석을 중심으로, 유럽연구, 31(3), 29-49.
윤영미, 2012, 글로벌시대 한국과 국제협력, 두남.
이진석 · 탁송일 · 유창호 · 윤석희 · 박영경 · 황완길 · 이태규 · 박성윤 · 이현진 · 박현진 · 최승태 · 최서윤 · 이영경 · 김성은, 2013, 중학교 사회, 지학사.
이태주 · 김다원, 2010, 지리교육에서 세계시민의식 함양을 위한 개발교육의 방향 연구, 대한지리학회지, 45(2), 293-317.
이태주 · 김다원 · 김현주, 2009, 세계시민의식 함양을 위한 국제개발협력교육-초, 중, 고생을 위한 국제개발협력교육 프로그램-, 한국해외원조단체협의회 국제개발협력교육 연구용역사업의 최종보고서.
장 지글러 지음, 유영미 옮김, 2007, 왜 세계의 절반은 굶주리는가?, 갈라파고스.
조앤 샤프 지음, 박경환 · 이영민 옮김, 2011, 포스트식민주의의 지리, 여성문화이론연구소.
조영달 · 박희두 · 박철웅 · 전영권 · 이우영 · 문대영 · 김재기 · 마경묵 · 조성호 · 이강준 · 이희원 · 손영찬 · 박현의 · 김신정 · 이은주 · 박진민, 2013, 중학교 사회, 미래엔.
조지프 스티글리츠 · 아마르티아 센 · 장 폴 피투시 지음, 박형준 옮김, 2011, GDP는 틀렸다: 국민총행복을 높이는 새로운 지수를 찾아서, 동녘.
조철기, 2013a, 글로벌 시민성교육과 지리교육의 관계, 한국지역지리학회지, 19(1), 162-180.
조철기, 2013b, 오스트레일리아 NSW주 지리 교육과정 및 교과서의 개발교육 특징, 한국지역

지리학회지, 19(3), 551−565.

조철기, 2015, 일본 지리 교육과정을 통해 본 개발교육의 도입과 전개, 한국지역지리학회, 21(2), 411−425.

조철기, 2017, 개발교육을 위한 교수·학습 방법으로서 OSDE 탐색, 한국지리환경교육학회지, 25(4), 103−115.

최성길·최원회·강창숙·박상준·임준묵·최병천·조일현·김윤자·권태덕·이수영·조성백·김상희·강봉균·정민정, 2013, 중학교 사회, 비상교육.

최은봉·박명희, 2006, 일본 NGO의 개발교육: 지구시민의식의 강화와 대안모색, 현대 일본연구회, 23, 327−367.

최항순, 2006, 발전행정론, 신원문화사.

한국국제협력단, 2009, 국제개발협력의 이해 2판, 한울(한울아카데미).

한국국제협력단, 2012, 국제개발협력 첫걸음, 한국국제협력단(KOICA).

한국국제협력단, 2013, 국제개발협력의 이해, 한울(한울아카데미).

한국국제협력단, 2014, 개발학 강의, 푸른숲.

한국국제협력단, 2016, 국제개발협력 입문편, 시공미디어.

홍은숙, 2005, 일본 지방자치단체의 글로벌리제이션 정책과 주민참여−구니타치시를 중심으로, 담론 201, 8(4), 271−296.

〈영문〉

ActionAid, CAFOD, Christian Aid, Oxfam, Save the Children, 2003, *Get Global!*, London: ActionAid.

Aguilar Jr., F.V., 2005, Excess possibilities? Ethics, populism and community economy, *Singapore Journal of Tropical Geography*, 26, 27-31.

Aguilar, J.V. and Cavada, M., 2002, *Ten Plagues of Globalization*, Washington, DC: EPICA.

Amin, S., 1976, *Unequal Development: An Essay on th Scial Formation of Peripheral Capitalism*, New York: Monthly Review Press.

Amin, S., 1990, *Delinking: Towards a Polycentric World*, London: Zed Books.

Amin, S., 2007, *A Life Looking Forward: Memoirs of an Independent Marxist*, London: Zed Books.

Andreotti, V. and de Souza, L. M., 2008a, *Learning to read the world: Through Other Eyes*, Derby: Global Education.

Andreotti, V. and de Souza, L. M., 2008b, Translating theory into practice and walking minefields: lessons from the project "Through Other Eyes", *International Journal of Development Education and Global Learning*, 1(1), 23-36.

Andreotti, V., 2006, Soft versus critical global citizenship education, *Policy & Practice: A Development Educational Review*, 3, 40-51.

Andreotti, V., 2008, Innovative methodologies in global citizenship education: the OSDE initiative, in Gimenez, T. and Sheehan, S. (eds.), *Global citizenship in the English language classroom*, Britich Council.

Andreotti, V., 2010, Global Education in the 21st Century: two different perspectives on the post of postmodernism, *International Journal of Development Education and Global Learning*, 2(2), 5-22.

Andreotti, V., Barker, L. and Newell-Jones, K. (n.d.), *Open Space for Dialogue and Enquiry Methodology-Critical Literacy in a Global Citizenship Education-Professional Development Resource Pack*, Center for Study of Social and Global Justice and Global Education Derby, Nottingham.

Apple, M., 1990, *Ideology and Curriculum*, London: Routledge.

Arnold, S., 1987, *Constrained crusaders–NGOs and development education in the UK*, Occasional Paper, Institute of Education, University of London.

Arnold, S., 1988, Constrained crusaders? British charities and development education, *Development Policy Review*, 6 (Summer), 183-209.

Binns, T., 1995, Geography in development, *Geography*, 8(4), 303-322.

Binns, T., 2000, Learning about development: an entitlement for all, in Binns, T. and Fisher, C. (eds.), *Issues in Geography Teaching*, London: RoutledgeFalmer.

Binns, T., 2002, Teaching and learning about development, in Smith, M. (ed.), *Aspects of Teaching Secondary Geography*, London: The Open University, 265-277.

Black, M., 1992, *A Cause for Our times: Oxfam, the First 50 Years*, Oxford: Oxfam.

Blaikie, P., 2000, Development, post-, anti-, and populist: a critical review, *Environment and Planning A*, 32, 1033-1050.

Blum, N., Bourn, D. and Edge, K., 2010, Making sense of global dimension: the role of research, in Brooks, C. (ed.), *Studying PGCE Geography at M Level*, Oxon: Routledge, 53-65.

Board of Studies NSW, 1999, *Syllabus: Geography Years 11-12*, Board of Studies NSW.

Board of Studies NSW, 2003a, *Human society in its environment K-6 syllabus*, Board of Studies NSW.

Board of Studies NSW, 2003b, *Syllabus: Geography Years 7-10*, Board of Studies NSW.

Boden, P. K., 1977, *Promoting International Understanding Through School Textbooks: a case study*, Braunschweig: Georg Eckert Institut fur Internationale Schulbuchforschung.

Bonnett, A., 2008, *What Is Geography?*, London: Sage.

Bourn, D. (ed.), 2008, *Development Education: Debates and Dialogue*, London: Institute of Education.

Bourn, D. and Leonard, A., 2009, Living in the wider world-the global dimension, in Mitchell, D., *Living Geography*, Chris Kington Publishing, 53-65.

Bourn, D., 1978, The development of Labour Party idea on education, unpublished PhD thesis, University of Keele.

Bourn, D., 2011, Discourses and practices around development education: From learning about development to critical global pedagogy, *Policy and Practice: A Development Education Review*, 13, 11-29.

Bourn, D., 2014, *The Theory and Practice of Development Education: A pedagogy for global social justice*, Routledge.

Bourn, D., 2015, *The theory and practices around development education: A pedagogy for global social justice*, Oxon: Routledge.

Breidlid, A., 2013, *Education, Indigenous Knowledges, and Development in the Global South: Contesting Knowledges for a Sustainable Future*, Routledge.

Brooker, P., 1992, *Modernism/Postmodernism*, London and New York: Longman.

Brookfield, H., 1975, *Interdependent Development*, London: Methuen.

Burr, M., 2008, DEA think piece-'Thinking about linking?', DEA, London.(www.dea.org.uk/sub-554735).

Butt, G., 2000, *The Continuum Guide to Geography Education*, London: Continuum.

Butt, G., 2001, Closing the gender gap in geography, *Teaching Geography*, 26(3), 145-147.

Butt, G., Bradley-Smith, P. and Wood, P., 2006, Gender issues in geography, in Balderstone, D., *Secondary Geography Handbook*, Sheffield: The Geographical Association, 384-393.

Cardoso, F.H., 1969, *Dependency and Development in Latin America*, Los Angeles: University of California Press.

Carter, R., 2000, Aspects of global citizenship, in Fisher, C. and Binns, T., (eds.), *Issues in Geography Teaching*, London: Routledge/Falmer, 175-189.

Cervetti, G., Pardales, M.J. and Damico, J.S., 2001, A Tale of Differences: Comparing the Traditions, Perspectives, and Educational Goals of Critical Reading and Critical Literacy, www.readingonline.com.

Chambers, R., 1983, *Rural development: putting the last first*, Harlow: Longman Publishers.

Chant, S. and McIlwaine, C., 2009, *Geographies of Development in the 21st Century: An Introduction to the Global South,* London: Edward Elgar.

Cloke, P., Cook, I., Crang, P. et al., 2004, *Practising Human Geography*, London: Arnold.

Corbridge, S. (ed.), 1995, *Development Studies: A Reader*, London: Edward Arnold.

Corbridge, S., 1986, *Capitalist Word Development: a Critique of Radical Development Geography*, London: Macmillan.

Corbridge, S., 1992, Third World Development, *Progress in Human Geography*, 16(54), 584-595.

Corbridge, S., 1997, Beneath the pavement only soil: the poverty of post-development, *Journal of Development Studies*, 33, 138-148.

Corbridge, S., 2002, Development as freedom: the spaces of Amartya Sen, *Progress in Development Studies*, 2, 183-217.

Council of Europe, 1988, *North-South: One Future, a Common Task*, Strasbourg: Council of Europe.

Cowen, M.P. and Shenton, R.W., 1995, *Doctrines of Development*, London: Routledge.

Cronkhite, L., 2000, Development education: making connections North and South, in Selby, D. and Goldstein, T. (eds), *Weaving Connections*, Toronto: Sumach Press, 146-167.

Crush, J. (ed.), 1995, *Power of Development*, London: Routledge.

Daly, H.E., 1990, Sustainable growth: an impossibility theorem, *Development – Journal of Society for International Development*, 3(4), 45-47.

Daly, H.E., 1991, Notes towards an environmental macroeconomics, in Girvan, N. and Simmons, D. (eds.), *Caribbean Ecology and Economics*, Barbados: Caribbean Conservation Association, 9-24.

Daly, H.E., 1996, *Beyond Growth: The Economics of Sustainable Development*, Boston, MA: Beacon Press.

Daniels, A. and Sinclair, S. (eds.), 1985, *People before Places*, Birmingham: Development Education Centre.

DEA, 2004, *Geography: the global dimension, key stage 3*, London: DEA.

DEA, 2006, What is development education(http://www.dea.org.uk).

DEA, 2008a, *Education for sustainable development*, London: DEA.

DEA, 2008b, *Global Matters Learning–Case Studies*, London: DEA.

Debray, R., 1974, *A Critique of Arms*, Paris: Seuil.

DEC, 1981, *What is development education?*, Occasional Paper, Birmingham: Development Education Centre.

DEC, 1992, *Developing Geography: A Development Education Approach at Key Stage 3, A Teacher's Handbook*, Birmingham: Development Education Centre.

DELLS, 2006, *Education for Sustainable Development and Global Citizenship: A Strategy for Action*, DELLS Information Document No:-17-06, Cardiff: Welsh Assembly Government.

Derman-Sparks, L. and The A.B.C. Task Force, 1989, *Anti-bias Curriculum*, Washington: NAEYC.

DfEE, 1999, *Geography: The national curriculum for England*, DfEE, England.

DfES, 2000, *Developing a Global Dimension in the School Curriculum*, London: DEA.

DfES, 2003, *Sustainable development action plan for education and skills*, London: DEA.

DfES, 2004, *Putting the World into World-Class Education*, London: DfES.

Dickenson, J., Clarke, G., Gould, W. et al., 1983, *A Geography of the Third World*, London: Methuen.

Donaldson, O.F., 1971, Geography and the Black American: the white papers and the invisible man, *Journal of Geography*, 70, 138-149.

Drabeck, A.G., 1987, Development alternatives: the challenge of NGOs, World Development, 15(supplement).

Drakakis-Smith, D., 1997, Third World cities: sustainable urban development III, *Urban Studies*, 34(5/6), 797-823.

Drake, M., 1992, *Development Education and National Curriculum Geography: Introduction and Resources Guide for Use at Key Stage 1 and 2*, Sheffield: Geographical Association.

Duclos, J.Y., 2002, *Vulnerability and Poverty: Measurement Issues for Public Policy*, Washington DC: The World Bank.

Eade, D., 1997, *Capacity Building: An Approach to People-centred Development*, Oxford Oxfam (UK and Ireland); Atlantic Highlands, NJ: Humanities Press International.

Easterly, W., 2006, *The White Man's Burden: Why the West's Efforts to Aid the Rest Have Done So Much Ill and So Little Good*, Penguin Press(황규득 옮김, 2011, 세계의 절반 구하기 왜 서구의 원조와 군사 개입은 실패할 수밖에 없는가, 미지북스).

Edwards, M. and Hulme, D. (eds.), 1995, *Non-Governmental Organizations–Performance and Accountability: Beyond the Magic Bullet*, London: Earthscan.

Ekins, P. and Max-Neef, M., 1992, *Real-Life Economics: Understanding Wealth Creation*, London and New York: Routledge.

Elliot, J.A., *An Introduction to Sustainable Development*, 3rd edn, London and New York: Routledge.

Engel, J., 1980, Perceptual Geography in the educational process, in Slater, F. A. and Spicer, B. J., (eds.), *Perception and Preference Studies at the International Level*, IGU, Commission on Geography Education.

Escobar, A., 1995, *Encountering Development: The Making and Unmaking of the Third World*, Princeton, NJ: Prinston University Press.

Estes, R., 1984, World social progress, 1969-1979, *Social Development Issues*, 8, 8-28.

Esteva, G., 1992, Development, in Saches, W. (ed.), *The Development Dictionary*, London: Zed Books, 6-25.

EU Multi-Stakeholder Forum, 2005, *The European Consensus on Development: The Contribution of Development Education and Awareness Raising*, Brussels: DEEEP.

Fairgrieve, J., 1926, *Geography in School*, London: University of London Press.

Falk, R., 1994, The making of global citizenship, in B. Van Steenbergen (ed.), *The Condition of Citizenship*, London: Sage, 127-140.

Ferguson, J., 1994, *The Anti-Politics Machine: 'Development', Depoliticization and Bureaucratic Power in Lesotho*, Minneapolis, MN: University of Minnesota Press.

Fien, J. and Gerber, R., (eds.), 1988, *Teaching Geography for a Better World*, 2nd (ed.), Edinburgh: Oliver & Boyd.

Fien, J., 1991, Commitment to justice, ad defence of a rationale for development education, *Peace, Environment and Education*, 2(4) (Peace Education Commission, Sweden).

Forghani-Arani, N. and Hartmeyer, H., 2011, Global learning in Australia, *International Journal of Development Education and Global Learning*, 2(2), 45-58.

Frank, A.G., 1967, *Capitalism and Underdevelopment in Latin America: Historical Studies of Chile and Brazil*, New York and London: Monthly Review Press.

Frank, A.G., 1969, *Latin America: Underdevelopment or Revolution*, New York: Monthly Review Press.

Frank, A.G., 1979, *Dependent Accumulation and Underdevelopment*, New York: Monthly Review Press.

Freire, P., 1972, *Pedagogy of the Oppressed*, Harmondsworth: Penguin.

Freire, P., 1985, Reading the world and reading the word: an interview with Paulo Freire, *Language Arts*, 62(1).

Friedmann, J., 1966, *Regional Development Policy: A Case Study of Venezuela, Cambridge*, MA: MIT Press.

Fry, P., 1987, Dealing with political bias through geographical education, unpublished MA dissertation, University of London, Institute of Education.

Gallagher, R. and Parish, R., 2005, *Geog. 1, 2, 3*, Oxford: Oxford University Press.

Gerschenkron, A., 1962, *Economic Backwardness in Historical Perspective*, NY: Belknap.

Gibson-Graham, J.K., 2005, Surplus possibilities: postdevelopment and community economics, *Singapore Journal of Tropical Geography*, 26, 4-26.

Giddens, A. and Pierson, C., 1998, *Conservations with Anthony Giddens: Making Sense of Modernity*, Stanford, CA: Stanford University.

Gilbert, R., 1984, *The Impotent Image: reflection of ideology in the secondary school curriculum*, Lewes: The Falmer Press.

Gilbert, R., 1986, That's where they have to go: the challenge of ideology in geography, *Geography Education*, 5(2), 43-46.

Goulet, D., 1971, *The Cruel Choice: A New Concept on the Theory of Development*, London and New York: Routledge.

Goulet, D., 1996, *A new discipline: development ethics*, Working Paper, 231, University of Notre Dame, IN: The Kellogg Institute.

Greig, S., Pike, G. and Selby, D., 1987, *Earthrights,* London: Kogan Page/World Wide

Fund for Nature.

Hall, N.S., 1999, *Creative Resources for the Anti-bias Classroom*, Delmar Publishers.

Hall, P., 1982, *Urban and Regional Planning*, 3rd edn., London: George Allen & Unwin.

Hall, S. and Gieben, B., 1992, *Foundations of Modernity*, Cambridge: Polity.

Hanvey, R., *An Attainable Global Perspective*, Denver: Center for Teaching International Relations.

Harrison, D., 2005, Post-Its on the history of development education, *Development Education Journal*, 13(1), 6-8.

Harrison, D., 2008, Oxfam and the rise of development education in England from 1959 to 1979, unpublished PhD thesis, Institute of Education, University of London.

Harriss, J., 2005, Great promise, hubris and recovery: a participant's history of development studies, in Kothari, U. (ed.), *A Radical History of Development Studies: Individuals, Institutions and Ideologies*, Cape Town: David Philip, 17-46.

Hart, G., 2001, Development debates in the 1990s: Guls de sac and promising paths, *Progress in Human Geography*, 25, 605-614.

Hart, G., 2010, D/development after the Meltdown, *Antipode*, 41(s1), 117-141.

Hartmeyer, H., 2008, *Experiencing the World Global Learning in Australia: Developing, Reaching Out, Crossing Borders*, Munster: Waxmann.

Haubrich, H., 2009, Global leadership and global responsibility for geographical education, *International Research in Geographical and Environment Education*, 18(2), 79-81.

Hertmeyer, H., 2008, *Experiencing the World – Global Learning in Austria: Developing, Reaching Out, Crossing Borders*, Münster: Waxmann.

Hicks, D. and Townley, C. (eds.), 1982, *The need for global literacy, in Teaching World Studies: An Introduction to Global Perspectives in the Curriculum*, Harlow: Longman.

Hicks, D., 1979, *Bias in Geography Textbooks: Images of the Third World and Multiethnic Britain*(Working Paper I), University of London, Institute of Education.

Hicks, D., 1981a, Image of the World: What do Geography Textbooks actually Teach about Development?, *Cambridge Journal of Education*, 11(1), 15-35.

Hicks, D., 1981b, Teaching about Other Peoples: How Biased are School Books?, *Education* 3-13, 9(2), 14-19.

Hicks, D., 1981c, The contribution of geography to multicultural misunderstanding,

Teaching Geography, 17(2), 64-67.

Hicks, D., 1983, Development Education, in Huckle, J. (ed.), *Geographical Education: Reflection and Action,* Oxford: Oxford University Press, 89-98.

Hicks, D., 1990, World studies 8-13: a short history, 1980-1989, *Westminster Studies in Education*, 13, 61-80.

Hicks, D., 2002, Envisioning a better world: sustainable development in school geography, in Smith, M. (ed.), *Aspects of Teaching Secondary Geography*, London: The Open University, 278-286.

Hicks, D., 2003, Thirty years of global education, *Educational Review*, 55(3), 265-275.

Hirsch, E. D., 1987, *Cultural Literacy*, Boston: Houghton Mifflin.

Hirschman, A.O., 1958, *The Strategy of Economic Development*, New Haven, CT: Yale University Press.

Hopkin, J., 1994, Geography and development education, in Osler, A., *Development Education: Global Studies in the Curriculum*, London: Cassell, 65-90.

Hopkin, J., 1998, The world view of geography text books: interpretations of the national curriculum, unpublished Ph.D. thesis, School of Education, University of Birmingham.

Horvath, R., 1988, National development paths 1965-1987: measuring a metaphor, Paper presented to the International Geographic Congress, Sydney University.

Howlett, C. C., 1986, An investigation into the conceptual basis of lower school geography texts, as a prerequisite to planning an inter-disciplinary humanities curriculum, unpublished MA dissertation, Institute of Education, University of London.

Huckle, J., 2010, ESD and the current crisis of capitalism: teaching beyond Green New Deals, *Journal of Education for Sustainable Development*, 4(1), 135-142.

Inkpen, R., 2009, Development: Sustainability and Physical Geography, in Clifford, N., Holloway, S., Rice, S. and Valentine, G., (eds.), *Key concepts in geography*, London: Sage, 378-391.

Ishii, Y., 2003, *Development education in Japan: a comparative analysis of the contexts for its emergence, and its introduction into the Japanese school system,* New York: Routledge-Falmer.

Jodha, N.S., 1988, Poverty debate in India: a minority view, *Economic and Political Weekly*, 23, 45-47.

Jones M., 2002, *Social Psychology of Prejudice*, New Jersey: Pearson Education.

Kelly, P., 2005, Scale, power and the limits to possibilities, *Singapore Journal of Tropical Geography*, 26, 39-42.

Kent, A., (ed.), 1981, *Bias in Geographical Education*, Sheffield: Geographical Association.

Kirby, B. (ed.), 1994, *Education for change: Grassroots Development Education in Europe*, London: DEA.

Kirkwood-Tucker, T.F. (ed.), 2009, *Visions in Global Education*, New York: Peter Lang.

Knutsson, B., 2011, *Curriculum in the Era of Global Development, Gothenburg Studies in Education Science, 315*, Gothenburg, Sweden: Gothenburg University.

Korten, D. and Klauss, R., 1984, *People Centred Development: Contributions toward Theory and Planning Frameworks*, West Hartford, CT: Kumarian Press.

Korten, D., 1990, *Getting to the 21st Century – Voluntary Action and the Global Agenda*, West Hartford, CT: Kumarian Press.

Korten, D.C., 1996, *Sustainable development: conventional versus emergent alternative wisdom, Paper prepared for the Office of Technology Assessment*, US Congress, Washington, DC, by Korten, D.C., The People Centred Development Forum, New York.

Kothari, U. (ed.), 2005, *A Radical History of Development Studies: Individuals, Institutions and Ideologies*, London and New York: Zed Books and Cape Town: David Philip.

Lambert, D. and Balderstone, D., 2000, *Learning to Teach Geography in the Secondary School*, London and New York: Routledge/Falmer.

Lambert, D. and Morgan, J., 2010, *Teaching Geography 11-18*, Oxford: Oxford University Press.

Lambert, D. and Morgan, J., 2011, *Geography and Development: Development education in schools and the part played by geography teachers (Research Paper 3)*, London: Development Education Research Center.

Lambert, D., 2000, Textbook pedagogy: issues on the use of textbooks in geography classrooms, in Fisher, C. and Binns, T., (eds.), *Issues in Geography Teaching*, London: Routledge Falmer, 108-119.

Larsen, B., 1983, Geography, in Wyld, J., (ed.), *Sexism in the Secondary Curriculum*, London: Harper & Row, 165-178.

Lawson, V., 2007, *Making Development Geography*, London: Hodder Arnold.

Lemaresquier, T., 1987, *Prospects for development education, some strategic issues facing Euro-*

pean NGOs, World Development, 15(Supplement), 189-200.

Lester, A., 1995, Conceptualising social formation: producing a textbook on South Africa, unpublished Ph.D. thesis, Institute of Education, University of London.

Lissner, J., 1977, *Politics of Altruism, Study of the Political Behaviour of Voluntary Development Agencies*, Geneva: Lutheran World Federation.

Lister, I., 1986, Global and international approaches to political education, in Harber, C. (ed.), *Political Education in Britain*, Lewes: Falmer Press, 47-62.

Marshall, H., 2005, Developing the Global Gaze in citizenship education: exploring the perspective of global education NGO workers in England, *International Journal of Citizenship and Teacher Education*, 1(2), 76-92.

Marshall, P. L., 2002, *Cultural diversity in our schools*, CA: Wadsworth.

Martins, L., 2011, Open Spaces: An investigation on the OSDE methodology in an advanced English conversation course in Brazil, *Critical Literacy: Theories and Practices*, 6(1), 68-78.

Massey, D., 1991, A global sense of place, *Marxism Today*(June), London: Arnold.

Matthews, M. H., 1986, Gender, graphicacy and geography, *Educational Review*, 38(3), 259-271.

Mawhinney, M., 2003, *Sustainable Development: Understanding the Green Debates*, Oxford: Blackwell.

Mayo, M., 2005, *Global Citizens: Social Movements and the Challenge of Globalisation*, London: Zed Books.

McCollum, A., 1996, On the margins? An analysis of the theory and practice of development education in the 1900s, PhD thesis, Open University.

McDowell, L., 1994, The transformation of cultural geography, in Gregory, D. and Martin, R. and Smith, G., *Human Geography: Society, Space and Social Science*, London: Macmillan.

McIlwaine, C., 1998, Civil society and development geography, *Progress in Human Geography*, 22, 415-424.

Menzel, M., 2006, Walt William Rostow, in Simon, D. (ed.), *Fifty Key Thinkers on Development*, London and New York: Routledge, 211-217.

Mimiko, O., 2012, *Globalization: The Politics of Global Economic Relations and International Business*, Durham, N.C.: Carolina Academic.

Mohan, G., Brown, E., Milward, B. and Zack-Williams, A.B., 2000, *Structural Adjustment: Theory, Practice and Impacts*, London: Routledge.

Monbiot, G., 2007, *Heat: How to Stop the Planet form Burning, Cambridge*, MA: South End Press.

Moncrieff, D., 2008, Fieldwork: 'Pacing' people, *Teaching Geography*, 33(1), 9-10.

Monk, J. and Williamson-Fien, J., 1986, Stereoscopic visions: perspectives on gender-challenges for the geography classroom, in Fien, J. and Gerber, R., (eds.), *Teaching Geography for a Better World*, Brisbane: AGTA/Jacaranda, 186-220.

Monk, J., 1996, Partial truths: feminist perspectives on ends and means, in Williams, M., (ed.), *Understanding Geographical and Environmental Education: The role of research*, London: Cassells, 274-286.

Morgan, J. and Lambert, D., 2003, *Theory into Practice: Place, 'Race' and Teaching Geography*, Sheffield: The Geographical Association.

Morgan, J. and Lambert, D., 2005, *Geography: Teaching School Subjects 11-19*, Oxon: Routledge.

Morgan, J., 2001, *Development, Globalisation and Sustainability*, Cheltenham: Nelson Thrornes.

Morgan, J., 2002, Geography and 'race', in Smith, M., (ed.), *Aspects of Teaching Secondary Geography: Perspectives on Practice*, London: RoutledgeFalmer, 235-244.

Morgan, J., 2006, Can we have anti-racist geography, in Balderstone, D., *Secondary Geography Handbook*, Sheffield: The Geographical Association, 394-401.

Morgan, W., 1997, *Critical literacy in the classroom: The art of the possible*, Routledge, New York.

Moyo, D., 2009, *Dead Aid: Why Aid Is Not Working and How There Is a Better Way for Africa*, Farrar, Straus and Giroux.

Mukherjee, N., 1999, Consultations with the poor in Indonesia, Indonesia: World Bank.

Myrdal, G., 1957, *Economic Theory and Underdeveloped Areas*, London: Duckworth.

Nederveen Pieterse, J., 2000, After post-development, *Third World Quarterly*, 21, 175-191.

Norcliffe, D. and Bennell, S., 2011, Analysis of views on the development of education for sustainable development and global citizenship policy in Wales, *International Journal of Development Education and Global Learning*, 3(1), 39-58.

Norwine, J. and Gonzalez, A., 1988 (eds), *The Third World: States of Mind and Being*, London: Unwin-Hyman.

Nyerere, J., 1973, *Freedom and Development.Uhuru na Maendeleo*, Dar es Salaam: Oxford University Press.

O'Lughlin, E. and Wegimont, L., 2005, *Global Education in the Netherlands: The European Global Education Peer Review Process*, Lisbon: North-South Centre.

Olser, A. (ed.), 1994, *Development Education*, London: Cassells.

Olser, A. and Vincent, K., 2002, *Citizenship and the Challenge of Global Education*, Stoke-on-Trent: Trentham Books.

OSDE, 2005, OSDE methodology: Critical literacy, independent thinking, global citizenship, global issues and perspectives(http: www.osdemethodology.org.uk/keydocs/osdebooklet.pdf).

OSDE, 2008, Units: Secondary Schools, North-South-Introduction. (www.osdemethodology.org.uk/units/secondary/northsouth.htm.)

Osler, A., 1994a, Education for Development: Redefining Citizenship in a Pluralist Society, in Osler, A. (ed.), *Development Education: Global Perspectives in the Curriculum*, London: Cassell, 32-49.

Osler, A., 1994b, Introduction: The Challenges of Development Education, in Osler, A. (ed.), *Development Education: Global Perspectives in the Curriculum*, London: Cassell, 1-8.

Oxfam, 2006, *Education for Global Citizenship*, Oxford: Oxfam.

Palmer, J., 1998, *Environment Education in the 21st Century*, London: Routledge.

Peet, R. and Hartwick, E., 2015, *Theories of Development*, 3rd edition The Guilford Press.

Peet, R., 2007, *Geography of Power: The Making of Global Economic Policy*, London: Zed Books.

Pike, G. and Selby, D., 1988, *Global Teacher, Global Learner*, London: Hodder and Stroughton.

Pomeroy, J., 1991, The press conference: a way of using visiting speakers effectively, *Teaching Geography*, 16(2), 56-58.

Porter, D.J., 1995, Scenes from childhood, in Crush, J. (ed.), *Power of Development*, London: Routledge, 63-86.

Porter, P. and Sheppard, E., 1990, *A World of Difference: Society, Nature, Development*, New York: Guilford Press.

Potter, R. B., Binns, T., Elliott, J. A. and Smith, D. (eds.), 2008, *Geographies of Development: An Introduction to Development Studies*, Third Edition, Harlow: Pearson Education Limited.

Potter, R. B., Conway, D., Evans, R and Lloyd-Evans, S. (eds.), 2012, *Key Concepts in Development Geography*, London: SAGE Publications Ltd.

Potter, R.B. and Lloyd-Evans, S., 2009, The Brandt Commission, in Kitchen, R. and Thrift, N. (eds), *The International Encyclopedia of Human Geography*, Volume 1, London: Elsevier, 348-354.

Potter, R.B., 1985, *Urbanisation and Planning in the Third World: Spatial Perceptions and Public Participation*, London: Croom Helm and New York: St Martin's Press.

Power, M., 2003, *Rethinking Development Geographies*, London: Routledge.

Power, M., 2008, Enlightenment and the era of modernity, in Desai, V. and Potter, R.B. (eds.), *The Companion to Development Studies*, 2nd edn, London: Hodder Education, 71-75.

Preston, P.W., 1996, *Development Theory: an Introduction*, Oxford: Blackwell.

Pugh, J. and Potter, R.B., 2000, Rolling back the state and physical development planning: the case of Barbados, *Singapore Journal of Tropical Geography*, 21, 175-191.

QCA, 2007a, *Geography: The national curriculum 2007*, QCA, England.

QCA, 2007b, *The global dimension in action - A curriculum planning guide for schools*, London: QCA.

Rajacic, A., Surian, A., Fricke, H.J., Krause, J. and Davis, P., 2010, *Study on the Experience and Actions of the Main European Actors Active in the Field of Development Education and Awareness Raising – Interim Report*, Brussels: European Commission.

Rasaren, R., 2009, Transformative global education and learning in teacher education in Finland, *International Journal of Development Education and Global Learning*, 1(2).

Regan, C. and Sinclair, S., 2006, Engaging development-learning for a better future?-the world view of development education, in Regan, C. (ed.), 80:20, *Development in an unequal world*, Genprint, 107-120.

Richardson, R., 1976, *Learning for Change in World Society*, London: World Studies Project.

Richardson, R., 1990, *Daring to be a Teacher*, Stoke-on-Trent: Trentham Books.

Riddell, R.C., 2008, *Does Foreign Aid Really Work?*, Oxford: Oxford University Press.

Rigg, J., 1997, *Southeast Asia*, London: Routledge.

Roberts, M., 1992, Squaring the circle, *Times Educational Supplement*, 10 April.

Roberts, M., 2013, *Geography Through Enquiry: Approaches to teaching and learning in the secondary school*, Sheffield: The Geographical Association.

Roberts, M., 2015, Critical thinking and global learning, *Teaching Geography*, 40(2), 55-59.

Robinson, R. and Serf, J., (eds.), 1997, *Global Geography: Learning through Development Education at Key Stage 3*, Birmingham: GA/DEC.

Robinson, R., 1982, What is truth, *Times Educational Supplement*, 3 December.

Robinson, R., 1986, Geography teachers' reflection on their teaching about development, *Journal of Curriculum Studies*, 18(4), 409-427.

Robinson, R., 1987a, Exploring Students' Images of the Developing World, *Geographical Education*, 5(3), 48-52.

Robinson, R., 1987b, Teaching and learning about development in the developing world, Ph.D. thesis, Department of Curriculum Studies, School of Education, University of Birmingham.

Robinson, R., 1988a, Development issues: sympathy and paternalism, empathy and realism, in Gerber, R. and Lidstone, J. (eds.), *Developing Skills in Geographical Education*, IGU and Jacaranda.

Robinson, R., 1988b, Teaching development issues, *Teaching Geography*, 13(1), January, 7.

Robinson, R., 1995, Enquiry and Connections, *Teaching Geography*, 202(2), 71-73.

Rodney, W., 1974, *How Europe Underdeveloped Africa, Washington*, DC: Howard University Press.

Rogers, P.P., Jalal, K.F. and Boyd, J.A., 2008, *An Introduction to Sustainable Development*, London: Earthscan.

Rostow, W.W., 1960, *The Stages of Economic Growth: A Non-communist Manifesto*, Cambridge: Cambridge University Press.

Rubenstein, J.M., 2010, *Contemporary Human Geography*, Pearson Education(김희순·안재섭·이승철·이영아·정희선 옮김, 2010, 현대 인문지리: 세계를 펼쳐 놓다, 시그마프레스).

Rubenstein, J.M., 2014, *The Cultural Landscape: An Introduction to Human Geography*, 11th ed., PEARSON[정수열·이욱·백선혜·김현·이정섭·최경은·조아라 옮김, 2012, 현

대인문지리학(제10판): 세계의 문화경관, 시그마프레스].

Rubenstein, J.M., Rensick, W.H., Dahlman, C.T., 2013, *Introduction to Contemporary Geography*, Pearson Education(안재섭 · 이광률 · 정희선 옮김, 2013. 현대지리학, 시그마프레스).

Sachs, J., 2005, *The End of Poverty: Economic Possibilities for Our Time*, Penguin Press(김현구 옮김, 2006, 빈곤의 종말, 21세기북스).

Sachs, W., 1992, *The Development Dictionary*, London: Zed Books.

Sachs, W., 1993, *Global Ecology: A New Arena of Political Conflict*, London and New Jersey: Zed Books.

Said, E., 1978, *Orientalism*, New York: Vintage.

Sanchez-Rodriguez, R., 2006, Fernando Henrique Cardoso, in Simon, D. (ed.), *Fifty Key Thinkers on Development*, London and New York: Routledge, 61-66.

Scheunpflug, A., 2008, Why global learning and global education? An educational approach influenced by the perspectives of Immanuel Kant, in Bourn, D. (ed.), *Development Education: Debates and Dialogues*, London: Bedford Way Papers, 18-27.

Scheunpflug, A., 2011, Global education and cross-cultural learning: a challenge for a research based approach to international teacher education, *International Journal of Development Education and Global Learning*, 3(3), 29-44.

Scheunpflung A. and Asbrand, B., 2006, Global education and education for sustainability, *Environmental Education Research*, 12(1), 33-46.

Scholes, R., 1985, *Textual power: literacy theory and the teaching of English*, Yale University Press, Conn.: New Haven.

Schuurman, F., 2000, Paradigms lost, paradigms regained? Development studies in the twenty-first century, *Third World Quarterly*, 21, 7-20.

Schuurman, F., 2008, The impasse in development studies, in Desai V. and Potter, R.B. (eds), *The Companion to Development Studies*, 2nd edn, London: Hodder Education.

Scott, W. and Gough, S.R., 2003, *Sustainable Development and Learning: Framing the Issues*, London: Routledge/Falmer.

Seers, D., 1972, What are we trying to measure?, *Journal of Development Studies*, 8(3), 21-36.

Seers, D., 1979, The new meaning of development, in Lehmann, D. (ed.), *Development Theory: Four Critical Studies*, London: Frank Cass, 25-30.

Seers, D., 1986, The meaning of development, *International Development Review*, 11(4), 2-6.

Sen, A., 1984, *Poverty and Famines: An Essay in Entitlement and Deprivation*, Oxford: Clarendon Press.

Sen, A., 1993, Capability and Well-being, in Nussbaum, M. and Sen, A. (eds), *Quality of Life*, Oxford: Oxford University Press.

Sen, A., 1999, *Development as Freedom: Human Capability and Global Need,* Oxford: Oxford University Press(김원기 옮김, 2013, 자유로서의 발전, 갈라파고스).

Sen, A., 2000, *Development as Freedom: Human Capability and Global Need,* New York: Anchor Books.

Serf, J. and Sinclair, S., (eds.), 1992, *Developing Geography: A Development Education Approach to Key Stage3*, Birmingham: DEC.

Sharp, J., 2008, *Geographies of Postcolonialism*, London: SAGE Publications Ltd.(이영민·박경환 옮김, 2011, 포스트식민주의의 지리, 여성문화이론연구소).

Sidaway, J., 2008, Post-development, in Desai, V. and Potter, R.B. (eds), *The Companion to Development Studies*, 2nd edn, London: Hodder Education.

Simon, D., 1998, Rethinking (post)modernism, postcolonism and posttraditionalism: South-North perspectives, *Environment and Planning D: Society and Space*, 16, 219-246.

Simon, E. and Hubback, E. (eds), 1939, *Education for Citizenship in Elementary Schools*, Oxford: Oxford University Press.

Sinclair, S., 1994, Introducing Development Education to Schools: The Role of Non-governmental Organizations in the United Kingdom, in Osler, A. (ed.), *Development Education: Global Perspectives in the Curriculum*, London: Cassell, 50-62.

Singh, R.P.B., 2006, Mohandas (Mahatma) Gandhi, in Simon, D. (ed.), *Fifty Key Thinkers on Development*, London and New York: Routledge, 106-110.

Smith, A., 2002, How global is the curriculum?, *Education Leadership*, 60(2), 38-41.

Standish, A., 2009, *Global Perspectives in the Geography Curriculum: Reviewing the Moral Case for Geography*, London: Routledge.

Starkey, H., 1994, Development Education and Human Rights Education, in Osler, A. (ed.), *Development Education: Global Perspectives in the Curriculum*, London: Cassell, 11-31.

Steiner, M. (ed.), 1996, *Developing the Global Teacher*, Stoke-on-Trent: Trentham Books.

Sterling, S. and Huckle, J. (eds.), 1996, *Education for Sustainability*, London: Earthscan.

Sterling, S., 1992, *Good Earth-Keeping, Education, Training and Awareness for a Sustainable Future*, London: UNEP-UK.

Sterling, S., 2001, *Sustainable education: Re-visioning learning and change*, Bristol: Green Books.

Sterling, S., 2004, Higher education, sustainability and the role of systemic learning, in Corcoran, P. and Wals, A. (eds), *Higher Edcuation and the Challenge of Sustainability: Contestation, Critique, Practice, and Promise*, Dordrecht: Kluwer, 47-70.

Stöhr, W.B. and Taylor, D.R.F., 1981, *Development form Above or Below? The Dialectics of Regional Planning in Developing Countries*, Chichester: John Wiley.

Storm, M., 1983, Perception of the Third World, in Bale, J., (ed.), *The Third World-Issues and Approaches*, Sheffield: Geographical Association.

Sumner, A., 2006, What is Development Studies?, *Development in Practice*, 16(6), 644-650.

Susan, F. 1995, *Education for development: a teacher's resource for global learning*, Portsmouth: Heinemann.

Sylvester, S., 1999, Development studies and postcolonial studies: disparate tales of the "Third World", *Third World Quarterly*, 20, 703-721.

Tallon, R., 2015, The development sector in the geography classroom, in Taylor, M., Richards, L. and Morgan, J. (eds.), *Geography in focus: Teaching and learning in issues-based classrooms*, Wellington: NZCER PRESS, 56-71.

Taylor, L., 2004, *Re-presenting geography*, Cambridge: Chris Kingston Publish.

Taylor, P.J., 1989, The error of developmentalism in human geography, in Gregory, D. and Walford, R. (eds.), *Horizons in Human Geography*, London: Macmillan, 303-319.

Taylor, P. J., 1992, Understanding global inequalities: a world systems approach, *Geography*, 77(1), 10-21.

Thirlwall, A.P., 2006, *Growth and Development: with Special Reference to Developing Economies*, 8th edn, Basingstoke and New York: Palgrave Macmillan.

Thirlwall, A.P., 2008, Development and economic growth, in Desai, V. and Potter, R.B. (eds), *The Companion to Development Studies*, London: Hodder Education, 37-45.

Thrift, N.J., 2005, *The rise of soft capitalism, Knowing Capitalism*, Thousand Oaks, CA:

Sage.
Tide~, 1985, *People before places? Development Education as an approach to Geography*, Birmingham: DEC.
Tide~, 1992, *Developing geography, a development education approach to KS3 geography*, Birmingham: DEC.
Tide~, 1995, *Development Compass Rose: a consultation pack*, Birmingham: DEC.
Tilbury, D., 1997, Environmental Education and development education: teaching geography for a sustainable world, in Tilbury D. and Williams, M. (eds), *Teaching and Learning Geography,* London: Routledge, 105-116.
Toh Swee-Hin, 1986, Third World studies: conscientisation in the classroom, in Fien, J. and Geber, R. (eds.), *Teaching Geography for a Better World*, Brisbane: Australian Geographical Association with Jacaranda Wiley.
Tordoff, W., 1992, The impact of ideology or development in the Third World, *Journal of International Development*, 4(1), 41-53.
Tye, K., 1990, *Global Education: From Thought to Action, Alexandria: ASCD.*
Tye, K., 1999, *Global Education: A Worldwide Movement*, Orange, CA: Interdependence press.
UN, 2001, *Road Map Towards the Implementation of the UN Millennium Declaration*, Report of the Secretary General, New York: United Nations.
UNDP, 1990, *Human Development Report 1990*, New York: UNDP.
UNDP, 2009, *Human Development Report 2009*, New York: United Nations Development Programme.
UNESCO, 1992, *UN Conference on Environment and Development: Agenda 21*, Switzerland: UN.
UNWEP, 1987, *Our Common Future*, New York: United Nations Development Programme.
Vare P. and and Scott, W., 2008, *Education for Sustainable Development: Two Sides and an Edge*, DEA Thinkpiece.
Walkington, H., 2000, The educational methodology of Paulo Freire: to what extent is it reflected in development education in the UK classroom, *Development Educational Journal*, 7(1), 15-17.
Watts, M., 2006, Andre Gunder Frank, in Simon, D. (ed.), *Fifty Key Thinkers on Develop-*

ment, London and New York: Routledge, 90-95.

Waugh, D. and Bushell, T., 2006, *New Key Geography: Foundations, Connections, Interactions*, Cheltenham: Nelson Thornes Ltd.

Waugh, D. and Bushell, T., 2007, *New Key geography for GCSE*, Cheltenham: Nelson Thornes Ltd.

Waugh, D., 2000, Writing geography textbooks, in Fisher, C. and Binns, T., (eds.), *Issues in Geography Teaching*, London and New York: Rutledge/Falmer, 93-107.

WCED, 1987, *Our Common Future*, Oxford: Oxford University Press.

White, H., 2008, The measurement of poverty, in Desai, V. and Potter, R.B. (eds), *The Companion to Development Studies*, London: Hodder Education, 25-30.

Widdowson, J. and Lambert, D., 2006, Using geography textbooks, in Balderstone, D., *Secondary Geography Handbook*, Sheffield: The Geographical Association, 146-159.

Williamson-Fien, J., 1988, Limits to geography: a feminist perspective, in Fien, J. and Gerber, R., (eds.), *Teaching Geography for a Better World*, Edinburgh: Oliver & Boyd, 104-116.

Willis, K., 2005, *Theories and Practice of Development*, London: Routledge.

Willis, K., 2009, Development: Critical Approaches in Human Geography, in Clifford, N., Holloway, S., Rice, S. and Valentine, G., (eds.), *Key concepts in geography*, London: Sage, 365-377.

Witherick, M., Ross, S. and Small, J., 2001, *A Modern Dictionary of Geography*, London: Arnold.

World Bank, 2014, Country Classifications: A Short History. (http://data.worldbank.org/about/country-classifications/a-short-history)

Worsley, P., 1964, *The Third World*, London: Weidenfeld and Nicolson.

Worsley, P., 1979, How many worlds?, *Third World Quarterly*, 1, 100-108.

Wright, D.R., 1979, Visual image in geography textbooks: the case of Africa, *Geography*, 64, 205-210.

Wright, D.R., 1981, Distorting the picture, *The Times Educational Supplement*, 6 November, 20.

Wright, D.R., 1983, International textbook research: facts and issues, *Internationale Schulbuchforshung*, 5(3).

Wright, D.R., 1985a, Are geography textbooks sexist?, *Teaching Geography*, 10, 81-84.

Wright, D.R., 1985b, In black and white: racist bias in textbooks, *Geographical Education*, 5(1), 8-10.

Wright, D.R., 1986a, Evaluating Textbooks, in Boardman, D., (ed.), *Handbook for Geography Teachers*, Sheffield: The Geographical Association, 92-95.

Wright, D.R., 1986b, Racism in school; textbooks, in Punter, D., (ed.), *Introduction to Contemporary Cultural Studies*, London: Longman.

Wright, D.R., 1988, Applied textbook research in geography, in Gerber, R. and Lidstone, J., (eds.), *Developing Skills in Geographical Education*, International Geographical Union Commission of Geographical Education with Jacaranda Press.

Wroe, M. and Doney, M., 2005, *The Rough Guide to a Better World*, London: Rough Guides Ltd.

Yapa, L., 2000, Rediscovering geography: on speaking truth to power, *Annals of the Association of American Geographers*, 89(1), 151-155.

Young, M. F. D., 1971, *Knowledge and Control*, London: Collier Macmillan.

Zuylen, S., Trethewy, G. and McIsaac, H., 2011a, *Geography Focus 1: stage four*, Melbourne: Pearson Australia.

Zuylen, S., Trethewy, G. and McIsaac, H., 2011b, *Geography Focus 2: stage five*, Melbourne: Pearson Australia.

〈일문〉

開發教育協會, 1998 , 開發教育ってなあに? 開發教育Q&A集, 開發教育協議會, 東京.

開發教育協會, 2003, 參加形學習で世界を感じる-開發教育實踐ハンドブック, 開發教育協議會.

開發教育協會, 2004, 開發教育の評價報告書, 開發教育協議會, 東京.

開發教育協會, 2007, 開發教育〈2007(Vol.54)〉特集 參加型開發と參加型學習, 明石書店.

開發教育協會, 田中 治彦, 2008, 開發教育—持續可能な世界のために, 學文社.

箕浦康子, 1997, 地球市民を育てる教育, 岩波書店.

吉田 剛, 2003, 高校生の大陸·國家に対するイメージの空間性と空間認識について, 社會科教育研究, 90, 1−14.

大津和子, 1992, 國際理解教育一地球市民を育てる授業と構想一, 國土社.

文部科學省, 2009, 學習指導要領(小學校, 中學校, 高等學校), 文部科學省.

文部省, 1968, 學習指導要領(小學校, 中學校, 高等學校), 文部省.

文部省, 1978, 學習指導要領(小學校, 中學校, 高等學校), 文部省.
文部省, 1989, 學習指導要領(小學校, 中學校, 高等學校), 文部省.
文部省, 1999, 學習指導要領(小學校, 中學校, 高等學校), 文部省.
保科秀明 譯, 2000, 第三世界の開發問題, 古今書院.
北村修二, 2006, 環境と開發のはざまで, 大學教育出版.
山内乾史, 2007, 開發と教育協力の社會學 (MINERVA TEXT LIBRARY), ミネルヴァ書房.
森分孝治, 1997, 社會科における思考力育成の基本原則−形式主義·活動主義的偏向克服のために−, 社會科研究, 47, 1−10.
西岡尚也, 2007, 子どもたちへの開發教育—世界のリアルをどう教えるか (叢書 地球發見), ナカニシヤ出版.
西岡常也, 1996, 開發教育のすすめ一南北共生時代の國際理解教育一, かもがわ出版.
西脇保幸, 1993, 地理教育論序説一地球的市民性の育成を目指して一, 二宮書店.
小林　汎, 1993, 地理教育と開發教育の接點, 地理教育, 22, 36−45.
魚住忠久, 1995, グローバル教育一地球人·地球市民を育てる, 黎明書房.
魚住忠久, 2003, グローバル教育の新地平一グローバル社會からグローバル市民社會へ一, 黎明書房.
熊野敬子, 2002, 問題解決能力育成をめざす高校地理「現代世界の課題」學習の構想−「人口問題」の場合−, 地理科學, 57, 1−22.
日本ホリスティック教育協會, 2006, 持續可能な教育社會をつくる—環境·開發·スピリチュアリティ (ホリスティック教育ライブラリー (6), せせらぎ出版.
日本地理教育學會編, 2006, 地理教育用語機能事典, 帝國書院.
日原高志, 2002, 地理的見方·考えるをどう扱うか, 地理教育, 31, 21−26.
全國地理教育研究會, 2005, 地理 50−8月 增刊, 地球に学ぶ　新しい 地理授業, 古今書院.
田中治彦, 2008, 國際協力と開發教育—「援助」の近未來を探る, 明石書店.
田中治彦, 1994, 南北問題と開發教育一地球市民として生きるために一, 亞紀書房.
田村 學, 原出信之, 2009, リニューアル總合的學習時間, 北大路書房, 東京.
中村和郎·高橋伸夫·谷内 達·犬井 正 編, 2009, 地理教育の目的と役割, 古今書院.
志賀美英, 2008, 開發教育序論—世界はそして日本はなぜ開發援助を行うか, 九州大學出版會.
泉 貴久, 2000, 地理教育に開發教育の視點を取り入れることの意義−「南北問題」をテーマにした地理Bの 授業實踐を通じて, 新地理, 47(3·4), 121−131.
泉 貴久, 2005, 地球市民育成のための地誌學習のあり方, 地理教育, 34, 36−41.

村川雅弘, 野口 徹, 2008, 教科と總合の關聯で眞の學力を育む, 東京, ぎょうせい.
湯本浩之, 2003, 日本における開發教育の展開, 江原裕美(編), 內發的開發と教育, 新評論, 東京.
澤村信英, 2007, アフリカの教育開發と國際協力—政策研究とフィールドワークの統合, 明石書店.

〈인터넷 자료〉

http://www.dea.org.uk
http://www.dfid.gov.uk
http://www.geography.org.uk/global
http://www.glbalgateway.org.uk
http://www.globaldimension.org.uk
http://www.globaleye.org.uk
http://www.globalfootprints.org
http://www.koica.go.kr(ODA 바로알기)
http://www.osdemethodology.org.uk/
http://www.tidec.org

〈이미지 출처〉

52쪽 그림 1-9 (A)의 왼쪽. Lauza(Uganda) by Feed My Starving Children(FMSC) (CC BY 2.0) https://www.flickr.com/photos/fmsc/27712516174/
96쪽 글상자. 안드레 군더 프랑크 by Yamagata Hiroo (CC BY-SA 2.1 JP) https://cruel.org/econthought/profiles/agfrank.html
97쪽 글상자. 페르난도 엔리코 카르도소 by Organização Mundial do Comércio (CC BY-SA 2.0) https://commons.wikimedia.org/wiki/File:Fernando_Henrique_Cardoso_em_maio_de_1998.jpg
101쪽 글상자. 아마르티아 센 by Elke Wetzig (CC BY-SA 3.0) https://de.wikipedia.org/wiki/Datei:Amartya_Sen_20071128_cologne.jpg

글로벌 사회정의를 위한

개발지리와 개발교육

초판 1쇄 발행 2018년 8월 30일

지은이 조철기

펴낸이 김선기
펴낸곳 (주)푸른길
출판등록 1996년 4월 12일 제16-1292호
주소 (08377) 서울시 구로구 디지털로 33길 48 대륭포스트타워 7차 1008호
전화 02-523-2907, 6942-9570~2
팩스 02-523-2951
이메일 purungilbook@naver.com
홈페이지 www.purungil.co.kr

ISBN 978-89-6291-464-1 93980

• 이 도서의 국립중앙도서관 출판시도서목록(CIP)은 서지정보유통지원시스템 홈페이지(http://seoji.nl.go.kr)와 국가자료공동목록시스템(http://www.nl.go.kr/kolisnet)에서 이용하실 수 있습니다.(CIP제어번호: CIP2018025852)